"昆明理工大学引进人才科研启动基金项目"资助（KKSY201664019）

历史、传承、活化

——川渝地区传统场镇空间环境特色及其保护策略研究

姚青石　著

中国建筑工业出版社

图书在版编目（CIP）数据

历史、传承、活化——川渝地区传统场镇空间环境特色及其保护策略研究/姚青石著.—北京：中国建筑工业出版社，2017.6

ISBN 978-7-112-20865-4

Ⅰ.①历…　Ⅱ.①姚…　Ⅲ.①乡镇－古建筑－保护－研究－四川　②乡镇－古建筑－保护－研究－重庆　Ⅳ.①TU-87

中国版本图书馆CIP数据核字（2017）第142493号

责任编辑：陈海娇　李　东
责任校对：张　颖

历史、传承、活化
——川渝地区传统场镇空间环境特色及其保护策略研究
姚青石　著

＊

中国建筑工业出版社出版、发行（北京海淀三里河路9号）
各地新华书店、建筑书店经销
北京嘉泰利德公司制版
北京建筑工业印刷厂印刷

＊

开本：787×1092毫米　1/16　印张：21$\frac{1}{2}$　字数：478千字
2018年6月第一版　2018年6月第一次印刷
定价：**88.00元**
ISBN 978-7-112-20865-4
（30511）

前言

　　川渝地区作为一个边界相对模糊的自然地理和人文区域，主要位于我国四川盆地内部。多样的地理环境、丰沛的自然资源，多元的地理文化以及历史上四通八达的水陆交通网络使得该地区产生和发展了众多以商品贸易为主的场镇。虽历经流觞，但至今仍保留了大量具有独特的空间形态和历史人文景观的传统场镇。然而，随着川渝地区的快速"城镇化"，这些广泛分布于农村地区的传统场镇正面临着史无前例的挑战，并在演进过程中暴露出"趋同化"、"变异化"、"边缘化"等诸多问题。如何全面认识、保护、延续川渝地区传统场镇的空间环境特色成为当前重要的议题。本文借用系统分析法、类型学等研究方法，根据大量的第一手调研资料，系统分析了川渝地区传统场镇的空间环境特色，论述了传统场镇的历史文化价值和社会经济价值，探索了传统场镇可持续发展的保护策略与方法，对传统场镇的理论研究和保护均有较高的学术价值和实践指导意义。

　　首先，本书从区域宏观视角出发，通过对场镇分布规律的统计和分析研究，指出川渝地区传统场镇在市场作用下形成了独特的网状空间结构体系，在地理空间分布上不仅呈现为数量大、分布广，而且形成了以重庆、成都为核心的川西、川东两大密集分布区域以及核心区密集、边缘区稀疏的特征，总结了"多层级"的场镇市场关系，分析了这种结构体系之下传统场镇在环境、经济、社会方面的职能作用。其次，从中观视角出发，论述了地理环境、经济贸易、交通运输、军事战争、宗教文化等因素是传统场镇演进的主要推动力，它们从不同方面、不同程度影响和决定着川渝地区传统场镇空间与环境的形成与发展，总结了在其综合作用下传统场镇空间形态与类型多样化的规律特征。再次，从微观视角出发，通过对场镇外部开放空间环境、建筑空间环境、场镇景观与人文空间环境的深入分析，总结出川渝传统场镇空间环境的个性化地域特征。

　　之后，基于对新中国成立后川渝地区传统场镇历史变迁的回顾，与对当前场镇现状的观察与总结，并借鉴国内外成功经验，本书提出了以整体空间环境为特色的传统场镇保护理念，并对其所涵盖的"保护与发展"、"维护与塑造"、"激活与转化"三方面内容进行深入分析，从而实现了从认识对象、分析问题到解决问题的跨越，并从保护方法、技术措施、保障机制、发展路径出发，探索并建构了传统场镇空间环境特色的保护策略与方法，对于探索我国在不同地域环境下传统城镇可持续发展的理论研究与实践，具有一定的现实意义。

　　本书是在博士论文的基础上整理而成，因为时间和水平有限，书中不足之处与错误难免，请读者与同行批评指正。

姚青石
2017 年 1 月 1 日于昆明

目 录

1 绪论

"传统时代后期，市场在中国大地上数量剧增并分布广泛，以至于实际上每个农村家庭至少可以进入一个市场。"具体来看，中国幅员辽阔，各地区间有着许多差异和特色，因此，有必要集中在一个适当的区域范围内，逐次讨论。就所考察的川渝地区来讲，其大体上位于四川盆地区域，周围高山环绕，内部河流纵横，地理上的封闭和特定的生存环境，使其久已成为一个相对独立的具有特色的经济区域。历史上，以农村集市贸易为特征的传统场镇在川渝地区不仅数量众多，而且分布广泛，对活跃城乡间经济贸易，以及促进农村地区社会、经济、文化的发展都起到过十分重要的作用。直到今天，很大一部分传统场镇依旧是联系农村与城市的纽带，并在历史、社会、文化、自然等方面保留着重要的价值和特色。因此，川渝地区传统场镇不失为一个值得我们深入挖掘和研究的对象。

1.1 研究背景

1.1.1 文化全球化与地域文化意识觉醒

自从人类社会进入到资本主义阶段，全球化就已悄然进入了人们的生活。特别是在科技、经济、文化高速发展的今天，全球化使我们这个世界呈现出了相互依存、共同发展的局面，其作用范围之广、影响强度之大是任何一个时代都无法比拟的。它不仅促成了经济范围内的全球化，而且导致了文化体系的全球化。从某种意义上说，文化的全球化就是世界上不同内容和表征的文化形式，从"多元"走向"趋同"的过程。在这一历史进程中，西方国家凭借着经济优势向世界各地强势输出其文化产品、价值观念，甚至是美学趣味。这种文化上的强势入侵，在很大程度上消除了各地区民族文化的本土性和独特性，导致了世界范围内广泛的文化趋同。

随着文化全球化的不断演进，人们的生活方式、城镇面貌趋于千篇一律，丰富多彩的地域文化慢慢消退并被趋同的世界文化所取代，人们面临着文化迷失的困境。于是，感受到地域民族文化将被泯灭后，社会各界对地域文化、本土文化的自觉成为一种诉求。这种对本土地域文化的自觉，就是生活在一定地域历史环境中的人们对其文化的自明和自知，是本土文化有目的的、自觉的追求和创建。在本土意识和地域文化觉醒的今天，各民族对自身历史文化的追忆和对本土地域文化的追求，已不仅是研究者们的呐喊，它已逐渐演变成一种全社会的共识，从而促使人们更加尊重自己的历史和传统，有目的地保护和挖掘所在地区的地域文化特色。可见，在文化全球化过程中，地域文化的觉醒所扮演的角色越来越重要，并承担着驱动世界文化从"同质化"向"多样化"转变的重任。

1.1.2 传统场镇生存与发展的客观需求

传统场镇作为川渝地域文化的物质载体，是在特定的地理环境和社会背景下人类活动与自然环境相互作用的综合结果。传统场镇以其独特的地方风貌、别具一格的山水空间环境、类型多样的建筑形态、丰富多彩的民俗文化，形成了其独特的场镇个性和特征。它们不仅构成了人们对川渝传统场镇的典型印象，而且作为场镇重要的历史文化资源，具有不可替代性和不可再生性（图1-1）。

（a）四川自贡仙市场　　　　　　　　（b）四川成都洛带

（c）重庆江津中山场　　　　　　　　（d）四川雅安上里场

图1-1　川渝地区传统场镇的典型印象（图片来源：作者拍摄。）

20世纪中后期以来，随着社会经济结构的转型、交通运输方式的改变，川渝地区传统场镇作为农村政治、经济、文化中心的职能作用逐渐衰退，许多场镇由于自身功能单一、产业落后，丧失了在农业社会中的发展优势，降为纯粹的居民聚集点。一方面，大量建筑、街道年久失修，场镇风貌破败不堪；另一方面，在现代文明的冲击下，场镇传统社会结构几乎解体，人口老龄化、场镇空心化使得传统场镇逐渐走向了没落，场镇的空间形态与环境特色正逐渐消亡。

随着西部大开发战略的实施，特别是当下我国进入实现中华民族伟大复兴的"中国梦"之际，川渝地区传统场镇迎来了一个新的发展阶段。积极保护和延续传统场镇的个性和特征，改变其落后的面貌，繁荣农村经济文化，实现城乡有机融合，已得到社会各界的普遍认同。

然而，在场镇保护与发展的过程中，由于传统场镇在规模、社会机构、人口构成等方面与其他历史城镇有着很大的区别，因此对传统场镇的保护并不能完全照搬其他城镇的保护方法。再加上不同的地理条件和文化因素的影响，每个传统场镇的空间形态和环境特色也各不相同，只用一种笼统的模式来保护类型多样的传统场镇空间环境明显是不现实的，于是探索并建构川渝地区传统场镇空间环境特色保护的本土化策略与方法已成为一个重要的社会议题。另外，随着城镇化进程的不断加快，由于缺乏对传统场镇空间环境特色价值的足够认识，缺少特色保护意识，在传统场镇的发展过程中，"大拆大建"、"推倒一切重来"等"建设性破坏"[①]之风盛行，迅速改变场镇"破旧风貌"、向现代城市看齐的迫切愿望正急速改变着场镇。于是，许多具有悠久历史的传统场镇建筑被无情地拆除，曾经优美的场镇自然景观环境遭到了毁灭性的破坏，独具地域特色的场镇民俗文化也荡然无存，取而代之的是标准化的现代建筑和风貌雷同的"新城镇"。这种无视传统场镇历史文化内涵和特色的所谓"现代化的发展方式"，不仅引发了传统场镇广泛的"特色危机"，而且对川渝地区传统场镇造成了毁灭性打击，这无异于是对传统和历史的无情抛弃。

这些现象的普遍存在告诉我们：川渝地区传统场镇正处在一个"生死存亡"的十字路口，如何对川渝地区传统场镇独特的历史文化和空间环境特色进行全面的认知、传承和保护，协调保护与发展间的矛盾已成为当下传统场镇保护中亟待解决的问题。

有鉴于此，笔者在导师张兴国教授的指导下，通过前后对川渝地区五十多个传统场镇的实地田野考察及大量历史文献查证，对川渝地区传统场镇的空间环境特色进行了全面总结和归纳，并结合场镇存在的现实问题，提出了具有针对性的传统场镇空间环境特色保护策略，希望能对今天川渝地区传统场镇的发展与保护做出自己的贡献。其中难免有不足之处，希望得到各位专家的批评指正。

1.2 研究范围及对象

1.2.1 研究范围界定

"川"和"渝"分别为四川省和重庆市的简称，两地同处于我国四川盆地内部。"川渝"具有两层含义，即一个合二为一的地理概念与一个相互依存的文化概念。

[①] 建设性破坏，是指在城镇开发建设过程中，只重视眼前利益，而忽视对城镇中的传统建筑、历史街区、传统文化习俗等历史文化遗产的保护，以一种"不分青红皂白"、一律推倒重建的建设方式造成城镇历史文化的断裂或消亡。对于正处于"大发展"和"大破坏"时代的中国来说，建设性破坏屡见不鲜，它是造成我国城镇特色消失、历史文化断裂、城镇风貌趋同的重要原因之一。

从地理范围上看，"川渝"是指以四川盆地为中心，旁及陕西南部、湘鄂西部、云贵北部、金沙江横断山脉以东的大片区域，即秦汉时巴郡、蜀郡、汉中郡及南中各郡所辖之地，都属于川渝的范围。四川盆地周围群山环绕，北侧的大巴山米仓山、南侧的大娄山、西侧的横断山脉、东侧的武陵山使该地区形成了一个相对封闭的地理单元。

从文化区来看，由于政治因素与文化影响存在的近似性，四川地区（即重庆未直辖之前的称谓）又称巴蜀。其中"蜀"主要是指川西平原一带，以成都为蜀文化的中心；"巴"则指长江沿岸的丘陵山地，以重庆为巴文化的中心。"巴蜀文化区"作为一个独特的、延续至今的地理文化区域，其腹心地区大致与今天的四川省和重庆市的区域相当。不过，在古代，巴蜀文化区的范围还包括汉中盆地、黔涪高原、鄂西南、湘西山地等与"巴蜀同俗"的地区。此外，川渝地区从新石器时代开始，就处于黄河流域、北方及西北草原、长江流域"三大文化区"板块的延伸、碰撞、交融之下，使得该地区文化呈现出多样性、异质性与复杂性的鲜明特征。现今在四川行政区内还包括一部分藏羌文化区，其中受北方游牧文化影响的川西藏羌文化区，民族族群单一，文化特质鲜明，与川渝"巴蜀文化"存在着明显的差异。因此，对"川渝"地域范围的划定中将川西藏羌等少数民族地区排除在外具有明显的合理性。

今天"川渝"一词已经成为特指重庆市及四川省两个区域的专用称谓。作为研究对象的传统场镇是一种四川盆地内独特的聚居形态，正是基于上述观点，笔者认为川渝地区可界定为：以四川盆地为中心，包括"四川省"与"重庆市"两者及邻近地区在内，以历史悠久的巴蜀文化为主体，包括区域内各少数民族在内的一个边界相对模糊的地理空间与文化区域（图1-2）。

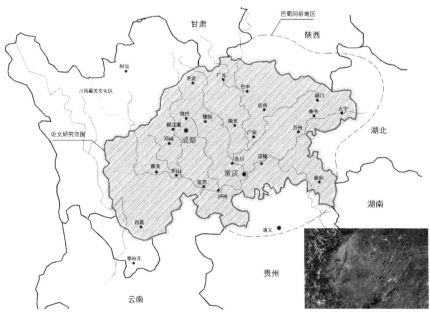

图1-2　研究范围示意（图片来源：作者自绘。）

1.2.2 相关概念界定

（1）"传统场镇"的概念界定

传统场镇（也称为传统小城镇），从概念上来讲，是指一种有别于村落的乡土聚落，它是连接城市和广大乡村的桥梁，是传统社会政治制度和商品经济发展到一定阶段的产物，故而传统场镇既是一个空间概念，也是一个复杂的经济、文化现象。

"场镇"包含了单纯进行商品贸易的"场"和在此基础上发展而成的设有官署的商贾贸易之"镇"两个方面的含义。"场"在《辞海》中解释为民间约定俗成的定期市场，它普遍存在于我国各地，且其称谓也各不相同，如在四川、贵州等地称为"场"，在云南称为"街"，而在广西、福建、广东地区则称为"墟"，北方称为"集"等。一般来说，每个地区的场、市都有固定的场（集）期，或两日一场、三日一场，或每逢初一、十五，或逢二、八等，举不胜举。在"场（集）"的形成过程中，起初它只是以定期或不定期草市的形式存于乡村中；大约在唐宋时期，随着商品关系渗入到农村，形成了初具规模的"场"或"市"。值得一提的是，在川渝地区至今仍保留着一些以店、街、铺、场来命名的地名，这也从侧面反映了场镇集市发展的过程。

"镇"原是指驻兵置将之地，最早可以追溯到北魏时期的十六军镇，一直延续到隋唐时期，直到宋朝废除藩镇制度，并在各镇中设置场务，管理民政、收取商税，正如宋代《事物纪原》所述："民聚不成县，而有税课者，则为镇，或以官监之。"随着工商业的繁荣，其中一些规模较大的镇，其规模和商税甚至已超过了所属县郡，关于这一方面，已有学者作出了较为详尽的论述。[①] 由此可见，宋代时，"镇"逐步演化为一种介于县市与乡村草市之间的新型的市场建制，摆脱了隋唐五代时期浓厚的军事色彩，从而使得纯粹的商品贸易的镇、市大量涌现，并延续至今。

从聚落类别上来说，传统场镇属于乡村聚落，与历史文化名城和一般传统村落有着明显的差异。与传统村落相比，传统场（集）镇以商品贸易为主，在地域、人口、经济、环境等方面，都与传统村落截然不同，却又与周围的农村社区保持着紧密的联系；与历史文化名城相比，作为农村地区经济贸易中心的传统场镇，虽规模较小，却保存有较为浓郁的地方风俗和人文环境，呈现出有别于传统城镇的空间格局和形态（表1-1）。

综上所述，本文中所研究的"传统场镇"可以界定为：广泛分布于川渝农村地区，介于乡村和城市间的场、市、镇等一类以经济商贸活动为主，具有传统风貌特征，并能够较好地反映地域传统文化的传统小城镇。同时，虽然一些驻防镇或县治镇与农村中的场镇在空间形态上存在着一定的区别[②]，但在历史发展过程中，也有很多升镇为县、降县

---

① 杨德泉《关于北宋商税的统计》（见：扬州师范学报，1963，17）中曾列出了熙宁十年商税额超过府州城的31个县镇，其中镇就达14个，戴晋华《关于宋代镇市的几个问题》（见《宋史论文集》，山东大学出版社，1982），列举出了熙宁十年商税超过县城的21个镇市。

② 驻防镇或县治镇与场镇的区别，主要体现在空间边界、位置、职能等方面。首先，前者是有明显城墙边界的市镇，一开始就是人为建筑的，适用于行政职能，而场镇或集镇则多无此限界。其次，前者的功能除有集市贸易功能之外，还有较强的地方行政管理职能，而场镇则大多以经济贸易功能为主，其分布与交通运输网络的联系更为密切。参：施坚雅．中国农村的市场和社会结构 [M]．史建云，徐秀丽译．北京：中国社会科学出版社，1993:9.

传统场镇与乡村聚落、历史文化名城的差异 表1-1

类别	传统村落	传统场镇	历史文化名城
聚居规模	较小	较小	较大
聚落类别	乡村聚落	乡村聚落	城市聚落
空间形态	功能较为单一，建筑空间尺度、规模一般较小，与周边环境联系紧密	功能相对完整，建筑空间尺度、规模适中，空间形态保存较为完整，具有浓郁的民俗文化风情	功能较为复杂，拥有大量官式建筑，空间尺度、规模较大，与周围环境联系不太紧密
历史沿革	规模较小或孤立的居民聚居点，文化、交通相对闭塞	历史上作为一定乡村区域的文化、商业中心，处于乡村与城市间的过渡地带，对外交通联系较为便捷	历史上作为一定区域的政治、经济、文化、军事中心
主体文化	乡土文化	乡土文化	城市文化

资料来源：作者根据资料整理绘制。参：赵勇.中国历史文化名镇名村保护理论与方法[M].北京：中国建筑工业出版社，2008：12.

为镇的情况出现，使得县和一般场镇具有很多相似之处，因此在本书中也将有所涉及。

（2）"空间环境特色"的概念界定

从字面上看，"空间环境特色"是一个复合词，它涵盖了空间、空间环境、特色三个层面的内容。

首先，关于空间（Space）的研究由来已久。早在2000多年前，老子就提出了关于空间"有"和"无"的相互关系的论述。[①] 在中国传统文化中，"天人合一"思想的本质就是强调人所创造的空间与宇宙自然环境的对应关系，并在此基础上形成了独特的空间布局理念。而在现代西方社会，学者们则更为强调空间的主角——人的活动和创造性，强调物质形态本身的逻辑性。如美国学者M.杨曼在《空间的概念》一书中所言，空间就是物质对象的一种秩序，空虚的空间没有意义。菲利普·多德则指出空间含有具体的现象和抽象的过程两个方面，并把物理空间和精神空间融合为社会空间。凯文·林奇在《城市意向》一书中则开创性地将心理学研究的方法和成果结合起来，提出了"心智地图"（Mental Map）的五要素——路径、边界、区域、节点、标志物。可以看出，由于组成的要素不同，空间具有不同的内容、形式。就本文所讨论的传统场镇空间（Town Space）而言，它不仅是一种物质空间形态（包括人工空间、自然空间等），而且具有更为宽广的非物质空间表现，并与传统场镇的社会、经济、文化等活动有着密切的联系。

其次，"空间环境"是对空间概念的延伸。一些学者认为空间环境是从空间的角度研究形式与状态，或者说是空间内部各个组成要素在形态或功能上的相互关联。段进则认为（城镇）空间环境是自然环境与人工环境的结合，是空间的深层次结构和各要素及其系统的显性特征。一些西方学者，例如波纳则从地理学角度指出，社会过程和空间环

[①] 老子对空间做出了哲理性的论述："埏埴以为器，当其无，有器之用，凿户牖以为室，当其无，有室之用，故有之以为利，无之以为用。"

境之间是相互作用的，并非单向的对立关系，空间环境所呈现的状态和形态特征是一种相对平衡和动态的结果。可以看出，"空间环境"的内涵相对于"空间"较为明确和具体，但是在不同学科之间仍存在着差异，仍旧是一个内涵相对明确、外延相对不确定的概念。

就传统场镇空间环境而言，其内涵往往是综合的，它既包括了场镇生成、发展的时空过程，又涵盖了场镇与外部环境间的显著特征。一方面，它以场镇赖以生存的外部自然环境和内部人工环境为基础；另一方面，它又以场镇与周围区域间的物质、信息、能量交换与联络为条件，呈现出色彩缤纷的各种形式，如建筑空间环境、自然空间环境、人工景观空间环境以及以民风民俗、宗教文化为代表的人文空间环境等。概括来讲，传统场镇空间环境就是各种场镇空间构成要素和活动（包括社会、经济、文化等）综合作用下的相互关系和特征。

所谓特色，是指事物所具有的突出的或独有的性质、特征。就传统场镇而言，其空间环境特色是场镇物质空间形态特征与社会文化环境特征的综合反映，是特定条件下各构成要素所提供的差异性特征和个性，而通过对这些特征和关系的识别、辨认，最终形成对于场镇的综合认知。换言之，川渝地区传统场镇空间环境特色是指场镇在历史的演变、发展过程中所呈现出来的一种典型特征，是明显区别于其他城镇的个性标识。

1.3 研究意义

1.3.1 学术意义

传统场镇作为川渝农村地区所特有的一种商品贸易场所，根植于一定的历史文化环境和地域文化环境中，是川渝地区社会、经济、文化发展到一定阶段的产物。在长期的历史演变过程中，川渝地区传统场镇逐渐形成了自己所特有的空间与环境，这成为传统场镇最为突出和独有的特征，因此，对传统场镇空间环境特色的研究是传统城镇研究的重要组成部分。

川渝地区丰富多样的自然生态、平原与山地共存的地形地貌、历史悠久的民族文化共同孕育出了类型丰富、文化底蕴深厚、地域空间环境特征鲜明的传统场镇。在学术界，由于我国历史上汉文化的强势地位使得受汉文化影响的中原地区传统集（市）镇的研究一直被广泛关注，其研究也达到了一定的深度和广度。反观地理上相对封闭的川渝地区，却一直被认为处于中国主体文化的边缘地带，在这种意识的引导下，对川渝地区传统场镇的研究也一直未受到应有的重视。从全国高等建筑院校的相关研究中就可以看出，以汉文化为核心的中原地区、江南地区以及华南地区的传统集（市）镇一直受到清华大学、天津大学、同济大学、华南理工大学等院校的关注，其研究已取得了相当丰硕的成果（图1-3）。反之，对类型丰富、地域特色鲜明的川渝地区传统场镇研究甚少，特别是对川渝地区传统场镇的历史演进特征、规律及空间环境特色构成等内容，还未有较为系统和深入的研究，尚存在一部分内容缺乏实例依据，研究流于表面的现象。因此，在宏观、中观、微观三个层面，从川渝地区传统场镇空间结构体系、区域空间分布、空间格局演变及类型特征、空间环境特色构成等方面入手，系统归纳与总结川渝地区传统场镇的空间环境特色，以此来弥补这一领域研究的缺失。

1.3.2 应用价值

川渝地区传统场镇作为该地区地域文化的物质载体，无论在空间格局、场镇景观、建筑形态还是社会文化等方面都具有典型的地域特征，这些是传统场镇最为重要的历史文化资源。然而，随着社会经济的转型，历经千年的传统场镇已不能满足现代商品经济发展的需求，保护与发展的矛盾日渐突出，"千镇一面""文化迷失""保护性破坏"等现象层出不穷。因此，在传统场镇发展建设的过程中，如何保护和传承场镇的历史文化资源，提升传统场镇的吸引力和竞争力已成为当前传统场镇保护工作中最需解决的问题。本文在充分挖掘川渝地区传统场镇空间环境特色的基础上，综合其他学科研究成果，针对当前传统场镇的所面临的具体问题，提出了涵盖"保护与发展、维护与塑造"的场镇空间环境特色保护概念，并对保护方法、保障机制、保护措施、保护与发展路径等社会"热点"内容进行深入探讨，其中既有纯理论的辨析，也有实践的例证，从而对川渝地区传统场镇的保护具有一定的指导意义和应用价值。

1.3.3 现实意义

随着新型城镇化建设、西部大开发的进一步推进，加强小城镇和农村场镇建设，繁荣农村经济文化生活，已成为一项重要国策。因此，进一步厘清川渝地区传统场镇的空间结构体系和特色构成，有助于当代城镇建设者们进一步加强对传统场镇的理解和认知，保护和传承场镇特色，提高其美誉度、知名度，改变其落后面貌，缩小城乡差距，促进传统场镇的可持续发展。尤其是在当前大规模城镇化建设的背景下，不少传统场镇正处在生死存亡的危险境地，该研究的紧迫性就显得尤为突出，具有重要的现实意义。

1.4 国内外相关课题研究综述

1.4.1 川渝地区传统场镇的相关研究

由于该地区位于我国内陆西南，地理空间上相对封闭，从而导致相关的文献史料记载相当有限，再加上我国学术界对于西南地区的研究起步较晚，研究基础较为薄弱，这些都是研究中所面临的现实问题。庆幸的是，20世纪80年代后，对川渝地区的研究逐渐受到了全社会的关注，对川渝地区传统场镇的研究也随之取得了一定的成果。

国内对川渝地区传统场镇的研究始于抗日战争时期，由中国营造学社对四川地区传统建筑展开的田野调查和对西方古典主义建筑学方法进行的研究。其中刘敦桢的《西南古建筑调查概括》、刘致平的《中国居住建筑简史——附四川居住建筑》被认为是开创了川渝地区传统场镇历史建筑研究的先河，为后续的研究提供了宝贵的历史资料。20 世纪 80 年代以后，随着国家经济的发展，我国学术界对四川地区的关注不断强化，对川渝地区传统场镇的研究视野和研究方法不断拓展，涌现出了大量高水平的研究成果。如在民族学、考古学等研究领域，涌现出了童正恩的《南方文明》《论我国西南地区的史前考古》，费孝通的《关于我国民族的识别问题》《费孝通文集》，以及毛曦的《先秦巴蜀城市史研究》等一系列专著。与此同时，文化地理学、社会学、经济学等学科也相继加入到研究的队伍中来，如蓝勇的《西南历史文化地理》就从多维视角对四川地区多元的文化地理分布与历史特征进行了研究。文化学者张泽洪的《文化传播与仪式象征：中国西南少数民族宗教与道教祭祀仪式比较研究》则从宗教文化入手，探讨了四川本土道教与少数民族文化间的关系和内涵。屈小强的《巴蜀文化与移民入川》、卢华语的《唐代川渝经济研究》、陶思文的《四川少数民族流动人口研究》、邹平的《川渝民族区域特色经济问题研究》等研究成果，都给川渝地区传统场镇研究奠定了坚实的社会文化理论基础。

在建筑学和城市规划研究领域，重庆大学、西南交通大学等一批西部院校利用自身的地域优势，在对川渝地区传统场镇的研究上取得了令人欣喜的成果。如重庆大学张兴国就从建筑历史学与文化学入手，在大量田野调查的基础上对川东南地区的传统场镇选址、场镇空间格局等进行了深入的分析与研究。李和平的《重庆历史建成环境保护研究》则从历史文化遗产保护入手，对重庆历史建成环境的保护规划、制度优化等问题提出了自己的看法，其中也涉及了部分重庆地区的传统场镇。赵万民则从山地人居环境与文化的角度入手，先后编著《安居古镇》《走马古镇》《龙潭古镇》《宁厂古镇》等书。杨宇振、戴志忠的《中国西南地域建筑文化》则站在文化生态学的角度论述了四川地域建筑文化的多元性特征。李先逵在《四川民居》中也对四川的传统场镇聚落的建筑空间组织进行了探讨。此外，西南交通大学的季富政则在翔实调研的基础上，先后出版了《巴蜀场镇与民居》《采风乡土——巴蜀场镇与民居》《三峡古典场镇》等著作，对巴蜀地区传统场镇的生成背景、空间环境、选择布局等特色进行了归纳和总结。

与此同时，各大高校的博、硕士学位论文中也涌现出了从不同视角对川渝传统场镇进行研究的成果。如毛刚的《生态视野——西南高海拔山区聚落与建筑》、戴彦的《巴蜀古镇历史文化遗产适应性保护研究》、童辉的《成都平原场镇民居形态研究》、胡月萍的《传统城镇街巷空间探析》等，分别就各自的研究对象进行了一定范围的研究。可以说，在短短几十年中，对川渝地区传统场镇的研究已经从最开始的单纯从古建筑入手，发展到了对传统场镇空间环境、社会文化、经济结构等综合方面的研究，而且研究的视角和方法也呈现出多学科交叉的不断扩展的状态。

1.4.2 传统场（集）镇的相关研究

场镇是农村地区以经济贸易活动为主的场市，各地对它的称谓有所不同，如在四川、贵州等地称为"场"，在云南称为"街"，在广西、福建、广东地区则称为"墟"，北方称为"集"等。而国外一般都统称为传统小城镇（Smaller Historic Town），所以在阐述中将一并提及，这样有助于我们对国内外研究获得较为全面的认知。

近年来，对传统场（集）镇的研究可谓成果丰硕。一方面，随着研究的不断深入，国内外学者已从对传统建筑本体的研究转向研究建筑与周围空间环境和群体的关联性，而传统场镇正好提供了一个恰当的具有特定时空关系的介入视角和对象；另一方面，传统场镇作为一个相对独立的研究对象，蕴含了丰富的社会、经济、文化信息，引发了不同学科学者的普遍关注。这主要体现在以下几个方面：

（1）从文化研究引申到传统场镇地域文化研究

20世纪80年代后，一股"文化研究"热潮席卷我国整个学术界，使得对传统场镇文化的研究也顿时受到关注，一时间涌现出了大量高水平的研究成果。如1991年，李先逵主编的《中国传统民居与文化：中国民居学术会议论文》中，就从文化与传统民居建筑的角度对四川地区传统场镇聚落进行了分析。彭一刚院士则突破了传统的从建筑入手的研究方法，转从文化与环境入手，来探讨传统场镇聚落中人工环境与自然环境的和谐关系以及传统人文思想对景观环境的影响。

总的来说，也正是由于"文化研究"热潮的影响，使我国学者对传统场镇地域文化的研究更趋向于多元化，其研究的范围和视角也逐渐从建筑文化向景观文化、空间文化、居住文化等方面扩散开来。对于传统场（集）镇而言，在其空间环境形成和演化过程中受到传统宗教、哲学、政治等多方面文化因子的影响，本身就包含了更为全面、复杂、多元的文化信息，因而传统场镇地域文化研究的兴起，本身就是文化研究向纵深方向发展的必然。

（2）从传统城镇史学研究引申到传统场（集）镇研究

我国传统城镇形态丰富、历史悠久，早在春秋战国时期就出现了如《周礼》《考工记》《史记》等关于传统城镇建设和规划的文献。现代意义上的中国传统城镇的史学研究最早可以追溯到1930年成立的中国营造学社，当时一批学者留学归国，参照西方建筑史的研究方法展开了大量基础研究工作，开创了我国建筑史学研究的先河。直至今日，我国对传统城镇历史的研究一直在不断地推进，期间大概经历了两次发展高潮。

近年来，随着研究的不断深入，以我国学者刘学石、赵冈、张泽咸，日本学者加藤繁以及美国学者施坚雅为代表的一批中外学者纷纷加入到对传统场（集）镇史学发展的研究中来，各种学术思想和理论著作不断涌现，呈现出百花齐放的局面。特别是美国学者施坚雅通过1949年对四川成都东南25公里处的场镇高店子的田野调查，提出了"宏观区域说""核心—边缘理论""农村集市集期排列规律"等理论，拓宽了我国对传统集（场）镇的研究视野，同时也对本文的研究具有重要借鉴意义。

（3）从建筑学、城市规划学的角度来探讨传统场（集）镇空间形态

20世纪80年代初，西方国家近现代建筑与规划思想开始传入我国，进一步扩展了我国学术界对传统城镇的研究，从而使得我国一大批学者开始借鉴国外的研究理论和方法（如场所理论、视觉效应、心理学等），并结合国内的具体案例，对传统城镇空间结构和环境进行研究，取得了巨大的进步。其研究主要集中于两个方面：一是对传统城镇空间结构的类型、形成机制、演变过程的研究；二是通过对具体的传统城镇的实例分析，对传统城镇空间的特有模式进行总结和归纳。如东南大学的段进就在研究传统城镇空间结构的同时，与国外最新的空间设计理论联系起来，以不同的视角来解析徽州古村落的空间形态，并概括了徽州传统村镇空间的模式化语言。这为本文的研究提供了一定的借鉴。魏科在传统理论研究的基础上，运用西方现代空间哲学理论的分析方法，如结构主义、符号学、现象学等，对四川地区现存传统场镇的空间构成、组成界面、美学效益进行深入探讨，拓展了对传统场镇的研究方法。

与此同时，在各大院校也涌现出了大量优秀的博、硕士学术论文。如李映福的《明月坝唐宋集镇研究》、赵元欣的《形态学视野下成都平原传统聚落演进与更新研究》、傅娅的《成都平原传统场镇研究》，令人耳目一新。

（4）从遗产保护的角度来探讨传统场（集）镇的保护与更新

传统场（集）镇作为人类社会文化的综合产物，包含着人类自身丰富的物质文化和精神文化内涵。随着时间的推移，在文化不断演变、交融、共生的过程中，传统场镇所蕴含的文化更趋于多元和复杂，这也从另个一方面使得对其保护的研究成为多学科交叉的领域，形成了以规划学、建筑学、历史学、经济学、民族学等多学科共同参与的局面。借助"百度""谷歌"等互联网搜索工具，对"场镇""集镇""传统小城镇"等相关关键词进行搜索[①]，不难发现其已成为国内外的一个热点话题。特别是近年来，国内关于传统场（集）镇、历史文化名镇研究的期刊论文数量增长态势较为明显，形成了较为丰富的研究成果。

总的来说，主要有两个层次：一是根据我国对传统城镇的保护历程与实践来探讨对传统场镇的保护；二是针对个案研究，来探讨传统场（集）镇的保护与更新。

对于传统场（集）镇保护的研究主要集中在以下方面。一是介绍国外历史文化遗产及传统小城镇保护的理论成果与实践。二是对我国历史文化名镇保护体系与方法进行研究。我国虽然拥有数量众多的传统小城镇（包括场镇、集镇），但相关保护研究起步较晚。20 世纪 80 年代初，由同济大学阮仪三主持的江南水乡古镇的调查研究及保护规划的编制，正式拉开了我国对传统城镇保护的序幕。三是对保护与发展关系的研究。保护与发

---

① 数据截止到 2013 年 5 月 12 日。

	百度（Baidu）	谷歌（Google）
传统小城镇保护 /Traditional Small Town Protection	113100	3345000
城镇保护 /Urban Conservation	124500	3234000
城市遗产 /Urban Heritage	431300	7142000
传统场（古）镇保护 / Traditional Town Protection	343000	432500

展作为传统城镇保护中一对既对立又相互联系的永恒矛盾体，也一直受到学者们的关注。单德启就提出：“保护”是指一种“人居环境”的历史的延续、保存，如周边环境、聚落或街区群体的空间结构、建筑形态、地域生态与人文背景等。“发展”则是指现代生活方式、价值观念、物质技术条件对历史状态的冲击、融合或更替。因此，对传统城镇原封不动式的保护或是推倒重来式的发展都是两个理论上的极端。

对传统城镇的保护实质上就是其某个或多个层面的价值得到维护、保留、利用的过程。我国传统场镇历史悠久，其价值构成也涵盖建筑艺术、历史文化等多方面，并且因不同的地域自然条件和文化背景而各具特色。因此，对传统场镇价值特色的认知和评价也是传统场镇保护体系研究中一个比较热门的领域。如赵勇就从我国历史文化名镇入手，在古镇的物质文化遗产和非物质文化遗产的基础上遴选出了15项指标构建历史文化村镇保护评价指标体系，运用因子分析法、聚类分析法等研究手段将首批名镇划分为4种类型并做出相应评价。近年来，一些学者突破了传统的文物保护与建筑学的惯性思维角度的影响，分别从社会学、经济学等角度来研究传统场（集）镇的社会文化结构、经济发展与土地开发、保护资金管理等问题。如华南理工大学的罗瑜斌就从经济学的角度分析了传统城镇保护中的资金来源和使用问题，并积极地提出了保护资金的筹措途径、管理运作以及资金回报的方式。

此外，对传统场（集）镇更新与再利用的个案研究也十分丰富。其中不仅涉及对传统场（集）镇保护与再利用理论、方法的研究，而且还从发展的角度提出了一些设想和建议。总的来说，我国在这个领域的研究和实践起步较晚，大约始于20世纪90年代。吴良镛先生的《历史文化名城的规划结构——旧城更新与城市设计》是最早从城市设计的角度对我国传统城镇更新做出的研究。之后，学者吴伟进提出了传统城镇保护与更新的规划思想。许建和则从区域的视角来看待传统集镇保护与更新策略。以上文献都为本文提供了宝贵的经验，拓宽了研究视野，对本文的研究具有十分重要的借鉴意义。

1.4.3 传统场（集）镇空间环境的相关研究

对传统场（集）镇空间环境的研究大多是从城市空间研究中发展起来的，随着“空间环境”一词含义的延伸，传统场镇空间环境作为研究对象，包含了一系列具有特定时空关系的要素单元，它不仅涉及考古学、地理学、人类学、经济学等多个学科，而且其研究的时空范围往往取决于研究者不同的研究目的和方法。

西方建筑学及规划领域对传统小城镇空间环境的探讨可以追溯到19世纪早期的区位理论研究。德国学者J.H.von Thunen从农业土地利用的角度提出农业区位论①，即城

---

① 杜能（Johan Heinrich von Thunen,1783-1850）在“农业区位论”研究中运用了“孤立假设化的方法”，即不考虑所有自然条件差异，而只考察在一个均质的假象空间里，农业生产方式的配置和与城市距离的关系。其理论的成立前提有6个假设条件：（1）肥沃的平原中央只有一个城市；（2）不存在可用于航运的河流与运河，马车是惟一的交通工具；（3）土质条件一样，任何地点都可以耕作；（4）距城市50英里之外是荒野，与其他地区隔绝；（5）人工产品供应仅来源于中央城市，而城市的食物供给则来源于周围平原；（6）矿山和食盐坑都在城市附近。

市周围土地的利用类型及农业的发展程度都是围绕着中心城镇呈圈层变化的。此后，韦伯（A.Weber）从现代交通方式入手，提出了"工业区位论"；克里斯塔勒（Christaller）从城镇消费中心和居民点的关系入手，探讨了城镇消费中心与居民点的结构和形成过程，提出了"中心地理区位论"。在他的理论假设中，三角形中心地分布和六边形区域是最有效的空间结构，并且经过长时期的演化，一个地区会形成多个具有不同等级中心的六边形区域。

显然，这些理论都是在区位理论研究的基础上形成的，并针对西方社会工业化初期传统城镇的空间结构和区域关系进行研究，从而将传统城镇空间环境研究引向了更为宽广的视野，这对今天川渝地区传统场镇的研究也产生了重要影响。

与此同时，国内对传统场（集）镇空间环境的研究也取得了巨大的进展。如东南大学的段进教授对传统城镇空间环境就很有研究，他较早地从区域的视角对太湖流域的传统集镇空间体系进行了详细的分析，同时通过对徽州古村落的深入考察和调研，从徽州古村落历史生长的五个阶段：定居阶段、发展阶段、鼎盛阶段、衰落阶段、再发展阶段以及现状村镇的建筑空间、街巷空间、村落整体空间等方面提出了独特的见解。李嘉华则突破了传统建筑空间的研究模式，直接将主题切入到传统村镇的整体空间环境中，将传统村镇的人工环境与自然环境结合起来进行整体研究。赵万民则从城镇、建筑、地景三个层面对三峡沿江城镇的传统聚居空间特征进行了深入研究。吴滔的《清代江南市镇与农村关系的空间透视》则以苏州地区商业市镇为研究对象，从水乡集镇景观环境、空间生产、交通空间结构等方面展开对传统集镇空间环境的研究。另外还有如翰林、李正华、单强、任放等关于地方传统集镇市场与政治、宗教、权力等的关系的研究，均具有较高的价值，由于篇幅的原因，就不再展开了。

总的来说，当前对国内外传统城镇空间环境的研究已不仅仅局限于建筑、街巷等实体空间形态，而是扩展到了城镇空间环境与经济、交通、宗教、军事等因素的关系方面，这对研究也具有一定的启发与借鉴作用。

1.4.4 对国内外相关研究的简要评价

通过前面对国内外学者相关研究的分析论述可以发现，当前我国对川渝地区传统场（集）镇的相关研究也初具规模，在研究方法、研究视角、研究理论等方面都取得了一定的成果。然而仍可在研究系统化、研究方法和实用价值方面进一步深入，主要体现为以下几个方面。第一，从研究内容上着，虽然对该区域内传统场镇及其中一些要素（建筑、街巷等）进行了研究，填补了不少学术研究的空白，但总体来说，研究的角度还相对比较孤立，分散的、片段性的研究还比较突出，缺乏系统性和全局性，对传统场镇在分布、类型、演变及经济文化环境等方面的特色缺乏深层次分析。同时，研究多集中在对传统场镇自身本体的研究上，或只围绕着保护谈保护，很少能将二者结合起来。第二，多数的研究仍旧偏重于单一学科，缺乏综合性、系统性的思考，特别是在该地区多元文化环境的影响下，更需要运用整体的、系统性的研究理论来梳理各个文化要素的关系，这在对川渝地区传统场镇特色的研究中尤为重要。第三，对川渝地区传统场镇空间环境的系统研究仍显不足，多停留在表面形态及单个组成要素的研究上，缺乏对要素间关系及构成规律的研究，特别是对其在不同文化环境中的特色表现研究不够。第四，一些保护研究缺乏针对川渝地区传统场镇自身特色所专属的保护要求，保护规划和保护方法大多是套用历史文化名城或历史文化名镇的方法，没有针对川渝传统场镇的特色形成适合它的保护策略与方法。

因此，本文以"川渝"为研究范围，从该地区内传统场镇的空间环境特色切入，通过宏观—中观—微观层面，对传统场镇空间环境的成因、演变、类型进行深层次分析，归纳和总结出其发展演变的规律特征，并以此为据提出契合川渝地区传统场镇空间环境特色的保护方法与策略，从而为当代传统场镇的理论研究和保护实践提供具有一定创新性的理论和方法。

1.5 研究方法与研究框架

1.5.1 研究方法

对于川渝地区传统场镇空间环境特色及其保护的研究，不能单一地就场镇空间谈场镇空间，就保护谈保护，必须从一种整体性的视角出发，结合传统场镇所处的环境，在总结归纳其特色的基础上提出具有针对性的保护措施和方法。所以，在研究方法上应该采用：

（1）系统分析法

系统论认为，整体性、关联性、等级结构性、动态平衡性、时序性等是所有系统共同的基本特征。因此，本文将川渝地区传统场镇看作是一个复杂的社会系统，从场镇的内部、外部、区域等多个层次，以自然、经济、交通、宗教、军事等作为要素，对其进行整体的、开放的系统研究。

（2）类型学、比较分析的方法

面对大量散乱的研究资料，运用类型学、比较分析等研究方法，对研究对象的形成、类型、特征展开研究，在分析、比较的过程中总结归纳出川渝地区传统场镇空间环境特征，分析其形成、演化的机制，是完成研究的主要方法之一。

川渝地区地域范围广，在漫长的历史演变过程中，区域内的场镇受地理环境、地域文化、经济发展等因素的影响，其分布、规模、空间格局等方面都各不相同，例如川西平原地区的场镇与传统丘陵地域的场镇就有明显的差异。因此，对该地区内传统场镇的考察，要探讨不同类型传统场镇空间环境的差异性，并找出共性规律，发现其个性特征。这是川渝地区传统场镇空间环境特色研究不可或缺的方法。

（3）实证与文献研究法

理论研究只有联系实际，尽可能地到实地去，记录场镇相关要素，与当地居民进行访谈，从实例中取得第一手的翔实的资料，才能具有旺盛的生命力和说服力。在此基础上，将田野调查与文献研究相结合，通过对相关历史文献的查阅，弥补调研的不足，这对于系统研究川渝地区传统场镇具有十分重要的意义。

（4）"以问题为导向"的研究方法

以问题为导向的研究方法是科学研究中一种较为常用的方法，它是从现实问题入手，针对具体的问题进行分析，进而探求解决问题的方法和途径，从而达到理论发展的研究目的。因此，本文从当前川渝地区传统场镇保护与发展中面临的困境入手，在系统归纳传统场镇空间与环境特色，回顾场镇历史变迁，借鉴国内外成功经验的基础之上，提出了以整体空间环境为特色的传统场镇保护理念，并在此基础上从保护方法、技术措施、保障制度、发展路径出发，探索并建构传统场镇空间环境特色保护的策略与方法。这构成了"发现问题—分析问题—解决问题"的研究路径和过程。

1.5.2 内容及框架

川渝地区传统场镇作为介于农村与城市间的一种空间体系，它根植于川渝地区独特的自然环境、经济、社会、文化中，经过不断的发展与演进，形成了其独特的空间格局与历史人文环境。首先，从宏观、中观、微观三个角度，对川渝地区传统场镇空间特色进行系统归纳，对川渝地区传统场镇现状进行分析和观察，在借鉴国内外成功经验的基础上，提出了"传统场镇空间环境特色保护"理念，探索了传统场镇可持续发展的保护策略与方法。研究的基本内容如下：

第一章为综述，内容包括研究背景，研究范围及对象界定，研究意义，国内外相关研究现状综述，研究方法及框架。

第二章从宏观角度出发，通过对传统场镇分布规律的统计与分析研究，归纳了川渝地区传统场镇的"网状"空间结构特征与地理环境、农耕经济、人口密度的密切关联，总结了"多层级"的场镇空间分布关系，同时对传统场镇的环境、经济、社会职能作用进行了归纳与总结。

第三章以中观的视角，对传统场镇空间环境的格局演进及类型特征依次展开论述。本文从早期"以商品交换为目的"的集市场所兴起开始，归纳川渝地区传统场镇历史演变过程及其特点，并从自然环境、经济贸易、交通运输、军事战争、宗教移民等方面入手，论述了川渝地区传统场镇空间环境的演变机制。在此基础上，总结了在不同因素影响下，川渝地区传统场镇空间形态和类型多样化的规律特征。

第四章从微观角度入手，基于空间环境构成，对川渝地区传统场镇的个性化空间环境特征进行归纳总结，从传统场镇外部开放空间环境的复合性特征、场镇建筑的地缘性特征、场镇人文空间环境的社会性特征、场镇景观空间环境的艺术性特征四个方面依次展开论述。

第五章通过对新中国成立后川渝地区传统场镇的变迁与场镇保护工作的现实观察，总结当前传统场镇所面临的现实困境，借鉴国外成功经验，提出了涵盖"保护与发展、维护与塑造、激活与转化"三个层面的传统场镇空间环境特色保护理念。

第六章着手探索并建构具有针对性及可实施性的传统场镇空间环境特色保护策略。从四个方面依次展开：首先，基于传统场镇的职能，提出了"自然生态环境保护""场镇集市贸易环境保护""社会文化环境保护"等多样性的保护策略；其次，根据传统场镇的空间环境特色，着重从"区域环境整合""群体空间织补""建筑空间修复""文化活态保护"等四个方面提出了保护技术革新策略；再次，针对保障制度体系暴露出的问题，通过导入战略管理机制、完善经济保障机制、健全公众参与机制、强化社会宣传与教育机制，构建了"管理机制完善与强化策略"；最后，以发展的视角，重点从场镇特色旅游资源开发、场镇形象塑造、文化产业发展等方面提出切实可行的发展策略。

第七章对前文进行概括与总结。总之，在充分探讨川渝地区传统场镇空间环境特色的基础上，根据当前保护中存在的问题，提出具体的解决方法，体现了从发现问题到解决问题的研究过程，对当前传统城镇的理论研究与保护实践均有较好的学术价值和指导意义。

本文框架如图1-3。

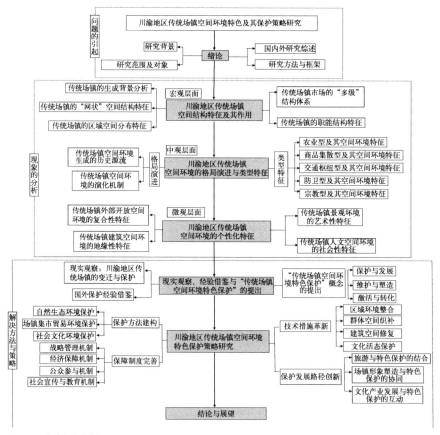

图1-3 本书研究框架

2 川渝地区传统场镇空间结构特征及其职能

中国幅员辽阔，各地区具体的自然条件千差万别，如山地与平原、干旱与湿润、温暖与寒冷等，历史文化背景、经济发展水平、当前的建设情况等也不一样，因此，人居环境的发展也有着明显的不平衡，特别是东部发达地区与中西部不发达的内陆地区，相应地，研究中的区域视野也愈显重要。

——吴良镛

"川渝"作为一个具有统一多样性的地域概念，不仅拥有丘陵与平原并存、山地与盆地同生的地形空间特征，而且还具有开放包容、多元共生的地理文化现象。它们共同构成了川渝地区传统场镇生成和发展的背景，孕育出了丰富多彩、个性独特的场镇空间。

传统场镇是川渝地区传统城镇体系的一个重要组成部分。历史上，伴随着川渝地区城镇经济贸易活动的兴盛，该地区出现了数量众多的传统场镇，并形成了一个初具规模的城乡贸易体系。在这种体系之下，一方面大大小小的传统场镇相互关联，形成了独特的"网状"空间结构，另一方面，在空间分布上则呈现出"数量大、分布广"，"核心区密集、边缘区稀疏"等特性。"多层级"的传统场镇市场则成功实现了商品物资在农村与城市间的上下流通。除此之外，传统场镇不仅在人们改造和利用自然环境时发挥着重要作用，而且还是人们日常社会活动的重要场所，从而在环境、经济、社会等方面都具有重要的职能作用。

因此，本章从宏观区域视角入手，着重探讨川渝地区众多传统场镇的空间结构特征与职能作用，这样不仅有利于人们对该地区传统场镇的基本情况形成总体印象，深化对川渝地区传统场镇的整体认识，而且比较它们之间的差异，还可使得对川渝地区众多传统场镇的研究更具整体性和延续性。

2.1 川渝地区传统场镇的生成背景

2.1.1 地理空间环境：巴山蜀水，山环水绕

"巴山蜀水，山环水绕"是川渝所处的四川盆地给人们留下的最为深刻的印象。从

地理学的角度考察，"川渝"位于长江上游地区，属亚洲大陆南部，就其地形构造来说是一个典型的盆地，围绕四周的是海拔 1000~3000 米左右的山地或高原，而在盆地内部则流淌着大小河流 500 余条，它们共同构筑起了川渝独特的地理空间环境。

从我国东西方向来看，川渝所处的四川盆地位于我国第三阶区——海拔 5000 多米的青藏高原至第一阶区——华中平原的过渡地带（图 2-1）。由于海拔落差较大，川渝地区拥有从海拔 4000 多米的横断山脉到海拔不足百米的成都平原，山峦迭起，地形复杂多样。此外，盆地周围群山环绕，虽北邻黄河中上游的青海、甘肃、陕西等省，但被东西向的称为"中国南北分水岭"的秦岭所阻隔；东侧虽然与湖北、湖南接壤，然而东北部大巴山系和巫山、沅水、乌江等重重障碍削弱了其与江汉平原的联系；西侧由于横断山脉的隆起隔断了它与青藏高原的连接，大部分海拔在 3000 米以上；南面与湖南、贵州交界的皱褶山地以娄山为主，高度为 1000~1500 米，地势垂直变化巨大。再从区域地理上看，该地区又是一个多山多水之地，盆地内不仅密布着长江、嘉陵江、金沙江、沱江、乌江、岷江等水系，而且除以成都平原为主的川西平原区之外，大部分地区为丘陵山地地貌。

简而言之，川渝地区所处的四川盆地作为一个相对封闭的地理单元，由于地跨我国一、三两级阶区，海拔落差较大，再加上境内盆地与山地相间，河流纵横，山环水绕，形成了从平原到山地、从河谷到丘陵、从峡谷到平坝的复杂多样的地理空间环境（图 2-2）。

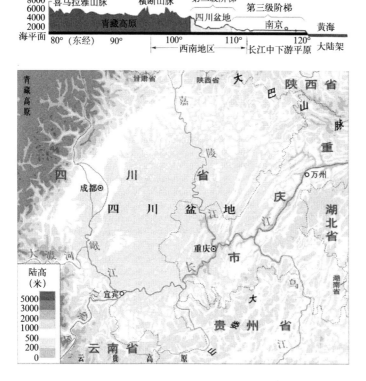

图 2-1　川渝地理空间剖面概貌（图片来源：作者改绘。参：中国地理地图[M].济南：山东省地图出版社，2008.）

(a) 川西平原	(b) 山谷地貌	(c) 山地景观
(d) 河谷地貌	(e) 三峡地貌	(f) 丘陵山地

图 2-2　川渝地区多样的地理空间环境（图片来源:(b)、(e)、(f) 自摄,其余来自网络。）

受这些地理空间规限的影响，生长于其间的川渝传统场镇因地就势，或临江河之畔，或位于河谷地带，或居于高台之上，或密布于盆地（坝子）之中，形成了独具特色的场镇空间分布和群体空间组织。复杂多样的地理空间环境使得川渝地区传统场镇呈现出了有别于平原地区传统城镇的空间环境特征。

2.1.2　水陆交通网络：四通八达，水陆相辅

依靠水运交通与陆地交通的相互配合，古代川渝地区构建起了四通八达的交通网络。在水运交通方面，由于四川盆地内水系发达，溪流众多，仅流域面积间于 500~1000 平方公里的就有 230 多条,通航河流 90 余条,水运自然成为川渝地区最为便捷的一种运输方式。其中长江及其支流作为川渝地区的主要水系，承担着区域内部与外界间的主要水上运输任务。[1] 历史上，川渝地区的陆路交通，由于多山、道路崎岖，不及水运便捷。因此，大多数场镇都沿江河布置或位于水运条件较好的码头附近。水系的通航条件在很大程度上决定着场镇的规模，而通航的场镇集市，也因此常发展成为地区的物资集散中心和枢纽。

在陆路交通方面，由于川渝地区自古以来就是通往西南云贵地区的要道，因此历代王朝为了加强与西南边疆的交通联系，弥补水运交通的不足 [2]，无不投入巨大的人力、物

---

[1] 全川河流除川西北的白河、黑河、达拉沟三条小河北流入黄河以外，其他如岷江、沱江、嘉陵江、涪江、渠江、乌江等七大主要河流以及赤水河、永宁河、大宁河等均属于长江水系。参：四川省交通厅航运局史志编辑室.四川内河航运史料汇集（第二辑）[M].1985：3.

[2] 由于四川盆地内部除长江干流外，大部分水系为南北方向，水路交通具有明显的不足，因此陆路交通线多以沟通东西为主，与江河流向多成直交或斜交，从而弥补水运交通的不足。参：王笛.跨出封闭的世界：长江上游区域社会研究（1644-1911）[M].中华书局，2000：49.

力修建大量驿道，使得该地区的交通状况大为改善。如川北地区，早在秦汉时期就修建了子午道、米仓道、阴平道等联系内外的川陕驿道，在盆地内部联系重庆和成都的成渝古驿道以及各州县之间的"官道"。各类道路相互连接，共同构筑起了川渝地区的陆路交通网络。

随着水路、陆路交通线路的不断拓展，到明清时期，川渝地区已基本形成了联系内外、四通八达的水陆交通网络。这不仅大大提高了该地区的交通运输能力，改善了川渝地区与周边地区的商品贸易联系，而且将沿江河及陆路交通线分布的场镇串联起来，构筑起了联系城乡的纵横经济网络。

2.1.3　自然生态资源：物博产丰，矿林并蕴

数千万年前，印度板块和欧亚板块的激烈碰撞，造就了今天四川盆地特有的地形环境，也成就了这片气候多样、物博产丰，素有"天府之国"美誉的人间秘境。

川渝地区的气候属于亚热带季风气候，年均温的分布极不均匀，这里既有温润的亚热带季风性气候，也有潮湿的热带海洋性气候。多样的地形以及气候环境，决定了川渝地区拥有从寒温带到亚热带的丰富的动植物资源，成为了全球生物多样性最为丰富的地区之一。据统计："四川盆地内除鱼类外，拥有脊椎动物 418 种；在全国约 3 万种高等植物中，四川盆地有植物近万种，拥有诸如水杉、银杉、红豆杉、水青树等多种珍稀植物，因此素有'动植物王国'的美誉"。

此外，四川盆地还是我国重要的农业产区和"天下粮仓"。早在秦汉时期成都平原就已开始大量种植水稻，修建于两千多年前的都江堰水利工程至今仍旧发挥着重要作用，而广大丘陵山地的旱地作物如小麦、玉米、薯类也产量颇丰。除了粮食作物以外，糖、麻、桐、茶等经济作物所占比重也很大，特别是柑橘、桐油、白蜡、黄连等，产量均居全国首位。这些都从不同程度影响着场镇的繁荣兴盛。

另外，由于区域内地质构造极其复杂，成矿条件有利，矿产资源极为丰富，其盐、煤、铁、汞、锡等储量巨大（图 2-3）。由于拥有丰富的矿藏资源，川渝地区一直以来都是我国重要的井盐、铁、铜等战略物资的生产基地。如盐矿的开采最早可以追溯到巴族的"廪君"时代，当时巴人利用自然盐泉和咸石制作"鱼盐"，并在春秋战国时期由秦国蜀守李冰组织开凿了第一口盐井——"广都盐井"，秦汉以后更是盐井遍布。随着这些矿产资源的开发，因矿产的开采、加工、运输、贸易而聚集大量人口，从而形成了场镇，如资中罗泉、巫溪宁厂就是其典型代表。

不难看出，多样的动植物资源、发达的农业生产、丰沛的矿产资源，一方面带动了农村商品经济的发展，为川渝地区场镇贸易的兴旺繁荣奠定了坚实的基础，另一方面，它们也直接推动着传统场镇向前演变，为场镇社会、经济的发展创造了重要的物质条件。

2.1.4　地理文化现象：开放包容，多元共生

"开放包容，多元共生"的地理文化现象在川渝地区极为普遍。自远古时代开始，

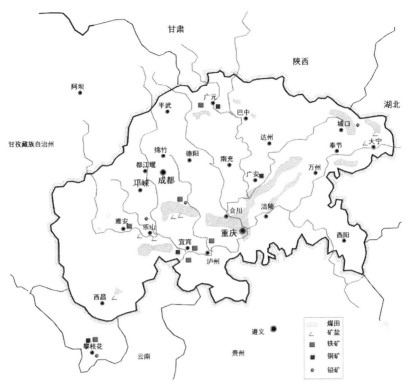

图 2-3　川渝地区主要矿产资源分布（图片来源：作者根据资料绘制。
参：中国地理地图 [M]. 济南：山东省地图出版社，2008.）

在这个相对封闭统一的区域内就已有人类活动，在历史发展的过程中，各种文化因子在
这里相互碰撞，发展演变，进而形成了川渝地区复杂而多样的地理文化现象，这在很大
程度上影响着川渝地区传统场镇空间环境的形成和演进。

　　首先，川渝地区的社会文化的形成与发展经历了极为复杂的嬗变过程，尽管早在新
石器时代该地区就已有人类活动存在，但其文化的形成却始于有着各自分布范围和文化
根源的蜀文化与巴文化。蜀文化以成都为中心，分布于四川盆地西部及陕西、滇北一代，
自距今四五千年的新石器时代兴起。巴文化则起源于湖北西南的清江流域，后活动于以
重庆为中心的长江流域及附近地区。从四川地区新石器时代遗址分布来看，除成都平原
之外，东至三峡地区，西至安宁河、雅砻江流域，广泛分布着数量众多的遗址，如著名
的三星堆文化遗址、巫山大溪遗址等（图 2-4）。遗址中出土的石斧、网坠、彩陶、石
凿等文物表明当时四川地区的文化与中原地区的龙山文化、仰韶文化，江汉地区的屈家
岭文化均有一定的联系。由此不难看出，早期巴蜀原生文化就已融合了中原汉文化的某
些因素，并不是一个孤立存在、自我循环的文化类型。此后，秦灭巴蜀促使巴与蜀两种
文化逐渐融合，最终形成了华夏汉文化的一个分支。正如林向所言："巴蜀文化是以历
史悠久的巴文化和蜀文化为主体，包括地域内各少数民族文化在内的，由古至今的地区
文化总汇。"

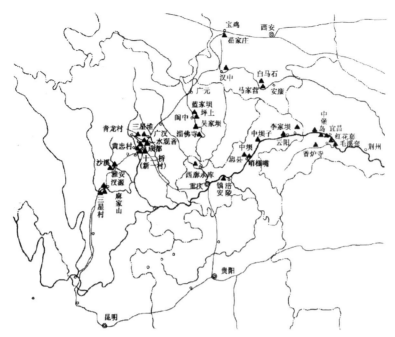

图2-4　新石器时代巴蜀文化遗址分布图示意图（图片来源：赵殿增．三星堆文化与巴蜀文明[M]．南京：江苏教育出版社，2005:184.）

其次，川渝地区因其独特的地理位置，自古就是"民族迁移走廊"，伴随着外来移民与土著的不断融合，不仅给川渝地区留下了开放兼容的民族文化特征，也使得该地区传统场镇的社会文化具有了海纳百川的特点。一方面，川渝地区作为一个多民族聚集地区①，由于特定的地理环境和历史发展过程，在历经移民垦殖、族群争斗、王延征伐等中央王朝强权开拓和民族纷争之后，川渝地区呈现出和谐、融合的民族关系，各民族错杂居，其文化的相互影响和交融混合现象也相当普遍，从而让许多场镇间的"文化亲缘关系"越发突出；另一方面，自秦汉以来，川渝地区经历了七次大规模的移民活动，每一次的移民活动不仅仅是人口的融合，伴随着移民的到来，各种外来文化都渗透到当地文化中，又逐步形成一种新的本土文化，如此往复演进，不断发展。受此影响，川渝传统场镇中的社会文化也呈现出复合多样的发展趋势。

再者，川渝地区在自身文化的形成过程中还经历了各文化的碰撞和融合：一方面，川渝地区地处几大文化板块的交汇之处，特别是北方的游牧文化、东亚大陆的农耕文化在这里相会，对该地区地域文化的形成产生了巨大的影响；另一方面，由于历史上川渝地区宗教文化的"相对弱势"，为世界三大宗教的传入和发展提供了深厚的土壤

---

① 川渝地区是一个多民族地区，除以汉民族为主体外，还拥有彝、藏、羌、苗、土家等少数民族。其中苗族、土家族主要分布在川东南石柱、酉阳、秀山、彭水一带，而彝族则主要居住在川南大凉山地区，从民族聚居分布上来看，具有"大分散，小聚居"的特点。

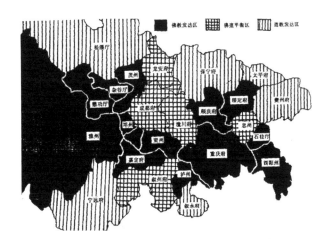

图 2-5 历代川渝地区佛道教分布格局（图片来源：蓝勇.西南历史文化地理 [M].重庆：西南师范大学出版社，2001：附图（6）。）

（a）合川涞滩场二佛寺　　　　（b）洪雅县槽渔滩五斗观　　　　（c）彭州白鹿古镇天主教堂

图 2-6 川渝地区传统场镇中的多元宗教印记（图片来源：作者自摄。）

和空间，因此佛教①、基督教②、伊斯兰教③以及本土的道教、巫教等宗教信仰在这片土地上不断碰撞、交融，呈现出多元宗教共存的复杂格局。也正是在这种背景下，不同宗教文化思想不仅在场镇选址、布局上留下了深深的印记，而且作为宗教文化物化载体的宫观寺庙也常常成为场镇最为显著的人文景观，使场镇空间环境呈现出独特的魅力（图 2-5、图 2-6）。

　　总之，川渝地区复杂多样的地理空间环境，丰富的自然生态资源，纵横交错的水陆交通网络，再加上多元共生的地理文化现象，不仅使该地区成为我国最具个性的文化区域，而且也为区域内传统场镇的生成和发展提供了理想的生存图景。

---

① 佛教，为川渝地区外来宗教中分布最广、影响最为广泛的宗教文化。根据近年相继发现的佛像文物显示，早在东汉末年佛教就已由中原传入川渝地区，且较为集中于乐山、彭山、蒲江、成都、绵阳等西川一线，据统计，至清代中叶，四川佛寺已达 1368 处。参：蓝勇.西南历史文化地理 [M].重庆：西南师范大学出版社，2001:212.
② 基督教，作为世界三大宗教的重要组成部分，传入川渝地区的时间最晚。鸦片战争以后，大批传教士进入四川地区，采用各种手段扩大教会势力，兴建教堂，至 1892 年，全川天主教堂共计 161 座，布道室 1239 处。参：戴彦.巴蜀古镇历史文化遗产适应性保护研究 [M].南京：东南大学出版社，2010：57.
③ 伊斯兰教，又称"回教"或"清真教"。在魏晋南北朝时期，阿拉伯商人就来到了四川地区，虽然建有一些清真寺，但对伊斯兰教的传播影响甚微。直到元代，由忽必烈所带领的数十万蒙古铁骑进军西南，此后伊斯兰教才在四川地区逐渐传播开来。

2.2 传统场镇的空间结构特征

据高王凌先生统计，在清代嘉庆时期，四川地区大约已有三千多个场镇集市，而到清末光宣时期，场市数量甚至已接近四千多个。然而，这些数量众多的场镇究竟是以何种方式进行商品贸易流通的，它们之间的关系如何，它们之间有何区别以及在空间上是如何分布的，这都是有待于我们去认真考察和研究的问题。

目前，对我国城镇空间结构体系研究影响最为深远的莫过于德国地理学家克里斯塔勒（Walter Christaller，1983-1969）的"中心地理论"[①]（图2-7）、廖什的"市场区位论"[②]以及之后美国的施坚雅教授对我国明清时期传统社会与城镇体系的研究[③]。而这些理论研

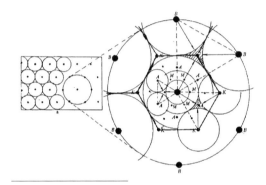

图2-7 "中心地"模式演变过程示意图
（图片来源：赵建军.克里斯塔理论与廖什理论的对比研究 [J].青岛大学师范学院学报，1997（6）：52.）

① 克里斯塔勒（Walter Christaller,1983-1969）的"中心地"理论，是于1933年在其博士论文《南部德国的中心地》里首次提出的。所谓中心地（Central Place），是指一定地域社会的中心，通常是一个城市、城镇或其他具有中心服务职能的聚居的居民点，通过提供商品或服务来控制这个区域。克里斯塔勒认为，根据中心地的重要性以及它在连锁性空间体系内的地位，可以将其划分为不同的等级和层次。在一定区域内，不同职能的中心地受到服务范围和等级的影响，具有明显的层级规模结构。等级高的中心地则能提供大量、高级的商品和服务，相应中心地的数目则较少；相反，等级低的中心地则只能提供少量、低级的商品和服务，而其分布广泛，数量众多。此外，在3个原则，即市场原则、交通原则、行政原则的支配下各级中心地最终会形成多级正六边形几何网络结构的分布体系——中心地理论。克氏的"中心地理论"之所以影响深远，主要是他将实践观察与理论研究相结合，在假设的前提下，首次将演绎的研究方法引入到地理学研究中，揭示出了一定区域内中心地等级规模、职能间的关系，运用数学方法和系统思维成功提出了中心地六边形空间分布模式，这无疑是一次对传统地理研究思维和方法的革命，因此，克里斯塔勒也被称为"近代地理学之父"。然而，不可否认的是，克氏理论中也明显存在着许多不足和缺陷，如在现实中很难满足其提出的假设条件，过分强调空间格局的完美性以及忽视了城镇间即中心地间的动态变化等。参：赵建军.克里斯塔勒理论与廖什理论的对比研究 [J].青岛大学师范学院学报，1997(6)：52-56.
② 廖什（A.Losch，1906-1945）的市场区位理论是以市场需求作为空间变量对市场区位体系进行解释，认为每一单个企业的产品销售范围，最初是以产地为圆心、以最大销售距离为半径的圆形，而产品价格又是需求量的递减函数，所以单个企业的产品总销售额是需求曲线在销售圆区旋转形成的圆锥体。随着更多工厂的介入，每个企业都有自己的销售范围，由此形成了圆外空当，即圆外有很多潜在的消费者不能得到市场的供给，但是这种圆形市场仅仅是短期的，因为通过自由竞争，每个企业都想扩大自己的市场范围，因此圆与圆之间的空当被新的竞争者所占领，圆形市场被挤压，最后形成了六边形的市场网络。参：者吉莲.评述廖什的市场区位论及其在实践中的应用 [J].金融经济，2006（4）.
③ 施坚雅教授（George William Skinner，1964-1965），其理论体系主要体现在《中国农村的市场和社会结构》《中华帝国晚期的城市》以及《中国历史的结构》等著作中，并可以分为"宏观区域说""核心—边缘理论""区域体系下中心地的层级及其划分""农村集市集期的排列关系""基层市场社区理论""传统时代市场与中心地的变迁"以及"区域发展周期说"七大部分。今天来看，施坚雅对于中国传统城镇市场空间体系的论述，仍旧对当下中国传统城镇研究影响巨大。他独辟蹊径，将经济学、人类学、地理学等领域的研究方法相互结合，建构了自成一体、独树一帜的理论体系，为中国传统城镇空间演变和市场发育的研究提供了一个独创性的分析工具。参：任放，杜七红.施坚雅模式与中国传统市镇研究 [J].浙江社会科学，2000（5）：111；史建云.对施坚雅市场理论的若干思考 [J].近代史研究，2004（7）.

究，更多的是从宏观层面的观察，缺乏对于特定区域具体情况的研究分析。因此，笔者试图在此基础上作延伸性研究，来探讨川渝地区传统场镇的空间结构体系。

需要说明的是，虽然早在唐宋时期草市就已在广大的四川农村地区大量出现，农村集市贸易活动已十分活跃，但是很难说当时的四川是否存在着一个完善的农村场镇结构体系。特别是经过长达半个多世纪的宋元战争以及明末清初旷日持久的战乱，川渝地区社会、经济、文化"基本尽绝"，而农村场镇集市也随着四川盆地中持续的大规模战争而消亡。一个最为浅显的例子就是在方志的记载中，成都人口"竟无遗种"，重庆城中"不过数百家，此外州县，非数十家或十数家，更有止一二家者"。自康熙中叶开始，四川盆地内的战事已毕，社会经济复苏，人口增加，农村地区的场镇集市贸易也随之恢复，到乾嘉时期，场镇数量更迅猛增长，并形成了一个初具规模的传统场镇集市网络体系，并延续至今。

因此，笔者对川渝地区传统场镇空间结构体系的研究主要是在清代川渝地区场镇发展研究的基础上作出的。

2.2.1　农村场镇贸易的兴盛

分布于农村地区的传统场镇是联系城乡经济的重要纽带，它们往往围绕在中心城市和中小城镇的周围，承担着广大农村地区与城镇间商品集散的功能。虽然在宋代四川农村地区已零星出现了一些场镇集市，不过川渝地区传统场镇的大规模发展和农村场镇贸易活动的兴盛是在明末清初以后，随着四川盆地经济、社会、文化的恢复而迅速发展起来的。

从清康熙中叶开始，川内战事已毕，社会经济复苏，四川地区经济商贸活动的发展进入了最为鼎盛的时期。首先，成都[①]、重庆[②]两大中心城市迅速崛起，成为了全区最为重要的两个商业经济中心，并向周边地区辐射，标志着当时长江上游区域市场格局变化的开始。其次，各州县的城镇，无论是规模、数量，还是城镇商品贸易都得到

① 成都，历史上一直是四川地区的政治、经济中心，历经元代的多次损毁，在顺治三年（1646 年）的焚毁之后，"城中绝人迹者十五六年，唯见草木充塞，麋鹿纵横，四郊枯木茂草，唯有白骨崇山"，近乎毁灭，省治一度暂设阆中。而随着顺治十年省治迁回成都以及轻徭薄赋的养民政策的推行，成都的社会经济得以迅速恢复。到乾隆时期，成都城郊人口已由清初的 3 万余人迅速发展到 20 余万人，城中各种专业性市场、商业街区也较原来有了较大发展，总数多达 40 余个，城外场市则多达百余个。特别是经过乾隆四十八年的重修后，成都城已是"周围四千一百二十二丈六尺，计二十二里八分"。参：李旭 . 西南地区城市历史发展研究 [M]. 南京：东南大学出版社，2011:109.
② 重庆的崛起则是在清代乾嘉时期。随着以粮食、棉花、桐油为主的大宗商品贸易的出现，重庆依托其在长江航运上的优势地位得到充分现实，各类入川的商品货物都汇聚于此，重庆府成为了当时重要的"换船总运之所"。清代，重庆还因其在川东地区的地理优势，成为川东陆路交通的中心，以重庆为中心的东大陆、小川东路、沿江路等分别与成都府、广安州、忠州、涪州等地相连。故此，在交通最优原则的作用下，重庆迅速成为了长江上游地区最为重要的商业和货物集散枢纽。商业的发达必然会带动城市规模和人口的增加，重庆从明代的"城内 8 坊，城外 2 厢"发展到清康熙中叶的"城内 29 坊、城外 21 厢"，到乾隆时"城内有街巷 290 条"。重庆城与江北厅城隔嘉陵江相望，两城周长总计 4968 丈，与当时的成都府不相上下。而人口也多由移民构成，其中以湖广籍、江西籍、陕西籍的商业性移民为主，至清宣统二年（1910 年），重庆人口已占全省人口的 15.8%，位居第一。参：林成西 . 清代乾嘉之际四川商业重心的东移 [J]. 清史研究，1994（3）：63；李旭 . 西南地区城市历史发展研究 [M]. 南京：东南大学出版社，2011：115；嘉庆《四川通志》卷 24 "舆地志·城池"。

了较大发展。[①] 商品贸易的发达直接带来了"商品资源产地、交通贸易线路上以及商品集散枢纽地"的繁荣，并直接带动了这些地区城镇群的发展，其中沿商贸水路发展而兴起的城镇群最有代表性，在四川盆地中的嘉陵江、沱江、岷江、涪江沿岸密集分布着各大城镇群。如在涪江流域分布着平武（龙安府治）、江油、中坝、绵州、三台（潼川府治）、射洪、遂宁等城镇；在嘉陵江流域密集分布着广元、阆中（保宁府治）、蓬安、南充（顺庆府治）。再者，随着川内经济的发展，以成都为中心的川中城镇群的发展，直接带动了以叙州府、泸州为核心的川南城镇群的发展——这是四川盆地内除成都、重庆外第三个重要的文化区域。与此同时，在岷江下游的川南地区（今西昌地），也在此背景下，出现了一定等级规模的城镇群。

值得一提的是，一些处于重要水运交通枢纽和商品转运中心的城镇，其规模与商品贸易水平也出现了巨大的增幅。例如位于青衣江、大渡河、岷江三江交汇之处的乐山（嘉定府治），是川南地区重要的水运枢纽中心，乾隆时期，乐山城内商业也颇为兴盛，有各种专门的集市，包括麻市、米市、盐市、铁市等 11 市，到清咸丰十年（1860 年），城镇人口增加，增筑外城，并开拓为专门的市场区，而由内外城街道的布局与数量的变化可以看出，乐山已开始了由居住型城市向商贸型城市的转变。与此类似的还有宜宾府、灌县（都江堰）、合州、万县等城镇。

最终，在城镇经济贸易的带动下，农村场镇商贸活动逐渐活跃，川渝地区传统场镇迎来了真正意义上的大规模发展。据学者统计，由于战乱的影响，清初（顺治时期）川渝经济一片凋零，农村地区场镇数量不足两百个，而经过数十年的发展，到清中叶（嘉庆时期），农村场镇已发展至近三千余个，呈数十倍增长（表 2-1，图 2-8、图 2-9）。这些场镇数量之多，分布之广，场市贸易之活跃，都是前所未有的，甚至某些中心场镇的经济地位已超过了作为传统地方中心的县城。如重庆永川的朱沱场，在清嘉庆年间就已是该县最大的粮食集散基地，正如《朱沱见闻散记》中所言："各场镇、农村粮食像潮水一样涌到朱沱，尤其是在新粮上市之后，载运不绝于途，虽至半夜，还听得到马铃叮铛之声。"从中不难看出，场镇集市在清代四川农村地区已发挥出极为重要的经济职能。

清（嘉庆、光绪）及民国时期四川地区场市（镇）数量统计表　表 2-1

府别	清（嘉庆时期）			清（光绪时期）			民国时期		
	州县	场市（镇）	平均	州县	场市（镇）	平均	州县	场市（镇）	平均
成都府	13	289	22.2	10	412	41.2	11	289	26.3
嘉定府	7	153	21.9	2	30	15	4	139	34.8
叙州府	9	228	25.3	12	308	25.7	4	116	29

[①] 依照清嘉庆时期四川有"十二府、八直隶州、六直隶厅、十九个府辖州，五个厅辖府、一百六十余县"的统计数据推算，在清代中叶，四川地区的城镇数量已超过百余所。参：任乃强.四川州县建置沿革图说 [M].成都：巴蜀书社，成都地图出版社，2002：40.

续表

府别	清（嘉庆时期）			清（光绪时期）			民国时期		
	州县	场市（镇）	平均	州县	场市（镇）	平均	州县	场市（镇）	平均
眉州府	4	114	28.5	2	22	11	3	76	25.3
邛州	3	56	18.7	2	46	23	2	95	47.5
绵州	6	74	12.3	3	45	15	2	49	24.5
龙安府	4	60	15	2	39	19.5	1	10	10
保宁府	5	223	44.6	2	128	64	5	391	78.2
潼川府	8	191	23.9	5	133	26.6	3	146	48.7
顺庆府	4	142	23	5	195	39	1	75	75
重庆府	9	393	43.7	12	598	49.8	6	328	54.7
绥定府	7	224	32	4	161	40.3	3	136	45.3
忠州	2	60	30	4	209	52.3	1	75	75
夔州府	1	6	6	2	95	47.5	1	47	47
资州	5	180	26	4	150	37.5	2	107	53.5
泸州	4	135	33.8	2	117	58.5	3	161	53.7
合计	91	2478	27.2	73	2960	40.5	52	2340	43.1

注：本表中嘉庆和光绪两时期列出的场市数量，缺乏记载的用相邻时期补入。

资料来源：作者根据资料整理绘制。参：高王凌. 乾嘉时期四川的场市、场市网及功能 [J]. 清史研究集（3）. 北京：人民大学出版社，1984：74-77.

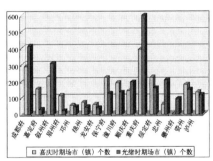

图 2-8 嘉庆光绪时期四川场市分析图（图片来源：作者自绘。数据依据表 2-1 获得。）

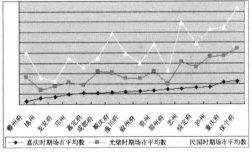

注：为获得可供参考的变化折线，对数据进行升降处理。

图 2-9 嘉、光、民四川场市平均数据分析（图片来源：作者自绘。）

明清时期四川地区与相临各省场镇集市发展状况对比统计表　表 2-2

省区	明代（嘉靖至万历）		清初（顺治时期）		清中（乾嘉时期）		清末（光绪、宣统）	
	州县数	场集数	州县数	场集数	州县数	场集数	州县数	场集数
直隶（关内）	14	132	52	527	49	637	59	826
山东	42	704	64	1126	74	1580	56	1555
陕西（关外）	16	143	21	238	28	264	37	351
四川（盆地）	—	—	13	135	91	2478	73	2960
湖北	—	—	33	548	47	1430	57	2074

续表

省区	明代（嘉靖至万历）		清初（顺治时期）		清中（乾嘉时期）		清末（光绪、宣统）	
	州县数	场集数	州县数	场集数	州县数	场集数	州县数	场集数
江西	45	459	51	545	43	976	47	1026
广东	—	—	72	1270	71	1969	—	—
江苏	44	698	59	1112	—	—	54	1351
安徽	23	294	31	708	—	—	23	671
浙江	54	368	66	605	—	—	45	734

注：江苏、安徽、浙江三省系市镇数。以上数据均按本表的时间划分重新统计。
图表来源：根据资料整理绘制。参：许檀.明清时期农村集市的发展 [J].中国经济史研究，1997（2）：23；高王凌.乾嘉时期四川的场市、场市网及功能 [J].清史研究集（3）.北京：人民大学出版社，1984：77.

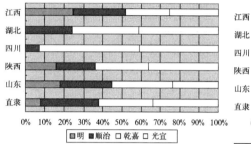

图 2-10　明、清全国主要省份州县数据分析表（图片来源：作者自绘。）

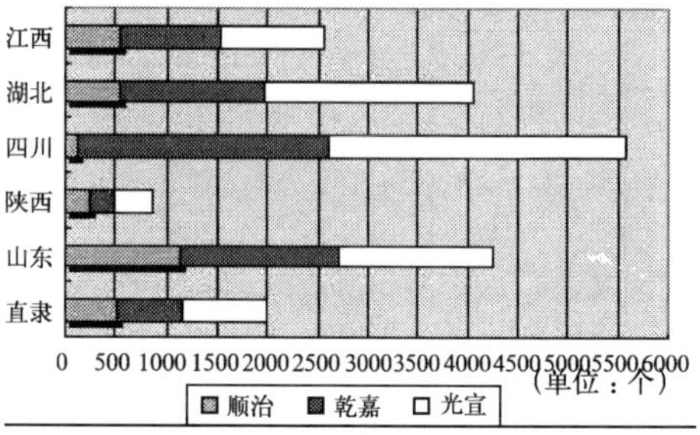

图 2-11　清朝时期全国主要省份场市数量分析表（图片来源：作者自绘。）

此外，再将视野扩展到全国来观察这一时期的川渝农村地区场镇集市的发展水平。依据表 2-2，图 2-10、图 2-11 所显示的数据可以看出，在清顺治时期，四川盆地地区州县数仅为 13 个，场市数为 135 个，与山东、湖北、江西等地区相较甚远，这与明末清初四川地区的战乱天灾、民生凋敝有着密切的联系。从清中叶（乾嘉时期）开始，伴随着数十年的移民垦荒，川渝地区的耕地逐步增加，农业生产迅速恢复和提高，川渝地区的场市数量呈倍数增加，并远远超过了同期的周边地区。特别是农村经济贸易迅速发展的乾嘉时期，正是川渝地区传统场镇发展的最重要阶段。以上事实表明，当时川渝农村地区商品贸易较为兴盛，并已形成了一个具有相当密度的农村场镇集市网络体系。

2.2.2　区域经济结构体系的形成

商品贸易的发展必须依赖于一定的经济区域。根据"中心地"理论，在一定区域内城市与农村场镇按一定的规律相互结合，构成区域经济结构体系，即区域中心城市统辖着一定数量的次级城镇和更多的农村场镇，并呈现出几何状的空间分布，而中心城市的经济影响力则通过这些场镇逐级传导到全区。正是如此的空间结构特征，使得在经过一系列频繁的贸易活动后，农村场镇最终纳入到了区域经济贸易的网络结构中。

正如前文所言，随着清代社会经济的发展，四川地区除成都、重庆以外，涌现出了如保宁府、合州、泸州等一批以商业贸易为主的地区中心城镇和城镇集群。围绕着这些区域中心城镇的商品生产、交换和消费已呈现出明显的地域差异，主要分为上川东、川西、川北、上川南、川南、下川南、川东、川西北八大经济区域（图 2-12、表 2-3）。

（清）四川盆地区域城镇贸易体系构成一览表　　　表 2-3

经济区	区域中心城市	所属地区城镇	备注
上川东经济区	重庆	涪陵州、彭水、广安、合州、荣昌、内江	该区域主要包括嘉陵江下游地区和黔江流域，是长江上游地区重要的商品集散中心。进出川内的桐油、粮食、药材等大宗商品贸易都在此集散，商业较兴盛
川西经济区	成都	简州、邛州、灌县、汉州、绵州	该区域是四川盆地内人口最为稠密、交通最好的区域，农业经济极为发达。故此，该区域内场镇外也较为密集，陆路交通以成都为中心向外辐射
川北经济区	顺庆府城（南充）	保宁府城（阆中）、遂宁、潼川府城（三台）	该区域包括嘉陵江中游、涪江中下游流域各州县，区内以棉、麻、蚕丝等纺织原料的种植为主，并形成了较为发达的丝织手工业区
上川南经济区	嘉定府城（乐山）	雅州府城（雅安）、峨眉、清溪、蒲江	该区域是指成都平原以南的岷江、大渡河流域。区内乐山、青神、眉山一带蚕丝手工业较为发达，犍为则是川内重要的岩盐产区之一，商品经济较为发达
川南经济区	叙州府城（宜宾）	昭通府城（云南）、长宁、江安、永宁	该区域位于四川盆地的边缘地带，一直是川内经济较为落后的地区之一，由于地理位置的原因，它一直是川内货物与云贵地区商品贸易的集散基地
下川南经济区	泸州	合江、自贡、自流井、纳溪、富顺、隆昌	该区域包括沱江下游及与长江交汇区域，与川南经济区、传统经济区接壤。该区域水路交通异常发达，以泸州为中心，成为了重要的商品集散地，同时，以自贡的自流井，为中心的盐场和生产运输，也是其经济的重要组成部分
川东经济区	万县	绥定府城（达县）、三汇镇、云阳、城口	该区域包括重庆以东以万县为中心的东南长江流域一带，地理上以丘陵为主，杂粮为主要的农产品。历史上该区是川内最大的鸦片种植区
川西北经济区	广元	昭化、南江、巴州、通江、剑阁	该区位于四川盆地的北部边缘山区，是川陕商品贸易的主要地区和商路。其商品贸易以木材、桐油、茶、药材、木耳以及一些旱粮为主

资料来源：作者根据资料整理绘制。参：王笛.跨出封闭的世界——长江上游区域社会研究 [M]. 北京：中华书局，2000：211-215.

这些大大小小的位置不同的经济区域并不是相互孤立的。一方面，各区域通过相互连通的区域交通网络保持着复杂的横向流通关系，从而形成了一个完整、畅通的更大层级的区域经济贸易网络；另一方面，在区域内部，农村场镇围绕在区域中心城市周边，通过与城市相互链接形成了一个上下联系的商品集散网络，并随着区域内商品贸易活动

图 2-12　区域城镇贸易经济区示意图（图片来源：作者绘制。）

逐步发展起来。

首先，区域交通不仅是城镇空间分布的基本脉络，更是各区域间商品贸易联系的纽带。根据四川主要水路交通与日本东亚同文会编的《新修支那省别全志·四川省》中的相关陆路交通资料以及《四川州县建置沿革图说》中的第22幅"清代中叶的行政区划，1727-1850"绘制的清代盆地内主要区域交通网络结构如图2-13所示。

在图2-13中可以清晰地发现：区域经济的范围是按主要运输线路形成的，从川北地区的广元水路经保宁府、顺庆府到重庆，再到涪州去武汉以及由成都为中心向四周辐射出去的陆路交通与云南、陕西甚至北京相连（而水路也可经嘉定府、叙州府、泸州至重庆），构成了历史上四川盆地中较为稳定的商品贸易交通网络格局。此外，在整个交通系统（江河系统）中，绝大部分城镇都分布在主要的交通线上，如川西北的广元、绵州，川东南的合州、彭水等。在府一级的地区性城市中，除了川北地区的保宁府（阆中）、川东夔州府（奉节）、绥定府（达县），其他府城都位于水路交通的节点之上。可见，在四川地区已经形成了一个以地区中心城镇为核心相互联系的区域贸易流通网络。

其次，在每个区域内部，在中心城镇贸易系统之下则是逐级降低的农村场镇市场系统。一方面，这些农村场镇将农村与城市紧密相联，形成一个上下链接的商品贸易网络；另一方面，农村场镇按照一定的规律排布，保持着复杂的横向流通联系。以川西经济区为例，该区以成都为中心形成了一个稳定的经济区域范围，几乎覆盖了名山、灌县、绵竹、三台、夹江、洪雅一带的川西平原地区。淮州是它的一个组成部分，通过将该区域

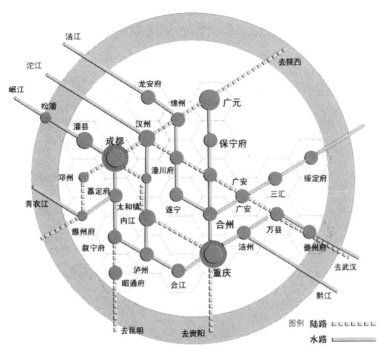

图 2-13　四川盆地区域交通网络结构示意图（图片来源：作者根据资料绘制。参：杨宇振.清代四川城池的规模、空间分布与区域交通 [J].新建筑，2007（5）；46.）

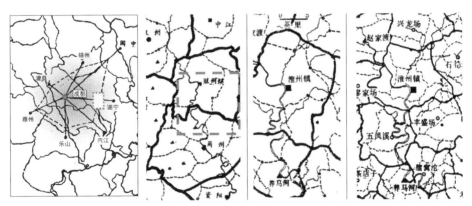

图 2-14　区域经济结构体系示意图（图片来源：作者根据资料改绘。参：王笛.跨出封闭的世界——长江上游区域社会研究 [J].北京：中华书局，2000；230.）

不停地放大，可以发现，淮州之下还分布有赵家渡、广兴场、廖家场等更低层级的农村场镇。这些农村围绕在淮州周边，通过道路相互联系，形成了一个更低层次的区域贸易系统。由此不难看出，在经济区内部，高层级的中心城镇贸易系统之下，包括了多个更低层级的农村场镇系统（图 2-14）。

　　由上述分析可以看出，在川渝这个相对独立的经济大区内，还包括若干不同层级的经济贸易系统。这些不同层级的贸易系统不仅将农村与城市紧密联系起来，而且相互间通过复杂的纵横向流通形成了一个复杂的商品集散网络体系。至此，一个完整、联系、畅通的区域经济结构体系在清代的川渝地区俨然形成。

2.2.3 传统场镇空间结构的"网状"特征

美国著名汉学家施坚雅教授（George William Skinner，1964-1965）在《中国农村的市场和社会结构》一书中，融合多学科的研究方法对川西平原地区在市场作用下的场镇集市空间结构模型进行了演绎，并从多学科的研究视角提出了"六边形市场区域理论以及每个市场区域有18个村庄"的理论模型的建构。毫无疑问，施坚雅所提出的"六边形"理论已得到了学界的普遍认同。然而，就川渝地区来说，是否传统场镇都按此结构分布还值得进一步深入探讨（图2-15）。

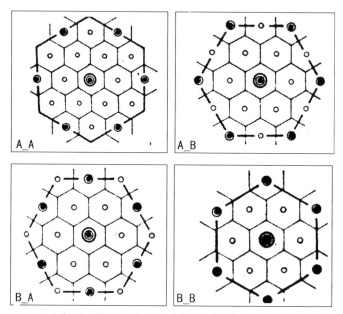

图2-15 六边形市场区域理论模型（图片来源：(美) 施坚雅.中国农村的市场和社会结构 [M].史建云，徐秀丽译.北京：中国社会科学出版社，1998：37.）

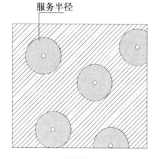

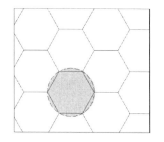

图2-16 场镇多边形市场区域的形成（图片来源：作者绘制。）

在川渝地区，受历史原因的影响，乡民们往往分散或三五成群地散居于田间地头，极少有大规模聚居型的村庄出现。因此，传统场镇自然而然地成为了乡民日常贸易的重要场所。传统场镇向周围提供商品服务的范围就是其辐射范围，所能吸引周边农村人口的距离则是其"服务半径"。随着经济、交通的发展，场镇数量也会不断增加，各场镇间服务区域彼此相切，空白减少，相互叠合形成一个多边形的市场区域（图2-16）。

然而，场镇的数量并不会无限制地增加，它会受到"规模门槛律"的控制，即场镇的数量和密度分布必须与该地区的资源、人口、贸易流通量以及生产力发达程度相一致，否则农村场镇市场难以生存和发展。显然，在不同的地理环境、交通运输和经济条件下，场镇的辐射范围和空间分布是有所不同的。例如在盆地中心地带以及一些丘陵坝子等经济较为发达的地区，农村地区场镇与城市间保持着复杂、紧密的双向流通关系，而在一些偏僻落后的地区，由于交通不便、山水阻隔，其商品交易极不发达，从而导致场镇集市间的空间结构关系相对稀疏。与此同时，虽然场镇相互间大致呈六边形分布，但在局部也会发生变化。如受地形影响，部分场镇往往沿道路或河边布置，形成轴向发展的结构关系，而这种轴同时又可能相互交叉，从而形成一种综合的网状结构。

基于上述分析，大小、规模不等的川渝地区传统场镇，通过相互叠合、挤压，按中心地分布规律，整体上呈现出多边形网状空间布局结构。然而，受地形、交通、经济发展等因素影响，这种网状结构又有不同的表现方式：

其一，"离散"状的网状空间结构。这大多出现在山区或经济不发达地区，由于受地形、交通、经济等因素影响，场镇间的距离较远，分布稀疏，各地区中心场镇间缺乏紧密的联系，呈现出较为离散的网状结构。以川东酉阳地区为例，由于该区域地处丘陵山地环境，经济发展水平低下，受山川阻隔，在县域内形成了数个相对封闭的区域，各区域之间的交通联系极为不便。设有官署行政职能的中心场镇酉阳则是区域惟一的中心场镇，它成为了该区域的核心位置，且与各区域的地区中心场市相连。由于二者之间距离较远，除了一些大宗商品贸易之外，几乎没有乡民往来赶场。相反，在每个区域内，由于场市相对集中，各场间通过场期的时空协调形成了相对频繁的商品贸易（图2-17）。

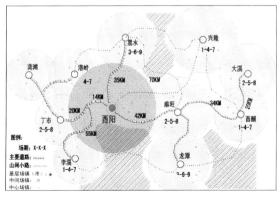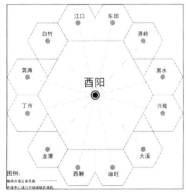

图2-17　传统场镇空间结构网状格局示意——酉阳地区（图片来源：作者绘制。）

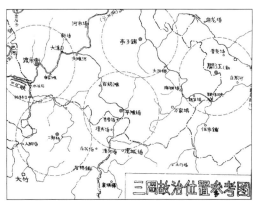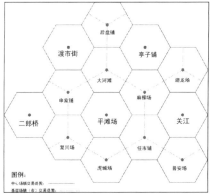

图 2-18　传统场镇空间结构网状格局示意——达州三冈县（图片来源：作者根据资料绘制。 参：任乃强.四川州县建置沿革图说[M].成都：巴蜀书社；成都地图出版社，2002：233.）

其二，"均质"状的网状空间结构。这大多出现在平原或经济较为发达地区，由于经济发达，路网纵横，场镇不仅分布密集而且联系紧密，呈现出以中心城市为核心，各场镇均质分布的网状空间格局。以为四川达州三冈县为例，该地区由于地处川西平原，交通网络密集，再加上物产丰富，区内经济发展水平较高，场镇分布密集，各场市（镇）之间的平均距离为 12 里左右（清乾隆时期就有 6 乡 36 场），而密布的水路交通运输网络，将平滩场、度市街等中心场镇与复兴场、石河场、万家坝等基层场市紧密联系起来，使得乡民们能够在区内各大小场间往来自由赶场（图 2-18）。

2.3　传统场镇的地理空间分布特征

明清之际，长达 40 多年的战乱与社会变革，使得川渝地区社会经济遭受了极大的破坏，据学者谢忠渠对两千年间四川人口的考证来看，正是在这一时期（清康熙六年，1667 年），四川人口处于历史上的最低水平，仅 9 万余人，从而导致了清初四川"丁户稀若晨星"的社会景象。后经过数十年的移民垦荒，四川地区耕地迅速增加[①]，人口呈几何状发展[②]，农村地区场镇贸易也逐步兴盛[③]。在这个历史发展过程中，场镇的数量、人口、耕地等历史过程反映到地面上，与地理因素相结合，共同形成了今天川渝地区传统场镇在地理空间上的独特分布。只有将这些抽象的数据与具象的、感性的"图像表达"结合

---

① 清初，康熙二十四年川省册载耕地仅为 17000 公顷，雍正六年增为 430000 余公顷，乾隆三十一年为 460000 公顷，嘉庆年间达 463000 公顷，此后，一直保持在 460000 公顷左右。参：王笛.清代四川人口、耕地及粮食问题（下）[J].四川大学学报，1989（4）：73.
② 从人口绝对数量增长来看：康熙二十四年川省人口为 9 万余人；乾隆五十一年为 242 万人；嘉庆二十四年突破 2000 万（2566 万人）；道观十年超过 3000 万；道观二十四年为 4061 万，跃居全国首位。参：谢忠渠.二千年间四川人口概况[J].四川大学学报，1978（6）：104.
③ 嘉庆前后，川省内大约有 3000 左右个场市，清末光宣时期达 4000 左右。从增长比例来看，乾嘉时期场市数量较清初翻了一番还多。参：高王凌.乾嘉时期四川的场市、场市网及功能[J].清史研究集（3）.北京：人民大学出版社，1984：74-77.

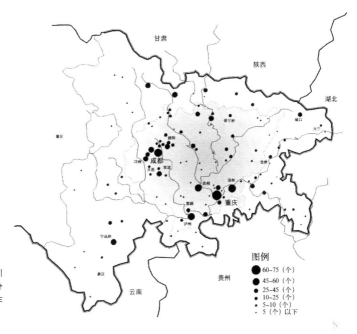

图 2-19 清嘉庆时期四川地区传统场镇（市）空间分布示意图（图片来源：作者绘制。）

起来，才能清晰地认知川渝地区传统场镇在空间上的分布面貌。

参照陈正祥在《中国文化地理》一书中对于各历史时期中国城市规模的研究方法，雍正《四川通志》《大清一统志》和高王凌对乾嘉时期四川地区各州县场市的统计数据以及《四川州县建置沿革图说》中第 22 幅"清代中叶的行政区划"制作了图 2-19。图中，按照场镇（市）的分布密度，以大小不等的黑色圆圈进行标识，并落在具体的位置上，从中可以看出川渝地区传统场镇在地理空间分布上的特征。

2.3.1 空间分布特征

首先，从图 2-19 中可以明显地看到川渝地区传统场镇呈现出"分布广、数量大"的空间分布特征。以川西平原地区为例，根据统计，清嘉庆年间仅成都府就有场镇近 400 余个，场镇分布密集（每百平方公里为 22.2 个）。这与川西地区位于盆地西缘的岷江冲积平原，在都江堰水利工程充分的灌溉下，一直都是我国最大的粮食生产基地与人口分布较为密集的区域紧密相关。千里沃土、人口密集、高度发展的巴蜀文明（广汉三星堆与成都十二桥遗址就是最好的例证）成为区域内场镇群落发展的良好基质，加之与中原文化的多边缘接触和交流，越发促进了区内经济文化的发展。这些地理环境及文化因子可以说是四川盆地内传统场镇数量众多的内在原因所在。

其次，围绕着重庆、成都两大中心城市，在川西平原和川东三峡地区形成了传统场镇分布较为密集的两大区域。以川东地区为例，虽然早期就有巴人的活动，并在战国时期就以"巴郡"纳入到国家版图之内，但由于其地处丘陵山地，缺乏如川西平原那样发达的农业经济作为依托，人口稀疏、复杂的地理空间环境等问题极大地限制了该地区农村场镇集市的发展。直到清代乾嘉之际，随着"湖广填四川"的移民活动、人口重心的东移、长江三峡航运的疏通、长江流域商品经济的发展以及重庆在川内经济地位的崛起，川东地区的场镇也随即迅速发展起来，成为当时解决"人口压力"、大规模商业贸易发展等问题的一条非常有效的出路。一个较为明显的例子就是在清康熙六十一年（1722年），成都府人口密度与场镇密度都是川内最高的，而随着川内二次移民的开始，人口中心向川东地区移动，使得以重庆为主的川东地区人口迅速增加，至清宣统年间，人口占全省的比例上升到15.8%，超过了成都所在的川西平原地区，而在此背景下，清代中叶，川东地区各种商业贸易型、专业化场镇大量兴起（表2-4）。

清代四川主要州府人口变化统计表　　　　表2-4

地区	面积（万平方公里）	嘉庆十七年（1812年）		宣统二年（1910年）	
		人口（万）	人口百分比（%）	人口（万）	人口百分比（%）
成都府（川西）	1.1	383	18.5	412	9.4
重庆府（川东）	3.0	234	11.3	693	15.8
眉州（川南）	0.26	55	2.7	69	1.6
雅州府（川西）	2.1	57	2.9	81	2.0
龙安府（川北）	1.8	56	2.8	59	1.3

资料来源：嘉庆年间数字：嘉庆《四川通志》卷63"食货户口"所载嘉庆十七年户口数；宣统二年数字：施居父. 四川人口数字研究之新资料卷四 [M]. 成都民间意识社，1936：6；王笛. 跨出封闭的世界——长江上游区域社会研究 [M]. 中华书局，2000：63.

另外，在空间分布形态上，因各地区自然环境、交通运输、经济水平等不同因素的影响而呈现出各不相同的空间分布格局。如川东及川东南地区，这两个地区由于航运发达，人口大多集中在沿长江流域地区，依赖于江河航运而生存，相应出现的场镇也多集中分布在沿长江及其支流的河谷、坡地地区（尤其是那些交通贸易型场镇），呈现出"带状"分布的格局。而在川南地区，以丘陵为主，同时经济发展水平较低，并主要依赖于矿业资源开采和农业生产（这里是四川盆地盐业的主要分布地区），以此为基础，形成了相对分散的场镇布局。在川西平原地区，良田千顷，人口密集，交通便利，场镇密度和农耕经济水平都较其他地区发达，场镇分布连接成片，形成了特有的"片状"分布，其中均质分布于川西林盘中的场镇就是其最为典型的代表（将在第三章进行详细论述）。

2.3.2 区域地理分布特征

在清代，川渝地区传统场镇在区域性地理分布上也呈现出较为典型的特征。

首先，传统场镇在区域地理空间密度分布上，因人口、耕地、地理条件而有所不同，总体呈现出"从核心区向边缘区逐步向四周扩散的形态"的特征。

"核心—边缘"理论是施坚雅的宏观区域学说中的重要部分，他认为："根据经济发展水平的不同，每个经济区域结构都可划分为核心区域（Core）和边缘区域（Periphery）

两大部分。"就四川盆地而言，作为核心区的盆地中心地带，在人口密度、耕地数量、交通便利，甚至是土壤肥沃程度等方面都远远超过边缘的山地丘陵区域，从而导致了核心区与边缘区域商品经济发展程度的差异性（图2-20）。

根据清代各府州范围内的场镇密度以及相关耕地、人口数量所做出的统计表格如表2-5所示，从中可以清晰地看出：传统场镇区域地理空间分布密度以核心区川西平原（成都府、邛州、眉州等地）为最高，盆地边缘地区最低，二者之间的其他地区（如嘉定府、叙州府、泸州、顺庆府、潼川府）较川西平原稍低，总体上呈现出由盆地中心向四周逐步降低的空间关系。

图2-20 四川盆地"核心、边缘"区范围（图片来源：作者根据资料绘制。参：王笛.跨出封闭的世界——长江上游区域社会研究[M].北京：中华书局，2000：213.）

其次，川渝地区传统场镇的地理空间分布密度与人口、耕地数量紧密相关，三者间几乎呈现出一定的对应关系（图2-21、图2-22）。在传统社会中，一个地区所拥有的人口资源与耕地数量对该地区的经济贸易发展具有重要影响。如以成都为中心的川西平原地区（包括新都、什邡、都江堰、大邑、德阳、双流一带），该地区自古以来人口密集，耕地数量巨大，一直都是四川农业经济最为发达和稳定的区域，素有"天府之国"的美称。因此，成都府在场镇密度、人口密度以及耕地数量上均位居四川各府州前列也不足为奇。然而，也有例外，如重庆府，虽场镇密度较大（高达每百平方公里43.7个，位居第一），但人口和耕地数量却存在着巨大的差异，这其中也暗示了其场镇经济已脱离以传统农耕经济为主，转而以大宗商品贸易为主要经济发展方式，故而耕地因素对场镇的影响也渐渐降低。

清乾嘉时期四川州县场镇密度、人口密度与耕地数量一览表 表2-5

府	场镇密度（个/百平方公里）	人口密度（人/平方公里）	耕地数量（万亩）
成都府	22.2	507.8	616
嘉定府	21.9	160.11	150
叙州府	25.3	91.84	279
眉州府	28.5	282.78	103

续表

府	场镇密度（个/百平方公里）	人口密度（人/平方公里）	耕地数量（万亩）
邛州	18.7	136.01	146
绵州	12.3	141.49	289
龙安府	15	67.73	63
保宁府	44.6	30.56	255
潼川府	23.9	105.37	260
顺庆府	23	155.72	244
重庆府	43.7	101.61	1.157
绥定府	32	60.48	217
忠州	30	63.76	158
夔州府	6	39.86	84
资州	26	96.34	305
泸州	33.8	74.34	153

资料来源：场镇密度：高王凌.乾嘉时期四川的场市、场市网及功能 [J].清史研究集（3），1999：77；人口密度：梁方仲.中国历代人口、田地、田赋统计 [M].上海：上海人民出版社，1980；耕地数据：嘉庆《四川通志》卷63"食货志二·天府下"3-38页。

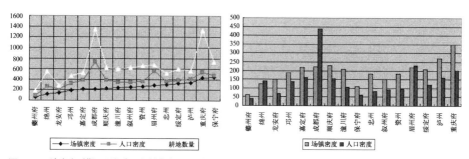

图 2-21　清嘉庆时期四川各府县场镇密度、人口密度、耕地数量分析表（图表来源：作者自绘。）

图 2-22　清嘉庆时期四川各府县场镇密度、人口密度分析图（图表来源：作者自绘。）

（注：为获得可供参照的变化折线，对数据的数量级进行了处理。场镇密度单位：个/千平方公里，人口密度单位：人/平方公里。）

　　此外，在"场镇空间分布"研究中潜藏着一个问题："平原地区的场镇数量一定比丘陵地区多，人口密集区域的场镇数量一定比其他经济地区的数量多"，按照通常的理解，回答应该是肯定的，因为在传统农业社会中，农耕经济的发达程度是与耕地、人口数量密切相关的，这种观点在学界具有普遍性。然而，从清嘉庆年间四川地区的场镇分布来看，其表现并不完全如此。在嘉陵江、涪江、沱江、岷江地区密集分布着众多的场镇，其数量甚至与成都平原地区相接近。如嘉陵江、涪江、渠江交汇处的合州地区，虽然它不是传统的农耕地区，但其场镇数量已达72个，远远超过了其他传统农业经济发达地区，类似的情况还有涪州、泸州等。而在盆地边缘一些矿产资源较为丰富的区域，虽然人口稀疏、耕地稀少，但依旧有大量场镇存在，造成这种情况的原因比较复杂，可能与交通运输、商业贸易、矿业开采等多种因素有关，这还需要进一步论证。

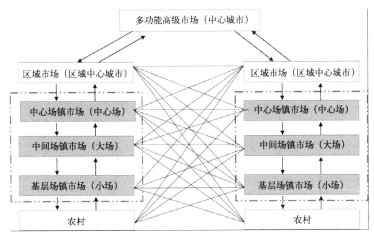

图 2-23　传统场镇市场层级示意图（图片来源：作者自绘。）

2.4　传统场镇市场的"多层级"结构体系

在清代四川方志中，多见有关"大场"、"小场"的提法，还有的把场市分做大市、中市、小市。[①] 根据这些相关记载可以断定，在广大的农村地区，传统场镇市场肯定存在着不同的层次，但如何划分这些场镇的层级？不同层级间场镇市场的关系如何？它们在整个商品流通贸易中处于何种地位？面对这些问题，笔者从场镇中的商品交易类型、市场发育程度等因素入手，将传统场镇市场划分为以下层级（图 2-23）。

2.4.1　基层场镇市场

基层乡村场镇也可称为乡村场市，它是指以满足基层民众生产、生活基本需要为主要目的的场市。通常，在这个场镇市场中，多为乡民间直接面对面"以有易无"的交换，商品也大多为粮、油、烟、蔬菜等农副产品，如乾隆《青神县志》就记载有"贸易各有场所"[②]，"凡米粮、牲畜，分别安置立市成交"，"凡列肆而售者各有其位，毋许紊乱"[③] 等。另外，一些商贩也会加入到场镇市场中来，他们通过与乡民的零买零售，将一些农副产品收购起来，运往上一层级的市场中，为农产商品的向上流通提供帮助。例如江北县的静观场，在清代，该场内设有草鞋、肉、煤炭、猪、鸡鸭蛋、米、杂品等专业市场，而当中大约只有煤炭和米两种商品可向上一级市场输送，其余商品多以满足乡民的日常生活为主。

总的来说，这种散布于川渝广大乡村地区的场市通常是乡民们交换剩余农产品、手工制品的主要场所和渠道，它们既是农产品和手工业品向上流动进入市场体系中较高层

---

① 见乾隆《郫县志》和嘉庆《郫县志》的有关记载。

② （清）王承燨纂修《青神县志》卷 2 "集市"，清乾隆二十九年（1764）。

③ （乾隆）《峨眉县志》卷 3 "街市"，清乾嘉庆间。

图 2-24 基层乡村场镇（市）商品流动示意图（图片来源：作者自绘。）

级的起点，也是供农民消费的输入品向下流动的终点（图 2-24）。

2.4.2 中间场镇市场

在基层场镇市场之上，则是具有一定商品集散和社会服务性质的中间场镇市场。通常由于商贩、乡民、场镇居民的介入，它在农村商品和劳务向上、下两方的垂直流动中处于中间地位，并具有分布广、数量众多的特点。

由于商贩的大量介入，在这一级场镇中一般设有专门的市场，固定的商业服务设施也较为齐全。场镇市场除一般的商品零售外，还具有一定的特色商品批发功能。它与农村基层场镇（市）相比，其场市上不仅有零售零买，而且还有着大宗商品的集散，并可进行中间层次的转手贸易。因此，从地理位置上来看，这类中间商业场镇一般都位于交通要道之上，如彭水县的万足镇，除了定期的场市贸易之外，该镇从道光年间便开始从事油漆生产："每年分春秋两次外运，由'歪屁股'木船运至涪陵，再由'舵龙子'帆船从长江外运至各省。"

更为重要的是，这类场镇市场除了具有商品贸易功能外，也拥有多样化的社会服务设施，为前来赶场的人们提供服务。据史料记载，重庆川东合州城隍庙场市每天散场之后，"各种吃食摊子、菜馆、酒馆先后开始营业。同时在戏楼下、两廊、过道都有卖小百货和日用杂品的小摊。还有看相、算命、医病、卖药、掷骰子、赌单双的江湖骗子，有打金钱板、说评书的民间艺人。"在《渠县志》中则有"市集之期，茶房酒肆，沉湎成风"[1]以及"酒肆所在，多有邑人赶集"，"民间聚会皆以集期"[2]的记载。

总的来说，中间场镇市场的价值在于：为城乡居民的生产和生活提供了必不可少的商业和社会文化服务。然而，这一层级的场镇市场大多仍以零售业和小规模的农副产品收购为主，长距离的批发贸易和商品转运在下一层级的中心场镇中才能得到广泛的体现。

2.4.3 中心场镇市场

中心场镇市场，在农村地区商品流通网络中具有重要的商品贸易集散作用。它一方面要收集农村下层市场的商品并将其输送到更高一级的区域城市或中心都市，另一方面则是要将商品分散到下属区域去。因此，它一般具有以下几个特征：

其一，这类场镇市场是周边农村地区商品的聚集地，常涌现出以大宗商品集散为主的专门性场镇市场，如粮市、棉市、丝市、茶市等。如双流县的簇桥场就是以温江、简

---

[1]（清）王来遴纂修《渠县志》卷 19 "风俗"，嘉庆十七年本衙藏版。
[2]（清）张凤翥纂修（乾隆）《彭山县志》卷 4 "土俗"。

州等地的蚕丝集散交易为主的市场；又如郫县，作为该地区的粮油产地，其县内的犀浦场就是以"米、麦、菜籽及油为大宗的"中心市场。

其二，这类场镇一般具有较为便捷的交通，通过大量商品的购进、卖出，在整个区域市场体系中起到了转输器的重要作用。如重庆开县的临江镇，即位于南河和映阳河的交汇处，水运交通便利，又是通往万县、万源达县的必经之地，各地商品要进入开县各乡场镇都要在此转运。类似的还有重庆酉阳的龚滩、大昌、西沱等。

其三，除了大宗商品批发贸易之外，中心场镇还是区域内服务业的中心。由于场镇商品贸易的兴盛、往来商贩的云集，各种商品储藏、客栈、马店、修船厂等服务性用房在场镇中大量出现，如重庆荣昌县昌元镇，每逢猪市开市前夕，场镇上的客栈常常呈现爆满之势，"每床二客仍不足安置，猪篓堆积有似牌坊"。

由此可见，中心场镇市场实际上是农村地区场镇体系与外部更高层级市场间的一个贸易枢纽，正是因为有了中心场镇，地区性大宗农副商品的贸易集散才成为了可能。总之，不同层次的传统场镇相互联结，构成了一个环环相扣、相互补充的网状农村贸易系统。这种农村场镇系统又与更高层的中心城市相连，形成地域性的甚至是跨省区的商业体系，从而实现了农村社会之间、农村与城市之间的社会、经济交流。

2.5　传统场镇的职能结构特征

综上所述，清末川渝地区传统场镇已形成初具规模的经济贸易体系。在这种体系之下，传统场镇一方面作为城市与乡村间经济贸易联系的纽带，具有重要的经济商贸职能；另一方面，它作为一种独特的聚落空间形态，还具有一定的环境职能与社会职能。在此，传统场镇作为一个人类活动的综合体，浓缩了环境、经济及社会各方面的信息。换言之，它代表了一个地方特定的生活方式，并具有以下三大职能（图2-25）。

2.5.1　环境职能

川渝地区传统场镇作为一种依托于川渝独特自然生态环境的聚落形态，在人们改造、利用自然生态环境的过程中发挥着重要的作用。关于其环境职能的探讨，归根到底是对"人地关系"的讨论，即场镇与周边环境的相互关系。在这种关系中，一方面，自然环境作为人类生存和发展的物质基础，在场镇发展的各个历史阶段，对场镇的经济生产活动、社会习俗、居住习惯等有着不同程度的影响；另一方面，场镇与自然生态环境并不是相互孤立的，场镇通过与周边环境的有机融合，实现了人与自然的和谐共处。归纳起来，

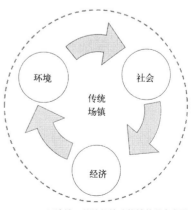

图2-25　川渝地区传统场镇功能结构示意（图片来源：作者绘制。）

合江福宝场   江津中山场

图 2-26 "人地一体"的川渝传统场镇（图片来源：作者拍摄。）

传统场镇的环境职能可以概括为以下两个方面：

（1）人地一体

"人地一体"是指传统场镇实现了自然生态环境与人工环境间结构和功能联系的完整。山峦起伏、江河纵横，这些构成了川渝地区最为基本的地形地貌特征。根植于这种自然环境下的传统场镇由来已久，许多场镇在营建时常常"逐水而居、依山而建"，与所处的地理环境有机融合，将自然元素融入到场镇的营建中来，呈现出场镇人工环境与自然环境合而为一、不可分离的整体关系。

如位于盆地边缘以山地丘陵为主的川东地区，由于地形高差变化较为剧烈，河谷交错分布，重峦叠嶂，奇峰秀林，构成了这个地区最主要的地形特征。由于可供场镇建设的平整用地规模十分有限，场镇聚落往往依山就势、灵活布局，采用架、挑、悬、爬等手法，尽可能利用每一寸可利用的土地，在天地间争取一切可以争取的空间，因而场镇的建设与环境的联系也就更为紧密，从而实现了场镇人工环境与自然环境的良性互动（图 2-26）。

（2）人文联系

人文联系是指传统场镇在"人化自然"的过程中，通过与之相关的人类活动或审美认知赋予了自然环境一定的人文意义。

中国传统文化的根基是关于人与自然关系的学说，所谓："人法地、地法天，天法道，道法自然。"在这种"天道"思想的引导下，传统场镇都体现出了与自然和谐共生的态势。在对待"自然环境"的问题上，传统场镇选择对自然环境的尊重与和谐，在场镇选址中也加入了中国传统思想和风水观念，强调"相地而建"、"道法自然"，一切人类活动应尊重自然规律，忌讳勉强。在场镇营建过程中，又十分重视对自然山水环境的利用，并善于在现实环境中寻找场镇之美的自然源泉，最终创造出了自然山水环境与人工环境有机融合的"人居环境"（图 2-27）。在现存的许多州县方志或文人诗词中都包含着传统场镇赋予山水环境独特人文诗意的记载。如《夔州府志》将大昌古镇描绘为"诸山萦绕峭壁如画"，《酉阳直隶州总志》描述龙潭古镇为"州东九十里，酉水绕其东下"。《阆中

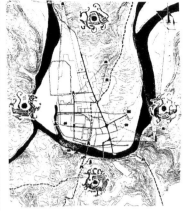

图2-27 与自然环境有机融合的场镇人居环境（忠州镇清代治城图）（图片来源：赵万民.巴渝古镇聚居空间研究[M].南京：东南大学出版社，2006:41.）

图2-28 具有独特人文意义的场镇环境（阆中风水格局示意）（图片来源：李先逵.四川民居[M].北京：中国建筑工业出版社，2009:60.）

县志》："城后倚蟠龙山，前照锦屏山，并本着风水穴位法中山向选择最重朝案的意向而规划……城中飞阁连危亭，处处轩窗对锦屏。（图2-28）"诗人沈增在描绘宁厂古镇时云："烟云惯作画图铺，遥衬峰头寨影孤。古嶂千寻山势陡，寒江一派水声粗。"

2.5.2 经济职能

传统场镇作为川渝农村地区商品贸易交换的主要场所，是以地方定期贸易为核心的经济流通机构："蜀人谓之场，滇人谓之街，岭南谓之墟，河北谓之集。"它的形成和发育都建立在与之相适应的经济活动之上，并与商品生产、交换、分配、贮藏和消费等息息相关。在川渝地区的传统社会中，传统场镇的经济职能作用主要表现为以下三个方面：

（1）满足农村商品交换

在川渝地区，场镇集市是农村地区经济贸易和剩余农产品调剂的主要场所，即所谓"乡非镇则财不聚，镇非乡则利不通"。这些传统场镇是广大乡民间以及乡民和商贩间进行贸易的立足点，是一种广泛存在的初级市场形态。

一家一户、男耕女织的小农经济一直普遍存在于我国封建社会中。在这种经济形态之下，作为经济单位的"乡民"通过剩余产品的交换来满足各自对生活物资的需要，从而实现经济体内部的自给自足，这属于农民间"以有易无"的形式，有的甚至是农民间"以物易物"的面对面交换。以四川合江地区为例，直到今天，在尧坝、榕山、望龙、白米、先市等场镇，每逢场期，除了商人们前来贩运农副商品外，周围的乡民也相聚于此，销售自己生产的农副产品以换取一些生活日用品（图2-29）。这种场镇市场的形式较为单纯，它既是产品供应的起点，也是商品销售的终点，其间往往没有转手的过程。

总的来说，在广大的川渝农村地区，农民日常生活、生产都依赖于场镇集市。在这里，场镇不仅实现了不同地区商品的调剂，满足了农村地区商品交换的需求，而且具有

图 2-29　兴盛的农村场镇贸易活动（图片来源：作者自摄。）

商品集散功能的场镇与专业性场市的出现，有效地加速了农村与城市间商品的流通，使得农民与场镇间的联系日渐紧密。正如施坚雅所言："如果说农民生活在一个自给自足的社会中，那么这个社会不是村庄而是乡村中的场镇市场所辐射的区域。"

（2）促进区域大宗商品集散

区域市场的发育程度依赖于区域间可供交换商品的规模。自古以来，四川盆地依靠其优越的地理环境和丰富的物产资源，成为历代王朝重点发展的区域。从清代开始，伴随着人口的增加、生产力的提升，可供交换的剩余商品大量出现。人口大量聚居带来了巨大的商品消费市场，在交通、经济、移民等多重因素的共同作用下（这在稍后的第三章中将详细论述），川渝地区内的场镇蓬勃发展，商品贸易规模日渐扩大。这时，场镇不仅成为了区域内农村和中心城市市场间商品贸易的纽带，而且利用其强大的经济贸易属性，通过商品"输入"和"输出"，具有了区域间商贸集散的职能，从而使得川渝地区场市不再偏居于自身封闭区域内，而是以一种积极开放的姿态，融入到了全国市场的贸易体系中。

早在春秋战国时期，川西平原的蜀布、邛竹杖、丝绸等商品就通过"蜀身毒道"出现在印度、缅甸等东南亚国家，从此拉开了四川地区与其他区域市场相互结合的序幕。随着场镇商品集散职能的强化，到清代，川渝大部分地区已经形成了一个容量巨大、门类齐全、供销两旺的区域市场。在这个区域内，场镇通过大规模的商品"输入"和"输出"实现了不同区域间商品的双向流通，使得市场内的商品贸易范围十分广泛，不仅有盐、茶、糖等与日常生活相关的商品贸易，而且还有来自于其他地区的如棉、铜、锡、铁、丝、药材、玉石等各种商品。如据《云阳县志》记载，嘉庆、道光年间，"常有京货船、南货船泊城下，经数月至，至辄大获"；而在《巴县档案》中也有广东粤缎贸易的记录。

在这些区域商品贸易中，最具有代表性的要数四川的粮食贸易。自古川西平原地区由于土地肥沃，适宜农耕，一直是川渝地区重要的粮食生产和粮食输出基地，特别是在清朝中后期，在政府的鼓励下，四川地区的粮食产量位于全国之首，并有"各省米谷，惟四川所出最多，湖广、江西次之"之说。而从掌握的史料来看，最晚在雍正初年即已开始了大规模的川粮外运，仅据嘉庆《四川通志》所载，雍正到嘉庆年间就有 11 次大规模的官运出川稻米的统计，总量高达 787 万石，"载货入川，载米入楚"成为当时的一种社会景象。也就是在长期的区域粮食贸易的运销中，赵家渡、石桥场、太和镇等一

（清）四川主要粮食集散场镇市场及运销情况统计表　　表 2-6

名称	粮食种类	粮食来源	输出方向	备注
赵家渡	大米、小麦	新都、广汉、德阳	石桥、资源、本县各场成都、资源、内江	四大重要粮食集散重镇之一
石桥镇	大米	赵镇、新都、金堂、德阳	资阳、资州、成都、内江	四大重要粮食集散重镇之一
太和镇	米麦	绵州、江油、安县	遂宁、潼南、同宝寺、洋溪、唐家渡	四大重要粮食集散重镇之一
中坝	大米	江油、金堂	太和镇、三台	
棉州	大米	安县、罗江、绵竹	太和镇等	
朱家沱	大米	慈云、稿子乡、塘河、石磨乡	重庆、江津、鱼洞	四大重要粮食集散重镇之一
合州	大米	渠县、广安、射洪、定远、南充	涪陵、万县、重庆等	川东北粮运咽喉

资料来源：作者根据资料整理。参：《太平县志》，杨汝芥纂修，乾隆十九年刻本；《三台县志》，谢襄等纂修，民国二十年排印版；《中江县志》，谭毅武纂修，道观民国十九年排印本；王笛.跨出封闭的世界——长江上游区域社会研究（1644-1911）[M].中华书局，2000.

批场镇成为了当时"粮米出川"的重要窗口和集散、转运基地（表2-6）。

此外，商人、牙人（中介）的出现则进一步强化了传统场镇的区域商品集散的职能作用。在传统社会中，商人们从事各地商品的兴贩。明清时期，四川地区的商人多来自江西、湖广、安徽、闽粤等地，他们不但资本雄厚，而且活动范围很大，活跃于各地的场镇市场。而在一些经济较为发达的汉族聚居地区，场镇中还出现了一批专业的商业中介人，俗称牙人或伢子，明代商书《土商类要》中就有记载："买货无牙，秤轻物假；卖货无牙，银伪价盲。"如在重庆荣昌县的昌元镇，就存在着这样的群体："他们在袖笼子里摸手指讲价钱，局外人不知道他们是什么价格成交的。对于大宗的买卖，即用纸包样讲价，成交后按样品出货……如果行市俏，他们在刚上市时，或在半路上乘农民不了解行情时，即压价收购。如果行市疲，他们在散场时，乘农民急于脱手，也压价收购，俗称'砍马脚杆'。"也正是由于商人、牙人的出现，加速了商品在不同场镇市场间的流通和商业资本的活跃，从而导致了众多场镇作为一个商贸网络体系的形成，实现了不同地区间如粮、棉、油、布等大宗商品的转运贸易和区域生产的分工。

（3）提供劳动力与金融市场

除了具有商品贸易功能之外，在一些经济发达和人口密集的地区，场镇还具有提供劳动力与金融市场的作用。

从清中期开始，移民的大量涌入虽然促进了川渝地区社会、经济的繁荣，但也带来了巨大的人口压力问题。据学者王笛考证，同治时期川内有900多万人（即人口总数的29%）缺少耕地，到清末，约1800万人（即人口总数的42%）缺少耕地。这些剩余劳动力大都由于人口压力而被排挤出农业生产领域，被迫进入劳动力市场，从事报酬低、高强度的诸如船工、纤夫、矿工、木匠等劳动密集型工作。广泛分布的农村场镇集市自然成为了决解这些人口压力问题的一个重要出口。如在沿长江三峡地区的场镇中，因水运交通的繁忙吸纳了大量的剩余劳动力，围绕着沿江场镇形成了一个相当庞大的自由劳动力雇佣市场（表2-7）。据乾隆《巴县志》记载："盐船所到之处，沿江上下数千里贫民无业者充募水手，大船四五十人，小亦二三十人，其奸良固属不一，然一举受而衣食有赖。"

开阜前川东地区农村场镇劳动力市场工价统计表　　　　表2-7

地区	时间	工种	工价数额	资料来源
永	乾隆四年	盖	工钱二百四十文	《刑部钞档》乾隆四年八月十日，署理四川巡抚印务方略题
大竹	乾隆三十年	烧瓦	每万工钱银二两二钱	《刑部钞档》乾隆三十年七月八日，四川总督兼巡事抚阿尔泰题
丰都	乾隆三十四年	烧炭	每月工钱银六钱	《刑部钞档》乾隆三十四年七月十五日，署四川总督兼巡事抚阿尔泰题
巴县	乾隆三十七年	—	每年工钱四千八百文	《刑部钞档》乾隆三十七年十二月初十日，管理刑部事物刘统勋等题本
江北	乾隆四十二年	采煤	每月工钱银五钱	《刑部钞档》乾隆四十二年六月十三日，文妥题
彭州	嘉庆七年	采煤	每月工钱一千文	《刑部钞档》嘉庆七年五月二十四日，四川总督管巡事勒保题本
丰都	嘉庆十八年	修造碾房	工价钱一千三百文	《刑部钞档》嘉庆十八年七月六日，四川总督管巡事务明题本
秀山	—	裁缝	除供饭外，五十钱一天	李竹溪、刘方建《历代四川物价史料》
长寿	光绪七年	制糖	工资为每天六十文，另供伙食	彭泽益《中国近代手工业史资料》第二卷，第116页

资料来源：作者根据资料整理绘制。

另外，商品的流通必然伴随着货币的流通，随着场镇市场贸易范围的扩大和成交量的不断增加，清代中后期，在四川一些商品贸易较为发达的场镇，出现了一批以票号[①]为代表的金融机构（表2-8）。它们不仅推动着区域内商品的流通，而且通过资金借贷、异地兑取、集存汇兑等金融功能，进一步推动了川渝地区场镇市场与周边市场的贸易联系。例如在很长一段时间内，川渝地区桐油、棉布、食盐、烟纸等大宗商品贸易都依赖于票号来实现异地资金的汇兑，甚至地方政府的赋税、丁银的收解都归票号承汇。但随

[①] 票号又称票庄或汇兑庄，是伴随着川渝地区商品经济的发展而出现的一种专门从事汇兑业务的本土金融机构。早在康熙年间，由于四川地区同其他各省间长途商品贩运的增长，对资金的需求量以及异地兑取业务的需求陡增，为了适应这种需要，票号就已大量出现，据史料记载，仅川东地区在乾隆时期就有山西票号16家，而且票号资本雄厚，每家票号少则五六万两，多则20多万两。不仅如此，这些票号还在广州、长沙、武汉、贵阳、昆明、上海、天津等地都设有汇兑代办点，在各邻省间形成了具有一定规模的金融汇兑网络。

号名	营业分类	资本（万两）	号名	营业分类	资本（万两）	号名	营业分类	资本（万两）
恒丰裕	银号	10.0	宝丰厚	银号	4.0	金盛元	帐庄	17.0
恒兴裕	银号	1.0	裕川厚	帐庄	2.0	义兴合	帐庄	12.0
万亿源	银号	2.0	长裕号	银号	0.5	恒非彩	票庄	1.0
德诚裕	票庄	4.5	世德辉	帐庄	0.8	永聚公	票庄	2.4
永盛明	票庄	3.5	聚川元	银号	1.0	恒立威	票庄	4.0
四达亨	帐庄	3.2	鼎新合	帐庄	4.0	同泰卫	票庄	2.0
天长厚	银号	4.0	兴盛长	银号	4.0	共计		82.9

19 世纪末川渝地区场镇票号统计表　　　　　　　　表 2-8

图表来源：作者根据资料整理绘制。参：四川文史资料编委会.四川文史资料选集（第 32 集）[M].成都：四川人民出版社，1984.

着近代中国进入半殖民地半封建社会，受银行等新兴金融机构的挤压，票号的业务范围和经营方式已不能适应经济和社会发展的需要，自清朝末年开始逐步走向衰落。

2.5.3 社会职能

由于历史、社会等因素的影响，川渝地区的农民以"散居"为主，再加上农业生产的特点和环境的封闭性，使得农民的生存空间局限在了狭小的范围之内。在不同场镇集市间的频繁"赶场"，则成为了乡民们扩大社会交往、开阔眼界、宗教集会、拓展生存空间的重要途径。就如施坚雅所言，一个农民到 50 岁时，去到附近基层场镇中至少有1000 次以上。因此，在川渝地区传统社会中，传统场镇还具有重要的社会职能，它不仅是乡民休闲、聊天、婚恋的聚集中心，而且也是农村地区宗教集会、国家政治传达的最佳地点。

（1）社会交往与文化娱乐

正如费孝通先生所言："在中国乡村社区，村落与村落之间是孤立、隔膜的，它们在活动范围上有地域的限制，生活隔离，各自保持着孤立的社会圈子。"尤其是在川渝地区，"大分散，小聚居"的聚居模式，使得传统场镇成为了农民生活中社会交往和娱乐的重要场所，而"赶场"则成为了适应乡民社交需求和文化娱乐的主要形式。

在大多数川渝地区的传统场镇中，除了设有集市贸易的场所之外，大都还设有茶馆、酒铺等社会文化活动场所。每逢场期，那些平日因散居而消息闭塞的人们除在场镇集市中买卖商品之外，通常都要到茶馆、

图 2-30　场镇茶馆（四川罗城，1999 年）（图片来源：张兴国教授拍摄。）

酒铺中一面喝茶聊天、听戏打牌，一面了解周围各种风俗、习惯和方言，一面接触形形色色的人，从而交换信息，扩展人际交往。不仅如此，这里也常是商贩们洽谈生意之所，有时甚至会成为乡民们日常"评理、聚会"的场所。也正因如此，"座茶馆"也成为了川渝地区场镇中最为普遍的一种民俗文化活动（图2-30）。

与此同时，场镇也是周边乡民们说媒婚恋的重要场所。在场镇集市期间，平日里相隔较远的乡民相聚于此，一方面可方便媒人们记下或打听哪家有适龄男女，从而牵线搭桥，另一方面也为男女青年们在场集期间相互接触认识提供了机会，特别是在川渝一些少数民族地区，男女婚恋大多为自由交往，因此，场镇市集也就成为了男女集会的重要场所。除此之外，川渝各地场镇的婚恋习俗也各不相同，并蕴藏着一系列地方性的习俗礼仪。如重庆的龚滩古镇，在"改土归流"前，土家族的婚嫁一般都是要"三媒六证"，要经过求婚、认亲、拜年、讨庚、过礼、娶亲等繁多的手续，婚期前三夜，新娘要"哭嫁"，婚期清晨，要由哥哥或弟弟将新娘背至堂屋哭拜祖宗后上轿起程，一路吹吹打打去往男家，拜堂入洞房，行礼如仪等（图2-31）。

此外，川渝场镇中有着丰富多彩的节庆集会活动，其中不少还演化成了场镇中较为固定的集贸节日。在这些节庆集会中，当地民众不仅可以进行自由的商品贸易和交换，还可以举行如戏曲表演、歌舞、杂耍等多姿多彩的民俗文化活动。如重庆市秀山县梅江镇，每年农历四月初八，当地苗族云集于此举行盛大的"苗王"节活动，在集会中人们

（a）迎亲（酉阳龚滩场）

（b）长席宴（重庆中山场）

（c）舞龙（四川黄龙溪）

（d）"四月八"苗王节（秀山梅江镇）

图2-31 传统场镇的民俗（图片来源：（a）（b）网络下载；（c）（d）作者拍摄。）

不仅要举行如祭祀、戏曲表演、歌舞、杂耍等多姿多彩的民俗文化活动，还要进行如土布、盐巴、大米等土特产品和家畜商品的交换，至今未变。又如成都双流黄龙溪，每年中秋、春节等传统节日都要举行各种民俗活动，有些甚至保留至今，如端午的赛龙舟，中秋的灯谜会等（图2-32）。

可见，在传统社会文化环境中，传统场镇不仅是农村地区商品贸易的场所，而且也是保留当地民俗文化活动最为完整和全面的地方，是周围乡民重要的休闲、娱乐、社交场所。

（2）庙会：宗教与经济的结合

"庙市"也称为"庙会"，是川渝地区传统场镇中普遍存在的一种文化风俗。它是指围绕着场镇中的寺庙观所而形成的群众性宗教信仰集会，在进行宗教祭祀活动的同时，常伴随着娱乐和商品交换活动的发生，从而将宗教信仰与经济贸易有机地结合在一起。

一般来说，庙会的商品贸易和娱乐功能是在庙会的形成、发展过程中逐步形成的。在庙会集众功能的带动下，参加的人数逐年增多，而人群的集聚自然会吸引商贾的到来，商贩们借助庙会，不仅销售香、纸、蜡烛等祭祀用品，还借机出售各种土特产品、衣物鞋帽、农用器具等，而且为了吸引更多的乡民来参加庙会，他们常邀请一些民间戏班在庙会期间进行表演，或组织如歌舞会、耍龙灯等群众性娱乐活动，从而给庙会增加了许多欢快热闹的氛围。久而久之，庙会中商品交易的范围不断扩大，特别是在一些商品经济不太发达的地区，庙会的集贸功能就越发突出，逐步演化成了区域内重要的定期贸易活动。如三台县郪江场的"城隍庙会"，每年农历二十八，周围十里八乡的人都云集于此，通过举行城隍出巡来祈求平安吉祥、风调雨顺。在庙会期间，不仅举行抬花轿、划旱船、舞草龙等各种民俗活动，还要进行热闹非凡的集市贸易活动。又如成都洛带古镇至今依旧保留着有130多年历史的庙会活动。与之类似的还有磁器口庙会、铜梁安居古镇庙会等（图2-32）。

（a）四川三台县郪江场"城隍庙"庙会　　　　（b）成都洛带古镇庙会（大年初五）

图2-32　川渝地区传统场镇丰富的庙会活动（图片来源：作者拍摄。）

总的来说，川渝地区传统场镇中的庙会活动，不仅有围绕场镇庙宇寺观的宗教集会活动，而且也有商品交易和礼神娱神活动，这便是庙会作为一种传统民俗能够长期存在的社会文化基础。因此，与其说庙会是宗教活动，不如说庙会是地方性的综合民俗活动，它包含着地方宗教信仰、商业民俗、文艺娱乐等诸多社会文化习俗。

（3）政治延伸与社会控制

自秦汉以来，我国历代中央王朝都十分注重对川渝地区的经营开发，特别是明清时期，中央王朝在军事、政治控制的基础上，通过场镇集市的设立与管制来对川渝地区进行经济渗透，逐步将川渝各地纳入到全国的市场体系中，从而达到控制川渝广大农村地区的目的。可以说，在历代王朝对川渝地区的开发过程中，传统场镇不仅是乡村经济贸易的场所，而且还蕴藏着农村地区社会控制、缓和地方民族矛盾、实现国家权力的延伸等社会文化特征。

首先，川渝地区传统场镇的发展一直受到历代中央王朝的重视，这表现在场镇集市的新建和废除必须经过地方官府的许可，而且政府还要派遣官吏，甚至是军队驻防，企图通过对场镇的管理来控制广大的农村地区。如在嘉庆《洪雅县志》中就记载，场市街巷一般要求设立栅栏，并令更夫按时启闭，而且场中还要设置乡约，或专设"场头"或"客长"数人不等，负责"平物价以息争讼，惩奸猾以杜侵欺"。资阳集市则规定"每月初一、十五日或初二、十六日"在场上宣讲"圣谕广训"，以便国家政策的上传下达。

其次，在川南大凉山以及川东南与黔、鄂交界处的少数民族聚居地，由于历史上"汉少夷多"，长期被中原视为蛮夷之地，因此，历代中央王朝（特别是明清时期）不仅通过在少数民族地区设立场镇集市发展商品贸易，而且还对场镇集市进行严格的规定和限制，将少数民族地区日常的经济活动纳入到国家权力的监控之下，以期达到"教化蛮夷"，缓解地区民族矛盾，强化国家政权在少数民族地区的稳固的目的。如雍正五年（1727年），湖广总督傅敏在制定"治苗五款"时就有"苗人之所欲惟利，多为盐布、丝麻、绒线等物。如官方能为之设集场，通商旅，以贸迁有无，苗人则群情自然畅悦，其间纠争自然减少"的认识。在乾嘉时期，为了强化国家在川黔交界处——"苗疆"的统治地位，除了修筑大量的碉卡卫哨之外，还对苗汉间的贸易作出了"民苗买卖应于交界处所立场市，定期交易，不准以田亩易换物件，有违者官为弹压"，"每月三集，听苗民互市，限市集散"以及"若民人与勇丁与苗人买卖，须照价公平交易，不得欺压"等规定限制。客观上来说，这些关于场镇集市贸易的强制之策，在一定程度上推进了民族地区社会的全面发展，更为重要的是，汉族与少数民族间的贸易往来因严格规范而日趋密切，从而使得民族纠争有所缓和。与此同时，土家族、布依族等川渝地区少数民族在参与场镇商品贸易活动的过程中，逐步被当地汉文化所同化，成为了"渐染汉风，与汉同俗"的"熟番"。

可见，川渝地区传统场镇是镶嵌于社会文化之中的，在很大程度上充当了传达"国家意志"的角色，它不仅联结起了地方与国家之间的各种事物，而且蕴藏着历代王朝对川渝地区进行开拓和经营的诸多政治策略。

2.6　小结

传统场镇作为川渝农村地区重要的商品贸易场所，是城市与广大乡村间商品双向流通的枢纽。明清以后，随着社会经济的复苏，川渝地区传统场镇进入了一个全盛发展时期，不仅数量众多而且分布广泛，从而形成了一个初具规模的农村场镇集市贸易网络，并影响至今。

为此，本章通过对大量地方志书与历史文献资料的整理和广泛的实地调查，以数据统计和实例分析为基础，从宏观区域视角对传统场镇空间结构特征、地理空间分布特征、场镇市场结构体系、场镇职能等方面进行重点论述，以期为深入认识川渝地区传统场镇提供一个全新的视角。

首先，从康熙中叶开始，在城镇经济贸易的推动下，川渝地区传统场镇数量成倍增长，至乾隆时期已多达三千余个。这些场镇不仅围绕着区域内各大城镇布置，广泛分布于农村地区，而且依靠便捷的区域交通网络，与区域中心城镇、中心城市一起构筑起了完整、顺畅的区域城乡贸易网络。随着场镇的不断发展，规模不等的场镇通过相互叠合，整体上呈现出多边形的网状结构特征，但受地形、交通、经济等因素的影响，在不同环境下又有"离散"状和"均质"状空间结构之分。

其次，数量众多的川渝地区传统场镇在空间地理分布上也有其独特的表现。在空间分布上，场镇呈现出数量大、分布广的状态，以重庆、成都为中心的川西、川东地区是其分布最为密集的两大区域。与此同时，受地形、交通、经济等因素的影响，各地区的场镇空间分布格局也各不相同。在区域地理分布上，传统场镇分布密度一方面呈现出从核心区向边缘区逐步扩散的特征，另一方与人口数量、耕地等因素相互关联，三者大体上呈现出相互对应的关系，但受矿产资源、交通、商贸等因素的影响，也有例外。

再次，在商品贸易流通的过程中，层级分明、环环相扣的多层级场镇市场（基层场镇市场、中间场镇市场、中心场镇市场），在区域内构筑起了一个高效运转的城乡贸易网络，实现了商品在城乡间的自由流通。

此外，川渝地区传统场镇不仅在经济方面具有重要作用，而且它作为一种独特的聚落空间，还具有一定的环境与社会职能。一方面，传统场镇依托于川渝地区独特的自然生态环境而存在，它通过与周边环境的有机融合，实现了人与自然的和谐共处；另一方面，传统场镇在满足农村商品交换、促进区域大宗商品集散、提供劳动力与金融市场等方面具有重要的职能作用。同时，川渝地区传统场镇还是周边乡民重要的社会交往、文化娱乐、宗教聚会场所，甚至还承担着国家政治传达与社会控制的职能，从而具有了重要的社会职能。

3 川渝地区传统场镇空间环境格局演进与类型特征

从地理学与历史学中，都可以清楚地看出人类居住形式并不是到处都相同，并且它们随着时间的推移在不断演变着。同样显而易见的是，人类社会对这些居住形式有着各自特殊的态度。

——Augustin Berque

正如前文所言，在长期而稳定的封建社会环境中，数量众多的传统场镇广泛分布于川渝各地，其不仅是广大农村地区重要的经济、社会、文化活动场所，而且还是农村与城市间联系的桥梁。

然而，在川渝地区传统场镇的历史发展过程中，由于每个场镇所面对的环境千差万别，如地形地貌、经济水平、交通条件、军事战争、宗教文化等，使得每个场镇的演化和发展路径也存在着明显的差异，从而形成了丰富多彩、千差万别的场镇空间环境。换句话说，正是由于川渝地区复杂多样的地理和文化现象，造就了类型多样的场镇空间和形态。因此，为了进一步提升对川渝地区传统场镇空间环境的认知，一方面需要从传统场镇的历史源流、演化机制等方面入手来审视各种影响因子与场镇空间环境生成和发展的内在联系，另一方面也有必要将场镇放置于川渝独特的地域文化环境中，透析川渝地区传统场镇空间环境的不同类型和特征，以期对川渝地区传统场镇空间环境的研究更上一层。

3.1 川渝地区传统场镇生成的历史源流

3.1.1 早期集市场所的兴起

以商品交换为目的集市场所 ① 的文字记载，最早可以追溯到《易经·系词下传》中关于 7000 多年前炎帝神农氏时期的"日中为市" ② 和黄帝时期的"道不拾遗，市不豫贾"的相关记录。另外，从《淮南子·修务训》中的"尧之治天下也，水处者渔……得以所有，

---

① 集市场所是指在一个特定的地点，每隔一定的时间间隔买卖双方会聚在一起进行商品交易等活动的一个空间场所。
② 《易经·系辞下传》："日中为市，致天下之民，聚天下之货，交易而退，各得其所。"

图 3-1　四川汉代画像砖 "市集图"（图片来源：高文 . 四川汉代画像砖 [M]. 上海：上海人民美术出版社，1987:14.）

易其所无，以所工易其所拙" 和《尸子》中关于舜 "顿丘买贵，于是贩于顿丘，传虚卖贱，于是债于传虚" 以及墨子关于舜晚年南征三苗途中去世的 "节葬，道死，葬南己之市"（《墨子·尚贤》）等相关记载中，可以看出在炎、黄帝之后的尧、舜时代，集市场所中商品交换的范围不断扩大，不仅出现了以交换为目的的商品生产来 "易其所无，以所工易其所拙"，而且还出现了 "买贵" 与 "卖贱" 式的长途商品贩运。因此，笔者认为，早在原始社会中后期，随着第一次社会大分工的出现，商品交换就已趋于常态化和稳定化，从而标志着以交换为目标的 "市" 的出现。集市场所的出现最早可以追溯到神农氏时期 "日中为市" 的时间节点上。

随着生产力的进步，交换及市场的发展，集市场所在不同环境中的表现也各不相同，这从各种文献考古中都可以清晰地看出。如《史记》中所载 "古未有市，若朝聚井汲，便将货物于井边货卖，曰市井" 的井市；也有《周礼·考工记》中所描述的专门为奴隶主和贵族服务的 "宫市"；还有《周礼·地官司徒》中记载的 "凡国野之道，十里有庐，庐有饮食；三十里有宿，宿有路室，路室有委；五十里有市，市有候馆，候馆有积" 的 "旷野之市"[①]。20 世纪四川出土的汉代画像砖上，则对集市场所中的景象进行了生动的描绘（图 3-1）。

除此之外，在战国时期的一些文献典籍中还出现了在军队驻防之地设置的 "军市"[②] 与为少数民族贸易而开设的 "马市"、"互市"、"边市" 等。

综上所述，以商品贸易活动为特点的集市场所早在氏族社会时期就已出现，并在此基础之上逐步发展，形成了诸如 "井市"、"旷野之市"、"军市"、"马市" 等多种类型的集市雏形，这些都是我国早期集市场在社会中的存在形式。

3.1.2　从集市场所到集市聚居

集市聚居作为集市场所发展到一定阶段的产物，它的出现不仅是集市贸易频繁发生后的必然，也是社会、经济、文化随着商品交换而汇集后的共同结果。

在这里，"聚" 为汇聚，它不仅代表 "财" 和 "物" 的汇集，也是人的汇聚，更是

---

① 旷野之市（也称为野市）意指无人居住的旷野集市。每逢集期，周围乡民们自觉汇聚于一片空旷的场地之上进行交换，若是遇到暴雨，集市活动只能草草收场。这种野市在云南还被称之为 "露水街" 或 "草皮街"，意为集市像清晨的露水一样，不一会儿就会消失，恰到好处地概括出了这种旷野之市的特点。
② 《商君书·垦令》："令军市无有女子。"《战国策·齐策》："士闻战，则输私财而富军市，输饮食而待死士。"

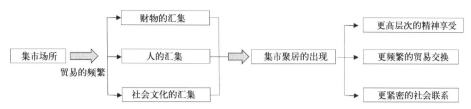

图 3-2 从集市场所与集市聚居生成的关系（图片来源：作者自绘。）

社会文化生活的汇聚。随着集市贸易的发展，"聚"自然成为了集市场所发展到一定阶段的本质特征，也就是常说的"致天下之民，聚天下之货"。与此同时，聚居作为人类生存的需要，个体间常常彼此结成群体，群体内以一定的结构关系维系，随着集市贸易的频繁以及一部分人走出乡村，定居于集市，依靠人与人之间的交换，过着"集市化"的生活，集市贸易活动自然成为了其维系自身生存的重要行为模式，而由此形成的集市聚居也源远流长（图 3-2）。

为了说明集市聚居的出现，不妨来看看以下两个例子：历史上川渝农村地区最初存在着一些集市场所，它们位于一些水路要道或渡口及驿站所在地，是几间用茅草盖成的房屋，或服务于运道上的行人、马帮，或用作周边乡民定期交换商品的场所，既非官设，也无市官。每逢集期，人们纷纷赶来；日渐偏西，又各自收拾地摊，人背骡驮，匆匆离去。这种集市场所被人们俗称为"幺店"或"草市"。如在《续资治通鉴长编》卷二中就这样描述："戎泸州边远地方……去州县远，或无可取买食用盐茶农具，人户愿于本地方，兴置草市，招集人户住坐作业。"可见，这种草市是为方便乡民贸易交换而形成的。随着贸易的发展，经济效益的驱动，一些乡民逐步脱离原来的农业生产，专门从事集市贸易，人们将因集市贸易的进行而累积起来的"本钱"再投入，这些草棚逐步被改建成了适于定居下来的围墙瓦房，而随着于此定居的人们的逐渐增加，原本零散分布的草屋逐渐向聚居空间转化，进而不断发育，初具场镇形态。如綦江的东溪镇，原名万寿场，初为綦江边上的几间幺店子，以方便过往商旅及四周乡民赶场，随着市场的繁荣、人口的聚集，集市规模不断扩大，至清光绪年间，已成为重庆南部规模较大的场镇（图 3-3），类似的还有九龙坡的走马场、永川的五间铺等。

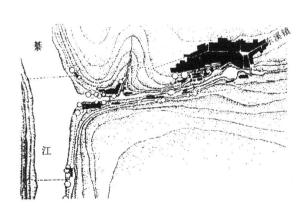

图 3-3 綦江东溪场幺店与场镇发育（图片来源：赵万民 . 巴渝古镇聚落空间研究 [M]. 南京：东南大学出版社，2006:17.）

又如川西凉山美姑彝族自治县以北的吉木，新中国成立前已形成一个小型的集市聚居。但在18世纪下半叶，那里还是一片河滩荒地，每逢集日，当地山民便会汇集在这里进行交换，场散人散，属"露水街"和"草皮街"型的集市场所。随着小商人或长途贩运商人的到来，出现了一些极其简陋的"货棚"，从两三间进而发展为数十间，并形成了两行对称排列的"草棚街"。起初，这些草棚只用于集市天供人们经营茶水、小吃等小买卖。而随着生意的繁盛，集市上出现了靠集市贸易为生的"市民"，他们盖起瓦房，将当街一面用作商铺，成为了买进卖出的坐商，生意颇为兴隆。通过这种形式定居下来的人户逐渐增加，除了提供商品贸易之外，这里还相继出现了客栈、马店等服务设施，形成了一个小型的场镇集市。

从中不难看出，当集市场所发展到一定阶段后，由于商品贸易需要一些脱离了传统农耕的乡民定居在集市中，形成了集市居民或坐商，集市聚居随即产生。这种集市聚居形式的出现，一方面突破了原本集市贸易中商品生产者之间直接交换和"日中为市"的时间界限，使得交换形式更加多样；另一方面，由于集市居民或商人充当买卖中介，即便在"非集期"乡民们也可前往这些集市聚居地与当地居民或商贩进行交易，过去只有在"集期"之日买卖双方才能直接交换的局限也就此被打破。更为重要的是，与单纯的集市场所相比，具有聚居功能的集市中还出现了茶馆、客栈、戏台甚至宫观祠堂等各种满足人们社会文化生活的设施，从而使得集市在满足经济生活之外，还具有了较为重要的社会价值。人们在这里不仅可以看到形形色色的人物，拓宽社会接触面，还可以通过听说书，看戏，喝茶等活动满足文化娱乐的需求，从而让集市不再只是周边乡民的贸易之地，更是人们日常社会文化的交流之所。

3.1.3 聚居制度变迁与场镇历史演进

集市聚居的出现为场镇这一新的聚居形态的兴起铺平了道路，而历代聚居制度的变迁则直接推动着场镇的演变发展。随着我国从秦汉时期的里坊制到宋代街坊体系的巨大变革，聚居制度也从早期以政治功能为基础，逐步转变为以社会经济功能为基础。这一转变不仅适应了社会经济的发展，而且直接导致了草市向商业性场镇的演化。

早在奴隶社会鼎盛时期的西周就已形成了以"闾"、"里"为基本单位的聚居制度。《周礼·地官司徒》中就有记载："里宰，掌比其邑之众寡，与其六畜兵器，治其政令。疏：邑犹里也。"到秦汉时期，聚居规模进一步扩大，这时不仅建立了郡县制，有了行政单位区划，而且在县以下设有"县—乡—亭—里"四级。值得一提的是，"亭"不属于行政单位，只是"司奸盗"，"不主民事"，而"里"也随着地方行政区划被固定下来，作为最下一层的区划单位，只是规模远比周时要大，户数从25户到百户不等。在乡和里这一级行政组织中是否有集市场所的存在，一直是学术界争论的话题。[①]但无论

---

① 胡春雷先生在论述西汉时期聚居模式的时候就提出："在西汉中叶，就从'里'中分化出了承载有集市场所的'聚'"，并引用了《管子》的"聚者有市，无市则民乏进行旁证"。参：胡春雷. 中国封建社会形态研究 [M]. 北京：生活·读书·新知三联书店，1979：132.

如何可以肯定的是，在"乡"和"里"这样的早期聚居区域内必有商品交换活动的存在。

中唐以后，社会生产力大幅提高，特别是手工业和农业生产呈现出蒸蒸日上的形势，经济贸易异常活跃。商品经济的繁荣，使得扩大市场的需求与传统里坊制度的矛盾也越发突出。当时无论在长安还是一般的城市，都出现了如坊内开店、夜市兴起等突破传统里坊制度的趋势。作为晚唐商业中心的扬州甚至出现了"十里长街市井连"[①]、"夜市千灯照碧云"[②]的热闹景象。到了北宋中叶，传统的里坊制度彻底崩溃，临街设店成为了合法行为。不仅如此，城市中还产生了"按行设肆"的行业街市，在《东京梦华录》中就记载有牛行街、马行街等，并称之为"金银帛彩交易之所，屋宇雄壮，门面广阔，望之森然，每一交易，动即千万，骇人闻见"，而且在城市周边和广大农村区域也出现了大量以定期集市贸易活动为特点的"草市"。这些草市的出现不但得到了政府的认可，还逐步发展成了具有固定名称、固定场所的"市"或"场"。原有以行政及军事为主的"镇"，在宋代则逐步摆脱了晚唐五代时期的军事色彩，以一种商业和贸易据点的形式出现在经济领域。至此，正如王家范先生所言："市（集）镇作为一个具有经济意义的新名词，正式出现于北宋时期。"随着经济贸易的发展，南宋以后场（集）镇大量出现，经济功能日益显著，不但向农村经济贸易中心演变，而且对城市的发展也有积极作用。

具体到川渝地区，在社会漫长的发展中，该地区基本属于同一个行政区管辖，在类同的社会文化环境中，已形成一个相对稳定的区域。虽然关于场镇各历史时期的社会、经济及形态的准确文献记载相对较少（图3-4），但我们依旧可以从历史阐述中对其形成和演化产生一个框架性认识。

在唐宋以前，因地方商品经济的发展，在四川广大农村地区的交通要道之地逐渐兴起了大批集市或草市，这已经突破了朝廷对于州县以下不得置市的规定，如成都东门外草市、雅州蒙顶山麓草市、灌县青城山草市等。因此，朱邵侯先生就有"四川地区的草市在唐代时就已出现，并大都位于水陆交通要道或驿站所在地，以盐、米、蔬菜、谷等农产品和生活必需品交换等为主"的论断。这一时期，由草市发展而来的场市已逐步成为州市、县市之外，广泛存在于农村地区的市场建制。

宋代，除了耕地开垦从平原地区向丘陵和山区腹地的进一步发展之外，四川地区的盐井、纺织、磁器等手工业已相当繁荣，在全国范围内都处于较高的水平。这种经济发展态势直接促进了乡村草市与农村聚落向场镇的发展，进而成为了具有农业、手工业、商业等多项职能的地区经济中心。以当时重庆府所辖草市镇的情况来看，草市的经济贸易已相当繁荣，而相关的城镇营建活动已完全摆脱了纯粹以政治和军事为目的的阶段，进入了工商贸易立市的时代（表3-1）。

---

① （唐）张祜《纵游淮南》："十里长街市井连，月明桥上看神仙。人生只合扬州死，禅智山光好墓田。"
② （唐）王建《夜看扬州市》："夜市千灯照碧云，高楼红袖客纷纷。如今不似时平日，犹自笙歌彻晓闻。"

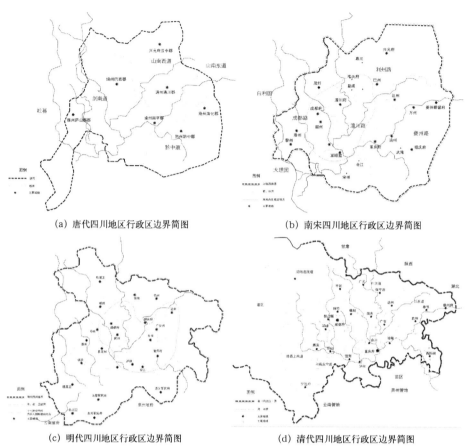

(a) 唐代四川地区行政区边界简图 　　　　(b) 南宋四川地区行政区边界简图

(c) 明代四川地区行政区边界简图 　　　　(d) 清代四川地区行政区边界简图

图 3-4　川渝地区各历史时期行政边界示意图（图片来源：任乃强. 四川州县建置沿革图说 [M]. 成都：巴蜀书社，1988.）

（宋代）重庆府所属主要草市开设情况一览表　　　　表 3-1

县名	草市（镇）	方位和草市情况概述
巴县	白崖市	《舆地纪胜》卷60 "重庆府·山川" 记："白崖市，在府北三十里有市及寺。"
	新兴市	明正德《四川志》卷62 "馆驿" 记："新兴铺，在（巴县）治东。" 它位于重庆市渝北张关山附近，凡油、豆、米、谷、煤、铁之属，皆集于此
	木洞市	《宋会要·食客·商税》："木洞水驿，在（巴县）治东九十里，水道八十里。"
	鱼鹿镇	《舆地纪胜》卷175 "重庆府·景物下" 中记："鱼鹿峡，即石门峡……上有九石冈，下有牛角沱。"
	石英镇	《元丰九域志》："石英铺，在治北，驿舍所在，烟户集焉，往来行商，歇店称便。"
马武县	白马津	《宋会要·食客·商税》称："白马津，在武龙县北三十五里，有盐官。" 今尚有乌江津渡叫白马镇，是全县交通、商业、工业重要枢纽
江津县	石羊市	见《元丰九域志》，石洋驿（渡）在县西60里，每月二、七交易，往来多至千百人不等，盖邑中第一大墟里也。其大约在今重庆市江津区油溪镇石羊坝

县名	草市（镇）	方位和草市情况概述
江津县	汉东镇	见《元丰九域志》，位于今重庆永川区朱沱镇汉东村，即"驿名汉东，即今朱沱场坝，署基尚存，相近有烟墩遗址"
	马鬃市	见《元丰九域志》，宋乾德五年（967年），曾移江津县治于此，凡营屯、饷粮、商贾货物，至此催夫陆运，以达镇城，不久又移今治，镇逐渐废除，不为人知
	圣钟镇	见《元丰九域志》，在今重庆市江津金刚乡圣中坝。从清代水隘冲"圣钟坝"的记载来看，该地交通位置重要，这正是草市（镇）兴起的重要条件
	长池市	见《元丰九域志》，界域上下各里，兼倚（依）水次，鱼稻杂货于此居奇
	仙池市	驿路迢递，离城绝远，故多贩，以供乡村市物者
	白沙镇	见《元丰九域志》，此处因长江流过，水运便捷，明万历九年（1581年）曾在此设水驿，"白沙镇距城一百二十里……水码头当以此为第一。"
璧山县	王来镇	《舆地纪胜》卷175"重庆府·景物上"记："王来山，在璧山县东南五十八里。"自古以来就处于璧山的交通要道之上
	含谷市	见《元丰九域志》，在今重庆大渡口区含谷镇，唐末已有草市，宋熙宁八年（1075年）设含龙场，在县境西里，为境中要道，近亦置站……而旅店、村沽食用之物颇便往来及近乡贸易
	双溪场	见《元丰九域志》。双溪场，在璧山县西，此地位于铜梁、永川、璧山三县交通孔道，商贩来往频繁，商货云集
	扶欢市	在县西南，当水陆之冲要，为行旅必所经，烟户繁多，商贾辐辏

资料来源：作者根据资料整理编制。参：蓝勇. 长江三峡历史地理 [M]. 成都：四川人民出版社，2003：443.

与此同时，街坊体系的巨大变革，使得这些"市（场）"在先、"镇"在后的商业场镇中，街巷成为了整个场镇的主体，各种商店和作坊沿街巷灵活自由布局，有的街道甚至按手工业的类型形成了专门的街市，至此，四川地区传统场镇的轮廓形成，并为后来明清时期的场镇发展奠定了坚实的基础。

明清时期是川渝地区传统场镇生成、发展的鼎盛时期，虽然这一时期封建聚居制度没有发生大的变化，但在清代移民开垦、插占为业等政策的推行下，该地区场镇随着人口的增加呈爆发式增长。根据对四川120个州、县场镇的统计，康熙到乾隆时期，场镇数量从清初的70个猛增到1319个，短短数十年增长了18.8倍。场镇内部，在外来文化的冲击下，各种类型和形态的场镇建筑不断涌现，场镇空间开始丰满，场镇功能不断完善。最为突出的是伴随移民而出现的移民会馆建筑，如湖广会馆、广东会馆、江西会馆等，不仅改变了场镇的空间结构，也使得场镇功能更加丰富。

总之，通过以上论述可以看出：唐宋以前，在川渝农村地区就已突破里坊制度的限制，出现了以商品贸易为主的草市，产生了场镇的雏形。宋代，随着商业价值的逐步提升，在川渝地区出现了大大小小的场镇，特别是街坊体系的变革使得街巷成为了场镇的主体，推动了草市向商业性场镇的进一步演化。到明清时期，商贸已成为场镇形成的主要原因，场镇无论从数量还是规模上都进入了一个鼎盛发展时期。

3.1.4 场镇时空密度演变

场镇一旦形成，便会根据当地的气候和地理条件，因地制宜，沿着时间和空间两个轴向发展。众所周知，商品交换是市场生成的前提。此外，市场的发展还有赖于一定的经济贸易范围，只有当这个区域内的商品需求与供给达到了一定的水平，才能促使该区域内的市场不断发展。然而，由于农村地区的市场需求量相对较小，任何单独的贸易区域都不足以获得满足市场维生的利润。因此，川渝农村地区的场镇往往根据具体情况，通过定期的赶场，将场与场在时间和空间上相互错开，形成轮流赶场（或称为插花场），从而不断吸纳其他市场区域，达到维系其生存和发展的目的（图 3-5）。

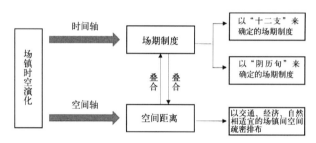

图 3-5　集市场所沿"时空"轴向上的演变示意（图片来源：作者自绘。）

（1）时间轴向上的演变

川渝地区传统场镇所在时间轴向上的演变，具体表现为其周期性的场期制度。由于旧时广大农村地区商品经济还相对比较落后且人口稀少，如果场市每日开放，那么所需要的消费人群和消费区域都过于庞大，在一些经济落后地区就无法提供维持场镇集市的必要的消费市场。然而，一个每 3 天或 5 天开市一次的市场，即便它下属的村庄数量下降到 1/3 或 1/5，也能达到必要的需求水平。因此，在农村地区场镇大都是定期举行的，乡民和商贩们每隔几天才会进行一次交易，而这个周期性的时间间隔则称为"场期"。通常，川渝地区的乡场根据具体情况，或 12 日 1 场，或 6 日 1 场，或 10 日 1 场，或 5 日 1 场，或 10 日 3 场，或 2 日 1 场甚至天天设场，不一而足。而每逢场期，乡民、商贩们便会相约从四方赶来，罗列百物，交易售卖，日中立市，未暮已散。从大量的观察和文献记录来看，各地的场期设置各不相同，主要有以下两种模式：

其一，以"十二支"为单位来设置的场期制度。从商代起，天干、地支就已经成为了人们记录时间的一种重要方式。如凉山地区的会理，"每逢辰日，远近商民于此交易"，而所谓辰日，即中国传统天干地支，即十二支（子、丑、寅、卯、辰、巳、午、未、申、酉、戌、亥）中的辰日（龙日），故该地场集也称为龙场，这是较为典型的十二日一场。

除此之外，笔者在研究时还发现了一个有趣的现象，即以十二支为单位来制定的场期制度大多是一些商品经济落后的少数民族地区，甚至在一些地方，把十二支与十二生肖结合起来，出现了诸如狗场、鸡场、猪场、兔场、龙场等。

其二，以"阴历旬"来确定的场期制度。关于以阴历旬来制定的场期制度，在川渝地区的一些县志和地方志中都有较为详细的记录，如在民国册《亨县乡土志略》中就有记载："各地场期，或一七，或二八，或三九，周而复始，互为先后。"光绪《黔江县志》中也明确记载："老黄溪，县北，百二十里。二五八日市期。"总的来说，这种场期制度大体上可以分为每旬1个、3个或4个场期，其中以一旬三场最为普遍，而开场的时间也因交通、习俗或气候而分为"早场"、"下午场"、"晚市场"等，直到今天，这种逢期赶场的情况依旧广泛存在于川渝广大的农村地区（表3-2）。

四川泸州合江县各主要乡场"场期"统计表　　　　表3-2

场名	场期	位置	场名	场期	位置
实录场	三、六、十	县城西南8.5公里	白沙镇	三、六、九	县境西北部
自怀场	三、六、九	县城东南43公里	参宝乡	二、五、八	县城东北52公里
官渡镇	三、六、十	县城东北36公里	先滩场	二、五、八	县城东38公里
甘雨镇	一、四、七	县城东北21公里	石龙场	三、六、九	县城东31公里
长期乡	二、五、八	县城北42公里	榕山场	一、四、七	县城外12公里
尧坝镇	三、六、九	县城西南18公里	大桥镇	一、四、七	县城西14公里
中音场	三、六、十	县城西13公里	福宝场	三、六、九	县城东22公里
鹿角场	一、四、七	县城北15公里	合江县	百日场	四川盆地南缘

资料来源：作者根据实地调研编制。

顺便一提的是，所有以农历阴历旬为基础的场期都是以三旬中上旬的开市日期来表达的，如"三八市"就是在农历初三、初八、十三、十八、二十三、二十八开市。相邻市场的场期可以自由组合，相互交错排列，形成一个极富弹性的地区市场体系，或一六，或二七，或三八，或四九，以方便乡民们的选择性赶场和商品在不同市场间的中转调配。在这个市场体系内，每逢场期，农民肩挑背负、"携货毕至"[①]，一次赶场动辄上千[②]。这不能不说明场市活动在农村经济生活中的重要地位。

随着生产及贸易的发展，"加倍"成为了提高场镇贸易的频率最为便利的方式，因为它不必打破原有的时间安排，新的场期可以加到旧的场期上面。通过场期的"加倍"，出现了从每12天1场到6日1场、3日1场，或每旬2场到3场、4场，隔日场甚至是"百日场"即天天有场赶的情况（注：百日场多出现在县城和较为繁华的场镇以及有稳定的往来客流的中心场镇）。据学者统计，虽然川渝境内的场市周期多种多样，但绝大多数还是一旬三次即三日场，其循环方式为"一、四、七"、"二、五、八"、"三、六、九"等，这占到了总数的一半以上。随着场期间隔的缩小，场市商品贸易更加频繁，场镇也向着

① 同治《高县志》卷18"风俗"："乡场以三日一集，买卖货物……携货毕至……"
② 光绪《广安州新志》卷13"货殖志"："贩夫贩竖间期云集，大市率万人，小市亦五六千……"

图3-6（清）巴州始宁县场镇分布示意图（图片来源：作者改绘。参：任乃强. 四川州县建置沿革图说 [M]. 成都：巴蜀书社，1988：237.）

更高一级的市场演变。这较好地反映了场镇沿时间轴演化发展的行为轨迹。

（2）空间轴向上的演变

场镇沿空间轴的发展，体现为场与场间空间距离由疏到密的发展过程。一般来说，场镇间的空间距离必须与传统运输工具和步行辐射距离相适应，使得商贩、乡民不需要长度跋涉就可以往来于各个场市之间，即只有分布距离与之相适应的场市才可能在区域市场中得以发展。以清巴州始宁县的场镇分布为例，可以清晰地看出这种分布关系（图3-6）。调查发现，这些场镇的分布距离通常控制在10~30里以内，这种分布距离以乡民的载重步行速度为衡量，相邻场镇间的往返时间最多需要三到四个小时，这对往返场镇间"赶场"的乡民和商贩们都是比较方便的。

然而，由于地形、交通、人口等因素的影响，场镇间的空间距离并不是固定不变的。如在一些丘陵山区，经济条件相对落后，场市所需覆盖的区域也较大，再加之道路区域山高险阻，乡民们赶场除去"日中为市"的时间，紧走一天方可来回。相反，在一些平坝、河谷地区，则由于经济发达，再加之交通条件较好，场镇间的距离相对较小，乡民及商贩们的"赶场"活动更为便捷和频繁。这也是在平原场镇的集市较丘陵山区多且密集的主要原因所在。

清代中后期四川地区主要州县场镇交易半径一览表　　　表3-3

区域	府别 / 州县	地形	场市（个）	平均交易面积（100 平方公里）	平均交易半径（公里）
川西	华阳	盆地平坝	37	51.11	4.6
	大邑	盆地平坝	30	54.22	5.1
	成都	平原	85	53.87	4.33
	新繁	平原	47	63.83	4.51
	雅州	山地丘陵	12	94.1	5.9
	眉州	山地丘陵	13	92.11	5.2
川北	剑州	山地丘陵	21	86.32	4.3
	安岳	盆地平坝	35	52	4.2
	遂宁	山地丘陵	39	—	6.1
	中江	山地丘陵	27	—	—
	乐至	山地丘陵	17	62.45	—

续表

区域	府别 / 州县	地形	场市（个）	平均交易面积（100 平方公里）	平均交易半径（公里）
川北	阆中	盆地平坝	32	56.2	5.1
	广元	山地丘陵	78	87.3	5.4
	昭化	山地丘陵	7	107.27	6.1
川南	资州	平坝	11	59.11	—
	马边厅	高原山地	21	—	4.7
	雷波厅	高原山地	8	65.21	6.1
	纳溪	山地丘陵	13	—	—
	九龙司	高原山地	4	90.11	7.9
川东	江北厅	山地丘陵	52	98.12	5.9
	江津	山地丘陵	21	112.84	5.99
	荣昌	平坝	17	70.66	5.01
	永川	山地丘陵	35	87.27	5.84
	奉节	山地丘陵	47	88.64	5.31
	铜梁县	山地丘陵	33	87.45	6.8

资料来源：梁方仲.中国历史户口、田地、田赋统计 [M].上海：人民出版社,1980；方行，魏金玉.中国经济通史（清代经济卷）[M].北京：经济日报出版社，2002；高王凌.乾嘉时期四川的场市、场市网及功能 [J].清史研究集（3）,1984 : 77.

　　为了进一步分析说明，笔者借用"交易半径"[①]的概念,对清代中后期四川地区传统场镇进行解析。从表 3-3 的数据统计中可以看出，清代中后期四川各不同地理环境中的州县场镇的交易范围与交易半径各不相同。其中在川西平原地区，由于地势较为平坦，交通方便，所有场镇间大都是以最便捷经济的直线路程相连接，场市间的平均交易半径为 3~5 公里，交易面积则为 60 平方公里。相反，在盆地边缘的山地丘陵地区，由于纵向上山川的起伏变化以及横向上江河的切割阻拦造成交通不便，从而使得通向场镇的道路不可能像平原地区那样采用最短的直线距离，而曲折迂回的道路导致场镇间经济贸易往来成本过高，区域间场镇空间的贸易服务辐射效应衰弱。因此，场镇的交易面积随之增大为 70~90 平方公里，交易半径也在 6~15 公里左右。在一些高原山地环境中，场市所覆盖的范围更大。

---

① "交易半径"的概念最早是由经济学家李埏教授提出的。每个场镇都有一定的服务半径，即场镇必须有一定的贸易范围，包括人口和土地，才可能具备自身存在的起码商品交易量。他认为一个独立的场镇集市的影响范围多倾向于一个圆形，在步行时代，由于人们出行的距离十分有限，如果以场镇集市为圆心，以人们半日的步行距离为半径画一个圆，则圆内所居住的农民就是能到这个场镇来交易的居民，如场市的交易半径为 6 公里，那么其所覆盖的范围大约为 100 平方公里左右。参：龙登高.商品经济、土地制度与中国经济发展史——李埏教授治学专访 [J].中国经济研究史，2000(1).

可见，传统场镇的发展和演变存在着一定的客观规律，在漫长的历史发展过程中，场镇根据地形、交通、经济等因素，通过周期性的场期制度与疏密相间的空间距离在川渝地区"自然增长"。

3.2 传统场镇空间环境的演化机制

川渝地区传统场镇空间环境的形成是在多种因素相互组合、共同叠加的综合作用下的一个持续发展、逐步演化的过程。在场镇空间环境发展的过程中，推动其演化的因素不尽相同，即便是同一场镇，在不同的历史阶段，其主导影响因素的类型和数量也有所差异。

虽然影响川渝地区传统场镇空间环境演化的因素错综复杂，但总的来说，地理环境、经济贸易、交通运输、军事防御、宗教文化是影响川渝传统场镇演化的主要因素和推动力，因此，本节重点从这几个方面入手，来分析川渝地区传统场镇空间环境的演化机制（图3-7）。

3.2.1 地理环境的规限与场镇空间布局

传统场镇的空间形态与其所处的地理环境有着密切的联系。早在《礼记·王制》中就有关于自然环境与城镇聚落关系的深刻论述："凡居民材，必因天地寒暖燥湿，广谷大川异制。"从中不难看出，地理环境对场镇的形成和发展起着决定性的作用。

川渝地区从盆地到山地，丘陵起伏，河谷纵横，复杂多样的地理环境比其他地区更

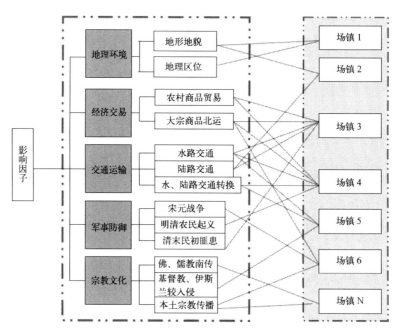

图3-7　川渝地区传统场镇空间环境生成演进的影响因子构成（图表来源：作者绘制。）

加显著地限制与引导着传统场镇的空间选址，最终导致了差异化的传统场镇空间布局。为此，笔者通过具体的案例分析来进一步解析不同的地理环境对传统场镇空间布局的规限影响。

（1）坝子（小盆地）

坝子是川渝地区较为常见的一种地理环境。在四川盆地边缘山峦起伏的丘陵山地区域，镶嵌着众多相对平坦的小型山间盆地，俗称"坝子"。这些坝子周围环山，内部地势平坦，形如小盆地，气候温和，土壤肥沃，往往只要稍加利用和改造，就可成为重要的农业生产基地，以弥补丘陵山地地区缺乏大型耕种平原的不足。故此，伴随着农业生产的兴盛和人口的聚居，"坝子"成为了场镇选址的首选。

出于最大限度保护耕地的考虑，大多数传统场镇选址于坝子的边缘，这样既可以照顾坝区农副产品的集散交易，又可以方便与山区的经济贸易往来。与此同时，地形的相对平坦开阔，也使得场镇在空间的扩展上相对自由，常形成网络状、团状的空间布局。如位于四川雅安的上里场，四周环山，中间是面积约11平方公里的上里坝子，地势相对平坦，场镇规模较大，街巷相互交错，呈网络状布局，构成了整个场镇的空间布局框架。类似的还有酉阳的龙潭镇、重庆巫山大庙场等（图3-8）。

（2）河谷

四川盆地内部河流纵横，区内有长江、嘉陵江、沱江等多条江河流经，由于长年的河水冲积等地质构造作用，在江河两侧常出现外围被山体围合的带状河谷。由于河谷内部地势相对平坦，土地肥沃，水路交通便捷，故常常是场镇聚落的理想之地。然而，由于河谷地区独特的地理环境，两侧的山体常常比较陡峭，形成了场镇建设的自然屏障，而内部的平地则宽窄不一，客观上限制和影响着场镇的空间布局。河谷地带两侧的山体限制着场镇向外扩展，而沿河流方向的谷底形成带状的延伸，因此，为了适应这种独特

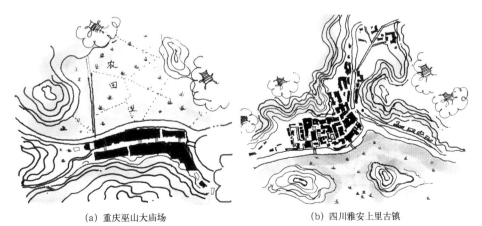

(a) 重庆巫山大庙场　　　　　　(b) 四川雅安上里古镇

图3-8　坝子（小盆地）环境中的传统场镇空间布局（图片来源：(a)作者绘制；(b)张兴国.川东南丘陵地区传统场镇研究[D].重庆大学，1985：30.）

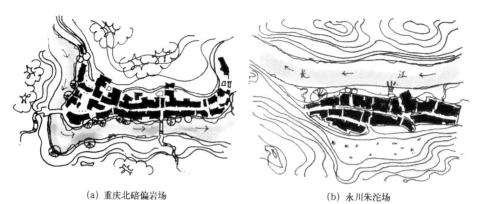

(a) 重庆北碚偏岩场　　　　　　　　　　　(b) 永川朱沱场

图 3-9　河谷环境中的传统场镇空间布局（图片来源：(a) 作者自绘；(b) 张兴国 . 川东南丘陵地区传统场镇研究 [D].
重庆大学，1985：28.）

的地理环境，位于河谷地带的场镇常呈现出带状的空间布局，如乐山的板桥场、重庆酉
阳的龚滩场、永川的朱沱场、北碚的偏岩场等（图 3-9）。

（3）江河溪流交汇处

自古就有"蜀道难，难于上青天"之说，四川盆地边缘地区山峦起伏，道路崎岖不便，
水运成为该地区与外界交通联系的主要方式。因此，在一些江河溪流交汇之处，一方面
出于方便水路交通的考虑，另一方面受到长期水流冲击而形成的河湾地带土地平坦，便
于营建，因此常常成为众多场镇的聚集之所。在这类地形环境中，由于受到河流、山丘、
溪流等地形因素的阻隔和切割，从而使得场镇的建设用地常被划分为半岛型、孤岛型或
是相互分离的几块用地。在这种地形条件的限制和引导下，场镇空间布局具有明显的几
何特征。如资阳的忠义场位于沱江和孔子溪流交汇的半岛型台地上，场镇沿江呈现出与
地形相适应的曲线布局；而合江的自怀场则由于溪流、山丘的分割作用，使得场镇形成
了相互分离的组团化布局。类似的还有合江的先滩场、巫山龙溪场、宜宾的泥溪场、横
江镇等（图 3-10）。

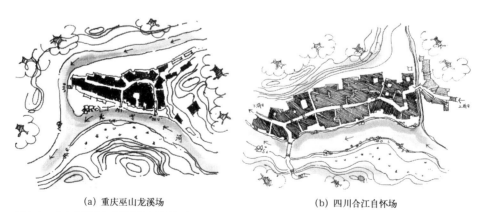

(a) 重庆巫山龙溪场　　　　　　　　　　　(b) 四川合江自怀场

图 3-10　江河溪流交汇处的传统场镇空间布局（图片来源：作者绘制。）

（4）台地

由于四川盆地地形高低变化较大，台地作为自平原向丘陵和山地过渡的一种地貌，在川渝地区分布极为广泛。传统场镇多位于台地之上，一方面是方便山地上下乡民的贸易往来，如达县木子场建设在距达县洲河边10公里处的台地之上，向下可以与河岸边的申家场相联系，向上则可与山顶处的马家场相接；另一方面则是出于防洪排涝的考虑。然而，由于台地地形的限制，使得可供建设的面积一般较小，再加上它高于周围地势，周边的陡坡极大地限制了场镇空间向四周的扩散，客观上影响着场镇的空间布局。在这种地形环境下，场镇空间布局从平面上来看多集中于台地内从而呈现出一种较为紧凑的空间布局。台地周边下降的自然趋势使得场镇空间在竖向上形成了高低错落的空间形态。

如巴南的鱼洞场位于河岸较高的一侧台地上，整个场镇空间布局紧凑，利用多个"T"形的街巷空间节点构成了整个场镇的空间骨架。由于整个台地距江面有10米左右的高差，并呈缓坡状向下倾斜，因此，整个场镇建筑高地错落，特别是沿江一侧的吊脚楼呈现出了个性十足的山地场镇风貌。类似的场镇还有重庆石柱的王场、万县的黄柏场等（图3-11）。

（5）山顶山脊

山顶山脊处通常是交通道路的必经之地，在步行时代，无论骡马还是行人挑担，必是到制高点才敢落脚休息。在四川方言中有"歇梢"一词，其中的"梢"字有"制高"的意思，故山顶或山脊处往往是商机的最佳选择。另一方面，由于其地势较高，具有一定的防御性，因此，川渝场镇也常选址于山顶山脊处。在山脊、丘顶、山堡等向上升起的地理形态中，较为明显地限制和引导着场镇，呈现出了向中心聚合的空间布局，再加上在这类地形中可供建设的场地极为有限，使得场镇空间形态具有明显的硬边界，这个边界就是周围陡坡所围合的空间边界。因此，按照地形地貌特征，在山顶处场镇多表现为圆形、矩形、楔形等空间布局，而在山脊处则更多呈现出树枝形、曲线形、放射形等空间布局。

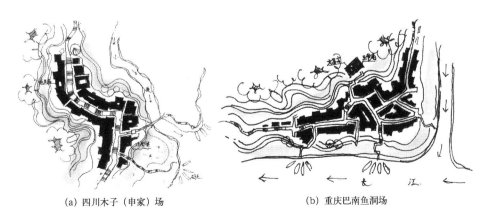

(a) 四川木子（申家）场　　　　　　　　(b) 重庆巴南鱼洞场

图3-11　台地环境中的传统场镇空间布局（图片来源：作者绘制。参：季富政.采风乡土——巴蜀城镇与民居续集[M].成都：西南交通大学出版社，2008.）

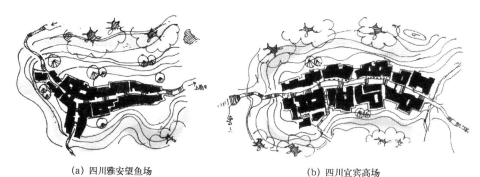

(a) 四川雅安望鱼场　　　　　　　　　　　　(b) 四川宜宾高场

图 3-12　山顶山脊处的传统场镇空间布局（图片来源：作者绘制。）

如雅安的望鱼场矗立于雅安河旁的山顶之上，相对河面有 50 米的高差，由于是该地区经济往来的必经之地，往往商旅都喜欢在此休息，然后上山下山。由于地形的限制，整个场镇布局紧凑，通过一条顺应等高线高低起伏的主街将整个场镇串联起来，形成了一个狭长的带状空间布局。眉山仁寿汪洋场、宜宾高场、石柱河嘴场、西沱场镇也都因位于山顶或山脊处而呈现出特有的空间布局（图 3-12）。

3.2.2　经济贸易的促长与场镇的历史演绎

经济贸易是场镇赖以生存的基础。长期以来，以农村商品交换、区域大宗商品集散为主的一系列经济贸易活动是影响川渝地区传统场镇不断向前演变的重要因素。

（1）农村商品贸易的促长影响

传统农业社会的川渝地区，与北方中原地区不同，农民大都散居分布，特别是在丘陵山地地区，农民常住在分散的或三五成群的农舍中。因此，为满足村民日常生活必需品交换的需求，早在唐宋时期就已形成一些定期进行商品交换的乡村"草市"。在一些文献中多有记载，如四川盐亭县的雍江草市（《太平寰宇记》卷 82）[①]、蜀州青城县的味江草市（《茅亭客话》卷 3 "味江山人"）[②]、阆州县的茂贤草市（《北梦琐言》卷 12）[③] 等。这个时期的草市大都位于水陆交通要道或驿站所在地，以盐、米、蔬菜、谷等农产品和生活必需品的交换为主。

伴随着商业的发展，如前文所言，一些草市逐渐演变成了场、镇或者更高一级的邑，无论在规模、数量还是空间丰富度上都有了巨大的变化。特别是宋代以后，由于生产技术的发展，土地开发逐步由长江沿岸向内陆山区和丘陵地区发展，带动了内陆丘陵地区

[①] "东关县，笨盐亭县雍江草市也。伪蜀明德四年（937 年），以地去县远，征输稍难、寇盗盘泊之所。" 参：(宋) 乐史 . 太平寰宇记 [M]. 北京：中华书局，1986:673.
[②] "唐末蜀州青城县味江山人唐求……每入市骑一青牛，至暮酣醺而归。" 引：(宋) 黄休复撰：茅亭客话·味江山人 [M]. 上海：上海古籍出版社，2001：415.
[③] "唐峰亦阆州人，有坟茔在茂贤草市。" 引：(五代) 孙光宪撰 . 北梦琐言（卷 12）[M]. 北京：中华书局，2002：266.

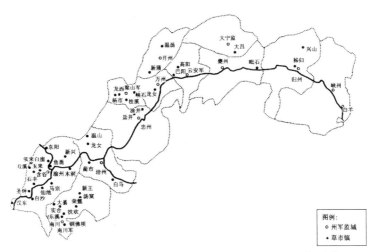

图 3-13　宋代长江三峡地区草市分布地理图（图片来源：蓝勇. 长江三峡历史地理 [M]. 成都：四川人民出版社，2003：454.)

农村人口数量的增加和集镇规模的不断扩大。据《元封九域志》记载，宋元丰年间，"川陕四路共有 688 个场镇，其中 6 场以上的县 43 个，占总县蜀的 25.9%"。如渝州巴县：辖四乡，有石英、峰玉、清溪、新兴、木洞、安仁等十场；武龙县：辖八乡，有白马津、新丰二场；大昌县：辖四乡，有江禹、大昌、安居三场等（图 3-13）。

　　另一方面，井盐、纺织等手工业和商业贸易的繁盛，带动了农村商品经济的发展，不仅促使场镇经济职能层级进一步分化，出现了"大场"、"小场"之分[①]，而且大量人口向场镇聚居，随之而产生的各种茶房[②]、酒肆[③]、客栈等服务设施则进一步丰富了镇的空间形态。例如重庆永川县的五间铺[④]就在农村商品贸易的推动下由几间茅草店子发展成为了酒楼客栈、药铺、杂货铺、油房等应有尽有的大型场镇。直到今日，在川渝大部分地区，这类因农村贸易而产生的场镇赶场活动依旧保持着顽强的生命力，如隆昌云顶场、涪陵大顺场、赤水丙安场、江津塘河场等（图 3-14）。

（2）大宗商品集散贸易的刺激影响

　　大宗商品的集散贸易是区域市场成熟的标志。明清以后，随着川内经济的发展，以川米、川盐、木材、桐油、药材等为主的大宗商品贸易迅速兴起，极大地刺激了川渝地区场镇的发展。川渝地区的物产资源丰富多样，其中盐、粮食、桐油、木材等产量巨

---

① 在清代四川方志中，常有"大场"、"小场"的提法，"小场"的功能可以概括为零集零售，它是农村商品贸易的终点，"大场"则是负责农村大宗商品的集散，或进行中间层级的转手贸易。参：高王凌. 乾嘉时期四川的场市、场市网及其功能 [J]. 清史研究集（3），1987:74.
② "市集之期，茶饭酒肆，沉湎成风。"引：王来遴撰（嘉庆）《渠县志》卷 19 "风俗"。
③ "酒肆所在，多有邑人赶集。"引：(乾隆)《彭山县志》卷 4 "土俗"。
④ 五间铺位于重庆永川县，建场时"系茅店数间，先后增修遂成巨镇，名称因之"。由于周边乡民多将生产的粮食运来此地出售，以换回生活必需品，遂逐步发展成为该地区最为重要的场镇之一。

|(a) 赤水丙安场 "赶场天" 景象 | (b) 江津塘河场 "赶场天" 景象 |

图 3-14 川渝农村地区依旧存在的赶场活动（图片来源：作者拍摄。）

大。以桑蚕为例，1910 年全川植桑共达 64 万余亩，5198 万株，养蚕户数多达 56.9 万户，其中以三台、合州、乐山等地最盛，每年收茧皆在 50 万斤以上。[1]

明清时期，在移民活动的推动下四川的经济迅速恢复。恰逢此时，中原地区的许多资源不能满足其自身社会经济发展的需要，因此，全国各地对四川的盐、粮、铁、棉等大宗商品的需求不断提升，进而形成了规模宏大的跨区域大宗商品贸易。长途商品贩运的兴盛，不仅带动了当地相关产业和服务业的兴起，而且进一步推动了农村商品经济的发展和场镇区域市场的扩大，使得以大宗商品集散贸易为主要经济职能的场镇开始在四川地区大量涌现，并在历史上呈现出较高的发展水平。

在大宗商品贸易中，量最大、面最广、从事商贩最多、对场镇发展影响最大的，非盐运莫属（图 3-15）。据《四川省志·盐业志》记载，早在先秦时期，巴蜀先民们就已开始凿井采盐，而川盐行销则覆盖鄂、黔、湘、藏、滇等长江中上游地区。特别是近代两次大规模的"川盐济楚"[2]，不仅产生了一批"富甲天下"的盐商，而且在其刺激下，沿川盐运道和产盐区周边的场镇"因盐而兴"，商贾云集，各类盐业商帮会馆、盐神庙观在场镇中大量出现，不仅数量较多，而且规模宏大、造型精美，不难看出，在川盐集散贸易的刺激下，场镇经济的繁荣和兴盛。

如具有"四川盐都"之称的自贡盐区，据《四川盐法志》记载，清乾嘉时期，"蜀盐始蹶而复振，来自陕、晋、闽、鄂等地的商人纷纷来到自贡地区或凿井设灶，或经营盐业运销，至乾隆二十三年（1758 年）全盐区自西向东排列着大安、自流井、贡井 3 个井盐生产中心，盐井数多达 423 眼，煎锅 1000 余口，年产盐 1800 多万斤。"在盐业

---

[1]《四川第四次劝业统计表》第 20、21 表。

[2] 第一次"川盐济楚"发生在太平天国时期，受战争影响，淮盐不能上运湘鄂，清廷遂令川盐济楚。在此期间，川盐仅向长江中下游地区运销就达 80 亿斤以上，上缴朝廷各种课税约白银六亿八千万两，据张学君估计：入楚之盐，以旺月计算，月销售川盐为 720 万斤，年销售达 8640 万斤左右，这还不包括无法计算的私盐在内。可见当时盐业贸易之盛。第二次"川盐济楚"发生在 1938~1945 年抗日战争时期，由于海盐生产受到破坏，川盐承担起了提供川、陕、湘、鄂等地区军需民盐的重任，其中自贡产盐占川盐 50% 以上，冯玉祥称之为"以产盐雄于西南，而贡献于国家与地方者举国惊甚宏伟"。参：张学君，冉光荣. 明清四川井盐业史稿 [M]. 四川人民出版社，1984：120.

图 3-15 （清末）繁忙的川盐运销贸易（图片来源：中国经济网。）　图 3-16 　清代四川自贡自流井贡井图（图片来源：应金华，樊丙庚．四川历史文化名城 [M]．成都：四川人民出版社，2000:59.）

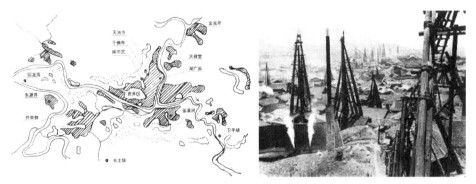

图 3-17 　盐业贸易刺激下的场镇集群与景观（自贡）（图片来源：作者绘制。参：陈蔚．移民会馆与清代四川城镇发展与形态演变研究 [J]．华中建筑，2013（8）：145.）

运道和盐区周边还分布着如仙滩、富顺、沿滩坝、黄葛等专门负责囤积转运的场镇。随着自贡盐业贸易的兴盛，人们因盐而作，场镇因盐而兴，逐步演化为以釜溪河、旭水河为主干，以自流井、大安、贡井为骨架，分散而相对集中地围绕盐业生产、销售、运输而形成的场镇集群（图 3-16、图 3-17）。

3.2.3　交通运输的促变与运道上的场镇

交通运输因子对川渝地区传统场镇空间环境演化的促变影响，主要体现为水、陆交通节点和枢纽效用下场镇的兴起。由于四川盆地是位于内陆的一个相对封闭的地理单元，盆地边缘突起的高山峡谷一定程度上阻碍了川内与外界的交通联系，因此，为了进一步加强四川盆地与周边地区的经济、政治、文化往来，对川渝地区道路的开拓成为了历代中央王朝关注的重点，从秦代开始，历经多个朝代的治道开边，最终形成了联系各州、县及中心场镇的"水路"、"驿道"等各类道路相互链接的水陆交通运输网络。在这些交通运输线路上，场镇聚落纷纷涌现。

（1）因陆路交通而兴的场镇

除中心平原盆地之外，川渝地区多为丘陵山地，道路崎岖，但陆路交通仍旧为川内各地间最为主要的交通运输方式，并以驿道为基础，形成了以成都为中心向四方呈放射

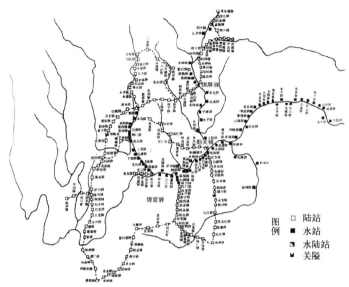

图 3-18 明代四川地区交通线图（图片来源:蓝勇.古代交通生态研究与实地考察 [M].
成都：四川人民出版社，1999：附图.)

状的驿站交通网。这些陆路交通沿线不仅设有邮、亭、驿、置①等交通服务性设施，而
且四通八达，担负着四川盆地内外交通、商贸联系的重要职能（图 3-18）。

随着商贸联系的日渐频繁，在一些重要的交通节点或驿站出现了服务于往来客商、
马帮的农家屋舍的"幺店子"。这些"幺店"或驿站的出现起初只为给过往的马帮、商
贩或官吏提供落脚点。然而，由于交通便捷，在一些位于重要交通节点的"幺店"或驿
站周边渐渐产生了一些相对固定的贸易集市。久而久之，这些集市规模逐步扩大，发展
成为了交通线上重要的物资集散、接力转运的陆路交通枢纽，场镇聚落便"因路而兴"。

在这些场镇演化的过程中，由于每个场镇所处的自然地理环境不同，往往形成了不
同的演化方式：其一，一些位于交通线上的幺店或驿馆，随着商业贸易的发展和来往商
贩的日渐增多，在原址上不断发育成为初具规模的以商业贸易、物资集散为主的场镇，
如四川宜宾的南广场、重庆北碚偏岩场镇、仁寿的汪洋场、绵阳武都的马尾场等。这类
场镇除了位于重要的交通线上之外，其内部均有一至两条主要道路贯穿全场，成为场镇
的空间骨架，而整个场镇空间布局则沿街道向外延伸（图 3-19）。

其二，由于受到地形的限制，一些"幺店"或驿站原来所处环境不允许大规模建筑的出现，
于是搬迁到附近开阔用地上，形成了新的场镇，并与"幺店"紧密结合。如重庆永川的牛
尾铺及沙子坪，二者由于地形环境的限制以及缺少足够的水源，后来就逐步搬移到了既有
开阔地形又有便利交通的太平场区域，最终形成了现在的太平场聚落（图 3-20）。

①　汉代在官道上设有邮、亭、驿、置四种交通与服务性设施，并按 30 里一置、5 里一邮、10 里一亭的距离分布。
　宋代则改为 20 里设有歇马亭，60 里设一驿。元、明、清代两驿站的距离约为 60 里。

图3-19　宜宾南广场空间形态示意（图片来源：作者根据资料改绘。参：张兴国．川东南丘陵地区传统场镇研究 [D].
重庆大学，1985:34.）

　　由此不难发现，川渝地区因陆路交通而兴起的场镇，无论是在原址上逐步发展起来的，还是"另图他径"在附近开阔场地上形成的，都是与交通运输线结合才是真正意义上场镇形成的开端。此外，在古驿站交通时代，交通枢纽型场镇多为目的地间的中转战（俗称幺站），因此，它们之间的距离具有一定的规律性。比如重庆走马场，位于成渝古驿道上的白市驿与璧山来凤驿的中间，距重庆80公里，这在古代正好是一天的路程。从这里到来凤驿也正好是一天的路程，因此，行旅客商一般都在此歇息过夜。重庆偏岩场过去也是自重庆翻华蓥山去川北或到华蓥山烧香的必经之地，与重庆相隔也恰好是一天的路程，因此坊间曾有"到静观吃午饭，到偏岩歇栈房"的说法。

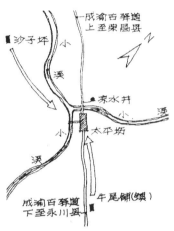

图3-20　重庆永川太平场的演变示意（图片来源：张兴国．川东南丘陵地区传统场镇研究 [D].重庆大学，1985:34.）

（2）因水路交通而兴的场镇

　　川渝地区河流纵横，分布着540条江河溪流，总长4.4万公里，其中通航河流90余条，并以长江为主干河流，全域众水归流，汇集于长江，从而形成了一个天然而完善的水运交通网络，并成为了川渝地区与外界最为便捷的一种交通方式（表3-4）。

四川境内主要水路交通路线表　　　　　　　　　　　　　　　表3-4

名称	路线	通航里程（公里）	流域面积(公里)
岷江、长江水路	汶川—都江堰—彭山江口—宜宾—忠县—万县—云阳—奉节—巫山—湖北	1174	300000
嘉陵江水路	广元—阆中—南充—合川—北碚—重庆	1006	167000
渠江水路	三汇—渠县—广安—武胜—合川	720	39200

续表

名称	路线	通航里程（公里）	流域面积(公里)
乌江水路	龚滩—彭水—武隆—涪陵	305	88000
沱江水路	茶坪山—德阳—广汉—彭州—资阳—内江—泸州	516	27900

资料来源：王笛.跨出封闭的世界——长江区域社会研究（1644—1911）[M].北京：中华书局，2001：33-51.

航运的兴盛，自然带动了沿岸区域的经济发展。起初，在沿江航道边只是出现了大量供船舶停靠的"水码头"，而随着商贩船舶的频繁往来，一些"水码头"则利用自身的交通优势，在经济效益的推动下逐步发展壮大，经过长期的演化发展成为水路交通运输线上供船舶中途休息或重要物资集散、接力转运的水运交通枢纽，进而发展为场镇（图3-21、图3-22）。

图3-21 宜宾段长江水路景象（图片来源：网络下载。）

以川东长江三峡地区为例，虽陆路多有山川阻隔，但水路运输异常发达，沿江两岸场镇大都因此而兴，密集分布在长江通航水系沿线。历史上，以长江为依托的三峡航运，作为川渝地区通往长江中下游地区的交通大动脉，西起重庆，东止宜昌，北靠大巴山，南界川、鄂山地，以长江为主干辐射四通八达的长江支流，如乌江的芙蓉江、郁江、唐昌河，大宁河的马连溪、后河、西河等，从而与长江一起构筑了三峡地区自成体系的水运网络（图3-23、图3-24）。

图3-22 长江水路上的水码头——南溪，元代设南溪水站，明设龙腾水驿（图片来源：宜宾新闻网。）

在这样的环境条件下，长江三峡航运自然成为了沿江两岸场镇形成和兴盛的重要因子。早在战国时期，司马错利用长江三峡水路大举进攻楚国就充分显示出了三

图3-23 长江三峡水路景象（图片来源：作者拍摄。）

峡航运的发达。到唐宋时期，各地商贩涌入四川，借助长江水运贩路川内商品到长江中下游地区。也就是在这一时期，三峡航运蓬勃发展，大量造船工场与驿站码头出现在长江两岸。

据《四川内河航运史》记载，宋元时期仅重庆府就设有朝天门、巴县鱼洞、木洞、

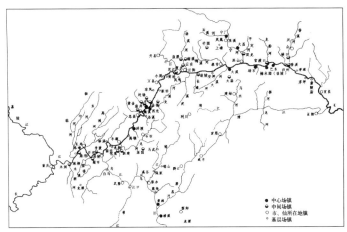

图 3-24 三峡地区通航水系与场镇分布图（图片来源：季富政.三峡古典场镇[M].
成都：西南交通大学版社，2007:5.）

铜罐溪、石门、应坝、仙池等 12 处水驿站。不仅水驿为数众多，而且还出现了各种"馆舍"、
"供帐"、"饮食"，以供来往船只休息停靠，并逐步演化为人口聚集的场镇聚落。明清时
期，以粮食、木材、茶叶、川盐为主的大宗货物通过三峡运销至全国各地，将三峡航运
直接推向了鼎盛，而航运的兴盛又使得沿岸场镇作为物资收购和转运的集散地繁荣一时。

　　如位于长江沿岸的西沱场就是因长江水运而兴的典范。历史上西沱属石柱县管辖，
有"一脚踏三县"的称誉。场镇作为长江上游重要的深水良港，从汉代起就设有码头，
唐宋时期已成为川江重要的水驿和相当规模的物资集散的"大场"，清中叶为全盛时期，
场镇内日杂百货店、五金铁铺、客栈马房已上百家，行商摆摊不下 200 余户。由于特殊
的地形地貌，场镇西起江岸，顺山脊垂直等高线布置，至山上街顶端独门嘴，全长 2.5 公里，
1800 多级石梯。便捷的水路交通条件，使其成为了连接陕、黔、鄂、川的重要交通枢
纽和物资集散中心，其繁盛程度甚至超出了许多县城（图 3-25）。

　　需特别指出的是，这些"因水运而兴"的场镇在建筑规模、场镇功能格局等方面都与
因农业而发展起来的乡场形成了鲜明的对比。这表现为场镇不仅选址多靠近江边，便于航
运开展，而且功能空间分区明确，比如码头、船工行会、修船造船的工场与为航运服务的
货场、餐馆、客栈在分布上划分清晰。此外，在这些因水而兴的场镇中，几乎均设有船帮
会馆和祠庙（多称为王爷庙），这成为川江航运在场镇发展中的特殊产物，如忠县的洋渡场
的王爷庙、长寿扇沱场的王爷庙等，它们以鲜明的空间特色成为了场镇中的地标。

　　（3）因水、陆交通转换而兴的场镇

　　川渝地区山高水急，并非所有的河道都可以通航。一些航道由于险滩、暗礁密布而
阻碍了水运的畅通，因此需要将货物搬滩转载，水陆转换，才能将商品送到目的地。因
此，在这些水陆交通转换的空间节点上，繁忙的商贸交通成为场镇生成的又一重要因子。
重庆乌江岸边的龚滩场就是因水陆交通转换而兴的典例。

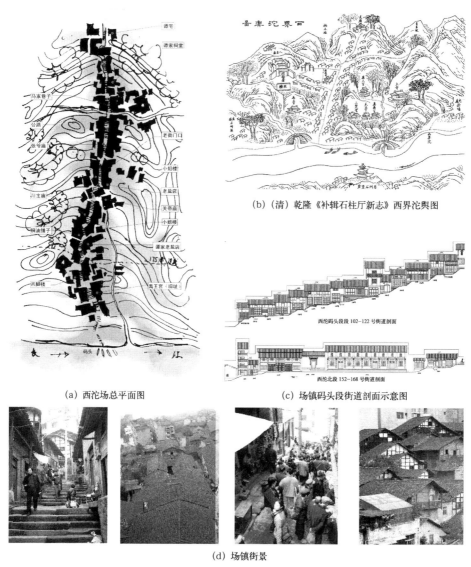

(b)(清)乾隆《补辑石柱厅新志》西界沱舆图

(a)西沱场总平面图　　　　　　　　(c)场镇码头段街道剖面示意图

(d)场镇街景

图3-25 "因水而兴"的西沱场及场镇景观(图片来源:(a)(c)(d)作者绘制及拍摄;(b)季富政.三峡古典场镇[M].成都:西南交通大学出版社,2007:328.)

　　龚滩自古以来就是连接川、黔、湘、鄂地区经济贸易的重要交通节点。明万历元年,因凤凰山岩崩而形成险滩,《酉阳州志》就曾记载:"大江之中,横排巨石,大者如宅,小者如牛,激水雷鸣,惊涛雪喷。"若仅就其周边地区的需要而言,此场镇没有发展的可能,但龚滩依靠滩险水急,再加上乱石阻碍乌江河道,使得乌江航船到此必须在这里上岸转运。于是,每年从乌江运往贵州的食盐、红糖、白糖、烧酒、烟叶等大宗商品,使得龚滩搬滩转运十分繁忙,滩口沿岸常年商贩往来不息,相关服务业也蓬勃发展起来,川主庙、湖广会馆、夏家祠等公共建筑相继出现,从而在地势险要的环境中,形成了该地规模较大的场镇(图3-26,表3-5)。

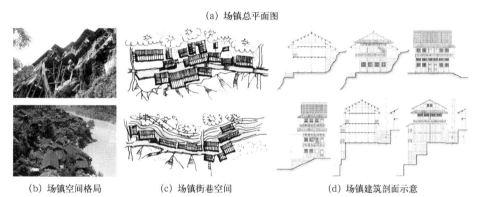

(a) 场镇总平面图

(b) 场镇空间格局　　　(c) 场镇街巷空间　　　(d) 场镇建筑剖面示意

图 3-26　因水、陆交通转换枢纽而兴的场镇——龚滩（搬迁前）（图片来源：作者绘制。）

民国三十三年（1944 年）龚滩货运进口物质调查表　　　表 3-5

货物	每年数量	单位价格	涪陵至龚滩运价	来源	旺月	销售地点
食盐	十万包、每包 150 斤	涪陵 23 元 龚滩 32 元	每包 3 元	自流井	9 月至 12 月	黔江东路
红糖	90 万~150 万斤	每篓 18 元	每篓 3 元	资阳内江	9 月至 12 月	黔东川南
白糖	24 万~40 万斤	每篓 35 元	每篓 3 元	资阳内江	9 月至 12 月	黔东川南
烧酒	100 万斤	每斤 17 元		江津白沙	9 月至 12 月	黔东川南
纸烟	50 万盒		每箱 6 元	四川什邡		
叶烟	2400 斤	每捆 15 元	每捆 5 角			黔东川南

　　资料来源：酉相县志修编委员会 . 酉阳文史资料选辑（第五辑）[M]. 中国人民政治协商会议四川省酉阳县委员会，1982.

　　又如宜宾地区的横江场，自古就是川渝丝绸之路上的重要水陆交通转换枢纽。秦五尺道、汉棘道、隋石门道等多条陆路交通线在这里汇集，场镇则利用横江便利的水运交通使得陆路运线上的物资在此转运。物资转运集散的繁忙，使得历朝都在此设有专门的交通管理部门，如元文宗三年设立的横江巡检司，清乾嘉时的京铜专运局，民国时交通部驮运管理处，无不反映出该场镇在川滇交界处重要的水陆交通枢纽作用。

3.2.4 军事战争的促动与场镇空间格局演进

军事战争的爆发间接影响着川渝地区传统场镇空间环境的历史演变。在川渝地区的历史发展过程中，兵荒马乱、流寇四起、匪患丛生的局面从来就没有停止过，使得川渝地区经常处于一种动乱的社会环境中。为了防匪杜患或抵御军事入侵，川渝先民们常常在一些险要之地修建具有防御性的军事寨堡或关隘要塞。随着军事战争的停息，大部分军事设施因缺乏生存基础而自动消失，但仍有一些位于交通要冲上的关隘、寨堡，由于特殊的地理位置，继而以此为据点带动该地区商业的繁盛，汇聚大量人口，最后逐步由军事设施向场镇演化。

故此，本文将重点锁定对川渝地区社会文化影响最为剧烈的几次重大军事活动，希望从中可以窥探出历代战争活动在川渝地区传统场镇演进中所扮演的角色。

（1）宋元战争

从 1206 年成吉思汗建立大蒙古国开始，在几乎整个 13 世纪，蒙古进行了频繁的、大规模的军事活动，在我国境内先后灭掉了西夏、金和南宋等政权。蒙古同南宋王朝的

战争：1251 年，蒙古大军大举南下，攻入阳平关后，首次攻入成都，抄掠以后，弃之而去。1258 年，蒙古又兵分三路，在控制了吐蕃及云南地区后进攻南宋，攻克成都、阆中等重要城镇，蒙哥大汗则亲率大军进攻，直抵合州，进攻钓鱼城，战死于城下。一直到 1280 年，元世祖忽必烈占领四川全境，南宋灭亡（图 3-27）。在长达近半个世纪战争中，四川地区作为双方争夺的重点，其社会经济文化等都遭受了史无前例的破坏。[①]

在抵御蒙古南下的战争中，四川先民们利用特有的红层方山地形

图 3-27　元攻蜀进军路线示意图（图片来源：陈世松.宋元战争史 [M].成都：四川省社会科学院，1988:143.）

---

① 宋元战争之后，四川地区的县城从宋代的 180 个下降到元代的 92 个，人口由宋淳熙二年（1175 年）的 264 万户下降到至元十九年（1282 年）的 12 万户，整个四川地区直到明代中期社会经济也还未恢复到宋代水平。参：李旭.西南地区城市历史发展研究 [M].南京：东南大学出版社，2011:98.

地貌，以崖为墙，倚山借势，就地取材，构
筑了设有瓮城、城墙等防御设施的军事型城
堡要塞。直到战争结束，南宋在抵抗元军进
攻的线路上共修筑了八十余个军事要塞，如
合川钓鱼城（图 3-28）、金堂云顶城、乐山
三龟九顶城等。这些寨堡往往"因地宽水足、
田畴交错，可资耕耘。又山高势险，风景佳美，
于是除防御性的城墙、寨门之外，同时亦产
生池塘、水井、寺庙、民居等建筑。"随着寨
堡内生活功能的充实，它已不再是单纯的防
御设施。

图 3-28　宋元战争遗留下的军事寨堡合川钓鱼城（图
片来源：作者自摄。）

（2）明清农民起义

　　明清时期，政权更迭，整个封建社会进
入了一个动荡起伏的时期，地处内陆的四川
盆地也不能独善其身，此起彼伏的农民起义
让整个四川的社会、经济动荡不安。

　　明末清初，张献忠的大西军攻入四川，
试图以之为根据地，而后"兴师平定天下"[①]，
先后与明、清两大政权在巴蜀地区展开了旷
日持久的激战。顺治元年，张献忠攻入成都，
建立大西政权。

　　次年，清廷派"肃王统兵取川"，张献
忠在西充凤凰山战死，四川归清朝统治。而

图 3-29　张献忠与清军作战示意图（图片来源：高晓
阳.清代嘉陵江流域历史军事地理初步研究 [D]. 西南
大学，2013：89,90.)

后因大西军余部和明朝残部继续抗清以及清康熙十二年（1673 年）"吴三桂判，据滇攻
蜀"[②]，直至康熙十九年（1680 年）"将军乌丹克重庆，彭时亨降"[③]，四川境内的战事才基
本结束（图 3-29）。

　　清朝中叶，社会矛盾日益尖锐，嘉庆初年爆发了持续十年之久的川陕楚白莲教起义。
这次农民起义直到嘉庆九年（1804 年）才基本被镇压下来 ，波及湖北、四川、陕西、
甘肃等地。这一时期，为了对付农民起义军的游击战术，清廷提出了坚壁清野之法[④]，通
过大量修筑堡寨的方式来压缩农民起义军的活动空间，从而迅速扭转战局，最终取得了

---

① （清）李馥荣撰.滟滪囊（卷 1）[M].成都：成都昌福公司，1911-1949.
② 光绪《广安州志》（重刊）卷 7 "兵纪"。
③ 民国《巴县志》卷 21 "事纪下"。
④ 嘉庆三年，合州知州龚景翰提出了坚壁清野之法，主张"为今之计，必行坚壁清野之法……团练壮丁，建立堡寨，
　　使百姓自相保聚，并小村入大村，移平处就险处，深沟高垒，积谷善兵"。

图 3-30　自贡三多寨寨门（图片来源：作者拍摄。）

战争的胜利，而白莲教活动的川东区域自然也成为了川内寨堡分布最为密集的地区。

鸦片战争爆发以后，社会矛盾进一步激化，太平天国运动爆发，咸丰九年（1859年），蓝大顺与李永和在云南昭通起义，战火很快就蔓延到了四川境内。为了抵抗这些农民起义军的袭扰，川内各地进一步加紧了对寨堡、关隘等军事防御设施的修筑。如著名的自贡三多寨[①]、梁平猫儿寨[②]就是为抵御农民起义军而修建的（图 3-30）。

从中不难看出，明清时期接二连三的农民起义给川渝地区的社会经济带来了巨大的破坏。在旷日持久的战争中，清政府为了巩固在四川的统治地位，广泛采用坚壁清野策略，利用险要的地形环境，在川内各地建立了数量众多的关隘、寨堡，今天遍布川东南地区的大量寨堡型场镇，大多与此有关（表 3-6）。

清代四川地区关隘寨、堡数量统计一览表　　　　　　　表 3-6

府(直隶州、直隶厅)	县（州、厅）	关隘数	寨堡数	其他[③]	总计	出处
龙安府	平武县	18	3	9	30	道光《龙安府志》卷二下"舆地志·关隘"
	石泉县	6	2	5	13	雍正《四川通志》卷四"关隘"；道光《龙安府志》卷二下"舆地志·关隘"
	石油县	4	9	8	21	道光《龙安府志》卷二下"舆地志·关隘"；光绪《江油县志》卷五"关隘"
	彰明县	1			1	同治《彰明县志》卷六"关隘志"
保宁府	阆中县	7	43		50	咸丰《阆中县志》卷六"关隘志"
	苍溪县	7	28	7	42	民国《苍溪县志》卷十二"关隘形势"
	南部县	1	7	5	13	道光《南部县志》卷二"关隘"
	广元县	16	5	16	37	民国《重修广元县志稿》"武备志二·关隘"

① 自贡三多寨，由于太平天国运动以及李蓝农民起义军北上四川，自贡自流井的盐商们感到岌岌可危。于是由李振亨、颜昌英等人集资，在自贡牛口山上修建寨堡以自保。"三多寨"周长 1300 丈，高约 3 丈，厚八九尺，分东、西、南、北、四道寨门，内有农 400 百亩，房屋万间，规模宏大。

② 梁平猫儿寨，作为重庆的第一大寨，位于方圆 200 公里的一块台地之上，周围悬崖峭壁，是一座天然石寨。寨内除了有哨棚、城楼、寨门、城墙等防御设置之外，还有三口堰塘、六眼水井以及寺庙、学校、作坊、店铺等。参：梁平县政协文史委员会. 虎城风情——梁平文史资料第六辑 [M]. 梁平县县政府，1993.

③ 包括垭、口、岩、峡、哨、堡等不同名称的军事防御设施。

续表

府(直隶州、直隶厅)	县（州、厅）	关隘数	寨堡数	其他③	总计	出处
保宁府	昭化县	5		1	6	道光《保宁府志》"关隘"；道光《重修昭化县志》"关隘"
	通江县	10		4	14	道光《通江县志》"关隘"
	南江县	5	15	3	23	道光《南江县志》上卷"关隘"
	巴州	22	39	14	75	道光《南江县志》上卷"关隘"道光《巴州志》卷二"关隘"
	剑州	2	4	5	11	雍正《四川通志》卷四"关隘"
顺庆府	南充县		1	7	8	雍正《四川通志》卷四"关隘"
	西充县		14	9	23	光绪《西充县志》卷二"寨堡"
	营山县	1	72	17	90	同治《营山县志》卷三"关隘"
	仪陇县		64	11	75	同治《仪陇县志》卷二"关隘"
	岳池县	5	118	6	129	光绪《岳池县志》卷三"关隘"，"寨堡"
	广安州	7	145	60	212	光绪《广安县志》卷六"岩险志"；光绪重刊《广安州志》卷二"关隘"
	蓬州			1	1	雍正《四川通志》卷四"关隘"
重庆府	巴县	11	143	9	163	民国《巴县志》卷二下"扼塞表"；同治《巴县志》卷一"关隘"；乾隆《巴县志》卷二"关隘"
	定远县	2	154		156	道光《定远县志》卷十"关隘"；光绪《续修定远县志》卷一"城池"，"附寨"
	铜梁县					无载
	合州		2	3	5	
	江北厅	4	65	1	70	道光《江北厅志》卷二"舆地志·关隘"
潼川府	三台县	4	6	1	11	嘉庆《三台县志》卷二"关隘"；民国《三台县志》卷二"关隘"
	射洪县	3	49	6	58	光绪《射洪县志》卷二"舆地志·关隘"，"寨堡"
	盐亭县		23		23	光绪《盐亭县志续编》卷一"寨堡"
	中江县			35	35	道光《中江县新志》卷二上"关隘"
	遂宁县		46		46	光绪《遂宁县志》卷一"里镇"，"附寨堡"
	蓬溪县			3	3	雍正《四川通志》卷四"关隘"
	安岳县					无载
	乐至县		11		11	光绪《续修乐至县志》卷三"关隘志"

续表

府（直隶州、直隶厅）	县（州、厅）	关隘数	寨堡数	其他③	总计	出处
绥定府	达县	5	357	1	343	民国《达县志》卷四"关隘"，"寨堡"；嘉庆《达县志》卷二"关隘"，"寨堡"
	东乡县	10	30	1	41	光绪《东乡县志》卷一"关隘"
	渠县	10	188	11	209	民国《渠县志》地理志第十一·关隘
绥定府	大竹县	1	222	21	244	民国《大竹县志》"舆地志·寨堡"
	太平县	15	80	12	107	光绪《太平县志》卷二"舆地志·关隘"
	城口厅	1	63	30	94	道光《城口厅志》卷三"关隘"
绵州	绵州	1	20	9	30	同治《直隶绵州志》卷十二"关隘志"
	安县	4	1	5	10	同治《安县志》卷十二"关隘志"
	罗江县	2		5	7	嘉庆《罗江县志》卷一"关隘"
松潘厅		25	8	24	57	民国《松潘县志》卷一"关隘"；同治《松潘纪略》"关隘塘汛记"

资料来源：作者根据资料绘制。参：周琳.白莲教起事与巴山老林附件地区乡村防御体系 [J].佳木斯大学社会科学学报，2004（2）：77；高晓阳.清代嘉陵江流域历史军事地理初步研究 [D].西南大学，2013：50.

（3）清末民初的匪患

清末民初，王朝统治摇摇欲坠，军阀混战，匪患四起，社会动荡不安。特别是在川东山区，土匪横行，盗匪猖獗，如光绪十八年（1892年），哥老会在南江县一带杀人越货，光绪二十九年（1903年），川东城、万交界的匪首李裁缝造乱，民国初年，四川匪首王三春活跃于川陕边境20余县，极盛时，拥有4个团5000余人。

在这些地区，长期匪患横行，商品交换频繁的场镇和乡野中的大户人家成为了土匪抢劫的主要对象。为求自保，一时间，修筑碉楼，砌筑城墙、寨门等防御性设施在川渝地区场镇中蔚然成风。如合川的涞滩场，先是有了场镇，后因防御匪患的袭扰，才开始在场镇外围修筑城墙、瓮城将场镇围住，如此，才有了涞滩的面貌。与之类似的还有通江的麻石场、宜宾的龙华古镇等。

从笔者实地调研所收集的资料来看，川渝地区大量具有防御功能的关隘、寨堡集中出现在战乱频发的历史时间段，而随着战事的消停，其中很大一部分军事寨堡又演化发展成为了空间形态各异、具有商品贸易和军事防御功能的场镇聚落。从时间和相关记载来看，军事战争的爆发是其空间环境产生与演化的重要影响因素。

3.2.5 宗教文化的促生与场镇人文景观

川渝地区民族众多、历史悠久，但由于历史上川渝地区的宗教文化"相对弱势"以及数次大规模的人口迁徙，为中原儒教和世界三大宗教：佛教、基督教、伊斯兰教的传入和发展提供了深厚的土壤和空间，而发源于巴蜀本土的道教则在该地区广泛传播，致使在川渝地区形成了多元宗教共存的复杂格局。

然而，众多宗教文化物种之间并不总是相互对抗、相互冲突的。相反，在大数时间里，各种宗教文化总是在多元复杂的格局中相互吸收、相互共生，通过宗教崇拜的广泛化和世俗化，让各种宗教信仰交替发展，彰显出各自的宗教特征。在这种多元复杂的宗教格局下，宗教的身影无处不在，它不仅融入了川内各民族的观念和日常生活之中，也物化在了大量的场镇聚落之内。

首先，在川渝地区的多元宗教格局中，佛教作为外来宗教中分布最广的宗教，对区内场镇的影响是最为明显。早在东汉永平年间，佛教就已传入我国中原地区，通过不断的"世俗化"形成了所谓的"汉传佛教"。之后，它一路由北向南传播。而四川盆地作为北方丝绸之路与南方丝绸之路的交汇处，也成为了佛教向南传播的首要通道。根据近年相继发现的佛像文物，如乐山麻浩崖墓石刻佛像、乐山柿子湾崖墓石刻佛像、彭山崖墓摇钱树佛像等，就可以充分印证：早在东汉末年，佛教就已由中原传入巴蜀地区。

从这些出土的佛教文物的分布上看，它们较为集中于乐山、彭山、蒲江、成都、绵阳等西川一线，这些地区不仅是南北朝时期佛教传入蜀中的主要通道，而且也是经济文化相对发达和受中原文化影响较为明显的地区，因此，最早出现来自中原的佛教文化也在情理之中。从佛教的势力范围来看，早在隋唐时期，四川地区就已建有数十座佛教寺庙，并遍及成都、峨眉、乐山、雅安、温江以及川东各地。可见，佛教自传入伊始，形成的就是一种强势文化的传播方式，广泛散播于川渝地区（表3-7）。

隋唐时期四川地区佛寺统计表　　　　　　　　　　　　　表3-7

地区	寺庙	地区	寺庙	地区	寺庙	地区	寺庙	地区	寺庙
成都	11	雅安	4	重庆	2	广元	1	剑州	1
双流	1	乐山	2	荣昌	1	中江	2	西充	3
温江	1	峨眉	5	合州	1	安岳	3	广安	1
彭县	2	什邡	3	大足	1	达县	1	宜宾	

资料来源：蓝勇.西南历史文化地理[M].重庆：西南师范大学出版社，1997：231.

在佛教信仰的巨大影响之下，佛寺、佛塔、石窟等建筑作为佛教在日常生活中的物化形态，自然在川内场镇中大量出现。特别是佛教影响较大的地区，石窟造像和佛教寺庙在场镇中比比皆是。不仅如此，场镇中的寺庙大都经过精心筹划、营建，造型别致，常作为场镇街巷网络的交汇点或转折点，故此，寺庙成为了场镇空间形态中不容忽视的场镇文化景观。如在忠县石宝寨，佛教寺庙就是场镇构成中最为重要的核心要素。寺庙依山而建、高耸入云，是场镇中最高的建筑，而民居则围绕庙宇布置，最终形成场镇，佛寺俨然成为了场镇心理和空间上的中心。图腾似的玉印山及山上的寺庙成为了场镇中无可取代的核心因素，也就形成了难得一见的圆环形场镇形态（图3-31）。

又如重庆磁器口，在佛教文化的渗透下形成了规模宏大的千年古寺——宝轮寺。该

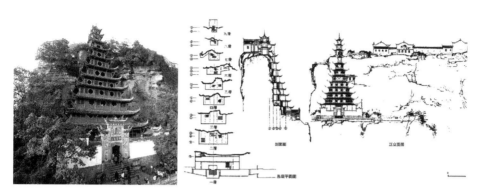

图 3-31 作为场镇核心的佛教寺庙（忠县石宝寨）（图片来源：重庆市文物局．重庆市文化遗产书系：忠县石宝寨 [M].
重庆：文物出版社，2012:122.）

（a）磁器口宝轮寺鸟瞰图　　　　　　　　（b）宝轮寺平面图

（c）宝轮寺剖面图

图 3-32 佛教催生下的场镇人文景观（磁器口）（图片来源：重庆大学建筑城规学院《磁器口保护规划》。）

　　寺始建于宋代。佛寺位于马鞍山山顶，背依白岩山，面对嘉陵江，居高临下，气势磅礴，
是场镇中最为壮丽辉煌的公共建筑。作为整个佛寺核心的大雄宝殿不仅造型精美，而且
殿内的如来佛祖塑像更是栩栩如生，具有较高的艺术价值（图 3-32）。

　　其次，以佛教、儒教为代表的外来宗教在传播过程中，势必与本土的道教、巫教、
原始自然崇拜、民间信仰的势力范围相互重叠，于是形成了多种宗教文化相互交遇、相
互渗透、相互共存的文化现象。受此影响，一方面，在川渝地区场镇中不同宗教类型的
宫观寺庙建筑共存的情况极为常见，故而常用"九宫八庙"或"九宫十八庙"来形容一

(a) 安居平面　　　　　　　　　　　　(b) 场镇航拍

图 3-33　重庆安居古镇"九宫十八庙"分布（图片来源：作者拍摄、绘制。）

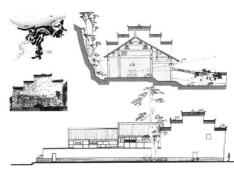

(a) 妈祖庙

妈祖庙始建于清代，是福建移民出资修建的同乡会馆。整个建筑风格具有较为明显的徽派民居特征，马头墙高低错落，富于变化，而外墙简洁朴素、清新高雅，给人以强烈的视觉冲击，具有较高的艺术价值。

(b) 火神庙

火神庙位于火神庙街 33-34 号，现存建筑为清末所建。整个建筑依山就势，形成了一组高低起伏、生动活跃的视觉空间。它在空间布局上大体采用了前殿后寝的格局，前为祭祀的大殿，后为一般居所，呈现出宗教与日常生活融为一体的生活方式。

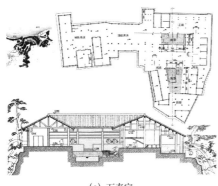

(c) 万寿宫

万寿宫是清乾隆三年由江西移民出资修建的同乡会馆，位于华龙山左侧，今安居古镇小南街 41 号。万寿宫为二进合院布局，整体上利用轴线关系，将前殿、正殿、左右厢房、踏步、连廊等各种要素有效地组合起来，并借助高差的变化，使得空间错落，变化丰富。

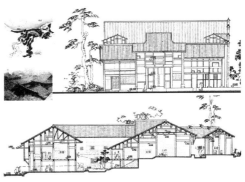

(d) 禹王宫

禹王宫由湖广人士所建，它的前身是湖广移民迁入四川地区而建的同乡会馆。整个建筑沿中轴对称，分为前殿、正殿和后殿，左右各有厢房。其中前殿为两层大开间房屋，原为戏台，正殿左右各有两厢，原为客房。整个建筑和院落形成了多个虚实、收放的空间，具有典型的山地建筑特征。

图 3-34　"九宫十八庙"——多元宗教影响下的场镇人文景观（安居）（图片来源：作者改绘。参：重庆大学建筑城规学院安居古镇测绘资料。）

图 3-35 儒、释、道"三教合一"的大邑新场川王宫（图片来源：作者拍摄。）

个场镇中寺观之多。[1]如铜梁的安居古镇，在佛、道、儒等多元宗教文化的影响下，九宫十八庙一应俱全，至今还保存有万寿宫、城隍庙、武庙、王爷庙、天元宫、南华宫、文昌宫、东岳宫等十余处不同宗教类型的宫观祠庙。甚至在一些场镇中，还有天主教堂、佛教寺庙、道观等宗教建筑共存（图 3-33、图 3-34）。

又如巫山的庙宇场，在 1 华里长的老街上，拥有万寿宫、帝主宫、泰山庙、禹王宫、财神庙、观音阁等寺庙以及中西建筑风格相结合的天主教堂，此外，在场镇附近还有文昌宫、长阳观、祖师庙等。可以说，这些类型多样的宫观寺庙成为了川渝地区多元宗教文化共存最为真实的例证。

另一方面，在一些南北宗教的汇交之地，由于各种宗教相互渗透、兼收并蓄，不仅出现了儒、释、道"三教合一，三为一体"的宗教建筑，而且多元宗教文化的相互共存促使各种文化在此交汇融合，形成了具有多种文化符号"混搭"特征的建筑形态，从而让场镇呈现出特有的文化特征。如四川大邑县的新场镇，是茶马古道上的重要驿站，早在唐宋时期，佛教、道教、儒教就汇聚于此，于是出现了"三教合一"的千年宗教建筑——川王宫，在庙宇三进四合院的格局中，供奉着文殊、普贤、吕纯阳、张三丰，乃至刘备、关羽、张飞、济公和尚等诸多神灵塑像[2]。显然，各种宗教信仰在这里已无门派之分，而寺中大门上的一副对联："放下担子入此门不分三教；站稳脚跟到这里都是一家"更是对这种三教合一的最好概括（图 3-35）。

此外，外来宗教文化在传播的过程中与川渝地区普遍存在的自然崇拜和鬼神崇拜相互融合后往往表现出世俗性特征，从而形成丰富多彩的宗教活动场所。比如在长江三峡地区，巫教或"巫文化"是当地最为古朴和原始的原生宗教文化。据史料考证，巫文化最早体现在把人类最初的祖先崇拜或神灵崇拜，转化为一系列与巫术相关的文化特征。相较其他宗教而言，巫文化中的鬼神巫术则更为形象和丰富，更具现实说服力。因此，传入三峡地区的儒教、佛教等外来宗教文化，在受到当地巫文化的影响后也变得日益世俗和浅显化，并出现了多神崇拜、历史英雄人物神化等现象。例如三峡地区的丰都鬼城，不仅与儒、道、佛等宗教文化有关，而且受当地巫文化的影响，形成了其独特的鬼神文

---

[1] 川渝地区场镇中的宫观寺庙自清以来可谓是盛极一时，在不同的场镇中"宫"与"庙"所占比例及数量各不相同，视具体情况而言。但数量的多少在一定程度上反映出了场镇大小规模的不同，在川东地区，如重庆，宜昌、涪陵等大城市以及丰都、忠县等县治所在地，宫观寺庙的数量已远远超过"九宫十八庙"之数。参：季富政 . 三峡古典场镇 [M]. 成都：西南交通大学出版社，2007:79.

[2] 据寺庙主持卓一道长介绍："川王宫第一殿为王灵官，供奉的是道教护法神；第二殿为夏禹王；第三殿为川王（李冰）；过殿内供奉着刘备、关羽、张飞；第四殿供奉观音；第五殿（即大殿）供奉的为'三清'（上清、玉清、太清）。在大殿的最上层还供奉着无极圣母。"

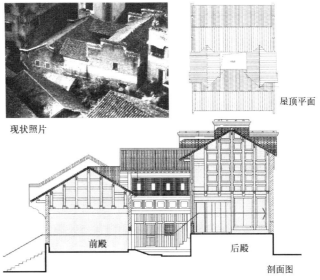

现状照片　　　　　　　　　　　　屋顶平面

前殿　　　　　　后殿

剖面图

图 3-36　宗教信仰的世俗化表现（西沱张爷庙）（图片来源：作者根据资
料整理绘制。参：重庆大学建筑城规学院西沱古镇测绘资料。）

化。同时，在长江三峡地区的场镇中广泛存在的张飞庙、龙王庙、娘娘庙、王爷庙等宫庙，都是外来宗教文化世俗化后的物化表现，从某种意义上来说，它们都是由于巫文化与外来宗教融合而产生的外延（图 3-36）。

3.2.6　传统场镇空间环境演化特征

川渝地区传统场镇空间环境的形成，并不是仅受到上述某种特定因子的影响而形成的，而是多重因子共同作用的结果。在场镇演化的过程中，这些影响因子呈现出特定的复合性、多重性、动态性特征。具体来看，表现在以下几个方面：

第一，在传统场镇空间环境演化中，各因子间并不是相互孤立的，而是相互联系，共同交织，结伴而行，共同组成了引导场镇演化的合力，从而使场镇演化无论从方式还是类型上都呈现出更加多重复合的特征。在场镇形成的初期，川渝地区独特的地理环境对场镇空间环境的生成起着主导作用，这表现为场镇的规模、分布、形态都受到所处地形地貌的影响和限制。随着农村地区商品贸易的发展，大宗商品集散贸易的刺激、交通条件的改善以及军事、宗教等社会文化因子的作用也逐渐显现，它们一起综合构成了引导场镇空间环境不断向前演变的合力。由于影响因子的多元构成，使得场镇空间环境演变的方式也更加复合多样，也就是说，场镇可能同时具备多种类型特征（图 3-37）。

第二，除极个别因子外，大部分影响因子并不是长期有效的，它们在不同历史阶段的表现各不相同，具有阶段性特征，从而使得场镇在不同历史时期的空间环境也各不相同。随着时间的推移，影响川渝地区传统场镇空间环境演变的因子并不是一成不变的，它们在不同的历史阶段或消失、或增强，甚至是消失，具有阶段性特征。如川渝地区的一些传统场镇，起初由于地区商品贸易的发展而兴起，这时，场镇的空间结构更多以商

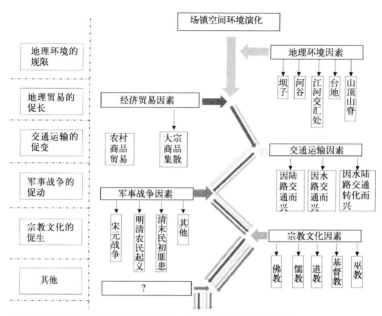

图 3-37　川渝地区传统场镇空间环境演化示意（图片来源：作者绘制。）

贸经济为主，呈现出分散、自由、小规模的特征；而随着交通的发展、长途商品贩运的刺激，场镇可能发展成为一个区域内重要的交通枢纽和商品集散中心，使得大量人力、物力、财力相对集中，规模逐渐增大；有可能在某一阶段，由于局势紧张，军事战略的需求突然增大，场镇中又会出现一些满足军事防御的功能和空间形态，而这些突发性因素的影响又会随着时间的推移而消失或减弱。

第三，随着川渝地区传统场镇不断地向前演化，对场镇具有决定性影响的已不再是某个因子，而众多因子相互叠加而形成的合力。这种叠加合力的动态变化，促使场镇空间环境的演化过程也呈现出相应的动态性和不确定性。随着时间的延伸，经济、交通、军事、宗教等社会文化因子对场镇的影响也越发增强和多元，甚至在某个阶段成为了场镇空间环境演化的决定性因素。这时，原有的以某种主导因素主导发展的情况逐步消失，影响场镇空间演变的影响力逐步走向了多因素共同作用的合力叠加模式。这种合力叠加模式强调综合体现各种影响因子的意图，即在一种或几种具有较高影响力的因子的综合叠加作用下，形成场镇演变发展的主要基调和方向，同时由于其他"影响力"相对较弱的因子的存在，场镇也会适度在某些方面进行调整，从而满足这些因子的诉求，而调整的程度取决于这些因子的影响力大小。这种叠加合力的形成常为一种动态变化的过程，从而使得场镇空间环境的演化过程也呈现出相应的动态性和不确定特征。

3.3　川渝地区传统场镇空间环境的类型特征

早在 20 世纪，以梁思成为代表的中国营造学社就已经进入四川盆地，开始了对四川民居和场镇聚落的研究[①]。之后经过几十年的探索,川渝地区传统场镇的研究已由场镇建筑发展到了场镇群体空间环境的层面。但由于研究视角各不相同,对场镇的类型划分也采用了不尽相同的方法。如有的学者从场镇所处的地理空间环境入手,将其划分为高原山地型、平坝型、河谷型等;有的从场镇的形态构成入手,划分为鱼骨形、线形、带状、团状、组团状等;也有的从场镇建筑的形态特征入手,划分为廊坊式、云梯式、骑楼式、寨堡式等;甚至从经济生活方式入手,划分为农业型、工业型、商业型场镇。可见,直到今日,对场镇的分类还没有形成一个学术界公认的原则和方法。

审视以往对川渝地区场镇的类型研究,不难发现,较多的是从建筑学专业的角度出发,以类型学和几何学为主导,偏重于从场镇形态、建筑构成等二维平面形态因素入手,而较少考虑经济、交通、宗教、军事等地域文化因素与场镇空间环境演变的内在联系,致使对传统场镇的划分无论在广度上还是深度上都略显肤浅和古板。

事实上,每个传统场镇的生成和演化都受到各种因素综合作用的影响,这些影响因子不仅包括自然环境、地形地貌,还包括经济、交通、宗教、军事等社会文化因子。这些因子相互叠加形成合力,就会从风俗习惯、价值观念、社会交往等方面来指导和规范人们的行为,从而对场镇建筑模式、空间形态,乃至场镇周围的自然景观环境产生重大的影响。因此,笔者认为,从影响场镇空间环境演化的因子切入,对川渝地区传统场镇类型进行划分则更具合理性。

前文已提到,受各种因素的叠加影响,川渝地区传统场镇空间环境沿着不同的路径向前演变。地理环境的规限长期反映在场镇空间形态之上;而经济贸易的发展则直接推动着场镇向前演变;在不断完善的交通运输线路的推动下,运道上的场镇异军突起;频发的军事战乱,则间接刺激了一些军事设施向场镇的演化;此外多元的宗教格局对场镇空间环境的影响也不容忽视。因此,笔者把川渝传统场镇视为一个完整的系统,以各个影响因子为基点,将川渝传统场镇划分为农业型、商贸型、矿业型、交通型、防卫型、宗教型等类型。

值得注意的是,根据影响因子对川渝地区传统场镇的划分具有明显的普遍性,但不一定能覆盖所有的场镇类型,所幸川渝地区传统场镇系统是一个开放的体系,它可以随着研究的不断深入而丰富发展。

3.3.1　农业型场镇及其空间环境特征

（1）农耕文化影响下的场镇增生与分布

农业型场镇的形成主要是依赖于稳定和高产的农耕经济。川渝地区自古以农为本,

[①] 抗日战争期间,梁思成夫妇、朱启钤等学者创建的中国营造学社被迫南迁,经武汉、长沙、昆明最终落脚在四川宜宾的李庄古镇。在此期间,学社成员以现代建筑学科学严谨的态度对四川古建筑及城镇聚落进行了大量的勘探和调查,搜集到了大量珍贵数据,其中很多数据至今仍然有着极高的学术价值。

图 3-38　播种农作画像砖（图片来源：高文. 四川汉代画像砖 [M]. 上海：上海人民美术出版社，1987:1. ）

肥沃的土地、充足的水源、适宜的气候，为该地区的农业生产提供了得天独厚的条件。川渝先民可以根据自己的劳作，较大面积或成片地开发、栽培农作物，从而获得大量的农产品和农副产品。正是由于农业技术的进步、农耕区域的开发拓展、农业剩余产品的增加，促进了川渝地区农业型场镇的不断生成（图 3-38）。

通过对四川盆地的考古发现可知：早在 4000 多年以前，川渝地区的先民们就通过排水泄洪的治水方式在这里开始了农业种植，从而脱离了原始的刀耕火种，进入了农耕社会。到十二桥文化时期，四川盆地已开始了大面积的稻米种植。《山海经·海内经》就曾这样记载："西南黑水之间，有都广之野，后稷葬焉。其城方三百里，盖天地之中……百谷自生，冬夏播琴，鸾鸟自歌，凤鸟自儛。"而在秦汉以后，高效的都江堰水利工程，在成都平原上从西北到东南形成了完善的扇形灌溉网络，使成都平原地区成为了"天府之国"，人民安居乐业，良田万顷，形成了川渝最为重要的水稻种植地区（图 3-39）。晋末辽人从巴蜀地区出发逐步向川渝腹地迁入，其"梯田"技术有力地推动了川渝地区山区的农业发展，水旱农业垦殖并举的产业格局从此拉开序幕。到唐宋时期，由于梯田开垦和种植技术的发展以及以"堰"、"塘"为主的各种小型水利工程的修建，使得水田农业在成都平原以外的地区广泛推广，以水田稻作为主的粮食生产得到了空前的发展。也就是在这一时期，川东地区的先民们在坝区稻作农耕的基础上，创造了符合丘陵山地环境的梯田稻作和独特的梯田文化景观（图 3-40）。

梯田农耕经济的发展不仅极大地刺激了川渝地区的农业生产，使得以水稻为主的粮食生产得到了空前的发展，一度达到了"人富粟多"的程度，而且随着耕地范围的

图 3-39　都江堰水利工程全图（图片来源：应金华，樊丙庚. 四川历史文化名城 [M]. 成都：四川人民出版社，2000:131. ）

图3-40 川东山地丘陵"梯田文化"景观（图片来源：中国国家 图3-41 川西平原中的农业型场镇（成都洛带）
地理，2003(5).) （图片来源：作者绘制。）

扩大，农副剩余产品增加，大量农业场镇开始出现。明清时期，"湖广填四川"移民的涌入，一方面带来了大量的农业人口和中原先进的生产技术，更为重要的是，在"插标占地"、"听民开垦"等一系列农耕政策的鼓励下，川渝地区新开垦耕地在短时期内迅速增加，并伴随着人口和农产品的暴增，因农业垦殖而生成的场镇几乎覆盖了整个川渝地区，如成都周边的洛带古镇、街子古镇、潼南双江场、江津太和场、奉节竹园场等（图3-41）。

由于农业型场镇的形成与赖以生存的耕地息息相关，所以在不同的耕种环境中，农业型场镇的空间分布特征也各不相同。如川西平原地区，该地区属于河流冲积平原，地势开阔平坦，土壤肥沃，人口稠密，具有较好的农耕环境。此外，随田散居的聚居模式使得当地农民都需要到相邻的场镇市场进行交换，以满足日常生活和生产的需要，再加上便利的水陆交通，都极大地推动了当地农业型场镇的兴旺。在这样的背景下，依附于农业生产和农产品贸易而存在的场镇，均匀散布在广阔的川西平原灌溉区内，在四周农田、水系、山林、农舍村落等组成的基质"图底"中，与农民的居住地联系紧密，呈现出均质化、高密度的空间布局特征。据统计，光绪时期崇州在方圆不过百里的区域内就密集分布着27个场镇，如此高密度的分布，在盆地内乃至全国都是独有的（表3-8）。

光绪时期崇州场镇 表3-8

场名	规模	场期	位置	场名	规模	场期	位置
安阜场	数十家	二五八十	东城外13里	济民场	数十家	二四六	西门10里
邓公场	数十家	三六九	东城外18里	公议场	数十家	三六八	西门30里
赵家场	数十家	三六九	东城外18里	何家场	数十家	三六九	西门50里
万寿场	百余家	三六九	东城外15里	毛郎场	—	一四七	西门60里
江源镇	数百家	二五八十	东城外25里	羊马场	数十家	二四七	北城20里
三江楼	数百家	三六九	东城外30里	太平场	数十家	一三六	北城25里
万集镇	数百家	一四七	东城外40里	廖家场	数百家	二五八	北城30里
大划石	百余家	一四七	南城外15里	石观音	数百家	三六九	北城30里
牛皮场	百余家	二四六八	南城外10里	元通场	近百家	一四七	北城30里
中和场	百余家	三五九	南城外20里	街子场	数百家	三六九	北城60里

续表

场名	规模	场期	位置	场名	规模	场期	位置
隆兴场	百余家	二四七十	南城外 20 里	石鱼场	—	—	东门
崇德场	百余家	三七十	南城外 30 里	余金铺	—	—	南门
白头铺	百余家	四七十	西城外 15 里	永兴场	—	—	北门
万家场	百余家	一三五八	西城外 20 里	共计 27 场			

图片来源：王笛.跨出封闭的世界：长江上游区域社会研究（1644-1911）[M].北京：中华书局，2001.

与之相反，在盆地周围丘陵地区，由于地形变化较大，可以用来耕种的土地十分有限，并大多分布于山谷、平坝、缓坡以及河道两侧区域，而高山峡谷和地理生态环境恶劣的地区并不适宜农作物的生长，因此，在川东、川南以及川北等区域，农业型场镇大多呈线状或簇状分布于河谷、平坝区域，而少有在贫瘠的山脊和山腰处，总体呈现出线状或簇状的空间分布格局（图 3-42）。同时，土地是人类生存的基础，自古川渝先民就惜土如金，为了最大限度地利用耕地，场镇多选址于山坡或山峦与平坝相接的边缘。如广安肖溪场，为了保护有限的耕地，将场镇建筑退让到山坡处集中布置，形成了高密度聚居的独特空间形态，明显折射出了传统农业社会的生态文化思想（图 3-43）。

总体来说，依托优良的自然环境和先进的农业技术，农耕经济也已成为川渝地区的主要经济生产方式。这种高产的农耕方式，一方面为川渝地区内农业型场镇的兴盛奠定了坚实的物质基础，另一方面也使得在不同的耕种环境中，农业型场镇呈现出了或均质、或簇状的空间分布特征。

（2）农业型场镇空间环境特征

伴随着人口迁徙、农耕技术的传播，耕地也不断向周边扩展，以水田稻作为主的农耕生产已成为该地区最主要的生计模式，与其他经济生产方式相比，它有着更为强大的影响力，从而使得农业型场镇形成了自己特有的空间环境特征。

首先，稻作农耕的本质是依靠人们的劳动来改变土地的原有生态属性，并通过新修

图 3-42　川西平原农业型场镇的空间分布（图片来源：Google Earth。）

图 3-43　农耕文化影响下的场镇景观（广安肖溪古镇）（图片来源：http://www.tcmap.com.cn/sichuan.html。）

水利、开垦土地，放大生态系统的能量输出功率，用不断增多的资源为不断繁衍的人口提供稳定的食物来源，从而使人们能够长年生活、劳作于固定的土地上，免去了长期迁徙之苦。因此，农业型场镇的空间形态首先呈现出相对的稳定性和系统性特征。

图3-44　农耕文化影响下的四川合江先滩场（图片来源：作者绘制。）

一方面，场镇作为一个商业贸易的场所，它以农业产品和人口需求为依托，即与周边的农田系统紧密相关；另一方面，以家庭为单位"随田散居"的生活模式，使得场镇不仅是乡民们日常生活用品的重要来源，更是人们重要的社交场所。因此，随着长期稳定的发展和不断增多的粮食资源，在场镇内部建诸如戏楼、庙宇、宗祠等公共建筑也就显得十分必要而自然了。这些公共建筑的出现，不仅起到了满足乡民社交需求的

图3-45　巴蜀汉代舂米图（图片来源：蓝勇.西南历史文化地理[M].重庆：西南师范大学出版社，1997:3.）

作用，使得农业型场镇的稳定性特征得到了进一步强化，而且对场镇空间形态产生了巨大的影响。如犍为罗城的戏楼作为整个场镇的中心，居住建筑围绕在其周围，并逐渐向四面扩散。四川合江先滩则以土地庙、观音阁、川主庙等公共建筑为重要的空间节点，通过一条街道将其串接起来，形成了跌宕起伏的空间序列（图3-44）。

其次，农业生产是农业型场镇生存的基础。自然，稻谷的生产、加工、储存等一系列农业生产劳动就与场镇有着密不可分的联系，甚至在一定程度上决定着场镇空间环境的发展方向。如在川渝大部分地区自古就有舂米的习俗，几乎每户人家都有碾磨等稻米加工的设备（图3-45）。

因此，在农业型场镇中大量留存有作稻米加工用的水车、水碾等用具，它们成为了场镇中较为典型的文化景观。与此同时，在传统的农耕社会中，稻谷收获之后就必须设置谷仓这类建筑用于存放粮食，并出于防虫、防鼠、防潮的考虑，多为以方形、圆形为主的干栏式建筑，架空于地面或放置于水塘之上，或放置在场镇中心，或集中放置在场镇一侧。因此，在场镇内部和外部形态上呈现出较为明显的景观特征。如在四川郫县唐昌镇，至今仍旧保留有多个建于清代的粮仓。这些作为稻作文化典型代表的粮仓，出于方便存储的考虑，相互围合，集中分布于场镇一侧，形成了场镇中特有的形态。不难看出，由于农耕经济具有长期定居的特性，随着时间的推移，各种与农业生产相关的建筑类型成为了农业型场镇的典型代表（图3-46）。

(a) 阆中老观镇粮仓　　　　　　　　　(b) 四川郫县唐昌镇粮仓

图 3-46　农业型场镇中的各式粮仓（图片来源：作者拍摄。）

此外，在中国传统的农业社会中，土地不仅是一种重要的生产资料和主要资本，更是统治阶层进行剥削的重要基础。因此，在土地私有制下，人们对土地表现出了强烈的占有欲，而土地也成为了衡量家族兴旺和贫富的重要标志。因此，牢固的土地观念使得地主阶层更热衷于倚靠雄厚的财力和社会地位，通过各种方法，不断购买和侵占周边宅地，兴建豪宅深院，逐渐成为场镇聚落中规模较大的既包括庄田又含有大量聚居建筑的建筑群落，从而对农业型场镇的空间环境产生巨大的影响。这些等级严格的建筑群落在农业型场镇中大量出现，并通过对周边宅地的买卖侵占不断扩张，以至于在场镇中出现了远胜于县城的规模宏大、造型精美的庄园宅院。如四川大邑安仁古镇的大军阀刘文彩的庄园，由五处公馆和一处祖居组成，占地面积 10 余亩，建筑面积高达 2.1 万多平方米，是场镇中最大的一组建筑群。由于该建筑群落不是同一个时期建造的，而是刘氏家族通过逐年收购周边宅地而拼凑修建的。因此，平面极不规则，布局杂乱。这不仅生动地反映出了中国传统农业社会中人们对土地的观念，而且也让人们清晰地看到，在川渝地区众多农业型传统场镇中，如同刘氏庄园一样的私家大体量建筑群逐步成为了场镇中重要的构成部分，并让场镇零散的空间形态更趋于整体（图 3-47）。

与之类似的还有潼南双江场其位于重庆铜梁县西北，地处嘉陵江支流涪江下游流域，始建于明末清初，距今已有 400 多年的历史。受传统农耕思想的影响，场镇中保留有多座明清时期的大型宅院，以杨氏家族的兴隆街大院、长滩子大院、邮政局大院、源泰和大院等数座清代大院为代表，成为了场镇空间环境特色的重要构成要素。如杨闇公——杨尚昆旧居，即"邮政局大院"，该建筑面积为 1100 平方米，大小 39 间房屋，呈二进三重四合院布局，无论从占地还是建筑规模上来说，都远远超于平常的传统民居建筑，成为了整个场镇中统领周围零散住屋的大体量建筑群（图 3-48、图 3-49）。

可见，从某种意义上来说，大体量私家庄园建筑群落是封建农业社会的典型物化，它逐步演化成了川渝农业型场镇的又一典型特征。

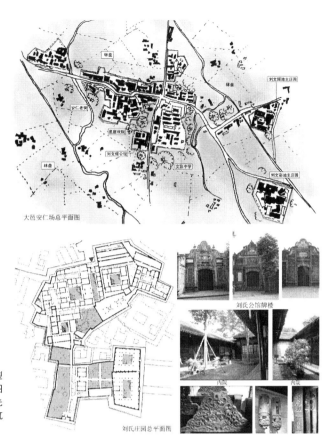

图 3-47 封建土地制度下农业型
场镇（四川安仁场刘氏庄园）（图
片来源：作者拍摄改绘。参：李先
逵 . 四川民居 [M]. 北京：中国建筑
工业出版社，2009.）

图 3-48 典型的农业型场镇（潼
南双江场）（图片来源:作者绘制。）

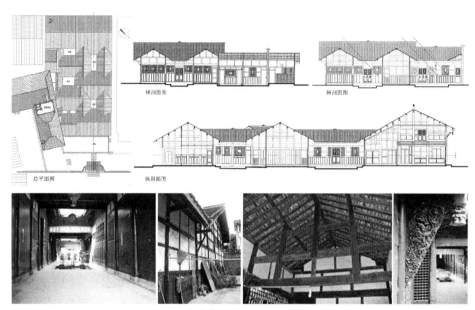

(a) 杨尚昆旧居(邮政局大院)

杨闇公－杨尚昆旧居，即"邮政局大院"，大院由两路天井院落组群构成，其中一路天井院落有两进，为主路。其主轴线上分别横列下厅、正房和后厅。第一路院落的南侧有第二路院落，第二路院落为三进，由四栋两开间房屋横列构成。建筑整体运用典型的穿斗式构架，悬山顶，小青瓦屋顶的院落式建筑风格古朴、典雅，具有浓厚的地方特色，是川渝地区保存最完整的清代建筑之一。

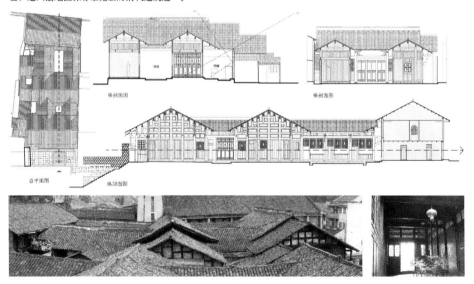

(b) 源泰和大院

源泰和大院是典型的川东穿斗式构架民居，建筑平面布局、空间形态、装饰构件都具有独特的风格特征：白灰抹面竹编夹壁墙和木结构墙体板相结合，具有浓厚的朴实典雅的地方建筑风格；建筑空间组合为面阔三间，利用天井、穿堂和过厅组织交通和采光、通风；在功能上，采用了典型的前店后宅的布局方式，反映了清代传统商业和居住结合的居住建筑模式。

图 3-49　私家庄园建筑——农业型场镇的典型特征(潼南双江场)(图片来源：作者改绘。参：重庆大学城市规划与设计研究院《潼南双江古镇源泰和大院、杨闇公旧居、永绥祠修复设计》，2012 年)

3.3.2 商贸型场镇及其空间环境特征

正如前文所言，川渝地区物产和经济水平的差异性导致川渝地区各民族间的商品交换异常频繁，人们只有依靠场镇集市贸易才能满足日常生活中所需要的物资并消除这种地区间的差异。此外，区域间大宗商品贸易的兴起在川渝地区传统场镇演变发展过程中也扮演着十分重要的角色。在商贸因子的影响下，大量乡场或定期集市逐渐发展成为了固定的以商品贸易为主要功能的商贸型场镇，如丰都的高家场、永川的朱沱场就是其中典型的代表。

（1）商贸型场镇的空间分布特征

一定的经济贸易市场的形成必须依赖于一定范围内的商品消费，所以，川渝地区商贸型场镇的分布和形成与商品的生产、消费、流通息息相关。在人口密集、商品生产和消费旺盛的区域，商贸型场镇不仅分布较密，而且服务半径较小。如在成都平原地区，场镇和流动的集市又相互毗邻，并按中心地[①]分布规律呈六边形空间分布。对于人口密度相对较小、商品交换需求相对较少的区域，商贸型场镇的分布则较为稀疏。与此同时，商贸型场镇同样也深受地形环境和交通条件的影响和制约，大都分布在一些人烟相对稠密、交通便利的河谷、两河交汇处、滩沱相间处、平坝地区，或分布于一些交通要道上，如沿长江的松溉、朱沱、白沙、临江、西沱等，沿乌江的江口、龚滩等。对此，张兴国教授在对川东南地区传统场镇进行深入研究的基础上也提出了类似的观点。

除此之外，伴随着盐、粮、铜、茶叶、丝绸、桐油等大宗商品贸易的兴起以及交通线的不断延伸，川渝地区与周边地区和国家的商品贸易往来日渐频繁。因贸易往来而兴的场镇也大量涌现，它们大多分布于茶马古道、西南丝绸之路、盐业古道等商业廊道之上，并成为了这些经济线路上的重要支撑点。如四川邛崃的平乐古镇，自古便是川南地区重要的经商口岸，早在西汉时期就已形成集镇，并因市而兴，交易兴隆。往来商贩将本地的茶、竹、纸等物资运往外地，又将盐、铁、煤等用品运到平乐。商贸的兴盛和交通的便利形成了古镇灿烂的商贸文化和独特的空间格局，自古平乐便有"茶马古道第一镇"和"南方丝绸之路第一驿站"之称（图3-50）。

可见，商贸型场镇在川渝地区的分布既有在一定范围内（平坝、河谷地区）的均质化分布，也有沿着主要水陆交通线的分布，使得整体呈现出点线结合、相互联系的网状分布格局。同时，川渝地区商贸型场镇的整体空间分布模式使得商贩乡民都不需要长途跋涉就可以往来于各个集镇之间，从而实现商品交换的便捷与高效。选址于水陆交通线的商贸型场镇，则充分利用交通之利，最大限度地节约了人力与物力，显示出了较强的商业生命力。

---

① "中心地"概念最早由德国地理学家克里斯塔勒在《南部德国的中心地》中提出，他指出在特定区域内的小城镇作为向周围乡村地区提供商品和服务的地方，这种职能称为中心地职能，而所服务的地区属于"市场区"——由这个小镇的能量大小所决定。参：城市规划相关知识 [M]. 北京：中国计划出版社，2002:207.

图 3-50 西南丝绸之路上的贸易型场镇（邛崃平乐古镇）
（图片来源：作者拍摄、绘制。）

（2）商贸型场镇的类型与空间形态特色解析

川渝地区的商贸型场镇在形成过程中受到复杂的地形地貌条件的影响，其场镇空间形态千变万化，极为丰富。其中分布于河谷、平坝、水陆交通沿线的商贸型场镇大多呈线状和带状，这也成为了川渝地区传统商贸型场镇最为普遍的空间形态。在这类场镇中，往往商业功能是第一位的，商品交易的频繁发生催生了场镇中商业街巷的发展和形成，因此，商业街也就顺理成章地成为了商贸型场镇平面空间形态中最为突出的表现。

所以我们不妨将其视为场镇中的"商业通廊"，从而让人们更为清晰地了解川渝地区商贸型场镇的总体空间形态特征。为此，笔者在实地调研的基础上，借用类型学的方法对川渝地区商贸型场镇中具有典型特征的"商业通廊"进行概括与抽象，总结出了川渝地区商贸型场镇中商业通廊的几种平面空间形式（表 3-9）。

川渝地区传统场镇商业型场镇空间类型划分 表 3-9

类型	例证	场镇平面空间形态	外部空间形态	形态描述
直线型	江津中山场			场镇中有一条主要的商业街，大体呈直线形走向。随着场镇规模的扩大，商业街也随之不断向前延伸，形成了一个线形的商业通廊
折线型	江津塘河场			场镇商业的不断繁荣，商业街也随之延伸。但在向前延伸的过程中，由于地形环境的影响，发生一定的转折，从而形成一个折线形的商业通廊

续表

类型	例证	场镇平面空间形态	外部空间形态	形态描述
鱼骨型	合江白沙场	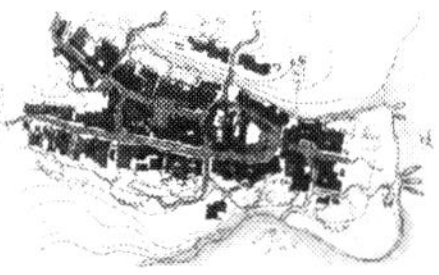		场镇的主要商业街向四周发散出一些商业街巷，构成以原来的商业街为主的向四周发散的空间形态，而主街仍旧是场镇中最为重要的商业通廊和空间主轴
自由型	重庆磁器口		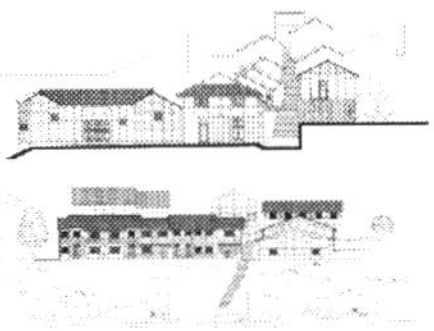	由于地形环境的限制作用，场镇商业街随地形高低而变化，形成了相对自由变化的空间形态，与此同时，场镇空间也较为灵活自由，呈现出独特的空间形态
放射型	北碚偏岩场	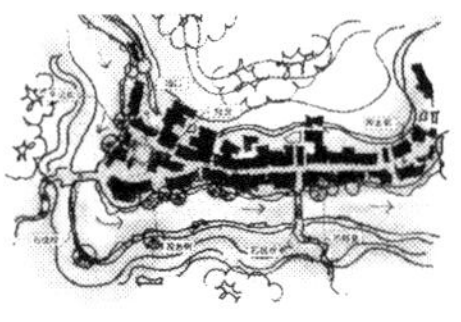		场镇商业街常常以一个公共空间为中心，街巷以此为核心向外延伸布局，形成放射状的商业网络。在此格局中，其核心或为广场，或为场镇中的重要公共建筑
象征型	犍为罗城场	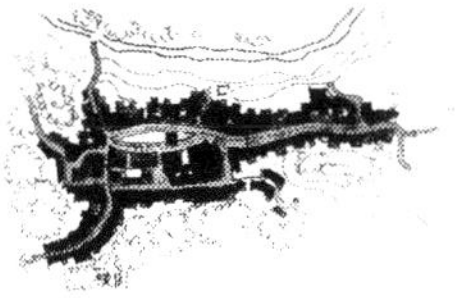		场镇商业街道在演化的过程中，除受地形环境影响之外，还受到传统文化的影响，为了暗含或隐喻某种文化或图形，商业街在发展的过程中形成了具有象征意义的空间形态

图片来源：作者拍摄、绘制。参：季富政. 三峡古典场镇 [C]. 成都：西南交通大学出版社，2007；季富政. 采风乡土：巴蜀城镇与民居 [M]. 成都：西南交通大学出版社；互联网。

1）直线型

场镇中有一条主要的商业街，大体呈一直线形走向，随着场镇规模的扩大、商业的不断繁荣，商业街也随之延伸。需要指出的是，由于受到地形的影响，商业街并不呈一条理想的直线，局部有可能发生转折或变化，例如重庆石柱的西沱场、酉阳的龚滩场、江津的中山场等。

2）折线型

由于地形的变化，使得商业街出现了突然的转折，形成了一种折线型的空间形态，如江津塘河场。

3）曲线型

场镇多位于河流、滩沱交汇处，由于受到地形环境的影响，其商业街多顺应地形变化，呈现出特有的曲线型特征，如三台郪江场。

4）鱼骨型

在场镇形成过程中，随着商业的繁盛，商业街的数量不断增加，并在主要的商业街向四周发散出一些商业街巷，构成以原来的商业街为主、向四周发散的空间形态，如内江椑木场、安居古镇、佛宝场等。

5）自由型

由于受到复杂地形的影响，场镇空间随地形的变化而形成自由变化的空间形态，商业街巷相互交错，形成了自由灵活的商业网络，如巴南鱼洞古镇、重庆磁器口等。

6）放射型

场镇的商业廊道以一个公共空间为中心，呈放射状向外延伸布局，例如北碚偏岩场以四方街为中心呈放射状的空间形态。

7）象征型

场镇商业街道在演化的过程中，受到传统文化的影响，形成了具有隐喻或象征意义的空间形态，如四川罗城船形的商业空间形态，隐喻"同舟共济"，还有如资中的罗泉场、广安的肖溪场、彭县的白鹿场等都属这一类型。

此外，在川渝地区商贸型场镇发展演化的过程中，受商业文化的影响，会馆——这一具有重要商贸属性的公共建筑大量涌现，不仅成为商贸型场镇空间形态的重要斑块，而且也是商贸型场镇发展演变的见证。

一般来说，会馆大致可以分为以下两种：一种是同乡会馆之类的行馆、试馆，"同籍团体一般以会馆为集中地，每年都要集会庆祝"。"近麻神、聚嘉会、襄义举，笃乡情"则准确地概括了这类同乡会馆的活动与功能。另一类是不以同籍作为入会标准，而纯粹以行业异同作划分的商帮会馆，也称为同业会馆。在商业文化的催生下，这类会馆成为了当地商会巨贾、袍哥大爷们集会、商议、排解纠纷、维护经济权益的重要场所。特别是在清代重庆、四川地区的商贸型场镇中尤为盛行，如重庆忠县的洋渡场中，就集中了王爷庙——船帮会馆、禹王宫——湖广会馆、南华宫——福建会馆、万寿宫——江西会馆等，形成了场镇内特有的景观斑块（图3-51）。

会馆背后多有财力雄厚的商贾巨富支持，常占据着场镇较为重要的位置，通常选址

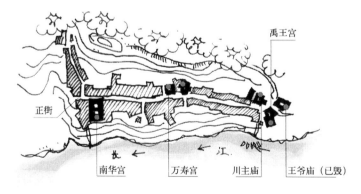

图3-51　忠县洋渡场中的商业会馆斑块（图片来源：作者绘制。）

于场首、场中、场尾，主要道路交叉处、拐角处以及进出场镇主要道路两侧、码头等位置。这样选址的场镇会馆正如学者陈蔚所言："会馆建筑往往成为了进出城镇的空间标志物和物质性边界，从而增强城镇空间的领域感和内聚性。"对于一些"先馆后街，先馆后场"的场镇，会馆的建设还会推动场镇的发展，如金堂的广兴镇，最开始由一些商客们修建了简易的会所和办事处用于商贸洽谈、迎宾送客等活动，后由于生意兴隆、财力雄厚，由贵州会馆、江西会馆各出资修一段街坊，场镇规模逐步扩大，成为了"因馆兴场"的典范。

与此同时，会馆多为场镇中集各种公共活动为一体的公共场所，其建筑造型往往富丽华贵，工艺精湛，规模宏大，现存典例如洛带古镇中的广东会馆、湖广会馆、江西会馆等。其中广东会馆占地 2800 平万米，封火山墙与歇山顶错落有致，建筑沿南北中轴对称布置，形成重台四进五院的平面组合，殿阁华丽巍峨，工艺精妙绝伦，成为了整个场镇最为壮观的建筑（图 3-52）。

3.3.3　矿业型场镇及其空间环境特征

四川盆地内矿产资源丰富，尤以盐、铜、煤、锡、铅等储量巨大，为区内传统场镇的生成提供了肥沃的土壤。伴随着矿藏资源的采掘、冶炼，生产技术的提高，在矿产和物资生产地大量会集了从事相关资源开发和劳动生产的商人、矿工，人口的聚集、矿业

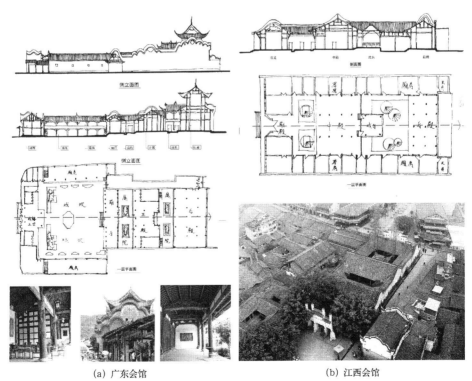

(a) 广东会馆　　　　　　　　　　(b) 江西会馆

图 3-52　规模宏大的场镇会馆建筑（洛带广东会馆、江西会馆）（图片来源：作者拍摄、绘制。）

经济的发展极大地带动了当地相关产业和服务业的兴起。在此基础上，众多以矿业经济为主的场镇大量出现，并在历史上呈现出较高的发展水平。为此，本文将这种"因矿而兴"的场镇统称为矿业型场镇。

（1）矿业资源开采与场镇分布

自古以来，历代中央政府都十分重视对四川盆地内矿产资源的开发利用，矿业经济也因此成为了川渝地区经济发展的一个支柱性产业。然而，由于矿产资源的分布不均，再加上开采技术、交通运输、市场需求等因素的影响，导致川渝地区矿业型场镇呈现出了随矿藏资源分布不均而出现的散状空间格局。

据史书记载，早在夏商周时期四川盆地内就已经出现了如盐、铜、玉、朱丹、银、锡等矿产的开采利用。春秋战国时期，中原冶铁技术开始流入四川各地，特别是秦灭巴蜀后，川内铜、铁矿业得到了巨大的推动和发展。如《太平寰宇记》所云，汉定筰县有"铁石山，山有磐石，火烧之后成铁，为剑戟极刚利"。[1] 根据学者罗二虎的研究，在秦汉时期，四川盆地内发现并开发的矿产资源共有58处，其中盐15处、铁10处、铜7处……这些矿产资源广泛分布在盆地内广袤的土地上，随着矿业经济的发展、人口的聚集，在这些地区初步形成了一些大大小小的以矿业资源开采利用为主的聚落（图3-53、图3-54）。

随着军事科技市场的需求增长（对盐、煤、铁、铜、铅的依赖）以及社会经济的发展（铸币对铜、金的需求），川渝地区的矿产开发和生产到清代进入了鼎盛时期，尤其是盐、铜、锡、银、汞等的产量在全国占据着重要的位置。如乾隆十九年（1754年），"川省产铜旺者，积存甚多"[2]，当时仅四川宝川局即已存铜140余万斤；建昌与乐山等地所属铜厂产量"每年不下百十余万"。西昌县金马厂、会理州金狮厂等一直"产铜旺盛"。[3] 由此不难想象

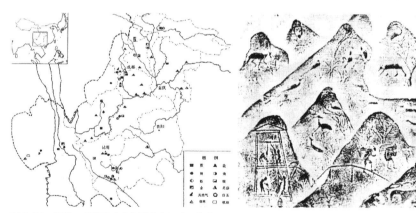

图3-53　汉代四川地区矿藏资源分布图（图片来源：罗二虎. 秦汉时代的中国西南 [M]. 成都：天地出版社，2000：144.）

图3-54　山林盐场画像砖（图片来源：高文. 四川汉代画像砖 [M]. 上海：上海人民美术出版社，1987:12.）

---

① （宋）乐史《太平寰宇记》卷80 "蘽州"。
② 《高宗纯皇帝实录》卷455。
③ 《高宗纯皇帝实录》卷1439。

当时这些矿区生产的繁华景象。矿业经济的高速发展，极大地带动了在这些多矿业点上手工业和商业的发展，使得这些矿业点的经济构成更加多元、人口规模越发庞大，逐步形成了诸如巫溪宁厂、资中罗泉、彭水郁山等许多"因矿而兴"的矿业型场镇，并呈现出随分布不均的矿藏资源而散状分布的空间格局。

（2）矿业型场镇空间形态特征解析

与前两类场镇不同的是，川渝地区矿业型场镇的兴起和发展一方面完全依赖于对当地的矿产资源的开采、加工、运输、贸易等一系列活动，受农业生产的影响较小，经济结构较为单一，另一方面，矿产资源的开发也间接推动着场镇商业贸易通道的延伸和移民的聚集，使得各种外来文化在这里广泛传播和碰撞，因而川渝地区矿业型场镇形成了较为复杂和独特的空间形态。

首先，四川盆地内蕴藏着丰富的矿产资源，特别是盐、铁、铜、锡等矿产资源，自古以来在我国就具有举足轻重的地位，历来都被中央王庭所倚重，因此为加强对这些矿业资源的控制，历代王朝无不重视对这些场镇的对外交通运输线路的建设，以满足对矿业资源日益增长的需要。因此，但凡矿业资源分布较为密集的区域，周边必定有较为完善的对外水陆交通运输线路，从而构建起与外界紧密的交通联系。

在川渝地区的这些矿业型场镇中，最具代表性的要算因盐井开发而兴的场镇了。所谓"无铁不足以言战，无盐不足以立国"，可见古人对盐之重视。川渝地区的井盐是中国历史最为悠久的盐场之一，《论衡·利通篇》曰："东海水咸，流广大也，西州盐井，泉源深也。"可见，当时川渝地区井盐的产量可以和东海盐田相比拟。早在战国时期，巴蜀的"凿井煮盐"就已经开始，秦汉以后更是盐井遍布。学者潘世民曾详细论证：长江上溯到宜宾以及乌江、清江流域的巴东、巫山、奉节、云阳、丰都自古都是产盐区，而四川地区的"官道"、"大道"在古代也大多为盐道，这便是川盐最为古老的盐道边界。经过历代王庭对川渝水路、陆路运道的不断顺通和延伸，到明清时期，该地区已密布多条盐业通道。它们以水路交通为主，陆路交通为辅，从产盐区向四周扩散，形成了相互交错的盐运网络（图3-55）。

其次，与传统自给自足的农业型场镇截然不同，矿业型场镇大都依靠矿产资源与外界进行商品交换，来满足日常生活中对其他生活资料的需

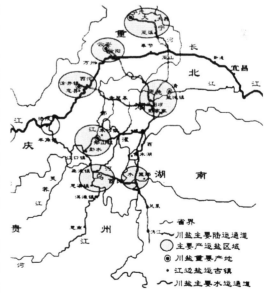

图3-55 川盐运输网络（图片来源：赵逵. 川盐古道：文化线路视野中的聚落与建筑 [M]. 南京：东南大学出版社，2008：69.）

求。因此，在场镇的选址中，地形环境、周围耕地的多少、日照条件等并不是主要考虑的内容，而矿产资源的位置与开采的便利则成为了选址中最为重要的因素。因此，在这种思想的影响下，川渝地区矿业型场镇大多围绕矿产资源点进行营建，场镇空间的发展随意性较强，而且其整体的空间环境远赶不上农业型或商贸型场镇规范和成熟。此外，由于受趋利心理的影响，场镇中常设有因矿而建的庙宇，以护佑场镇发展，如因盐而兴的资中罗泉场就建有"盐神殿"以祈神保盐，这成为了该类场镇又一典型特征。

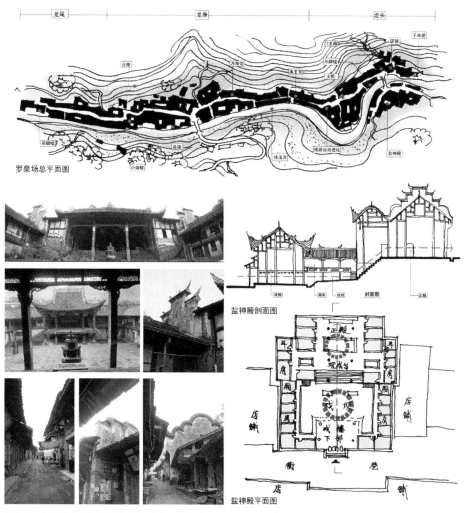

罗泉场又名龙场或罗泉井，因盐而兴，矿业型场镇，位于仁寿、威远、资中三县交界处。场镇具有悠久的制盐历史，据《盐法志》记载："资州罗泉井，古厂也、创于秦。"至清同治年间，已有盐井1200余眼，而盐业的发达也直接带来了场镇的繁荣与兴旺。场镇沿球溪河与赖家山依山傍水而建，现有老街子街、顺城街、中顺街、广福街等街巷，俗称"五里街"。场镇建筑保留较为完整，多为穿斗木结构，而盐神殿作为场镇中最富特色和规模最大的古建筑，为当地盐商祈求神灵保佑和聚会议事之所，造型独特，极富美感。而作为场镇入口的"子来桥"则与盐神殿、川主庙形成了场镇独特的场口空间。

图3-56 "因盐而兴"的资中罗泉场空间形态（图片来源：作者拍摄、绘制。）

罗泉场作为典型的矿业型场镇，地处资中、仁寿、威远三县交界处。据《盐法志》记载："资州罗家井，古厂也，创于秦。"罗泉盐业开发历经汉、三国、唐、宋，至清代达到顶峰。清光绪年间，罗泉已有盐井1515口，盐区面积209平方公里，故而罗泉场"因盐而兴"。由于盐业开发贯穿场镇发展的始末，至今在场镇中仍旧保留有完整的盐灶、分卤的龙头以及水车、盐井等遗迹。与此同时，由于受到盐源及地形环境的制约，场镇自球溪河北岸扩展开来，并通过一条5里长的曲折商业街巷将其串接起来，形成了既分散又相连的空间组合关系。这种狭长弯曲的构成形态，恰似一条昂头向前的"蛟龙"，给场镇增添了一抹传奇的色彩。庙宇中最具特色的是戏楼及看台的布置，戏楼用20根木柱支撑，最粗的达80厘米。从戏楼下进入庙内，除了戏台前天井可席坐观戏外，在主殿前尚有避雨的13级石阶可作为观众席（图3-56）。

此外，在矿产资源开发带来的巨大利益的驱动下，大批矿工、商人云集场镇，他们往往思想开放，敢于冒险，以追求财富为目的，在峡谷荒山中凿井开矿，倾其所有于一役。冒险和敢于突破常规的天性，再加上川渝地区的矿产资源往往多位于地理环境较为复杂的区域，故在这些场镇中建筑大多不受传统风水选址观念的约束，使得场镇的营造自然产生了粗犷、自由的空间氛围。

历史文化名镇重庆宁厂就是一个十分典型的例子。宁厂是四川地区最早的产盐地之一，至今已有4000多年的历史，因盐而兴，曾有过"一泉流白玉，万里走黄金"的辉煌。由于场镇处于两山夹一江的山谷环境中，地形极为复杂，再加上场镇发展受传统礼法制度的影响较小，故此场镇依托自然环境，沿后溪河的走向呈自由的线状布局。场镇建筑因地制宜，依山而建，多为一宅一院，由于地形的限制，建筑一般不是向纵深发展，而是向两侧扩张。此外，在一些坡度较大的地方，根据地形特点，通过架、抬、调、拖等山地建筑手法营造出了半边街、过街楼等独具特色的场镇空间形态，给人们留下了深刻的印象（图3-57）。

3.3.4 交通型场镇及其空间环境特征

便捷的交通往往是场镇兴起和发展的又一重要条件。古代由于受交通运输工具的限制，各地区间的商品贸易必须依赖于相互链接的水陆交通网络。随着地区间贸易的兴旺和水路与陆路交通线路的延伸与链接，在一些重要的交通运输线上，大量出现了为往来客商提供中途休息、物资集散、接力转运的场镇。为此，将这些"因路而兴"——依靠便捷的交通优势而兴起的场镇称为交通型场镇，如三峡黄金水道上的大昌、西沱、洋渡、龚滩、大溪等场镇就是其典型的代表。

然而，值得一提的是，由于场镇是多重因子共同作用的结果，而不是仅受到某种因子的单独影响（这在前面就已详细论述），因此对于交通型场镇而言，它除了具有交通型场镇所特有的个性特征之外，可能还拥有与其他类型场镇相类似的场镇环境。

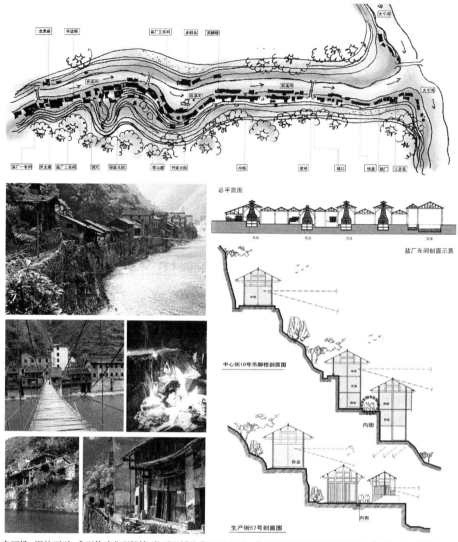

图 3-57　自由、灵活的矿业型场镇空间形态（巫溪宁厂古镇）（图片来源：作者拍摄、绘制。）

宁厂场，因盐而兴，典型的矿业型场镇，位于巫溪县北 17 公里处，是历代四川地区重要的盐都，曾有过"一泉流白玉，万里走黄金"、"吴蜀之货，咸荟于此"的辉煌。场镇建筑多为斜木支撑的吊脚楼，临河而建，高低错落，通过架、抬、调、拖等山地建筑手法营造出了半边街、过街楼等独具特色的场镇空间形态，并沿后溪河蜿蜒延伸 3.5 公里，俗称"七里半边街"。此外，与川中成熟农业经济区的场镇空间相比，场镇建筑随坡而建，凡稍可立足之处都加以利用建房，呈现出"散乱"无序的场镇空间形态，别有一番风味。

（1）交通线路延伸下的串联状分布

由于四川盆地周边地形环境变化较大，使得该地区与外界的交通联系十分有限和困难。穿梭于高山峡谷间的水陆交通是其最佳的选择，自然成为了该地区与外界联系最为重要的生命线。也正因如此，在历史的变迁中，交通型场镇随着水陆交通线路的不断延伸呈现出了串联状的空间分布。

1）陆路交通影响下的场镇分布

由于其独特的地理环境，四川盆地不仅存在着"其地四塞，山川重阻，道路崎岖"

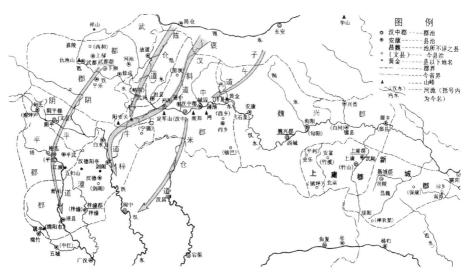

图 3-58　秦汉时期四川盆地内古道示意图（图片来源：赵殿增．三星堆文化与巴蜀文明 [M]．南京：江苏教育出版社，2005:686.）

的客观现实，更有"蜀道难，难于上青天"的真实写照。但在经济贸易的驱动下，几千年来，川渝地区的先民们人工开辟了多条联系内外的陆路交通运输通道。这些运输通道，不仅包括自北方中原地区进入四川盆地的古驿道，还有联系盆地内部各州县及中心城市的"官道"、"民道"，它们共同构筑了川渝地区联系内外的陆路交通网络。根据《战国策·秦》的记载："栈道千里，通于蜀汉"，"栈道千里，无所不通"，早在春秋战国时期，四川盆地就已开通与北方中原地区联系的多条栈道，这就是人们常说的"川陕古栈道"。这些栈道大多呈南北走向分布于盆地的北部，跨越秦岭、大小巴山，从陕、甘方向入川（图 3-58）。在道路不断开拓和延伸的过程中，四川盆地与周边地区的贸易往来日渐频繁，最终形成了古代以"西南丝绸之路"和"茶马古道"为主的区域陆路贸易交通线路。正如《史记·货殖列传》记载："巴蜀亦沃野，地饶卮、姜、丹沙、石、铜、铁、竹、木之器，南御滇僰，僰僮，西近邛筰，筰马、旄牛……栈道千里，无所不通。""西南丝绸之路"和"茶马古道"这些承担区域贸易的陆路交通线路串联起了当时川、黔、滇最为发达的经济区域和城镇。

a."西南丝绸之路"上的场镇

20 世纪 80 年代，古代四川盆地内的贸易交通问题受到了学术界的普遍关注，学界提出了"西南丝绸之路"的概念。显然，西南丝绸之路的提出多少受到了北方丝绸之路的启发和影响，使得一些研究者习惯性地参照北方丝路的情况将西南丝绸之路单一地按自巴蜀经滇缅到印度的道路来划分，从而导致了现实中西南丝绸之路概念的含混模糊。

事实上，自古四川盆地通往印度和东南亚地区的道路就不只一条，且走向不一，若单一地认定某一条是"丝绸之路"，而将其他道路排除，就略显偏颇。因此，笔者认为，"西南丝绸之路"不仅是巴蜀地区与东南亚、南亚等地相联系的陆上交通线，而且也是历代王朝对"西南夷"地区进行开发与统治的战略要道。它并不是特指某一时期某一条道路，而是一个具有较大时空跨度的交通贸易廊道。从时间上来说，它从先秦开始，跨越了 2000 多年的时间；从地域上来说，凡是与川、滇、黔地区发生联系的道路，都涵盖其中；从文化学的角度来说，它不仅是古代川渝地区一条重要的商业贸易线路，更是一条文化交流、民族迁徙、宗教传播的"人文廊道"。

西南丝绸之路在不同的历史时期有着不同的侧重。公元前 2 世纪，汉武帝派张骞出使西域，他历尽坎坷，却发现了商人们经由印度贩去的四川特产——蜀布和邛竹杖，由此得知四川商人早已到达印度，打通了华夏大陆连接南亚、西亚的一条秘密通道。其后，汉王庭两度发兵西南，在各地置官设郡，修筑驿道，直抵滇缅之边，后又经缅甸进入了印度，从而实现了"蜀身毒道"的全线贯通。其中最为重要的要数西汉武帝开辟的南夷道和西夷道，统称为西南夷道。"南夷道"，分为岷江道、五尺道。岷江道自成都沿岷江南下至宜宾，是李冰烧崖劈山所筑；五尺道，始建于秦，因道路狭窄仅宽五尺，故称为五尺道，自成都出发，到宜宾—南广（高县）—朱提（昭通）—味县（曲靖）—谷场（昆明），之后一途入越南，一途经大理与西夷道重和。另一条西夷道又称牦牛道，分为灵光道和博南道两段。建元六年，汉在夜郎国地区设置郡县，又派司马相如沿古牦牛羌部南下故道修筑而成，即成都—邛崃—泸沽—西昌—大姚—祥云—大理后与南夷道汇合。至此，经秦、汉两个王朝的开发，西夷道、南夷道、博南道三条交通干线连成一线，"西南丝绸之路"全线开通。隋唐、南诏时期，随着统治王朝对川渝的不断开拓与治理，清溪关道、石门道、安南至天竺道成为了当时四川与周边地区的主要交通道路。清溪关道，是唐代云南连接关中的通道的首选，其道路与汉代的灵光道路线基本一致，即从成都出发，经邛崃、雅安出西川，过会川（会理）、大姚到达南诏大理。历史上南诏通过此道，多次进攻西川，致使这一交通干线数次遭到损毁（图 3-59）。

纵观历史，"西南丝绸之路"作为一条贸易的大通道，使得四川地区、古印度、东南亚串接成了一个整体。它不仅实现了四川盆地与外界自由的商贸往来，还激发了川内经济、文化的交流与渗透，促进了沿线场镇的兴起。随着交通线路的不断延伸和商业贸易的频繁，沿途场镇贸易和为往来客商提供服务的服务产业也逐渐兴旺起来，最终形成了"五里一店，十里一场，三十里一镇"的真实写照。

b. 茶马古道上的传统场镇

茶马古道是另一条以马帮为主要交通工具，穿行于川西横断山脉的高山峡谷中的贸易交通线。 这条陆路贸易交通走廊起源于唐宋时期的"茶马互市"，由于藏区对茶叶、盐等日用品以及中原地区对马匹的需求，使得这种横断山区中的既"卖茶"又"易马"的贸易活动流动不息，南来北往，并随着社会经济的发展而日趋繁荣，最终形成了联系滇、川、藏地区经济贸易的"茶马古道"。

茶马古道的线路主要分为南北两条，即滇藏道和川藏道。滇藏道从云南的普洱出发，经丽江、中甸、德钦、芒康、察雅至昌都，再由昌都至拉萨、亚东等藏区，并延伸到尼泊尔、印度等国。川藏道则以今四川雅安一带产茶区为起点，经康定、里塘、巴塘、芒

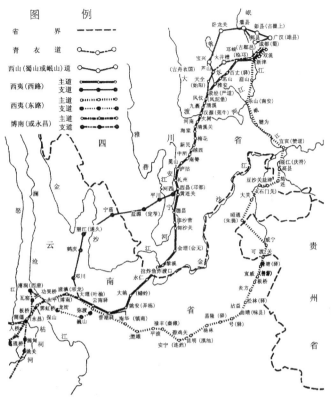

图3-59　"西南丝绸之路"线路示意图（图片来源：四川省货币协会.南方丝绸之货币研究 [M].成都：四川人民出版社，1994：扉页.）

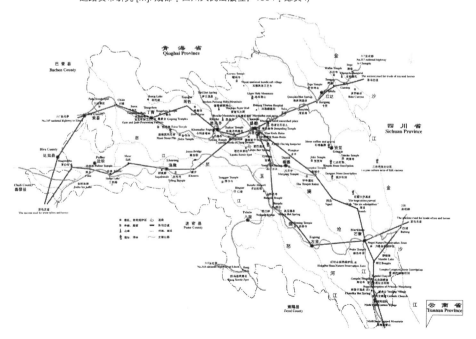

图3-60　"茶马古道"线路示意图（图片来源：《中国国家地理》。）

图 3-61 茶马古道上的贸易场镇（雅安上里）（图片来源：作者拍摄。）

康、左贡、加玉、阿兰多，到达拉萨后，再通往尼泊尔、印度。事实上，除了以上主要的干线外，茶马古道还包括若干支线，共同构筑起了联系各经济区的一个庞大的交通网络（图 3-60）。

数千年来茶马古道上的商业贸易经久不衰，极大地促进了川西地区场镇经济的发展。正如江玉祥先生在《雅安与茶马古道》中指出："雅安是川藏茶马古道的起点，它在'茶马互市'的历史上发挥了巨大的作用。这不仅因雅安自古就是蜀茶的主要产地；更因为从雅安至西藏这条贸易线路自唐宋以来一直连续不断，贸易繁盛，促进着该地区的社会经济发展与文化交流。"也正是因为如此，在历史的变迁中，诸如上里、飞仙关、芦山、多营等众多的西蜀场镇正是依靠"茶马古道"的兴盛而逐步形成和发展起来的，并且以适合马帮中途停留休整的距离为间隔，构成了串连状的分布格局（图 3-61）。

2）水路交通影响下的场镇分布

古代区域间的商品交换和贸易都依赖于便捷的水路交通运输，因此，在水运码头、江河交汇处及水道沿线等水运贸易交通线上分布着数量众多的交通型场镇，它们依托于发达的水运交通，形成了串连状的地理空间分布（图 3-62）。

四川盆地内河流纵横、水系密布，且大部分河流都适合通航，自古水运就是川渝地区商业贸易运输中最为重要的一种方式。特别是隋唐以后，在北方经济日趋衰落，经济中心向南方转移的趋势下，依托长江航运，四川地区的水运交通地位逐步凸显出来。在川内发达的水运贸易交通中，以长江、岷江为主，与嘉陵江、乌江、沱江等多条水路共同构成了横贯川南、川东，上接云南，下连湖广，右通黔湘，左达陕甘的水运交通网络。由于篇幅有限，笔者仅列举出几条川渝地区重要的水路交通线，从中可以看出水运交通对两岸场镇形成与演化的影响（图 3-63）。

a. 岷江—长江水路

岷江—长江水路是历史上川渝地区最为繁忙的一条水运贸易航道。早在唐宋时期，四川地区的粮食、麻、茶、药材、酒等农副商品都是沿岷江、长江下行水道而贩运到下游荆湖地区的。自成都"顺流而下，委输之利，通西蜀之宝货，传南土之泉土"[1]，物产的丰富、商贾的发达、交通运输的兴旺使得沿岸场镇如雨后春笋般涌现出来。与此同时，长江水路沿岸出现了遍布江岸的"水驿"和造船工场，它们的出现不仅带动了附近商业、手工业的发展，而且其中一部分直接演化为后来的场镇，

① （宋）苏德详.新修江渎庙记 [M].

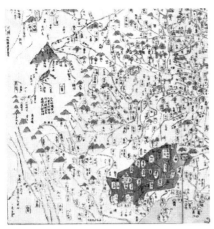 

图 3-62 唐代四川水路交通与城镇分布（图片来源：长赤水《唐土历代州郡沿革图》。）

图 3-63 清代四川水路交通及城镇分布（图片来源：王笛. 跨出封闭的世界——长江上游区域社会研究（1644-1911）[M]. 中华书局，2001:33.）

从而进一步提高了沿江场镇的繁荣程度。如明代重庆府短短几百里水路上就密集分布着"朝天、石门、汉东、赤崖、应坝、仙池、桃市、木洞、落湿、桃花、忠县、岸溉、州溉、涪州"等 16 站[①]，而且这些水驿大都延续至今，演化为现在的传统场镇。到明清时期，长江水路以粮食、川盐、木材、茶叶等大宗商品的转运贸易又一次掀起了沿江场镇建设的高潮。

b. 嘉陵江水路

嘉陵江是川渝地区另一条重要的黄金水路，它发源于秦岭地区并由北向南贯穿四川中部，直到重庆与长江汇合，是联系四川与陕甘的重要贸易通道。此外，由于发源于大巴山的渠江和涪江在合州（今合川）汇入嘉陵江，由于嘉陵江、渠江、涪江流穿川中农业经济相对发达的地区[②]，因此早在宋代嘉陵江就已成为四川中部和川东地区粮食、桐油、棉、药材以及农副产品对外贸易的主要交通线。顺着嘉陵江水路一眼望去，沿江码头、场镇密布，人头攒动，热闹非凡，仅涪江在清代就有木船 3000 余只，当时太河场、潼川、遂宁等水运码头每天都有数百船舶停靠，来往船工数千人。

c. 沱江水路

沱江发源于四川盆地西北，它纵穿川西、川南地区，至泸州汇入长江。它也是四川盆地的一条重要的水路交通线。沱江及其支流长度为 563 公里，季节性通航约为 411 公里，其运输货物以盐、粮、糖、煤为主。沿线分布有安溪镇、琵琶场、白马镇、宝台场、平泉镇、临江场等上百个传统场镇。

d. 乌江水路

乌江又称黔江，是长江上游南岸最大的支流，是贵州第一大河，历来就是川黔航运

[①] 王绍荃. 四川内河航运史 [M]. 人民出版社，1989. 转引自《永乐大典》。

[②] 张肖梅. 四川经济参考资料 [M]. 中国国民经济研究所，1939.

图3-64　长江水道上的交通型场镇（松既）（图片来源：作者绘制、拍摄。）

的要道。乌江发源于贵州境内乌蒙山脉，流经黔北及黔东南，在重庆酉阳、涪陵地区注入长江。乌江水系支流众多，所经地区以高原、丘陵为主，地势高差较大，因此，以急流、滩多而闻名。由于江险滩多的梗阻，水运中的货物必须进行"搬滩"或中转，从而造就了沿河两岸具有交通枢纽功能的水驿站[1]和场镇的兴起。如龚滩场镇就是因"搬滩转运"而兴，从明弘治年间四川酉阳宣抚司对龚滩"过往花盐船只抽取税银，每年获利数万"的记载（郭子章《黔记》）便可看出乌江航运规模的巨大。

除此之外，因水运贸易的繁盛而兴的沿江场镇在空间分布上还具有以下几点分布特征：

第一，水运贸易交通的兴盛直接导致了沿江大规模场镇的出现。沿江场镇不仅因水而兴，更是因水而盛，无论是规模还是繁荣度都远远超过了山区场镇，呈现出"场镇滨江者繁盛，山市小而寂"[2]的居局面。也正因如此，越是大的江河旁的场镇就越为密集、兴旺，越是繁忙的水运线路旁的场镇就越大。如重庆境内长江三峡沿岸就密集分布着龚滩、宁厂、大昌、西沱、松溉、朱沱等大规模场镇（图3-64）。

第二，水运交通直接带动了相关服务行业的发展，使得沿江场镇的功能更为丰富。水运商贸的繁荣促进了沿江场镇相关服务行业的发展，如围绕着舟船航运，造船工场、码头、船工行会、船帮祠庙（王爷庙）等建筑大量出现，而往来客商云集和商品贸易又直接催生了餐馆、客栈、烟馆、钱庄、货场，从而使得沿江场镇空间和功能更为丰富。

第三，沿江场镇的民居建筑无论在规模还是品质上都远远超出了一般的农业型场镇。明清时期，如盐、粮食、铜、木材等大规模的商品贩运往往具有较大的经济效益，因此，几乎每个沿江场镇上都有因贩盐或贩粮而发迹的"豪宅"和船帮会馆。这些建筑营造精美、造型别致，在规模与质量上都远胜于其他民居商铺。

① 元代在乌江干流上就设有新滩、辛酉滩、关滩、涪滩、铜鼓、武宁等多个驿站。
② 民国《丰都县志》卷10。

图 3-65 沿着道路交通线路生长的场镇空间形态（重庆走马场）（图片来源：作者绘制。参：赵万民．走马古镇[M]．南京：东南大学出版社，2007.）

（2）交通型场镇空间形态特征解析

"因路而兴"的川渝地区交通型场镇在形成和发展中形成了明显的空间形态特征。

其一，由于场镇集中分布在主要交通路线上，导致道路与场镇空间形态紧密相关，使得道路往往成为场镇产生、发展、延伸的主要空间轴线。同时，由于交通运输和相关的服务行业是大多数交通型场镇的主要经济来源，而沿交通线两侧最具经济价值的用地是场镇扩展的最佳方向，因此交通型场镇空间大多沿道路生长，呈带状或"一"字形分布，这种空间结构对交通线路的依赖往往较其他类型场镇更为明显。如在重庆走马场的平面图中，可以清楚地看出场镇沿道路交通线生长的情况（图 3-65）。

其二，在交通、经济双重因素的催生下，一些交通型场镇逐步向商贸型场镇演变，而场镇在商业经济的影响下也呈现出紧凑、高效、"街市合一"的空间形态特征。川渝地区交通型场镇不仅是水陆交通的中心和物资中转地，为过往的商旅行人、马帮船舶提供服务，而且随着场镇交通地位的不断提高，经济贸易也不断发展，逐渐在场镇中出现了贸易集市，并随之具有了物资集散、商业贸易的职能，甚至有的场镇成为了一定区域内的商贸中心。如位于重庆的磁器口，场镇紧邻嘉陵江，依靠便利的水运及陆路交通，曾是嘉陵江流域最为重要的水陆码头，上游各州县和沿江

（a）场镇街巷空间格局

（b）场镇的商业街巷通廊

图 3-66 "街市合一"的场镇空间（磁器口）（图片来源：作者绘制、拍摄。）

支流的农副产品物资大都集中于此进行交易，场镇因此而兴，盛极一时。随着场镇商品贸易的日渐兴旺，人们在码头河坝中搭起临时街道，有上河街、中河街，下河街，还有专门性的木竹街、铁货街、陶瓷街，各位其市。旧时，磁器口码头从早到晚装卸搬运，络绎不绝，各地商贩川流不息，以街为市，热闹非凡（图 3-66）。

其三，交通运输的发展，直接催生了川渝地区交通枢纽型场镇中具有强烈标志性的两大主要场镇特征：一个是作为水路运输标志的码头；另一个是马店、驿馆建筑。

码头的兴起，自然与船运有关，凡江河通航之地，码头兴起在先，而后才是场镇及城市的形成。码头作为供航船停靠、装卸货物和乘客上下的进出要地，在场镇中具有重要的地位和作用。一个场镇中，多则数十个，少则几个，而且码头也有上下游、公私、功能之分。如自贡的沙湾为清代的盐码头，在沿河各口岸为自贡盐商设专用码头。在一些地方，人们有时将某一城镇就叫做某码头，可见码头在社会文化中的分量和地位。有时甚至会出现"因码头兴场"的情况。

如居于水路要冲的四川富顺仙市古镇的形成，就得益于码头的发展。特别是在"川盐济楚"期间，据当地人回忆："每天有千只运送自贡盐的船只过境，停泊数百。"[1] 经过多年的发展，场镇形成了"四街、五庙、三码头"的空间形态，尤其是沿江设立的上、中、下三个码头构成了场镇特有的空间标志（图 3-67）。三个码头各有一条街道对应连接，并有南华宫、天上宫、江西庙分别位于三街首位，空间形态层层递进。追其原因，主要是频繁的航运与商贸的盛行，从而形成了丰富的场镇空间。

此外，"马店"作为古代川渝交通型场镇中另一个重要的景观斑块，是场镇"因路而兴"的重要标志。由于四川盆地周围群山环绕，马帮运输成为了川渝地区远距离陆地运输的首选。"马店"作为场镇中为商贩、行旅、马匹提供人畜休息的场所，自然广泛出现在众多交通型场镇中，特别是在一些繁忙的陆路交通线上的场镇中，马店甚至成为了影响整个场镇空间形态的重要因素。如成渝古道上的重要驿站——走马场，据记载，有马店数十家，且多位于场镇的两端，以便于马帮的进出。与此同时，马店出于安全、卫生等方面的考虑，产生了各种各样颇具特色的建筑形制。

3.3.5 防卫型场镇及其空间环境特征

四川盆地物产丰富、民族众多，出于对资源的占有、国家统一等诸多因素的考虑，历史上一直是中央王廷竞相征服的对象。来自中原的军事伐讨始终没有停止过，它不仅推动着川内社会文明的向前发展和国家的形成与统一，而且在军事防御思想的影响下，为了在抵御外族的袭扰或抗击大规模的军事入侵时最大限度地减少自己的损失和牺牲，人们常常在地势险要之处或是交通要道上修建一些具有战略意义和防御功能的要塞据点。

一些要塞据点随着战争而消亡，而一些据点由于处于重要的位置或具有特定的军事、

---

[1] 季富政 . 采风乡土——巴蜀城镇与民居续集 [M]. 成都：西南交通大学出版社，2008：46.

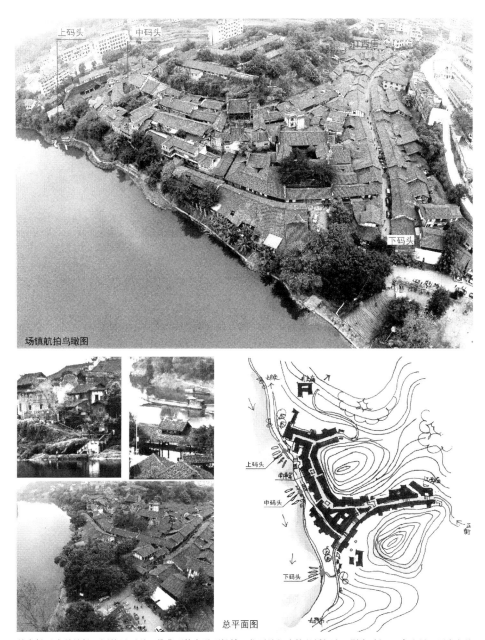

仙市场又名仙滩场，因盐运而兴，是典型的交通型场镇，位于沱江支流釜溪河上，距自贡仅 10 余公里。历史上仙市曾利用其便利的水运交通，成为自贡盐井出川的主要官道之一，因盐运而兴起和发展。场镇依山傍水而建，有"四街、五栅、五庙、三码头"之称。其中沿河密集分布的上、中、下三个码头，不仅是场镇空间环境中重要的景观斑块，同是也映射出了场镇水运交通的发达。如今随着下游水坝的建设，釜溪水位上涨，原场镇中的三个码头都已被淹没。

图 3-67 作为场镇标致的码头（仙市场）（图片来源：作者绘制、拍摄。）

政治价值，虽经历战火，却屡毁屡建，战争结束后逐步发展成为了具有一定规模的场镇聚落。因此，笔者将这些具有典型军事防御功能或大量军事设施遗存的场镇统称为防卫型场镇。如重庆的涞滩场、大昌古镇、大顺场、云顶寨就是这类场镇的典型代表。

（1）沿军事征伐线路的带状分布

川渝地区传统场镇沿历代军事征伐线路密集分布，并呈现出带状的空间分布格局，并主要体现在以下两个方面：

其一，历史上川渝地区长期战火不断，在抵御外族的袭扰或抗击大规模的军事入侵时，出于最大限度地减少自己的损失的军事防御思想，沿军事战争路线修建起了大量诸如城堡、军寨、城墙、碉楼等稳固的军事防御设施。其中一些要塞据点，由于处于重要的交通地理位置，经历战火后仍旧保留着其重要的商业贸易、交通运输等价值。虽然其军事防御功能逐渐衰弱，但在经济的刺激下，这些从前的军事据点通过不断的商业化，又逐步发展成了具有一定规模的场镇。因此，在军事战争线路上形成了一批带状分布的场镇。例如南宋抵抗蒙古入侵的过程中，在蒙古军队进攻沿线，利用四川特有的红层方山地貌，修筑了大批城堡要塞。直至南宋灭亡，四川历年所筑的此类山城要塞共有80余处。这些军事要塞利用江河高山作为天然屏障，或沿嘉陵江、渠江、沱江、涪江、岷江、长江等江河布置，或以华蓥山脉、龙泉山等山口、峡口为支点，从而形成带状的空间布局（图3-68）。

其二，川渝地区民族纷争、匪患不断，在一些民族聚居地或交汇地带，出于自我防卫的需要，较为密集地分布着一些具有军事防御功能的场镇聚落。早在20世纪著名学者费孝通先生就曾提出，在今天，四川、云南、西藏三省交界地带存在着一个民族区域

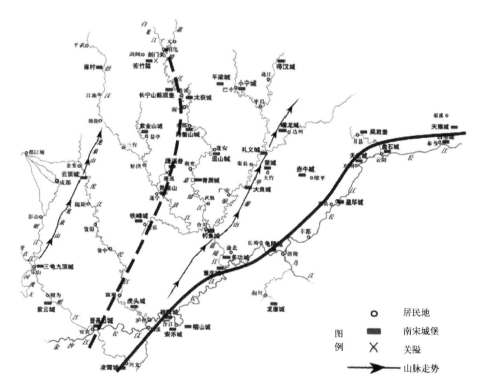

图3-68　南宋时期四川地区主要寨堡分布图（图片来源：中国国家地理，2007，9.）

概念——"藏彝走廊"。[①] 多民族的迁徙交汇、农耕文化与游牧文化的相互碰撞使得这片区域自古就纷争不断,出于自我防卫的需要,在这些民族纷争不断的区域,出现了大量的具有军事防御功能的民族场镇聚落,其中以羌族的碉寨最具特色。羌族是我国最为古老的族群之一:"西羌之本,出自三苗,姜姓之别也。近南岳……"在《后汉书·西羌传》中对羌族的族源有过这样的描述。据任乃强先生考证,羌族曾先后活动于长江中游、黄河流域、河西走廊等地区,后来经过多次民族迁移,川渝地区的羌族则集中分布于古康青藏大高原(今四川甘孜、阿坝两个自治州,青海、西藏部分地区)的广大地区。由于羌族的居住地环境较差,并且长期处于汉、藏等远比自己强大的族群之间,民族纷争不断,再加上区域内土司众多,因疆域纠纷而引发的仇杀、械斗事件不断,于是以村寨整体防御而形成的碉寨聚落大量涌现。在《北史附国传》中对其有这样的记载:"无城栅,近川谷,傍山险,俗好复仇,故垒石为巢,高至十余丈,下至五六丈,每级以木隔之,基方三四步,巢上方二三步……。"这是迄今为止对川西碉楼最为详细的记录。如今碉寨则集中分布在青藏高原东侧的藏彝走廊以及川西高原一带,不仅数量、类型众多,而且分布也较为密集。

(2)防卫型场镇的类型及其空间环境特征

受到民族纷争与历代王朝开拓征伐的共同影响,川渝地区形成了复杂多元的军事文化遗存和形态各异的场镇聚落。虽然有的学者根据场镇的外部形态特色进行划分,具有一定的合理性,但面对川渝地区复杂的军事文化影响,似乎从文化与形态的关系入手,依据川渝地区特有的军事文化影响下所产生的场镇空间形态来研究防卫型场镇,更能准确地分析这类场镇的特色。因此,笔者将川渝地区防御要塞型场镇划分为碉楼型与寨堡型两类。

1)碉楼型场镇及其空间环境特征

顾名思义,在碉楼型场镇中存在着一种独特的防御型建筑——碉楼,它作为场镇中不可或缺的重要组成部分,不仅具有重要的军事防卫功能,而且其独特的形态常作为场镇中的景观控制型要素,影响着场镇的整体形态。此外,碉楼常与住宅或"碉房"相结合,构成具有防御功能的建筑形式,因此,笔者将这类场镇聚落称为"碉寨"式防卫型场镇。

历史上由于社会动乱频繁、兵匪猖獗、民族间纷争不断,为了自保,加强自身的防

---

① "藏彝走廊"作为一个民族区域概念,它大体上自北经甘肃南部、青海东部,向南经过四川南部、西藏东部、云南西部以及缅甸北部、印度东北部这一长地带。它与西北走廊、岭南走廊以及中华民族聚居地区的六大板块一同构筑了中华民族多元一体的民族文化体格局。具体而言,这一区域包括藏东高山峡谷区、川西北高原区、滇西北横断山区、部分滇西高原区以及由岷江、大渡河、雅砻江、怒江、金沙江、澜沧江六条大江所组成的高山峡谷地区。现今在这片区域内仍旧居住着藏、彝、羌、傈僳、白、纳西、普米、独龙、怒、哈尼、景颇、拉祜等少数民族。数千年来,"藏彝走廊"作为西南地区一条古代民族迁徙、文化交流、商业贸易的重要通道,使得这一区域成为了我国民族种类最多、支系最复杂、民族文化原生形态保留最好的地区。参:申旭.藏彝民族走廊与茶马古道 [J].西藏研究,1999(1):22-28.

卫功能，在四川盆地，除汉族外，周边的少数民族如羌、藏、彝、土家等民族自古都有修建碉楼的习惯，而且各民族的碉楼形态各异，保持着较为明显的民族特色，因此，四川也有"万碉之国"的美称。

　　碉楼在四川的历史十分悠久，成都出土的东汉时期牧马山庭院画像砖，在北院中雕刻有一座高高的"望楼"，被认为是碉楼最早的雏形（图3-69）。汉武帝为平定西南夷的数次用兵以及三国时大将姜维在岷江地区修筑碉楼都极有可能把"望楼"传播到更为广大的地区，这些都说明四川地区碉楼最早的兴起极有可能与蜀汉时期的频繁军事行动有关。此外，从闽、粤、赣迁徙而来的客家人不再聚族而居，虽然没有采用原生地的具有防御的大型土楼和围龙屋，但却继承了古老的防御意识，修筑了大量具有防御性功能的碉楼与住宅结合的客家民居。也正因为如此，有的学者"将是否具有防御型构筑和围合形态的建筑作为四川客家民族的重要界定标准"。或许是受到四川客家人行之有效的防御方式的影响，也或许巴蜀先民或其他省份的移民本身就有修筑碉楼的习惯。

　　碉楼在四川汉族地区广泛存在，而且数量众多，在川南、川东地区，各类碉楼估计不下千例，特别是川东三峡地区的涪陵、南川、巴县等地碉楼密布，总体来说，川东多于川西，川南甚于川北。值得一提的是，在四川汉族地区，碉楼在自身发展的过程中，逐步从传统的单一防卫功能向景观观赏功能转变，并具有了园林式建筑的色彩，而碉楼的造型也随之变得丰富多姿。如宜宾李场乡的邓宅，其碉楼就采用楼阁式塔的形式，下部为条石砌筑，上部为重檐歇山顶，因其造型独特，成为了整个庄园的重要景观标志。在西洋文化的影响下，一些碉楼中也出现了拱券、西洋柱式、花窗等外来符号，其中西合璧的独特造型成为了当地一大景观特色。至今，在川南一带，人们仍然习惯将碉楼称为"亭子"，从中也可以看出四川碉楼文化的演变过程（图3-70）。

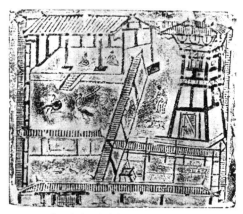

图3-69　东汉庭院画像砖中的高大"望楼"（图片来源：高文.四川汉代画像砖[M].上海：上海人民美术出版社，1987：24.）

（a）具有典型防御功能的巴蜀碉楼民居

（b）南川大观镇张家院子

图3-70　形态各异的碉楼民居（图片来源：李先逵.四川民居[M].北京：中国建筑工业出版社，2009：168.）

在防御意识的影响下，碉楼在川渝地区传统场镇中大量涌现，从场镇结构而言，一方面，由于其高度、材料、形态都与其他民居建筑截然不同，与周围建筑形态产生了强烈的对比，造成了空间形式上的矛盾和统一，这就进一步丰富了场镇的空间形态，如巴县清溪双河口场镇碉楼、忠县拔山场镇碉楼、巴县太极园场镇碉楼等；另一方面，在一些场镇中出于防卫而设置的碉楼，反过来也制约着场镇空间形态的发展，如涪陵大顺场，碉楼就设置在场镇的四角，四个碉楼互为支撑，形成了一个有效而严密的防御体系。如此一来，以防御为目的的碉楼的出现，制约着场镇空间的向外扩张，呈现出特有的封闭状态。为了适应这种设防需求，场镇街道两侧的檐廊相互靠拢，使街道隐藏在檐廊下，形成了一个几乎完全封闭的场镇空间，而碉楼作为其中最为有效的防御工具，成为了场镇中最为明显的标志（图3-71）。

2）寨堡及其空间环境特征

寨堡作为冷兵器时代一种独特的防御性军事设施，在川渝地区有着悠久的历史，据《四川通志》记载，早在东汉时期，就有关于"纳溪县保子寨"的记载。而不少寨堡型场镇就是由早期的寨堡逐步发展演变而成的，或是在场镇的发展过程中出于防卫和自保的需求，参照军事寨堡的形式修建而成的。

寨堡式场镇最为突出的特征就是具有明显的军事防御边界。从早期的栅栏、壕沟到后来的城墙、瓮城，这种防御性的边界在不同的历史时期、不同的地域环境、不同的社会经济文化中有着不同的表现形式。故而笔者将场镇中四周围绕有明显的军事防御性边界，并具有一定封闭性和军事防御功能的场镇，称为寨堡式场镇，如合川涞滩古镇、巫山大昌、新都繁江、恩阳、昭化等。这些场镇在军事防御文化的影响下，形成了自己独特的空间格局（图3-72）。

首先，由于军事防御功能的需要，再加上川渝地区独特的地形环境，寨堡式场镇多选址于地形险要之地，利用山河、洞谷的险要地势来增强场镇的防御能力，如四川

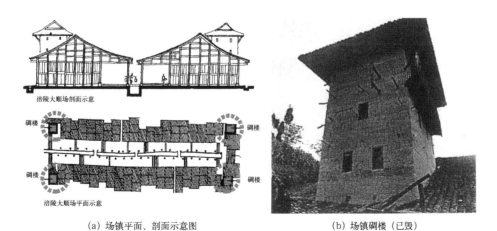

(a) 场镇平面、剖面示意图　　　　　　　　(b) 场镇碉楼（已毁）

图3-71　大顺场镇平面及空间形态特征（图片来源：作者改绘。参：季富政.三峡古典场镇[M].西南交通大学出版社，2007：149.）

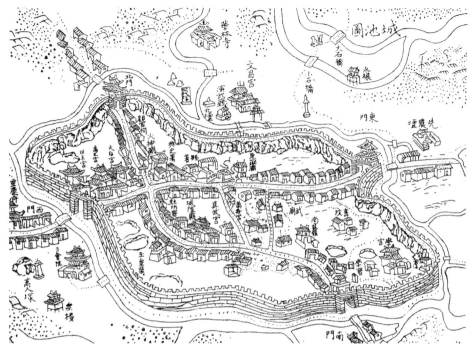

图 3-72　具有明显军事防御性防御边界的场镇形态（新都繁江）（图片来源：应金华. 四川历史文化名城 [M]. 成都：四川人民出版社，2000:636.）

云顶寨就构筑在陡峭的山崖之上，采用人为的石砌寨墙和天然崖壁相结合的围合方式，依险而守，成为了阻挡蒙古铁骑南下的一道军事屏障。因此，寨堡式场镇与自然环境的关系十分紧密，场镇的平面形态往往依据地形而定，在平坝河谷地区的城墙尚可为直线，但位于山顶或丘陵地区的城墙则往往依山而建，在形态上呈现出多曲面的立体空间特征（图 3-73）。

其次，历史上川渝地区兵祸匪患严重，地方政府和乡民们为求自保，筑堡结寨之风盛行，不但修筑各种军事寨堡用于避难或抵御外敌，而且把日常生活的场镇也建成寨堡的形式，形成了今天平面形态多样的寨堡型场镇。根据平面空间形态构成的不同，寨堡型场镇大体可以分为以下两种类型：一类为独立的军事寨堡。这类场镇主要还是用于军事防御，每当敌军来犯或土匪打劫之时，周围乡民就暂时退守到有防卫的寨堡中，而平时寨堡中只有较少的人看守。为能克服自身封闭性所带来的影响，以达到长期坚守的目的，在寨堡内部不仅布置有农田、堰塘，而且还有民居甚至佛寺等。如重庆合川钓鱼城就是一个纯粹的军事寨堡，四周城墙密闭，不但构筑在陡峭的崖壁之上，而且内部还设有寺庙、耕地等，以满足人们战时生活、生产的需要。一旦战事爆发，周边乡民就会退守到这里，而随着战事停止又会自行散去（图 3-74）。

另一类为"寨场合一"型，即军事防御与商业、居住功能紧密结合。这类场镇内部与其他类型的场镇相同，都设有商业街巷、民宅、寺观等内容，只是由于其重要的军事

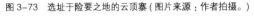

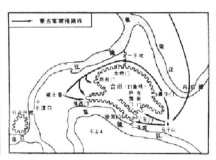

图 3-73 选址于险要之地的云顶寨（图片来源：作者拍摄。） 图 3-74 独立的军事寨堡——合川钓鱼城（图片来源：网络下载。）

地位或出于防御、自保的考虑，在场镇周围设有寨堡型的军事设施。如合川涞滩古镇就是"寨场合一"的典范，场镇周围不仅设有城墙、瓮城等军事设施，而且内部保存有完整的商业街巷和大量民居建筑与佛教寺庙，呈现出了独具特色的空间形态。与之类似的还有巫山县的大昌古镇（图 3-75、图 3-76）。

此外，受到军事防御功能的制约，寨堡型场镇的空间形态都较为紧凑，并具有极强的自我封闭性。出于防卫的考虑，场镇与外界的联系只有极为有限的几条交通线路，并且在每条线路的节点上都设有城楼、洞口等军事设施。如赤水河畔的丙安古镇，出于防御的考虑，整个场镇建造于赤水河北的巨石之上，只通过惟一的悬索吊桥与外界联系，并且进出场镇都必须经过多重具有防御功能的寨门，只要在此布置一定的兵力，就可以达到"一夫当关，万夫莫开"的效果（图 3-77）。

可见，多元的军事文化和防御思想促成了川渝地区寨堡型场镇的形成，实现了商业、居住与军事防御设施的有机结合。军事防御思想反映在场镇平面空间形态上，则是平面形态的封闭性和多样性。由于川渝独特的山地环境，使得川渝地区寨堡型场镇往往依山

图 3-75 "寨场合一"的典范——合川涞滩场（图片来源：作者拍摄、绘制。）

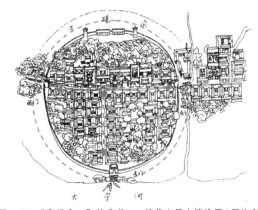

图 3-76 "寨场合一"的典范——清代大昌古镇格局（图片来源：赵万民 . 巴渝古镇聚居空间研究 [M]. 南京：东南大学出版社，2006：38.）

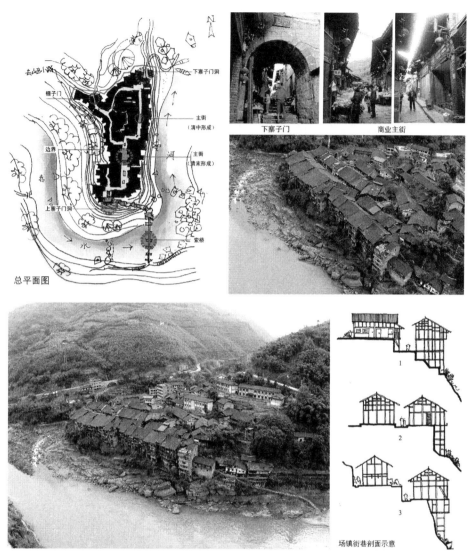

丙安场，原名炳滩，典型的"寨场合一"的寨堡式场镇，位于赤水河流域，离泸州70多公里。清朝统一四川以前，该地区属四川管辖，故将其纳入到考察范围之内。场镇选址于一小溪和赤水河交汇的三角台地之上，出于防御的考虑，场镇建筑尽建于高悬于河面的巨岩之上，并在场镇的两头入口处分别构筑了石洞，据险而守，形成了场镇整体的防御体系。在内部则是一条贯穿两头寨门的商业街巷和各式吊脚民居，而出于商业的考虑，其大都为前店后宅式布局，随地形起伏，高低错落。由于场镇依山就势，其边界极不规则，再加上作防御用的石洞，建基多为当地山石所砌筑，在色彩、材料上与周围环境相融合，呈现出与平原寨堡式城镇不同的空间形态特征。

图3-77　具有封闭性极强的场镇空间形态（丙安）（图片来源：作者拍摄、绘制。）

就势，呈现出与平原寨堡型场镇不同的形态特征。

　　值得一提的是，在军事防御思想的影响下，许多欧洲中世纪的山地城堡也表现出与川渝寨堡型场镇相似的空间环境特性。如法国图卢兹以北90公里处的卡尔卡松城堡，就建造于山顶山势险要之处，因势利导，利用天然的山岩和崖壁作为边界。出于防御的考虑，在城堡外围设有多重防御性的城墙与数量众多的箭楼，从而形成了极为封闭的外部空间形态，而在城墙内部则布置有民居、街道、教堂等建筑，呈现出相对自由和灵活的空间形态，这与川渝地区的寨堡型场镇极为相似（图3-78），只是其高耸的箭楼和重叠的城墙更加突出了军事防御思想对城堡聚落空间的影响。

3）寨堡型场镇的典例——涞滩场

川渝地区的历史长河

图3-78　法国卡尔卡松城堡（图片来源：作者拍摄。）

中，频繁的军事活动一直是影响场镇形成和发展的重要因素，因而饱受战火之苦的川渝先民，在许多场镇形成之初就将防御功能作为重点考虑的内容。重庆的涞滩场就是其中的典型代表。

涞滩场分为上、下两个部分，上涞滩位于灵鹫峰山顶的一处平台上，其南、北、东三面皆为陡峻的山崖，整个古镇占地约为0.25平方公里。涞滩古镇依托险峻的地势在场镇周围构筑起了石砌的城墙，城墙全长1500多米，高约3.5米，并在东、南、西面分别设有条石砌筑的三个寨门，易守难攻。值得一提的是，在西寨门外加建了一个半圆形的瓮城，城内不仅有四个十字对开的城门，还有用于屯兵的城洞。一般而言，瓮城大多只出现在中原一带且具有重要军事地位的城镇中，而在一般场镇中修筑如此精致的翁城在全国似为首例。可以说，构筑了完善的军事防守体系的涞滩，宛如一座坚固无比的城堡，矗立在山顶上（图3-79）。

在场镇内部，街道和建筑则在城墙内结合地形自由展开，主街顺城街长约500多米，临街两侧的建筑多采用挑檐的方式（檐深0.8~1.5米），相互毗邻，形成了连续的檐廊（俗称"凉厅子"），从而形成了街道（公共空间）——檐廊（灰空间）——店铺（室内空间）的空间格局。涞滩古镇内有二佛寺、文昌宫、回龙观、恒侯宫四座宫庙，它们作为场镇内重要的空间节点与入口寨门一起，被街巷有机地串接在一起。在这里，不仅宫庙节点空间、街巷的线性空间、寨门的标志空间融为一体，而且宗教活动、商贸活动、军事防御活动有机结合，形成特色鲜明的场镇空间结构。

除此之外，场镇内处于独特山地环境中的附崖式建筑和摩崖石刻也都具有较高的艺术价值。作为全国重点文物的涞滩二佛寺下殿是一座完全依崖而建的附崖式建筑，佛殿充分利用山岩环境，采用抬梁和穿斗相结合的结构形式，将建筑参差错落地建于岩壁之上，整个建筑随岩就势，如同从山岩中自然生长出来，与环境有机结合。殿内岩壁中的释迦牟尼佛石刻雕像，高12.5米，依岩雕凿，在巴蜀地区仅次于乐山大佛，被称为"蜀中第二佛"。此外，全寺共有石刻佛龛42个，造像1700余尊，是我国规模最大的、罕

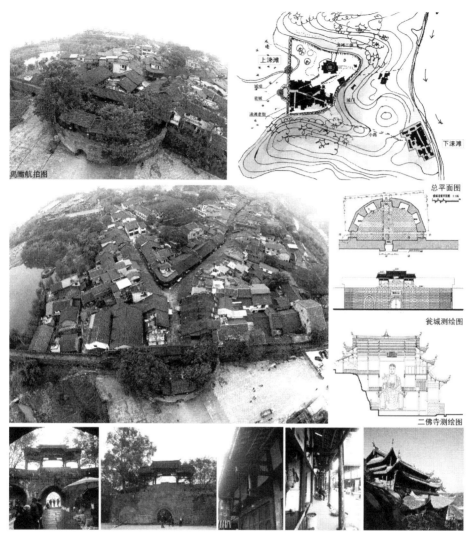

涞滩场又名涞滩古寨，典型的军事型场镇，位于重庆市合川区东北28公里，始建于宋代。场镇分为上、下两个部分，上涞滩位于鹫峰山顶的一处平台上，其南、北、东三面皆为陡峻山崖，下涞滩则位于长江边的一处坝坝之上，整个场镇占地约0.25平方公里。出于军事防御的考虑，涞滩依托险峻的地势，在场镇周围构筑起了石砌的城墙，城墙全长1500多米，高约3.5米，并在东、南、西分别设有用条石砌筑的三个寨门，易守难攻。场镇内有二佛寺、文昌宫、回龙观、桓侯宫四座宫庙，它们作为整个场镇内重要的空间节点，与入口寨门被街巷有机地串接在一起。独特的场镇空间格局不仅让宫庙节点空间、街巷的线性空间、寨门的标志性空间融为一体，而且使宗教、商贸、防御有机结合，形成了特色鲜明"寨场合一"的场镇空间结构。

图3-79　川渝地区寨堡型场镇的典例（合川涞滩场）（图片来源：作者拍摄、绘制。参：重庆大学城市规划与设计研究院《合川涞滩古镇保护规划》。）

见的佛教禅宗造像聚点，被称为"宋代石刻艺术的瑰宝"。涞滩场作为川渝地区寨堡型场镇的典范，保留下了完整的军事防御体系，独具特色的传统建筑，还有历史悠久的摩崖石刻和佛教文化，体现出了集军事防御、宗教文化、商贸文化为一体的独特的空间格局。2003年被公布为首批国家级历史文化名镇。

3.3.6　宗教型场镇及其空间环境特征

正如前文所言，川渝地区是一个多民族的地区，在与自然的和谐共处中各民族形成了各自独特的原始宗教信仰。他们有自己信仰的神灵和祭祀仪式，有世代相传的祭祀巫师，甚至还有用民族文字所记录的宗教故事。可以说，宗教已成为川渝地区少数民族文化的重要组成部分。此外，秦汉以来，由于民族的迁徙、对外贸易的日渐频繁以及汉族移民的涌入等因素，使得佛教、伊斯兰教、基督教等

图3-80　道家理想中的蓬莱仙境（图片来源：道家名山人间仙境 [J]. 中国城市经济，2002.）

外来宗教沿着不同的传播路线渗透到川渝各地区。这些外来宗教又与本土的道教和少数民族的原始宗教一起，相互交遇、相互共存，共同构成了多元复杂的宗教格局。

与此同时，在社会的历史演进中，这种多元复杂的宗教格局作为一种特殊的精神文化现象，存在于社会、经济、文化的方方面面。在浓郁的宗教文化和宗教信仰的影响下，宗教不仅作为维护社会关系的重要因素影响、规范着人们的思想和行动，而且也物化在了城镇聚落之中。往往由于宗教在日常生活中有着超乎一般的影响力，所以与宗教相关的庙堂不但成为了整个场镇的中心，占据着最为重要的位置，同时也是人们交流信息、传递知识、祭祀的主要场所。因此，"在场镇形成和发展的过程中由于受到强烈宗教意识和信仰的支配，场镇中会有一个或多个公共性的建筑"，这成为了川渝地区宗教型场镇最为显著的特征。

（1）儒、释、道宗教哲学的精神诉求与场镇空间环境特色

川渝地区多元宗教文化共生的文化现象，是在其独特的社会文化环境、历史条件、经济生产方式等综合因素的作用下形成的。不同宗教文化背后所隐含的哲学思想对川渝地区传统场镇空间形态的形成和发展的影响也各不相同，并在场镇选址、建筑形态上都留下了深深的印记。其中推崇"返璞归真"、"师法自然"的道教思想（图3-80），强调"尊卑有序，上下有等"的儒家思想以及主张"万物平等"的佛教思想，对川渝古镇空间环境的影响较为突出。

道教最早产生于巴蜀地区，作为该地区惟一的本土宗教文化，它以成都为中心逐渐向周边地区传播扩散，对川渝地区众多古镇的空间环境产生了重要的影响。老子在《道德经》中这样写到："人法地，地法天，天法道，道法自然。"

可见，"自然"作为道教文化中一种万物皆准的法则，是天地万物以及人应遵循的一种规律，而"天人合一，道法自然"则成为了道教思想的最高体现。因此，受道教文

化的影响，在川渝地区，"藏风纳气"的风水观在场镇选址与景观环境的营造上充分显露出来，小到民居村舍，大到场镇城市，在选址和环境营建上无不讲究风水，一切因地制宜，追求人与自然的和谐共生（图3-63）。借用英国学者李约瑟（Joseph Needham）所言："再也没有其他地方表现得像中国人那样热心体现他们伟大的设想'人离不开自然'的原则，以及作为方向、节令、方向的象征意义。"因此我们不难发现，在川渝地区诸如龚滩、偏岩、黄龙溪等受道教"天人合一"思想影响的场镇，无论在古镇选址还是空间环境的营造上，都体现出了"道法自然"的风水观念。

伴随着中央王朝统治的加强，崇尚儒学的人文风气逐渐在川渝各地盛行开来。相比其他宗教文化，源自于中原地区的儒学（儒教）并没有较为明显的标志物，但作为儒学核心的"礼制之法"，即礼教尊卑等级秩序却潜移默化，进入到川渝地区的一些传统场镇空间环境中。位于重庆酉阳的龙潭古镇就是其中较为典型的例子，在儒学思想的影响下，龙潭古镇总体布局为坐南向北，背靠伏龙山脉，小河、田野掩映其间，"仁者乐山，智者乐水"的儒学观念使得场镇与自然山水间保持着朴素的和谐。此外，虽古镇远离中原上千里，但场镇中建筑的形制依旧没有离开儒学对空间的约束，传统礼仪形制仍旧控制着建筑的空间布局。龙潭的民居建筑基本上延续着中轴对称的合院住宅形制，主房、客厅、厢房、厨房分布明确，整个空间尊卑有序、长幼分明，儒学的核心伦理精神和礼制观念在这里得到了充分的体现。以场镇中的赵世炎故居为例，建筑虽为简单的四合院形制，但严格遵守"尊卑有序"、"长幼有序"的儒家伦理思想，以正房为核心来组织空间，主次分明、井然有序，集中体现了儒家的伦理精神和等级秩序。由于后文和其他著作对此多有研究，故在这里不作展开论述（图3-81）。

此外，在川渝地区的多元宗教格局中，佛教是其中一个重要的组成部分。随着佛教传播路线在川渝地区的不断延伸，佛寺、佛塔、石窟等宗教建筑作为佛教在场镇空间环境中的物化反映，影响着整个场镇空间形态的形成和发展。不仅如此，佛教信仰中所隐藏的"众生平等，戒杀，素食"的人文思想和精神诉求，也影响着川渝地区宗教型场镇的空间环境的营建。在佛教信仰中，认为世间一草一木都是有生命的，主张万物平等，

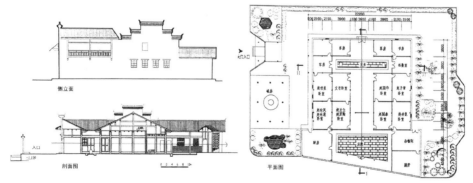

图3-81 儒家礼教思想影响下的场镇建筑形态（龙潭赵世炎故居）（图片来源：重庆大学建筑城规学院龙潭古镇测绘资料。）

受这种自然生态保护观念的影响，场镇的空间布局特别讲究顺应自然，避免对环境中花鸟树木的破坏，这从侧面强化了佛教场镇顺应自然，对生态环境较少人为干扰的倾向向。因而其场镇在平坝地区大多是坐北朝南，在山地环境中则呈背山面水的格局。

同时，世间轮回与重来生、轻今生的观念，让广大信徒们乐于过清贫乐道的生活，并甘愿舍弃今生的财富，捐献给寺庙。这不仅使得佛寺成为了场镇中资金、能量、信息最为集中的地方，成为了场镇中最为华丽的建筑，并占据着场镇中最为重要的地点，而且这种观念弱化了人们的贫富差距，使得场镇民居建筑的等级、规模差异逐步减小，但中心性异常突出。

（2）个案例研究："因庙而兴"的福宝场

在川渝地区传统场镇的发展过程中，宗教文化作为内涵丰富的精神文化现象，一直是影响其生成演变的重要因素。正如前面所言，川渝地区民族众多、历史悠久，并伴随着大量外来移民的涌入，各种外来宗教信仰相继传入，呈现出了多元宗教相互碰撞、交融、共存的格局。然而，在这种复杂的文化环境中，各个宗教文化间并不总是呈现出泾渭分明、你死我活的斗争局面，相反，在大多数情况下，它们相互吸纳，共生发展。这不仅使得川渝地区传统场镇更容易受到多种宗教文化的影响，而且也决定着场镇的空间形态和人文环境特征。

福宝场，位于四川省泸州市合江县城东，处于川、黔、渝三省市交界处，是历史上川黔两地重要的商品集散中心。场镇四周群山连绵起伏，其东为天坛山，其南为大娄山，西为乌龟山堡，其北为明月山，再加上其悠久的历史、极富地域特色的场镇空间形态，被人们誉为川南场镇中的经典。福宝场的兴旺还与庙宇文化有着不可分割的联系。元末建场之初，场镇人丁稀少，交通闭塞，谋生艰难，后经明清"湖广填四川"移民活动，各地移民纷纷在此定居，兴建庙宇，形成了场镇中特有的"三宫八庙"。这些庙宇迅速成为了移民联系感情、祭祀神灵的精神家园，吸引着南来北往的善男信女们在此聚居，遂而场镇规模迅速扩大，人丁兴旺，形成了以回龙街与福华街为主要构架的场镇空间布局。故"以庙兴场"的福宝场也常被称为佛宝场（图3-82）。

但这仅是表象，在场镇众多宫庙建筑背后，是多元宗教和民间信仰共存的场镇文化。一般而言，不同原籍移民的到来也必然会带来不同的移民文化和宗教文化，又由于"各司其神"观念的影响以及地缘文化的渗入，进一步加剧了场镇民间信仰的多元化趋势，因此，"三宫八庙"取代了寺庙道观，成为场镇中各种宗教文化和民间信仰的精神文化中心。这表现在：从场镇祭祀五位华夏英雄的"五祖庙"开始，次第而上的是"土地庙"，供奉李冰父子的"清源宫"，道家供奉当今皇上万岁牌的"万寿宫"，供奉妈祖的"天后宫"，纪念禹王的"禹王庙"和最高处的"火神庙"。这些形式各异的庙宇会馆不仅显示出了福宝古镇浓重的多元宗教文化氛围，而且也进一步强化了场镇具有地缘特征的宗教文化特性。

当然，宗教信仰对场镇的影响不仅如此。福宝场与川渝地区众多场镇一样从一开

总平面图

回龙街

场镇航拍鸟瞰图

街边的土地神　　　　火神庙　　　　张爷庙

福宝场，因庙而兴，典型的宗教型场镇。福宝的兴旺与庙宇文化有着不可分割的联系，元末，建场之初，场镇人丁稀少，交通闭塞，谋生艰难，后经明清"湖广填四川"移民活动，各地移民纷纷在此定居，兴建庙宇，形成了场镇中特有的"三宫八庙"。这些庙宇迅速成为了移民联系感情、祭祀神灵的精神家园，吸引着南来北往的善男信女们在此聚居，场镇规模迅速扩展，人丁兴旺，形成了以回龙街与福华街为主要构架的场镇空间布局。

图 3-82　"因庙而兴"的四川合江福宝场（图片来源：作者拍摄、绘制。）

始就以一种"自下而上"的生长方式向外
扩散而形成。因此，福宝古镇的骨子里也
存在一种"无序"的基因，场镇的形态在
川渝特定的山地环境中不受统一形制的束
缚，表现出一种自由灵活、不拘一格之特
质。然而，这种"无序"的空间格局并非
指在山地环境中的随意而无迹可寻，相反，
它是在场镇宗教文化这条有序的主线下展
开的。福宝场镇中宫、庙数量众多，远远

图 3-83　与五行属性相应的封火山墙（图片来源：作者拍摄。）

超过了周围场镇 ①，并且几乎占据着场镇三分之一的面积，它们错落有机地"生长"在青
石板铺成的回龙街道两侧，形成了由一条带状长街与两侧的庙宇建筑串连起其他民居建
筑的空间布局，使其在总体上呈现出较为强烈的秩序感。

　　此外，具有明显地缘特征的民间宗教信仰在场镇建筑形态上也有所反映。如具有典
型徽派建筑风格的"封火山墙"作为福宝场镇建筑的一个典型的造型符号，赋予了场镇
别具一格的艺术特色。然而，这些错落有致、形态各异的"封火山墙"不是随意设置的，
而是根据建筑所处的方位、朝向以及五行属性所决定的。以火神庙为例：该建筑大约建
于清代乾隆年间，位于场镇回龙街的端头，它不仅占据着场镇的最高处，而且其朝向与
街上的民居不同，并且建筑封火山墙的形式采用了五行山墙中"火星"形制，随屋面层
层跌落。这反映出了民间信仰对建筑的影响，也彰显出外来文化在场镇中的渗透和融合
（图 3-83）。

3.4　小结

　　早在炎帝神农氏时期，我国就出现了以商品交换为目的的早期集市。进入封建社会
后，随着生产力的发展，商品贸易的活跃以及聚居制度的变化，最终在川渝广大农村地
区出现了大量的"草市"。唐宋以后，人口的聚集、农业生产的发展，推动着这些"草市"
迅速向场镇聚居演变，最终形成了今天的场镇。场镇一经形成，便会根据所处的地理环
境和经济发展水平，因地制宜，沿着时间和空间两个轴向演变。在时间方面，川渝地区
传统场镇表现为周期性的场期制度，通过不同场期的协调，不断扩大场镇的经济贸易范
围；在空间轴向上，则表现为场镇由疏到密的排列过程，从而实现了场镇在川渝地区的
自然增长。

　　在这种历史演进过程中，作为地域文化显性物化载体的传统场镇，还受到周围多元
因子的综合作用（包括地形地貌、生态资源、经济贸易、交通运输、军事、宗教等）。
这些因子通过单独或相互叠加、共同作用的方式，从不同方面，不同程度地影响和决定

---

① 福宝场附近的顺江场只有一座川主庙，且其规模不大，而与其相邻的自怀场和元兴场则无宫庙。

着川渝地区传统场镇空间环境的形成、发展和演化。值得一提的是，推动传统场镇空间环境不断向前演变的动力并不是某个因子所能单独提供的，而是多重因子综合作用的结果，并在此过程中呈现出特定的复合性、多重性、动态性特征。也正因如此，在多重影响因子的综合作用下，川渝地区传统场镇呈现出类型多样的空间环境特征。

为进一步加深对川渝地区传统场镇空间环境特色的认识，文章把传统场镇视为一个完整的系统，以这个系统内的各个影响因子为基点，将其划分为农业型、商贸型、矿业型、交通型、防卫型、宗教型等不同类型。值得注意的是：这种根据影响因子对川渝地区传统场镇的划分，虽有明显的普遍性，但不一定能覆盖所有的场镇类型。这是由于场镇是不断发展的，它可以随着研究的不断深入而逐渐丰富。因此，对川渝地区传统场镇类型的认知有以下几个前提条件：

第一，川渝地区传统场镇在演化过程中受多重因子的共同作用，在不同的历史阶段，影响因子的数量、所用时间，甚至主导因子都不尽相同，从而导致场镇可能同时具备多种类型特征。也就是说，对场镇空间环境的类型划分并不是绝对的，由于场镇演化过程的动态性、复合性，所以有的场镇所反映出的空间环境特征也趋于多元复合。

第二，对于川渝地区传统场镇类型及其空间环境特征的研究能更好地帮助人们了解场镇在形成和演进过程中所形成的差异性和惟一性，这表现为演化成因和场镇空间环境两个方面为其他场镇所不具有的。

第三，川渝地区传统场镇的空间环境所反映的是在一定条件下场镇实体空间环境、社会文化环境和精神文化环境的构成关系。由于川渝地域文化的多元性特征，川渝地区传统场镇空间环境的各个构成要素既有相对的稳定性，也有遗传的变异。

4　川渝地区传统场镇空间环境的个性化特色

我们认识世界的同时，还要认识各自所在的地区，无论东方还是西方，都要批判地审视过去的一切，正视现实问题，以无限的热情、毅力和勇气探索各自的道路，迎接未来。

——吴良镛《世纪之交的凝想：建筑学的未来》

关于城镇空间环境的研究由来已久，早在 20 世纪，凯文·林奇就从人的"认识"角度提出了著名的"空间五要素"。除此之外，美国学者吉迪翁（Giedion）也曾在《空间、时间和建筑》中提出，空间环境不仅是城镇与建筑发展关系的中心问题，而且对城镇空间环境的认知还应该提升到人类意识中的感知层面和哲学文化上；沃格特则将城镇空间环境纳入到"周围文化空间环境"的理论体系研究中，并提出了"有限空间"、"无限空间"和"秩序空间"三个概念；而美国学者怀特则从人类文化学的角度提出，城镇空间含有技术、社会文化、意识形态等三个子系统，它们共同构成了城市空间文化结构体系。这些理论研究，都为后来人们对城镇空间环境的研究提供了更为宽广的视野。

反观，川渝地区由于地域宽广、生态资源多样，再加上气候、环境、文化以及民族风俗的不同，导致了传统场镇空间环境的丰富多彩、个性突出。这种独特的空间环境是川渝地区社会、经济、文化等多方面共同产生的历史沉积，它既包括物质性的场镇实体空间形态组织，也包括场镇中的社会文化和精神文化等非物质因子的累积。因此，结合以往的研究成果，从空间形态类别的角度出发，笔者将川渝地区传统场镇空间环境的构成要素分为外部开放空间环境、建筑空间环境、人文空间环境、景观空间环境四个层面，以便全面系统地对川渝地区传统场镇空间环境特色进行分析与总结（图 4-1）。

4.1　川渝地区传统场镇外部开放空间环境的复合性特征

当前学术界对"外部开放空间环境"的定义十分宽广，有的学者认为是"建筑实体之间存在着的开放空间环境体系"，这种说法与芦原义信的外部空间环境相近，还有学者将其解释为"属于城镇公共价值领域的城镇空间环境，主要是人工开放空间环境，或者说是人工要素占主导地位的开放空间环境"。结合本文研究的内容及范围，笔者认为，川渝地区传统场镇的外部开放空间环境是场镇空间环境中最明显和直接的构成要素，它

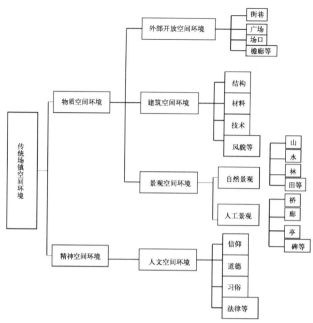

图 4-1　川渝传统场镇空间环境的构成要素（图片来源：作者绘制。）

是场镇中乡民们日常生活和社会经济活动的重要场所，是人们在场镇中进行经济贸易、休闲娱乐、节日集会、社会交往的公共空间，它包含街巷、院落、场口、广场等人工环境要素，这些要素通过有机组合，共同建构出了传统场镇自由、灵活的空间形态和特色鲜明的场镇环境。

4.1.1　街巷：交通、经济、文化活动的中心

街巷作为川渝地区传统场镇空间环境最为重要的构成要素，不仅以其丰富的空间形态、宜人的空间尺度给人们留下了深刻的印象，而且包容了场镇中经济、交通、文化活动等多重空间功能。具体而言，其空间环境特色可以概括为以下几点：

（1）丰富多样的街巷空间形态
场镇中街巷作为一个有机的整体，在生长与演进过程中常受地形、气候、生活方式、文化习俗的影响，呈现出丰富多彩的街巷空间形态。

在地形环境的影响下，川渝地区传统场镇的街巷表现出了截然不同的空间形态，它们更多地呈现出变化多样、丰富多彩的不规则布局，且形成不易，一旦形成，就相对稳定，不易改变，从而主导着场镇空间的发展和演变。如重庆龙兴场受地形环境的影响和限制，其商业街巷沿着地形的起伏变化，成为了场镇空间发展的基本"脉络"和"骨架"（图 4-2）。

同时，川渝地区传统场镇街巷空间形态的生成并非偶然，它是与水系走向、交通组织、建筑布局等因素紧密相关的。如重庆磁器口，历史上曾是嘉陵江沿线一个重要的贸易枢纽和物资集散地。出于交通组织的考虑，场镇的一条主街垂直于江面一端与码头相

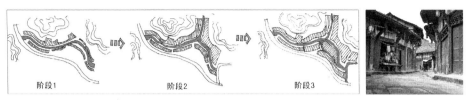

阶段1　　　　　　　　　　阶段2　　　　　　　　　　阶段3

图 4-2　重庆龙兴古镇商业街巷沿着山体的生长（图片来源：作者绘制。）

邻，另一端则纵向连接陆路交通要道。随着场镇经济的活跃与规模的不断扩大，另一条主街则沿江平行延伸，形成了丁字形的街巷空间形态（图 4-3）。

又如重庆永川的松溉古镇，场镇位于长江沿岸，历史上曾经是川渝地区重要的商业贸易枢纽。由于地形环境的影响，其街巷空间顺应地势，或曲或直，灵活自由，特别是在一些地势较为狭窄之处，其独特的半边街向江面开敞，使街巷与自然江景共生，形成了妙趣横生的场镇街巷空间（图 4-4）。

除此之外，街巷空间形态还与沿街两侧建筑界面的高低错落、开敞封闭、前后进退有着极为密切的联系。在川渝地区，场镇中的建筑大多为穿斗构架形式，整体上轻盈通

（a）"丁字形"场镇街巷形态

（b）变化多样的街巷空间形态　　　　　　　　　（c）变化多样的街巷空间形态

图 4-3　变化多样的传统场镇街巷（重庆磁器口）（图片来源：（a）作者拍摄；（b）（c）重庆大学建筑城规学院磁器口测绘资料。）

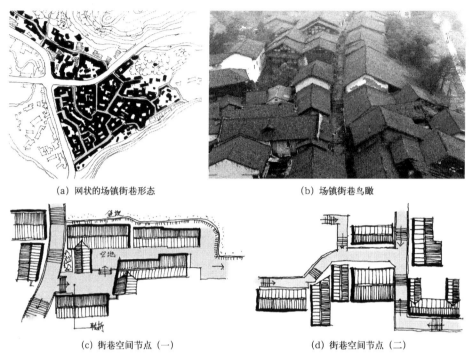

(a) 网状的场镇街巷形态   (b) 场镇街巷鸟瞰

(c) 街巷空间节点（一）   (d) 街巷空间节点（二）

图 4-4　妙趣横生的传统场镇街巷空间（永川松溉）（图片来源：作者拍摄、绘制。）

透、灵活自由。特别是临街一侧的建筑，实墙面积较少，大多为可以拆卸的木板门、支摘窗等，它们随着街巷空间的不同而变化，从而形成了场镇街巷较为"开敞、柔和"的侧界面。它们的街道空间形态与欧洲传统城镇完全不同。一方面，欧洲传统建筑以石材为主，街道的侧界面非常清晰，而且建筑外墙上的门窗洞口的虚实变化也非常明确，将室内外空间完全区分开来，呈现出一种"硬朗、清晰"的空间感受。这或许与西方社会文化中强调以"个人"为本体，将人与自然割裂、对立的哲学观念有着密切的联系。另一方面，由于受到欧洲古典建筑美学思想的影响，建筑外立面（Facade）的比例、构成、尺度一直是人们关注的重点，因此，在欧洲传统城镇中，沿街两侧的砖石建筑立面整体而有序。在以传统木构建筑为主的川渝传统场镇中，沿街建筑不仅形态多样而且建筑体量自由灵活、凹凸错落，其边界更多是一条变化的曲线，而非一条整齐有序的直线，颇有"虽由人作，宛自天开"之感（图 4-5）。正如周钰在其研究中所言："西方有控制街道界面的传统，而以木构建筑为主的中国传统街道界面则更多地具有自发生长的特点。"

（2）多功能的街巷空间

最初，街巷只是纯粹意义上的线性交通空间。随着场镇中经济、民俗、宗教等活动的兴起，街巷这一公共空间被赋予了更多的经济社会功能，成为了场镇中经济贸易、社会生活、休闲娱乐、邻里交往等多种活动的重要场所，从而在功能上表现出了多元复合的特性。

　　　　（a）自由、柔和的街巷界面（龚滩）　　　　（b）整体有序的街巷界面（法国巴黎近郊的昂努尔小镇街景）

图4-5　中西方传统街巷空间对比（图片来源：作者拍摄。）

　　一方面，街巷是川渝地区传统场镇中重要的商品贸易场所，具有重要的经济文化功能。商品交换和集散的需求是川渝传统场镇兴起的重要原因，因此，商品流通成为了场镇的首要职能，而相关的商品交易活动则大多与场镇街巷息息相关。通常场镇主要街道较一般街巷宽敞，街道两侧多开设能敞开的店铺，以布置商业、餐饮、文化等各种公共设施。这些临街店铺多设活动铺板，可灵活拆卸，街道空间和店铺空间只有一门槛之隔，并无明确的边界。店内街外连成一片，既方便顾客，又扩大了空间的视觉效果。那些携货而来的商贩和乡民则沿街摆摊，一时间平日的冷清街道成为了商品琳琅满目、人声鼎沸的步行商业街，"以街为市"成为了川渝传统场镇场期内最为常见的景象（图4-6）。每逢"赶场"，各路商贩及周边乡民云集场镇，街巷顿时热闹非凡，"赶场"结束后人们纷纷满意而归，场镇又恢复了平日的宁静。这种"以街为市"将场镇街巷的交通疏导功能与商品贸易功能进行复合，使场镇内步行商业街出现了时间与空间的交替转换，从而使场镇生活呈现出勃勃的生机。

　　另一方面，传统场镇中的街巷也是场镇居民们日常生活和社会文化活动的重要空间场所，甚至在一定程度上，其社会文化功能要远远大于交通功能。在场镇中，居民常把街巷作为日常生活的一部分和室内空间的延伸，将休息、聊天、吃饭、阅读、洗衣、打麻将等日常生活搬到公共的街道中。这些日常活动的外露并不是因为室内空间不能满足日常生活的需求，而是反映了人们对邻里交往的渴望，对街巷公共空间的偏爱。相对于空间尺度较大的主街，人们日常生活的外露常发生在尺度较小、较为私密的次级街道或是平台、边角、台地等不规则街巷空间中。不仅如此，街道也会成为场镇内婚丧嫁娶、庆典活动的场所。如位于重庆江津的中山古镇，每逢春节就有"千米汇长宴、万人祈福祉"的传统。一时间场镇居民将餐桌搬上街，在千米长的街道上大摆百家宴，共同祝愿来年风调雨顺、家业兴隆（图4-7）。

　　即便是今天，街巷在川渝地区的传统场镇中依旧是居民日常生活和增进邻里交往的重要场所，是场镇居民生活中名副其实的"起居室"。

(a) 四川桫木　　　　　　　(b) 江津塘河　　　　　　　(c) 重庆走马

(d) 自贡仙市　　　　　　　(e) 铜梁安居　　　　　　　(f) 合川涞滩

(g) 重庆磁器口　　　　　　(h) 资中罗泉　　　　　　　(i) 北碚偏岩

(j) 成都黄龙溪　　　　　　(k) 成都洛带　　　　　　　(l) 崇州街子

图 4-6 "以街为市"的场镇街巷（图片来源：作者拍摄。）

（a）作为居民休息、聊天场所的场镇街巷（四川罗城）　　（b）作为重要节庆活动场所的场镇街巷(中山古镇千米长宴)

图4-7　具有社会文化活动功能的场镇街巷（图片来源：作者拍摄。）

（3）适宜的街巷空间尺度

在川渝传统场镇中，以街巷构筑的线性空间尺度十分适宜，这主要体现为功能上的适用与形式上的宜人。

首先，在场镇街巷路网的构成中，按照街道空间尺寸和相互关系可以分为主街和巷道两类。对于商贩来说，场镇中的主街空间十分宝贵，临街建筑往往采用"窄面宽、大进深"的平面布局，并以1~2层较为多见，而街道的宽度则多为5~8米左右，街道的高宽比大约在2：1~1：2之间。这样的空间尺度一方面能够满足场镇内绝大部分的公共活动（如商业、交通、休闲、集会等），另一方面还有利于在保持人流交通顺畅的同时，方便进入到两侧商铺中，从而满足场镇商业贸易的需求。相反，由主街发散出来的多条巷道，通常只承担一些日常生活或单纯的交通功能，一般私密性较强，因此尺寸较小（大约为2~3米），给人以强烈的压迫感，不宜让人停留。由此可见，川渝地区传统场镇不同类型的街巷在构成、尺度、心理方面各不相同，从而使得街巷空间在功能上具有较强的适用性和合理性（表4-1）。

川渝地区传统场镇街巷形态及其典型商业街巷尺度一览表　　　表4-1

地点	街巷肌理	典型商业街	街巷尺度
洛带			D=7~8 米

续表

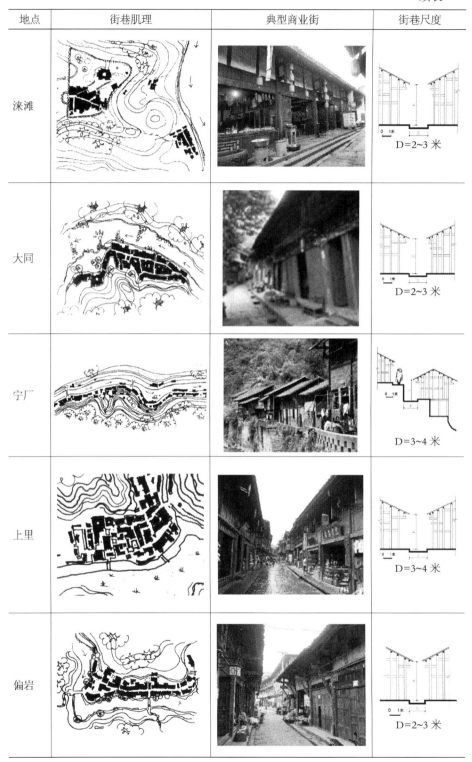

地点	街巷肌理	典型商业街	街巷尺度
涞滩			D=2~3 米
大同			D=2~3 米
宁厂			D=3~4 米
上里			D=3~4 米
偏岩			D=2~3 米

续表

地点	街巷肌理	典型商业街	街巷尺度
黄龙溪	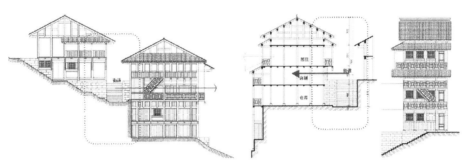		D=3~4 米

图片来源：作者拍摄、绘制

图 4-8　多维立体的街巷空间（龚滩）（图片来源：作者改绘。参：重庆大学城市规划与设计研究院《酉阳龚滩古镇保护规划》。）

　　其次，根据大量调研可以发现，传统场镇的商业街巷不仅在尺度上接近黄金分割比例，而且在一些山地环境中，街巷在形式上也与地形环境有机结合，呈现出一种多维立体的空间尺度。如在酉阳的龚滩古镇，街道随地形变化而起伏错落，层次丰富，或上坡或下坡，形成了独特的三维空间关系。同时，由于地形的限制，街道的尺度较小，而建筑的出檐较大，所以部分街巷空间产生了位置上的重合和叠加，给人以亲切感和紧凑感（图 4-8）。相比而言，在现代化的城市中，街道空间尺度巨大，特别是街道两侧的界面垂直高耸使人们产生一种冷漠、无助之感。这种巨大的差异，或许就是当代都市居民热衷于传统场镇的重要原因之一。

4.1.2　檐廊：居住与商业相结合的空间场所

　　檐廊[①]在我国极为普遍，只是因气候、地形、习俗的差异，各地区檐廊在形态、结构等方面各不相同，并且在分布上呈现出"南多北少"的格局。在川渝地区，受自然环

----

① 檐廊又称步口、檐梧，是房屋前面将屋檐向外延伸形成的走廊，它与建筑相连，不仅作为通道，又丰富了建筑的空间和层次。早在夏、商时期，檐廊就已出现并运用到建筑上。例如在河南堰二里头商代遗址中，在巨大夯土台上的宫殿四周就有檐柱密集的排列，可以推测，当时檐廊就已经出现。

境与地域文化的长期影响，场镇中出现了诸如凉厅子、骑楼、大挑檐等与当地自然、经济、社会相适应的场镇檐廊。在这个室内外的过渡空间场所中，演绎着多姿多彩的川渝地域文化和习俗。檐廊虽小，却是川渝地区传统场镇空间环境的又一典型代表。

（1）与自然、经济、社会相适应的场镇檐廊

传统场镇檐廊的出现首先是对川渝地区"炎热多雨"的自然气候环境主动适应的结果。受亚热带季风气候的影响，川渝地区雨水充沛，日照强烈，出于防止雨水侵蚀墙体并为人们提供一个遮蔽风雨场所的考虑，场镇中的建筑常采用挑檐的方式来适应炎热多雨的气候。一般来说，川渝场镇街道两侧建筑挑檐宽窄不一，少则一个步架，多则四五个步架，并以柱支撑，从而形成了多样的空间尺度来满足商业贸易、公共活动的需求（图4-9）。

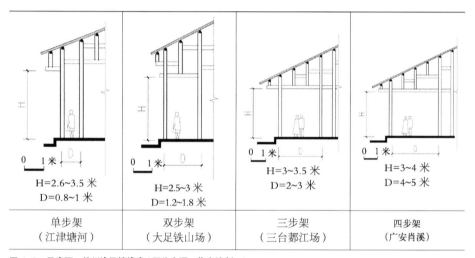

单步架 （江津塘河）	双步架 （大足铁山场）	三步架 （三台郪江场）	四步架 （广安肖溪）
H=2.6~3.5 米 D=0.8~1 米	H=2.5~3 米 D=1.2~1.8 米	H=3~3.5 米 D=2~3 米	H=3~4 米 D=4~5 米

图4-9　尺度不一的川渝场镇檐廊（图片来源：作者绘制。）

如四川广安的肖溪场，街道两侧的檐廊出挑多达四五个步架（约4~5米宽），几乎把整个街道都遮蔽起来了，在大檐廊的庇护下，前来赶场的人们没有烈日蒸晒之苦、雨水张伞湿鞋之烦，而且高耸的檐廊有利于建筑室内形成穿堂风，驱湿避热，可谓将"以檐为街"发挥到了极致（图4-10）。

值得一提的是，在川南、川东一带的场镇中还存在着一类具有特色的檐廊空间——"凉厅子"。凉厅子本是在院落或天井的上方加设一个顶盖，由于高出屋檐，不仅可以通风，还可以采光，形成一个具有"抽风"效果的竖向空间，将室内的潮气有效地排除，当地人直呼其为"凉厅子"或"气楼"。由于其良好的通风和遮阳效果，川渝先民们便将这种建筑手法也广泛运用到场镇街道空间中。如江津的中山古镇，其最大的特色就是千余米长的"凉厅子街"，在场镇街道上空，人们利用抬梁式的大双坡屋顶或出挑深远的上层屋檐将其覆盖，把原本互不相连的街道两边的房屋连成一个整体，街道边形成了一个

巨大的凉厅。街道凉厅屋面的覆盖方式也
是灵活多样、有盖有敞，特别是在沿河靠
山街道的狭窄之处，当街市两侧的房屋为
2~3层时，加上顶盖的木构架挑檐，街市
两侧的高度可达6~8米，与狭窄的街道相
比，内街空间又窄又高。这样的构造处理
更容易使夏天沿河的凉风吹入，让街道俨
然成为一条"风巷"，十分清凉。这时街
道显然成为了场镇的"公共客厅"，无论
男女老少，都偏爱在凉厅子街下喝茶聊天，
轻松休闲（图4-11）。

　　其次，檐廊也是场镇商业经济发展到
一定阶段的产物。随着宋代里坊制的解体，
城镇中"临街设店"使得街道成为了商品
交易的场所，商业活动异常频繁。为了适
应日渐频繁的商业活动，沿街商铺的屋檐
向前延伸，檐下挂上招牌、灯笼，不仅可
以吸引顾客，而且也不时成为交易、聊天、
休闲的场所。

　　受此影响，檐廊在川渝地区的传统场
镇中被广泛使用。一方面，场镇中沿街建
筑将屋檐向街心出挑几架形成沿街廊，这

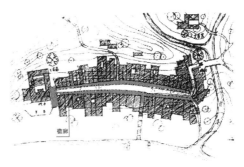

(a) 肖溪场总平面图

(b) 肖溪场鸟瞰图

(c) 肖溪场正街剖面图

图4-10　以廊为街的广安肖溪场（图片来源：作者根据
资料绘制。参：李先逵. 四川民居[M]. 北京：中国建筑工
业出版社，2009.）

不但增加了建筑自身的使用面积，同时出挑的檐廊也为人们提供了休闲和商品交易的空
间场所。每逢"赶场"，大量商客涌入街道，檐廊作为沿街商铺和街区之间的过渡地带

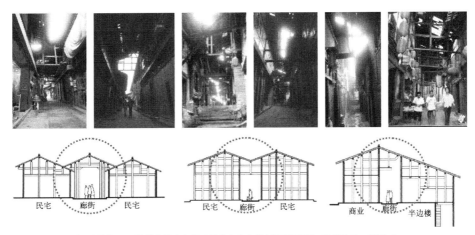

图4-11　以"凉厅子街"——独特的檐廊空间（重庆中山古镇）（图片来源：作者拍摄、绘制。）

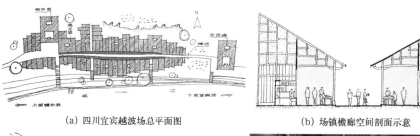

(a) 四川宜宾越波场总平面图　　　　　　　　　　(b) 场镇檐廊空间剖面示意

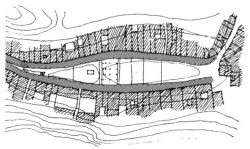

(c) 四川犍为罗城古镇总平面图　　　　　　　　　(d) 檐廊空间内场镇日常生活

图 4-12　以川渝地区丰富多彩的檐廊空间（图片来源：作者根据资料改绘。参：张兴国．川东南丘陵地区传统场镇研究 [D]．重庆大学，1985．）

和缓冲空间，缓解了大量人流带来的巨大交通压力。另一方面，沿街檐廊所形成的灰空间有效避免了恶劣的自然气候对场镇商业活动的影响。自古商人视顾客为自己的衣食父母，檐廊的存在使得顾客雨天淋不到、夏天晒不着，使人们形成了对檐廊下商业活动的偏爱。如在四川宜宾的越波场，街道两侧的檐廊向街心出挑，并将街道完全隐藏在檐廊之下，素有"雨天不湿鞋"之说（图 4-12）。

再次，檐廊也是川渝地区传统社会生活习惯的产物。川渝场镇居民自古就有"到街上说理，到街上耍"的说法，这从另一方面反映出了场镇居民对户外活动的喜爱。檐廊形成的半室外空间正好满足了居民对户外活动空间的需求，常常可以看到，在场镇沿街檐廊下，居民们三五成群地聚在一起喝茶、聊天、织毛线，而随着居民对户外活动空间需求的增加，沿街檐廊的宽度也不断扩大，如四川罗城古镇中的檐廊宽度就达到了 5~6 米，并成为居民日常活动的重要场所。

不得不说，檐廊是川渝地区气候条件、商业文化以及社会生活习俗等多种因素共同作用的结果。它不仅为人们遮阳挡雨，同时也成为了人们日常休闲、娱乐的场所。这种根据周围自然环境和功能需求而进行的空间处理，正是川渝传统场镇的可贵之处。

（2）交通、居住、商业功能空间的延伸

在川渝地区的传统场镇中，街道两侧向街道中心出挑的檐廊，作为公共交通空间向私密空间过渡的区域，往往是场镇中最具人气的空间场所，并具体表现在以下三个方面：

第一，檐廊是场镇交通空间的延伸。街道是场镇中主要的交通空间，受天气因素的影响较大。但有了两侧檐廊的庇护，人们在街道中就可免受日晒雨淋之苦。因此作为街道至两边建筑过渡空间的檐廊也被居民们加以利用，成为了其延伸的交通空间。

第二，檐廊是场镇居住空间的延伸。从檐廊剖面来看，檐柱、挑檐、台阶强化了对檐下空间的界定，形成了与街道空间相互独立又彼此联系的灰空间。檐下的台阶都高出地面两到三级踏步，这一方面有效地阻挡了行人随意进入檐下区域，强化了空间的领域感，另一方面又不妨碍视线和声音的传播。烈日当空、暴雨来袭等恶劣气候下，檐下如同室内一样舒适，而当室内闷热、黑暗时，檐下却相对凉爽敞亮。再加上由于传统民居室内光线不足、空气流动不够以及传统社会习惯等因素，檐廊自然成为了场镇居民日常生活的重要场所。在非节庆假日和赶场期间，人们将自家的户门敞开，来到檐廊下喝茶、聊天、休息、打麻将、编箩筐等，这种日常生活行为的发生成为了一种常态。

第三，檐廊是场镇商业空间的延伸。商品贸易的兴盛是川渝地区场镇兴起的重要因素之一。从宋代开始，城镇中临街开敞的店铺就成为了商业街的主要特征，而前店后宅的模式成为了临街建筑的主要布局模式。从商业行为习性的角度来看，便利优雅的环境有助于交易活动的发生。沿街檐廊在为顾客营造出一个免受日晒雨淋的步行区域的同时，也使得沿街商铺向户外扩展，为商品交易的发生提供了更多的空间场所。在早期的场镇中，沿街檐廊只作为商铺和街道间的过渡区域，而随着商业的发展，为了争取更多的商业空间和顾客，沿街商铺的商家逐渐将商业行为延伸到檐廊下。他们将各自的商品从店内搬到更靠近街心的檐廊下，极力地展示着各自的商品，特别是在赶场的时候，人们不仅可以更方便地选购檐廊下的商品，也可以进入固定的商铺内选购，从而形成了多条消费路径。

4.1.3 广场：聚会、娱乐、民俗活动的公共空间

（1）作为街道空间延伸的场镇广场

在川渝地区，由于远离中原，受传统宗法制度的约束较弱，再加上宋代以后商业的发展和城镇空间格局的转变，致使在场镇街巷空间的基础上逐步演化出了广场这一重要的场镇公共空间。

一方面，场镇广场作为场镇街道空间的延伸，通常附属于街巷而存在，其空间形态以街道空间节点的形式呈现，形成了形态各异的小片空地。因此，在大多数川渝场镇中，广场作为街道的重要空间节点，常存在于人流相对集中的街道交叉口、码头等区域。如富顺仙市古镇的广场就是设在街巷处，通过局部骤然放大将会馆、戏楼、商铺等公共建筑与街道空间协调组合，形成了南华宫和天上宫两个广场，不仅在观感上，也在空间限定上成为了场镇街巷中重要的空间节点（图4-13）。另一方面，作为场镇中重要的公共活动空间，广场周围还设有戏台、会馆、酒肆等公共建筑。因此，广场不仅对整个场镇的空间形态、景观层次有着一定的影响，同时也是人们聚会、娱乐、民俗活动、交通集散的重要场所。

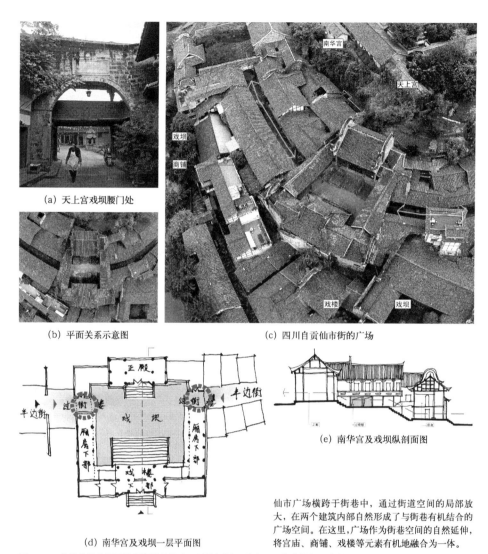

(a) 天上宫戏坝腰门处

(b) 平面关系示意图

(c) 四川自贡仙市街的广场

(d) 南华宫及戏坝一层平面图

(e) 南华宫及戏坝纵剖面图

仙市广场横跨于街巷中，通过街道空间的局部放大，在两个建筑内部自然形成了与街巷有机结合的广场空间。在这里，广场作为街巷空间的自然延伸，将寺庙、商铺、戏楼等元素有机地融合为一体。

图4-13　作为街道空间延伸的场镇广场（四川仙市）（图片来源：作者拍摄、绘制。）

（2）广场空间的多样与包容

在川渝地区传统场镇中，广场作为街巷空间的延伸而存在，在其空间上体现出了多样性与包容性的特征。一方面，场镇中的广场依附于街巷空间而存在，在功能上与街巷密切相联，它不仅是场镇中商业贸易、宗教祭祀、交通集散、文化娱乐的场所，同时也是节日庆典中的民俗表演、信息集散之地，表现出了极大的包容性。另一方面，广场作为街道中的重要空间节点，具有强大的吸引力和包容性，各种商业店铺、会馆、寺庙等容易在这里汇集，从而导致广场成为了场镇中最富吸引力和凝聚力的空间场所。

如雅安上里古镇的场镇广场就包含了"桥""楼""街""阁""店"等多种元素。在南北约300米，东西约100米的广场中，坐西朝东的古戏楼，与西面的白马河及平桥相

(a) 戏坝

(b) 平桥

(c) 广场平面图

图 4-14　包含"桥、台、街、阁、店"等多种要素的场镇广场（雅安上里）（图片来源：作者拍摄、绘制。）

互呼应，而整个广场周边商铺、马店林立，两条街道在此汇集，构成了一个包容万象、极富吸引力的空间环境。此外，广场在功能上还具有多样性特征，平日广场只作交通集散之用，而当赶场天周围乡民相聚于此时广场又马上成为商业集市，每逢民俗节庆，人们在此载歌载舞、烧香拜佛，广场又会成为演出祭祀的场所。从中不难看出，广场具有强大的包容性，"桥""楼""店""街"等空间构成元素在这里紧密相联、相互呼应。这不仅使得各种社会活动在这里相伴相生，而且也使广场成为了场镇中各种社会文化活动最为集中的空间场所。也正是由于广场空间的包容性和多样性，使得广场成为了场镇中最富吸引力和凝聚力的空间，吸引着各色人群从四面八方涌来。可以说，传统场镇广场空间的包容性越大，其所承载的功能也就越多，对周边的吸引力和辐射力也就越强（图 4-14）。

4.1.4　场口：标志性的入口空间

川渝传统场镇作为一种围合的空间形态，常常在场镇主要街道的起点或终点以一些实体或非实体的构筑物形成一个相对开敞的空间，以标示场镇空间序列的开始和序幕，这些入口空间称为"场口"或"镇头"。由于这些入口空间不仅作为场镇由外入内的过渡空间场所，而且也是迎接不同方向人流进入场镇的标志，因此，在营建时无论从空间布局上还是景观形象上都颇为讲究，独具匠心，极易成为进入场镇前较为明显的视觉焦点和标志性景观。

首先，在场口前设置牌坊、塔、石桥、景观亭、风水树、凉亭等标志性的景观小品，来提示场镇入口空间的起始，是川渝地区传统场镇中最为常见的手法。如四川雅安上里在上、下两个场口分别设置了功德石牌坊和一棵巨大的黄桷树，构成了场镇两端场口的标志性景观，它们如同控制场镇街道发展的两个端点，越过去就是"场外"，从而给人们留下了一个整体的场镇空间形象（图 4-15）。

　　　　（a）雅安上里古镇场口　　　　　　（b）成都洛带古镇场口　　　　　　（c）北碚偏岩古镇场口

　　　　（d）九龙坡走马场口　　　　　　（e）铜梁安居古镇场口　　　　　　（f）忠县洋渡场场口

图4-15　标志性的场口空间（图片来源：作者拍摄、绘制。）

　　其次，有的场镇是通过在场口周边宽敞的空地上，设置各种造型精美或令人瞩目的会馆、寺庙等公共性建筑来烘托场口的气势，强调其景观标志性。如忠县的洋渡场场口，在进入场镇的入口处设置高大巍峨的川主庙和王爷庙来烘托整个空间，使场口真正成为场镇具有聚焦效果的标志性入口空间，类似的还有北碚偏岩、成都洛带等（图4-15）。

　　此外，还有一些场镇在场口处理上与传统的风水理念和民俗文化密切关联，暗含或隐喻着某种文化和图形。如资中罗泉场的场口就是其中较为典型的例证之一，场镇四周山峦怀抱，依山沿河而建，受传统风水理念的影响，整个场镇外形宛如一条山涧游龙。在场镇入口空间的处理上则通过盐神庙、川主庙等宗教建筑以及造型别致的子来桥一起构成了这条游龙的"龙头"。在这里，"龙头"不仅是外界进入场镇的主要入口和标志性的景观，而且也是场镇龙形骨架的构成支点，对场镇的整体空间结构起到控制作用（图4-16）。

4.2　川渝地区传统场镇建筑空间环境的地缘性特征

　　川渝地区复杂多样的地理环境、丰富多彩的地域文化，使得生息在传统场镇中的建筑从建筑类型、空间形态、营造技术、建筑形态等方面都表现出了浓烈的地缘性特征。

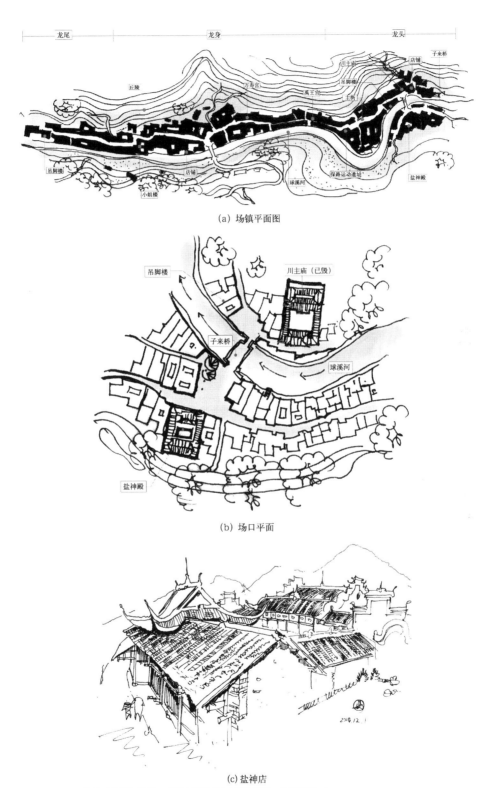

(a) 场镇平面图

(b) 场口平面

(c) 盐神店

图 4-16　作为"龙头"的场口（资中罗泉场）（图片来源：作者绘制。）

4.2.1 川渝地区传统场镇建筑类型构成

场镇建筑不仅是场镇居民赖以生存的物质基础，更是自然环境与社会环境共同作用下而形成的一种物质载体。川渝地区独特的自然环境与复杂的社会文化共同塑造了丰富多彩、具有浓郁地缘特色的场镇建筑，并在建筑形态、结构形式、建筑功能等方面具有独特的类型构成（表4-2）。

川渝地区传统场镇建筑类型构成一览表　　　　表4-2

按建筑形态划分	干栏式	干栏式建筑是川渝地区分布最为广泛的一种建筑形式。现存干栏建筑主要分布在川东丘陵及川南地区		
	合院式	合院式建筑是中原院落文化对川渝本土建筑文化多次渗透的结果。其主要分布于成都平原及丘陵平坝地区。现存建筑多为明清时期所建	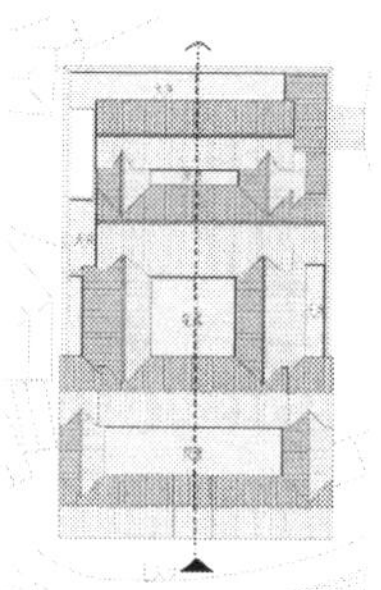 潼南双江场源泰和大院	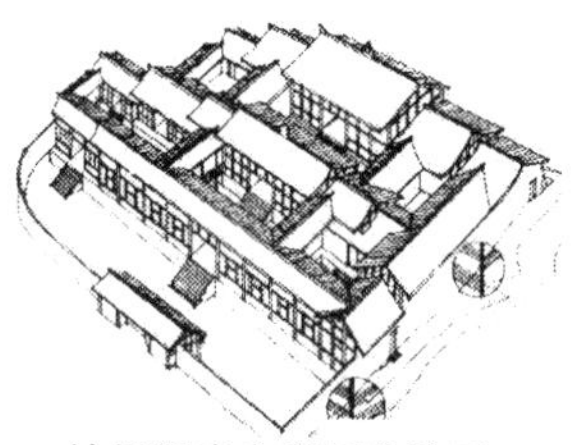 沙坪坝秦家岗周家院子
	邛笼式	邛笼式建筑又称碉楼式建筑。作为一种较为古老的建筑形制，其几乎偏布四川盆地各地，主要分布在川西、川东三峡等地区	 云阳彭氏宗祠	 南川大观镇张家院子

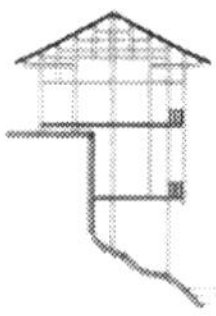

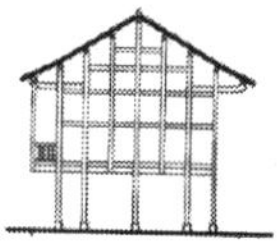

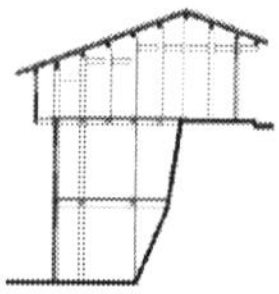

148

按建筑平面空间组织划分	一字形	"一"字形平面通常为三间，作为一种最为基本的建筑形制分布于各地	 一列三间模式
			 邛崃平乐古镇某宅
	丁字形	"丁"字形在场镇建筑中也极为普遍，通过建筑围合形成一个院坝	 南江城关镇后山某宅
			 龙泉驿金龙场某宅
	三合院形	三合院广泛分布于川渝各地，具有较为明显的院坝空间是其典型特征	 达县福善乡柏家院子
			 龚滩古镇三合院建筑
	四合院形	在空间布局上多受宗法礼制观念的影响，尊卑有序，同时院落作为整个建筑的核心和灵魂	 资阳临江场甘宅
			 酉阳龙潭古镇四合院
	台院形	由于受地形环境的影响，传统院落建筑与山地环境相结合形成了具有浓郁地域特色的建筑形制	 安居古镇城隍庙
			 磁器口某宅

续表

| 按建筑功能划分 | 公共建筑 | 公共建筑通常包括会馆、祠堂、宫庙等类型。通常其占据着场镇中重要的位置对场镇空间形态具有重要影响 | 会馆 | 宫庙 | 宗祠 | 书院 |
| | 居住建筑 | 居住建筑是场镇建筑构成的主体。按使用功能可分为，店宅式、店坊式、独立宅式等类型 | 店宅式 | 店坊式 | 独立宅（双江场杨守鲁宅） | |

资料来源：作者拍摄、绘制。参：李先逵 . 四川民居 [M]. 北京：中国建筑工业出版社，2009；重庆大学城市规划与设计研究院潼南双江镇历史街区保护规划与设计，磁器口历史街区现状测绘及照片。

从建筑形态来看，川渝地区传统场镇建筑可以划分为干栏式、邛笼式、合院式等主要建筑类型。其中干栏式[①]、邛笼式[②]建筑是川渝地区发展脉络较为清晰与完整的建筑类型，至今仍旧占据着明显的优势，广泛分布于川渝各地。受军事、移民、贸易等社会文化的影响，在成都平原和部分丘陵地区则出现了以汉式合院为主的建筑类型。

从建筑平面空间组合关系上看，川渝地区传统场镇建筑又可以分为"一"字形、"L"形、三合院形、四合院形、"台"院形等类型。其中"一"字形平面是最简单、最基本的建筑平面形式，通常为三开间形制，当心间多为堂屋，供奉着"天地君亲师"或祖宗牌位，是整个建筑的最为神圣的精神中心。"L"形又称为"一横一竖"或"丁"字形平面，即在一字形建筑平面一侧横向扩展出二至三间的厢房，形成一个半围合的场地。三合院形建筑，即是在"L"形平面的基础上再增加一侧厢房，形成一正两厢形制。随着建筑平面形制的不断丰富，三合院中出现了一个范围界定非常明确的庭院。四合院形是在三合院基础上演化而成的，常称为"四合头"或"四水归堂"。随着建筑规模的不断扩大，

---

① "干栏式建筑"也称"干阑建筑"，是我国传统建筑起源的基本建筑类型之一，早在魏晋时期的书籍中就有记载，大量分布在我国南部长江中下游地区。其最为明显的特征就是底层架空，人们活动和居住则位于楼面之上，这主要是为了预防洪水、瘴气的危险和躲避毒蛇猛兽的袭扰。在川渝地区，干栏式建筑作为一种重要的建筑类型，具有广泛的分布，这与川渝地区高低起伏的地形、炎热多雨的天气、河流湖泊众多的自然环境相适宜，更为重要的是川渝地区丰富的林木资源为干栏式建筑的流行提供了充足的建筑材料。经过长期的发展和演变，干栏式建筑在川渝多元地域文化环境的背景下，形成了不同的空间布局和建筑形态。根据现存典型的干栏式建筑分布来看，主要分为贵州、重庆地区的吊脚楼地区和滇南竹楼干栏式建筑地区。

② "邛笼式建筑"也称"碉楼式建筑"，其主要是对滇西北高原上藏、彝、羌三个少数民族的建筑的统称。史料中多有记载，如《后汉书·南蛮川渝夷列传》云："众皆依山居止、累石为室，高者至十数丈，为邛笼。"唐李贤注："工仔笼，案今彼土夷人呼为雕也。"《旧唐书·西戎传》："氏人皆依山居，上垒石为屋，高十余丈，谓之邛笼。"参：杨宇振 . 中国西南地域建筑文化研究 [D]. 重庆大学，2002：65.

四合院则向纵横两个方向不断扩张，如前文提到的双江源泰和大院就是纵向三路、横向两列扩张的例子。此外，在川渝地区，由于地形环境的影响常常远超于宗法礼制的规限，四合院在山地环境下常因地制宜，在保持基本形制的前提下，使院落空间在竖向上自由变化，形成了对而不称的"台院式"建筑形制。从中可以看出，川渝地区传统场镇建筑平面空间的发展是一个逐步地域化的过程。

从建筑功能上看，传统场镇建筑可以划分为公共建筑与居住建筑两大类。其中公共建筑包含有祠庙建筑、会馆建筑、宫庙建筑等类型。这些公共建筑的形成大多受移民、宗教、礼制、经济等社会文化因素的影响。从建筑布局上看，其大多占据着场镇中最为重要的风水位置，环境优美，或独居高地，俯瞰场镇，或临水而建，藏风聚气。从建筑功能上看，其是场镇居民重要的社会文化活动中心，是宗教信仰、礼制制度、文化习俗的集中体现，因此，在建筑空间的组织上更加强调对精神、宗教意识的反映，建筑造型也更加精美。居住建筑则根据建筑功能的不同，可分为店宅、店坊宅、独立宅等类型。

4.2.2 场镇建筑空间环境与川渝民俗文化

川渝地区民俗文化是各民族世代沿袭，相对稳定的行为模式和传统观念，它一经形成，就会作为一种文化生态物种与其他文化发生关联，从而影响场镇建筑空间环境的生成和演化。因此，对川渝地区传统场镇建筑空间环境的深层研究，必然会涉及其与民俗文化间的关联。

（1）商业文化与场镇建筑空间组织

受"追求利润最大化，追求对时间、空间的高度利用"的商业文化影响，在大多数川渝传统场镇商业活动较为集中的地段，由于街道两侧商业价值较高，很少有纯住宅形式的建筑出现，更多为商业与居住相结合的"店宅式"布局。

在这种空间组织结构中，店铺成为了住宅中重要的组成部分，在面宽受到严格限制的同时，为了争取更多的面积，追求商业空间、居住空间、生产空间的高效综合利用，常常加大建筑进深，或建楼房形成"上店下宅、前店后宅"的空间布局。也正因如此，平面功能布局密集紧凑，空间分割自由以及小面宽、大进深、高密度成为了商业文化在场镇建筑中最为深刻的烙印（图4-17、图4-18）。

值得一提的是，由于建筑较为密集，与农村较为开阔的建设用地相比，人们常通过设置"小天井"来解决在场镇有限的建设条件下大进深带来的采光通风等问题。因此，场镇建筑通常围绕天井来布置各类房间，利用天井、过厅来区分内外。如龙潭古镇正街的袁家院子，以过厅及两侧的天井将店铺与后面的内宅区分隔开来，而每逢赶场时节，前面开敞的店铺熙熙攘攘，后面的庭院则清静恬淡，鸟语花香。在这里，小巧的天井不仅是采光通风的"窗口"，也是空间转换的一个"过渡"地带。在四川地区，尤其是一些旅馆、酒肆之内的店居，为了避免天井受到日晒雨淋，通常在天井上加以屋盖，并利用屋檐高差来组织采光通风，俗称为"抱厅"。在抱厅内，人们不仅可以

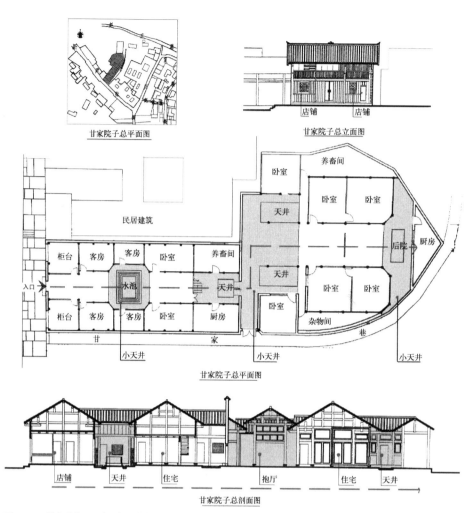

图 4-17 前店后宅——商业与居住相结合的"店宅式"建筑（酉阳龙潭甘家院子）（图片来源：作者改绘。参：重庆大学城市规划与设计研究院《酉阳龙潭古镇保护规划》。）

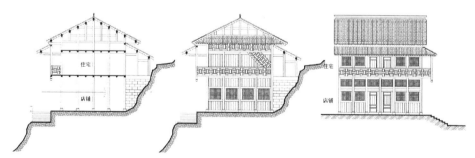

图 4-18 下店上宅——商业与居住相结合的"店宅式"建筑（酉阳龚滩）（图片来源：作者绘制。）

休闲纳凉、晾晒衣物，而且抱厅常与堂屋相连，从而形成一个空间开敞、层次丰富的平面空间形态（图 4-19）。

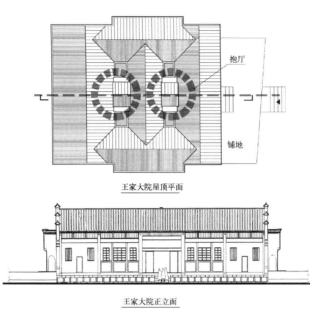

王家大院屋顶平面

王家大院正立面

王家大院剖面图

（a）抱厅：川渝地区场镇建筑中的独特天井空间（龙潭王家大院）

袁家院子一层平面图

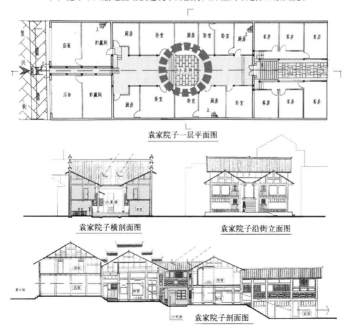

袁家院子横剖面图 　　　　袁家院子沿街立面图

袁家院子剖面图

（b）小天井：场镇急促建设环境下的空间形态（龙潭袁家院子）

图4-19　场镇建筑中的天井空间形态（图片来源：作者改绘。参：重庆大学城市规划与设计研究院《酉阳龙潭古镇保护规划》。）

(a) 宜宾李庄席子巷联排式 （b）广安城关镇临街联排式店宅建筑 （c）巴中恩阳镇临街联排挑厢
挑厢建筑

图 4-20　商业文化影响下的川渝传统场镇联排式店宅建筑（图片来源：李先逵.四川民居 [M]. 北京：中国建筑工业出版社，2009:167.）

此外，在一些商业较为密集的大规模场镇中心地段，通常还会集中某一行业形成专业的街市，如盐市街、米市街、棉花街等。为了形成较为整齐协调、气派大方的商业形象，在这些街道两侧均为私产店宅，常彼此首尾相连，通过统一的建筑立面形成联排式的店宅建筑。与此同时，为了争取更多的空间，这些临街联排建筑上部常采用挑厢或挑楼等方式，从而形成川渝场镇中特有的街巷风貌（图 4-20）。

（2）吉祥文化与场镇建筑空间环境

在传统社会中，人们常常将追求吉祥、保佑平安的愿望寄托在某种物质上。场镇建筑作为与人们的日常生活最为紧密相联的物质实体，其空间环境中无处不有这种纯朴的吉祥文化的体现。

最为典型的是将吉利的数字与空间形态结合起来的建筑手法，如在重庆酉、秀、彭地区的场镇中最为流行的是"八"字吉祥文化观，认为"八"是一种吉祥的象征。受此观念影响，这些地区场镇中的宅院不仅有造型各异的"八字朝门"，而且在建筑营造上，至今还保留有"房不离八，圈不离六"的具有象征意义的模式制度。如在龚滩、龙潭等场镇中的传统穿斗构架的"丈八八制"，它将木构穿斗构架的中柱定为市尺一丈八尺八寸高，步架宽度为二尺八寸，步架举高为一尺八寸等，其他各柱依次以八为尾数降低，建筑的开间数均以八为尾数。这样的模数系列正好构成了建筑的基本空间形态，既方便了工匠记忆施工，更寄托了人们追求美好生活的愿望，充分展示了民俗文化对建筑营造的影响（图 4-21、表 4-3）。

重庆酉阳、秀山、彭水及黔北地区房屋构架模数关系表　　表 4-3

柱间数	开间尺度		中柱高	柱间距
	明间	次间、梢间		
九柱五间	一丈四尺八寸	一丈三尺八寸	一丈八尺八寸 一丈九尺八寸	三尺二寸或 三尺八寸
七柱五间	一丈三尺八寸	一丈二尺八寸	一丈七尺八寸	三尺三寸
举高	每步举架高均为一尺八寸			

资料来源：作者根据资料整理绘制。

(a) 川渝传统场镇中的"八子朝门"　　　　　(b) 川东地区场镇中流传的"丈八八制"

图4-21　川渝传统场镇中"八"字吉祥文化（图片来源：(a) 作者拍摄；(b) 张兴国教授拍摄。）

图4-22　川东、黔北场镇建筑中"燕窝"形态（图片来源：作者拍摄。）

又如在川东及黔北一些场镇建筑中，流行一种叫做"燕窝"的空间形式，即在门户的当心间，向内退让出一个开敞的凹形空间来，希望接纳吉祥物燕子来此筑巢留宿。这种形式逐渐演变成了川东场镇建筑特有的入口空间，其宽敞的檐下空间强调了入口的中心地位，同时也可方便生活起居，这是与生活习俗有机和谐的空间环境营造观念的无形反映（图4-22）。

此外，传统的吉祥文化观，还广泛体现在场镇建筑装饰上。最为典型的是建筑外墙、门窗、地面等部位，在满足日常使用功能的前提下，通过装饰处理，达到美化居室、寄托情感的目的。其处理手法大体可以分为以下几类：

第一类，通过几何形的吉祥图案类，如万字纹、钱形纹、八宝、八仙及传统的"福、寿"等各种装饰性几何纹图案来表达传统的吉祥文化。

第二类，以一些祥禽瑞兽，如鹿、鹤、孔雀、龙凤、狮子、喜鹊、蝙蝠等作为装饰题材，组成六合同春、五福临门、喜鹊登梅等寓意丰富的图案。在门窗、挑头、垂花、雀替等富于装饰细节的建筑部位，常可以看到各种寄托吉祥寓意的线条、图案、文字。

第三类，要么引述一些与屋主的姓氏相关或为人们所称道的名人典故，要么描绘点画周边的一些景象，来表达人们对美好生活的愿望。如在重点装饰处理的照壁、梁枋、撑弓上常出现"八仙过海""渔樵耕读""彩云西现"等典故题画（图4-23）。

图4-23　吉祥文化观念下的场镇建筑装饰（图片来源：作者拍摄。）

（3）地缘、业缘文化与场镇会馆

受地缘与业缘文化的影响，明清时期会馆建筑在川渝地区大量出现。据不完全统计，清代四川境内的会馆建筑约为2000多个，与全国其他地区相比较，当时川渝地区会馆数量位居前列（表4-4）。同时川渝地区的会馆建筑不仅遍及川内90%以上的城市和城镇，而且在各地的场镇中也修建了大量的会馆，如洛带就出现了湖广、江西、广东、川北四大会馆，可以说当时川渝地区"县县有土话，处处有会馆"。

清代川渝地区会馆数量统计表　　　　　　　　　　　　　表4-4

会馆	厅州县	湖广会馆	江西会馆	福建会馆	陕西会馆	贵州会馆	云南会馆	山西会馆	四川会馆	江浙会馆	地方会馆
数量	2096	523	361	149	198	59	20	70	300	9	46

资料来源：陈蔚.移民会馆与清代四川城镇发展与形态演变研究[J].华中建筑，2013（8）：144.

川渝作为一个移民大区，明清随着大量外来人口的流动，整个社会组织已不可能是某一姓氏家族可以维系的，新的按地缘关系而形成的社会组织结构必然成为主流。在移民的过程中，一方面，来自于湖南、湖北、广西、江西、福建等地的移民在语言、生活习惯上存在着巨大的差异，另一方面移民与本土居民间也存在着巨大的隔阂，使得移民们需要一种以"地缘"为基础和纽带的组织形式，互相帮助，共同对抗外来势力。正是因为如此，在川渝场镇中以同乡地缘为纽带的会馆建筑大量涌现，成为了为本籍客商、学子等提供聚会帮助的民间组织。这时，场镇会馆建筑的职能也较为简单"结乡谊，调纠纷、设宴会"成为其首要职能，这也是在川渝地区一些移民场镇中存有大量移民会馆建筑的重要原因。

随着场镇经济的不断发展，"业缘"成为川渝地区传统场镇另一种重要的社会组织结构。随"业缘"观念的加强，场镇会馆也逐步由移民会馆向行业会馆演变[①]，而它所担

---

① 随着场镇经济的发展，以地域观念和传统封建宗法制度为基础的"移民会馆"，极大地阻碍了同行业间的商业贸易往来，故在业缘观念的影响下，"行业会馆"建筑大量产生。"行业会馆"常选择历史上同行业的或相关联的名人作为其膜拜的对象和精神寄托，如屠宰业称为张飞庙或桓侯庙，粮食业称为药王宫，供奉药王孙思邈以及陕西盐帮的关圣庙等。

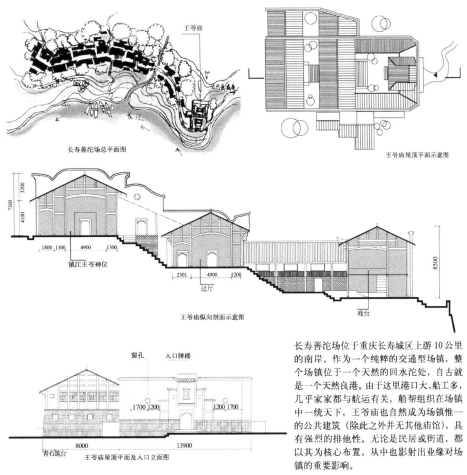

长寿善沱场总平面图

王爷庙屋顶平面示意图

镇江王爷神位

过厅

戏台

王爷庙纵向剖面示意图

窗孔　入口牌楼

青石筑台

王爷庙屋顶平面及入口立面图

长寿善沱场位于重庆长寿城区上游10公里的南岸，作为一个纯粹的交通型场镇，整个场镇位于一个天然的回水沱处，自古就是一个天然良港。由于这里港口大，船工多，几乎家家都与航运有关，船帮组织在场镇中一统天下，王爷庙也自然成为场镇惟一的公共建筑（除此之外并无其他庙馆），具有强烈的排他性。无论是民居或街道，都以其为核心布置，从中也影射出业缘对场镇的重要影响。

图4-24　业缘关系影响下的场镇行业会馆（长寿扇沱场王爷庙）（图片来源：作者绘制。参：季富政.三峡古典场镇[M].成都：西南大学出版社，2007:100.）

负的职能也日渐繁复。由于会馆的修建资金大多来源于同籍商人、地主和当地官宦的共同捐资，因此，会馆在创建时除了走访乡里、联络乡谊之外，总是把维护本乡商人和移民的商业活动与经济利益放在首位。所以，在"业缘"观念的影响下，会馆的商业职能进一步加强，不仅成为了行业商帮进行商业活动的重要场所，甚至参与到制定行业规范、推动行业经济发展等重要的商业活动中。如在长江三峡地区大多数因航运而生的场镇中，就普遍建有"船帮、运商"的行业会馆——王爷庙。作为维系船帮的精神中心，王爷庙几乎是场镇中最早的公共建筑。与此同时，在"趋利"原则的驱动下，建筑多选址于靠近码头处或码头上游，以便行船顺游而下，眼目所及王爷庙就知道场镇将近，如长寿扇沱场、忠县洋渡场、酉阳龚滩场等（图4-24）。

　　此外，在业缘与地缘文化的共同影响下，场镇会馆建筑具有了较强的公共活动属性，成为了场镇中商业集会和文化娱乐的重要场所。出于联系同乡或同行的需要，

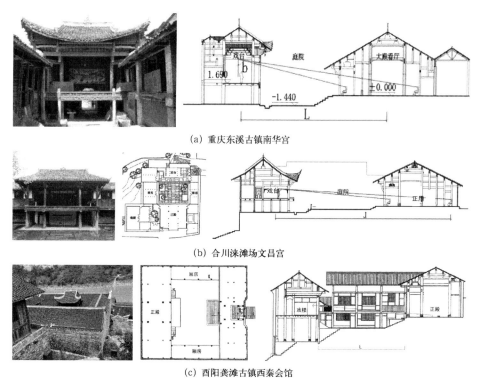

(a) 重庆东溪古镇南华宫

(b) 合川涞滩场文昌宫

(c) 酉阳龚滩古镇西秦会馆

图4-25　作为集会和娱乐中心的场镇会馆（图片来源：作者拍摄绘制。参：张兴国、李和平，合川涞滩古镇现场测绘及照片；重庆大学城市规划与设计研究院《酉阳龚滩古镇保护规划》。）

通常川渝传统场镇中的会馆都设有戏楼，每逢节日，会馆都会聘请本乡有名的戏班演出，并且暗中相互较劲。特别是在清末，有的会馆甚至出现了天天有戏，同日数场的情形。因此，在会馆建筑中都配有戏台，在一些大型的会馆建筑中甚至出现多个戏台的情况。戏楼常常位于建筑的中轴线上，底层架空作为入口，也有极个别位于主轴堂屋的倒座位置。如龚滩的西秦会馆就位于主街一侧，为四合院形式，戏台凸出并位于建筑中轴之上，而两侧厢房与正殿相互贯通，围绕戏台开敞，从而形成了较为合理的观演空间环境。与之类似的还有重庆东溪古镇南华宫、涞滩文昌宫等（图4-25）。

　　值得一提的是，由于会馆建筑大多由当地有权的商人、地主捐资修建，其建筑装饰造型更多地体现出商人阶层的文化特征和精神追求，故而无论在建筑色彩、装饰题材还是建筑造型上都带有很强的世俗性和地方特色。例如江津塘河场的清源宫，始建于清代光绪十三年，该建筑坐北朝南，面积1130多平方米，呈三殿两院，中轴对称的空间布局。整个建筑由10多米高的大红色封火山墙围合，红红火火。在屋脊、门窗、柱础等建筑重要部位的装饰主题多选自民间传说和戏曲故事，具有浓郁的地方特色（图4-26）。

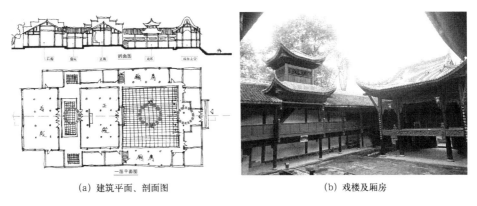

| (a) 建筑平面、剖面图 | (b) 戏楼及厢房 |

(c) 正殿屋脊上的"八仙过海"装饰主题

图 4-26　具有浓郁地方性与世俗性的场镇会馆（江津塘河场清源宫）（图片来源：作者拍摄、绘制。）

4.2.3　川渝场镇建筑营建技术与材料的适应性特征

在川渝场镇近千年的发展演变过程中，场镇建筑因地制宜地形成了与周围自然环境和文化环境相互适应的营建技术与建筑材料，这不仅成为了川渝地区传统场镇建筑的一大特色，而且展现了当地居民纯朴的审美情趣和强烈的地方特色。

川渝地区地形复杂，为了适应高低起伏的山地环境，场镇建筑通常根据不同的地形、气候、地质条件，运用不同的营建技术和建筑材料，来实现场镇建筑的适应性与经济性的有机结合。如为适应陡坡、悬崖等地形环境，场镇建筑常采用悬挑、架空和吊脚以及附崖等技术来进行建造，并经过长期实践形成了"台、挑、吊、坡、拖、梭、靠、跨、架、错、分、合"等山地建筑营建手法，充分体现出了"量起广狭、随曲合方"的精神（图 4-27）。

又如在一些山地丘陵地区，人们出于节约材料和保温隔热的需求，将不同材料有机结合起来，形成了土木（砖木）混合结构，也别具特色。如在川南西昌地区，人们将木构穿斗架与土坯砖墙结合起来，在夯土墙中填充砂土、稻草等轻质保温材料，既保温隔热又可增强材料的整体性，在满足材料构件功能需求的基础上，通过不同材料质地的对比和色彩的变化以及与材料相呼应的结构形式，反映出了材料与结构形式的有机统一和特有的几何形体美学，成为了当地场镇建筑的特色标志之一（图 4-28）。

可见，川渝地区独特的自然、社会环境孕育出了千姿百态的场镇建筑。在这些建筑中，丰富多彩的营建技术与材料，无不表现出与其所处环境的适应。尽管在建造的过程

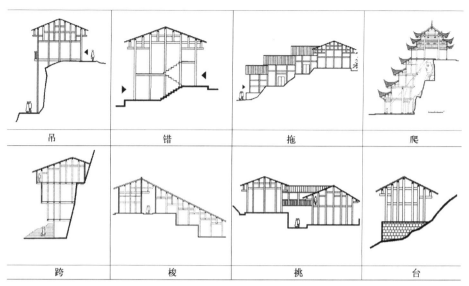

吊	错	拖	爬
跨	梭	挑	台

图 4-27　川渝场镇建筑中适应性的山地营建技术（图片来源：作者根据资料整理绘制。参：巴渝传统场镇与民居建筑特色及其应用研究 [M]. 重庆市规划局，重庆大学建筑城规学院，2011.）

图 4-28　与地域环境相适应的场镇建筑材料（图片来源：作者拍摄。）

中受到不同程度的限制，但其因地制宜、就地取材，所包含的环境认知和灵巧智慧，都值得我们学习和借鉴。

4.2.4　川渝场镇建筑与地方风貌特色

（1）地方风貌的集中体现

造型精美、数量众多的传统场镇建筑是川渝地方风貌特色集中体现的"窗口"。与偏僻的乡村建筑相比，由于川渝场镇是农村地区经济与文化的中心，这不仅使得场镇建筑的功能需求更为多样复杂，而且受社会、经济、文化等环境因素的影响更为强烈，特别是场镇较好的经济、文化基础，使得场镇建筑无论从材料、形态、构造还是装饰手法上都明显地反映出了这一地区较为集中的地方建筑风貌。

例如川渝地区夏季多雨炎热，为了遮蔽风雨，无论是合院式建筑还是一字形建筑，都喜欢在房前屋后支柱设廊，出檐深远成为了这一地区建筑风貌的普遍特征。这一特征在该地区的檐廊式场镇中得到了集中的反映。单从场镇街廊的构造及空间组合上看，其与普通乡村的民居建筑区别不大，只是场镇中的檐廊挑出更多。但由于场镇建筑密集排列，檐廊首尾相连，从而形成了通长的街廊，其特性得到了集中反映，地方特色也更为浓郁，如四川肖溪、犍为罗城都是其中典型的代表（图4-29）。

又如在川东及三峡地区，大江大河、高山峡谷几乎布满整个区域，再加上巴渝地区独特的历史文化，使得该地区的建筑较其他区域更具有明显的山地特征。如在巫山宁厂古镇，由于独特的峡谷地貌，使得场镇建筑无不筑台吊脚，高低错落，通过架、抬、挑、让、错等山地营建手法创造出了独特的川东吊脚楼建筑风格。同时，由于石材在建筑中的大量运用以及各类具有相同材料特征的建筑、小品的大量出现，形成了较为整体的地方风貌，给人们留下了较为深刻的印象（图4-29）。与此类似的还有酉阳的龚滩场、石柱西沱场等。

另外，当场镇建筑以一种类似或相近的形态出现时，往往会形成一种整体性场镇风貌。又如巫山的大昌古镇、酉阳的龙潭古镇，受移民文化的影响，来自于闽、粤、赣等地区的封火山墙作为一种独特的造型语言被广泛用于当地的各类建筑。祠庙会馆等公共建筑会以曲线优美的"如意山墙"作为装点，而一般民居的封火山墙则以刚劲有力的直线为特色，形成富有节奏的韵律感。封火山墙成为了场镇地方风貌特征的典型代表。

（a）典型的檐廊式场镇建筑（肖溪古镇）

（b）整体和谐的场镇建筑风貌（宁厂）

由此可以看出，场镇建筑作为一个"群体"出现在场镇聚落中，形成了一个具有相同物质形态特征的高度集聚的有机整体。这种整体性特征不仅进一步强化了传统建筑的风格特征，而且由于其独特的群体空间组合特征和环境特色，又成为了地方风貌的集中体现。

（c）作为场镇地方风貌特征的封火山墙（龙潭）

图4-29　作为地方风貌集中体现的场镇建筑（图片来源：(a)张兴国教授拍摄；(b)(c)作者拍摄。）

（2）川渝场镇建筑空间环境的和谐统一

在川渝传统场镇中，作为"群体"而出现的场镇建筑，既是一种建筑与环境组合的方式，也是一种人类聚居的空间形态。它从属于场镇大的空间格局，并呈现出和谐统一的空间特质。具体来说，这种空间特征表现在以下两个方面：

1）场镇建筑空间形态与自然环境的和谐

川渝地区复杂多样的地理环境导致了川渝地区传统场镇不拘一格的空间布局，无论平原、丘陵、山地、河谷等自然环境条件如何变化，一切皆因地、因时、因人制宜，从而使得场镇空间布局呈现出顺应自然、依山就势的空间特征。在这种"顺应地势，因境而生"的群体空间布局下，场镇建筑或在山顶自由展开，或顺坡起伏跌落，或在河湾山麓中蜿蜒延伸，形成了许多生动有趣、与自然山水环境和谐相融的空间格局。如北碚的偏岩场，场镇主街沿清溪河蜿蜒伸展，场镇建筑依山顺势起伏跌落，不仅表现出丰富多样的空间层次，而且沿着地形纵横变化，与自然环境融为一体，呈现出了与地形环境统一和谐的空间构图（图4-30）。

另外，川渝场镇建筑与自然环境的和谐统一，还表现在建筑材料、色彩与周围环境的呼应上。川渝地区场镇建筑大多以土、木、石、竹等为建筑材料，建筑色彩、质感柔和自然，而且在建设的过程中也尽量不破坏地形环境，忌讳大挖大填，乱伐林木，力求与周围的自然环境协调融合，因境而生，完全融入到周围山水环境的空间肌理之中（图4-30）。例如江津塘河场，场镇坐落于洋渡溪与长江交汇的半岛台地之上，周围山水环绕，林木丰盛。为了最大限度地减少对地形环境的破坏，场镇建筑多以木构建筑为主，依山就势，或探出坡外，或附崖而建，层层叠叠，错落有致。与此同时，青色的屋瓦，条石砌筑的堡坎，木构的房屋，形成了青、灰、褐的建筑群体色彩基调，在植物环境的衬托下显得清新而稳重。

2）场镇建筑与街巷空间的统一

在川渝传统场镇中，"街巷"既是场镇发展和演化的骨架，又是场镇居民重要的经济、交通、文化活动场所。因此，场镇建筑常常以街巷为核心，沿街道两侧平行布置，临街

|（a）|（b）|

图4-30 "因境而生"的场镇建筑群体空间环境、重庆江津塘河场（图片来源：（a）作者拍摄；（b）李先逵．四川民居[M]．北京：中国建筑工业出版社，2009:108.）

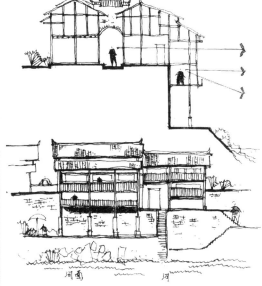

图 4-31　与街巷空间统一和谐的场镇建筑（图
片来源：作者拍摄。）

图 4-32　与街道空间共生的平乐古镇"望江楼"（图片来源：作
者绘制。）

商铺紧密相连，无论在建筑布局、建筑形式还是空间处理上都呈现出与场镇街巷空间相
统一的空间环境。如在三台郪江场中，街道两侧建筑都通过挑廊形成了统一的沿街立面，
而为了保证街道空间的延续性和完整性，则将体形高大的建筑往后退让，沿街建筑随着
街面起伏变化，从而达到了场镇建筑群体空间与街巷空间的统一和谐（图 4-31）。与之
类似的还有涪陵的龙潭场、永川的板桥场，广安的肖溪场等。

　　此外，场镇建筑在空间组织上也与街巷相互协调统一。一般来说，场镇街道两侧的
用地较为局促，因此，场镇建筑在空间组织中一方面通过天井、过厅、走廊等将沿街建
筑紧密相连，另一方面，在临街一侧常利用退台、挑廊、凹廊、抱厅等空间处理手法将
室内空间向外延伸，将室内建筑空间与室外街巷空间有机融合。如在邛崃的平乐古镇中，
因地形高差，场镇建筑在沿江一面为了争取更多的空间，多采用挑楼的形式（俗称"望
江楼"），架于江面之上，上下几层，对江面开敞。而在临街一侧，则是可以拆卸的铺板，
打开之后，人们可以在街巷与建筑间自由穿梭，再加上有的建筑采用通长的挑廊随着街
道自然弯曲，使得临街建筑与街道的联系更为紧密，空间层次丰富多彩（图 4-32）。

4.3　传统场镇人文空间环境的社会性特征

　　人文空间环境是川渝地区传统场镇空间环境构成体系中的内核和深层次内容。从哲
学的角度来看，人文空间环境表现为场镇居民连续稳定的传统价值观念和文化表现形式，
是一种打上了文化烙印、渗透了人文精神的社会文化环境；从文化的角度来看，场镇人

文空间环境是指人们的精神文化、价值观念以及相应的文化生活；从建筑学的视角来看，人文空间环境是指以场镇中的建筑、街巷、小品等物质实体为载体，以社会交往、人际关系为核心的社会文化环境，它包括场镇经济、文化、历史、风俗、生活方式等内容，是一个场镇的灵魂。

　　可见，非物质形态的场镇人文空间环境是指场镇居民在改造自然的社会实践中逐步形成的各种文化现象的总和。它既是一个复杂的整体，又蕴藏于人们的生产生活和社会文化之中，从而具有了强烈的社会性特征。

4.3.1　风水思想的文化遗传与实践

　　风水（堪舆）是中国传统文化的重要组成部分，也是中国传统社会文化中衡量人居环境优劣的一种重要的思维方式。由于缺乏科学的认知手段，我国传统社会从未建立起真正完整的科学理论与实践体系。因此，对于自然环境和宇宙中的各种现象，往往从"风水"的角度，以"天人感应"的认知方式来解释，故具有浓郁的神秘色彩。但抛开传统风水理论中一些封建迷信的成分，风水是中国人几千年来对居住环境选择营建实践经验的总结和积淀，从当下的建筑学和城市规划学的角度来看，其中大部分内容还是符合现代科学原理的（图4-33）。因此，从这个角度来看，"风水"实际上是一种朴素的生态观，一种对传统场镇空间形态格局起到控制和引导作用的环境观，一种推动人与自然和谐相处的自然环境意识。正如晋人郭璞作言："夫阴阳之气，噫而为风，升而为云，降而为雨，行乎地中为生气；生气行地中，发而生乎万物。"[①]

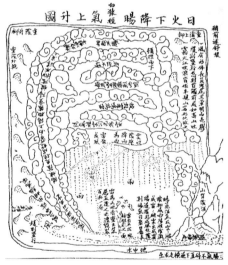

图4-33　《日火下降场气上升图》（明清之际有关气、水、能量等生态循环的图示）（图片来源：王其亨. 风水：中国传统建筑环境观 //. 历史建筑遗产保护和可持续发展国际研讨会论文集 [C].2007:25.）

　　川渝地区独特的山水环境是中国传统"风水"思想中的理想之地，秦汉后期，"风水"思想随着中原移民一起传入了川渝各地，并对藏身于川渝独特山水环境中的场镇产生了重大的影响。历史上，川渝地区大多数场镇在布局规划营建时莫不以风水为本，因此，在场镇选址时常邀请风水师进行"相土尝水"，以期达到"天人合一"的理想状态。按照风水要诀，理想的场镇环境必是"背负龙脉镇山为屏，左右砂山秀色可餐，前置朝案拱卫相对"的藏风纳气之所。正如英国的李约瑟博士所言，中国的风水形象是大地最美的"宇宙图案"。这种人居环境的选址作为真正体现人与自然和谐共处的为生之道，是数千年来我国

---

① （晋）郭璞《葬经》，见《古今图书集成·艺术典》。

劳动人们生活实践和审美经验的总结。

如重庆酉阳的龚滩古镇，千百年来受传统"风水"思想的影响，形成了独特的山水人居环境，这是古人在风水文化方面为我们留下的宝贵财富。龚滩古镇地处凤凰山麓，选址于乌江凸岸，面向湍急的乌江水，与高峻的飞蛾山隔岸相望。整个古镇坐山面水，山水环抱，风光如画，营造出了风水观念中理想的山水格局（图4-34）。同时，在场镇内两块建筑较为集中

图4-34　重庆酉阳龚滩古镇的风水格局示意（图片来源：曾汉轩纂《酉阳县志》。）

之处正好位于背山（凤凰山）内弯乌江环抱之处，此乃风水中的"藏风纳气"之处，因此这里不仅是场镇中的上下码头，而且商铺林立，一片繁华。此外，在山形转折的凸起位置，均建有宫观庙宇，如文昌阁、王爷庙、川主庙、织女楼等。众多的庙宇有规律地排布，蕴藏着当地风水师的觅龙、观砂、点穴等基本选址思想。

此外，在川渝众多传统场镇选址营建的过程中，依照风水思想和观念来考虑整个场镇的选址极为普遍。这些各具特色的场镇风水环境，有时甚至成为了场镇的标志和象征。如具有两千多年历史的三台郪江场就较好地诠释了风水场镇与山川河流的对应关系。出于理想风水格局的考虑，场镇隐藏于一个山环水抱的丘陵河湾地区。由于河谷的开阔地带狭小，丘陵山岭紧逼，为了使大型公共建筑能够摆在靠山一侧，获得坐北朝南的正方位，满足各自亦完善的风水诸要义，场镇形成了环状的东西向主街。除此之外，弯月形的街道一方面是为了隐喻"迎财抱金"，不使财气流走而长留街中之意，另一方面还有与对面案山（狮子山）对景的考虑，这也是街道不选东西向延伸至更宽阔的地带的重要原因。从中足可见风水思想对场镇营建的重要影响（图4-35、图4-36）。

图4-35　风水思想影响下的场镇形态（三台郪江场）（图片来源：作者绘制。）

图4-36　郪江场镇风水格局（图片来源：作者航拍。）

图4-37　天下第一山水太极古镇（昭化）（图片来源：广
元政府网。）

又如广元的昭化古镇，在选址的时候充分运用了古代风水相土尝水中"无色土质，土重为宜"的法则，在昭化古镇对面还留有"土轻坝"的地名，当年就是由于土质太轻，才没有在此进行营建。从平面布局来看，古镇位于白龙江和嘉陵江的交汇之处，笔架山与翼山在此被两条大江分割，形成了一个直径约5公里，面积约20平方公里的地貌形态，犹如一幅天然的太极图形。古镇刚好就位于山水太极的阳极鱼眼之处，形成了"天下第一山水太极"的场镇奇观，闻名于世（图4-37）。

4.3.2　移民文化的渗透与融合

川渝地区是受移民文化影响最为明显的地区，自战国开始，有大量的汉族移民借助当时中原与四川盆地间的交通孔道纷纷涌入。特别是明清时期，两次规模巨大的换血式移民——"湖广填四川"[①]给川渝地区社会文化带来了新的文化因子，使得来自不同省份的不同文化、不同语言和不同的经济生活方式在此进行重组与整合。正如刘致平先生所言："巴蜀文化不仅糅合了各省文化，而且是历代各族文化的大熔炉。"

具体来看，移民对川渝场镇社会文化环境的影响和作用大体概括为以下几个方面：

第一，每一次的移民活动不但意味着一次外来文化和习俗的渗透和移植，而且也使得川渝场镇的社会经济文化呈现出更加复杂多样的发展。正如前文所言，明清之际，江南、江西、两广、福建、河南、陕西等10多个省份的汉族移民大量涌入川渝地区，彻底改变了川渝地区"夷多汉少"的格局。起初，这些移民文化呈现出一种强势文化入侵态势，而经过世代延续后，尤其是与当地人通婚成家具有了血缘上的关系之后，这些移民文化逐步渗透到当地文化中，或者说，外来文化逐步被川渝本土文化所融合，从而演变为新的具有典型移民文化特征的社会人文环境。

第二，由于各个历史时期政治经济格局的不断变化以及不同籍贯的移民在语言、信仰、习俗等文化因子上的差异，使得川渝地区传统场镇文化呈现出多样统一的丰富性与生动性。以影响最为深远的"湖广填四川"移民活动为例，清廷为了鼓励各省移民积极入川开垦，推行了"凡已插占，即为永业"的移民政策。一时间，湖广籍、云贵籍、江西籍等各省移民纷纷从原籍或自发，或以宗族甚至以村落为单位大量入川。但在早期，

---

① 明清时期，四川地区共进行了2次大规模的"湖广填四川"活动。第一次：元末明初（1371年）至明中叶（1392年），由于宋元战乱，四川"人物凋零"，为了尽快安军居民，恢复生产，明王朝开始有组织地将大量移民以各种形式迁入四川地区。这些移民大多来自湖北、湖南及两广各省，正所谓"自元季大乱，湖湘之人往往相携入蜀"，形成了四川历史上第一次"湖广填四川"运动。而第二次"湖广填四川"则始于明末清初至乾隆、嘉庆年间，历时百余年。由于明末清初战乱后人口大量耗损，这时期南北各省多有移民入川，但多数仍是湖广人，这次移民规模较前更大，时间更长，影响也最为深远。参：蓝勇．川渝历史文化地理 [M]．西南师范大学出版社，1997.

由于语言、习俗等方面的差异，再加上与土著间的隔阂，各省移民往往聚族而居，聚籍而居，建会馆，立家庙，并将原有的各种文化习俗和生活方式带入到场镇聚落中，从而使其呈现出了丰富多彩、生动活泼的文化氛围。如普遍存在于川渝场镇中的会馆就明显折射出了这种"五方杂处"的场镇文化：对于各省移民来说，除了具有经济职能之外，会馆还是移民维系共同信仰的重要精神空间。因此，在川渝地区的场镇中，各省会馆常常会取代寺庙道观，供祭不同的具有地缘性特征的神灵和乡贤，如在湖广会馆中就常供祭着大禹，广东会馆中主要供祭六祖慧能，福建会馆则多供奉福建莆田林氏女（妈祖神）等。除此之外，每逢节庆，各省移民根据各自所信奉的神灵举行不同的集会和祭祀活动（表4-5），正所谓"个从其籍而礼之""各祀其乡之神望"，从中不难看出移民文化对川渝场镇文化的影响。

犍为县各省移民会馆集会祭祀活动统计表　　　　　表4-5

会命	地点	参加者	时间	祭祀对象	组织者
禹王会	各场禹王宫（湖广会馆）	湖广人	正月十三	大禹、真武祖师等	会首
川主会	各场川主庙	本省人	六月二十三	李冰、二郎	乡约
萧公会	各场万寿宫（江西会馆）	江西人	—	许真君许貔	客长
六祖会	各场南华宫（广东会馆）	广东人	二月初八	六祖慧能	客长
天后会	各场天上宫（福建会馆）	福建人	三月二十三	妈祖	客长
荣禄会	罗城荣禄宫	贵州人	—	观音寿佛	客长
寿福会	罗城磨子场	广西人	—	关帝、五显神	客长

资料来源：作者根据资料整理绘制．参：蓝勇．西南历史文化地理 [M]．重庆：西南师范大学出版社，1997．

第三，对于川渝众多的传统场镇来说，场镇文化本质上是不断更新的本土文化与外来移民文化相结合的复合型文化。在历史的长河中，什么才是真正的场镇本土文化，在学术界中存在着极大的争议。正如前面所分析，川渝地区的文化环境本身就是在周围各种文化板块相互碰撞和交错下形成的，而场镇文化作为其中一个重要的组成部分也是在不断演变发展的。可见，川渝场镇本土文化本身就是一个相对的概念，在某个历史时期，外来移民文化渗透到当地文化中而形成的一种新的文化，对于后一时期的移民来说就是具有本土性质的文化，如此往复演进，不断向前发展。

4.4　川渝传统场镇景观环境的艺术性特征

别具一格的场镇景观环境是场镇空间环境构成的又一重要内容，同样也是川渝传统场镇中最具价值和特色的一部分。在川渝传统场镇形成的过程中，从"山水观念"影响下山、水、场的和谐统一，到场镇景观环境的诗意再现以及画龙点睛的景观小品，都蕴藏着川渝先民们古朴的审美观念，这也是川渝地区众多传统场镇景观环境独具艺术特色的重要原因所在。

4.4.1 山水观念下的场镇整体景观环境

（1）"山水观念"的文化内涵

与北方中原地区相比，川渝地区地形高低起伏、山峦叠起、河流纵横，素有"巴山蜀水"的雅称。因此，如何对待"山水环境"已成为川渝地区传统场镇营造过程中不可回避的首要问题。经过数千年的不断实践和发展，川渝先民们在场镇营造中十分重视对山水环境的尊重和利用，选择与自然环境和谐共生，并善于将自然环境与人工环境有机结合，最终形成了根植于川渝独特自然环境之中的"山水观念"。然而，这种与山水环境和谐相依的"山水观念"，却与中国"儒、释、道"传统文化息息相关（图4-38）。

首先，川渝地区传统场镇山水观念的形成，明显受到了道教思想中"天道"观念的影响。中国传统文化中"天人合一"思想一直是人们苦苦追寻的目标，追其根源，就是天、地、人之间和谐共融的学说，这与道教所提倡的"有物混成，先天地生。寂兮廖兮，独立而不改，周行而不殆，可以为天地母……人法地，地法天，天法道，道发自然"的思想不谋而合。在这里，"天道"代表着生生不息的宇宙万物，是天地万物应遵守的一种自然规律。它要求人们尊重自然、尊重山水、尊重天地万物，并以适之顺之的方式而生存。这种思想对川渝地区传统场镇的景观环境营造和山水观念的形成产生了深深的影响。由于前文及其他著作都有详细论述，故在此从略。

其次，川渝地区传统场镇山水观念中还蕴藏着许多佛教的思想。早在东汉末年，佛教就已传入川渝地区，并迅速传播开来。受此影响，在川渝传统场镇中，不乏佛寺、佛

图4-38 "山水观念"孕育下的传统场镇整体景观环境（图片来源：作者拍摄。）

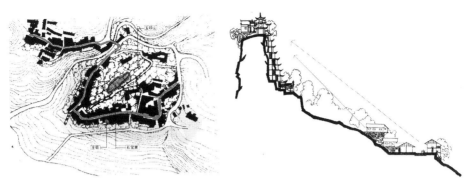

图 4-39 尊重自然、尊重环境场镇空间布局（石宝寨）（图片来源：作者绘制。）

塔等宗教建筑大量出现，同时，佛教所倡导的"众生平等、护器世间"的生态环境思想也潜移默化地影响着场镇景观环境的营造。人们渐渐地从对世间万物的爱护扩展到了对自然界中一草一木的爱护，而戒杀、放生、少欲的观念也抑制了对自然生态的破坏，从而形成了尊重自然、尊重环境的风尚（图 4-39）。

此外，川渝地区传统场镇山水观中讲究与山水自然环境的结合，也是传统儒学崇尚自然山水的生动体现。自古儒家学说就强调"人与自然的合一，人的精神与客观世界的合一"，在主张人与自然和谐共生的整体观念下，倡导"仁者乐山，智者乐水"，让人们的精神世界寄托于优美的自然山水环境之中，从而协调人与自然山水之间的关系。

可见，川渝独特的山水环境和传统儒释道的文化精髓共同孕育了川渝传统场镇具有浓郁地域文化特色的山水观念。正是在这种尊重自然、保护自然的观念的影响下，川渝地区传统场镇无论，与周围自然环境的和谐共生，还是场镇营建时的"相地而建，顺势而为"，无不蕴含着对自然山水环境的充分尊重与利用以及人与自然有机结合、相融共生的人生哲理。因此，在山水观念的指导下，川渝居民们在场镇聚居环境的塑造中，不懈地追求场镇聚落空间布局与自然环境的相融共生，建筑形态的自由灵活、因势利导，建筑材料的生态自然与循环运用，使得川渝古镇与周围环境相互渗透，营造出了处处青山绿水、诗情画意的优美景观，创造出了与自然山水环境和谐相依的"人居环境"。

（2）山、水、场的和谐统一

《老子》中有云："道生一，一生二，二生三，三生万物。万物负阴而抱阳，冲气以为和。""和"作为中国传统文化精神的根本，是万事万物，包括人类社会产生并运行的一种最为理想的状态（图 4-40）。受此影响，在川渝传统场镇的山水观念中，强调对自然环境的尊重和利用，并且试图通过"负阴抱阳、冲气为和"的思想，从整体环境出发，使自然山水与场镇聚落构成一种和谐共生、相互渗透的关系。因此，许多川渝传统场镇坐落在优美的山水环境中，场镇依山而建，临水而居，青山碧水，山林、农田、建筑、溪流相融共生，自然环境与人工环境有机结合，呈现出了一种"山、水、场"和谐共生的生态格局（图 4-41）。

图 4-40 老子的宇宙生成本体论——万物负阴而抱阳，冲气以为和（图片来源：李耳.道德经 [M].北京：金盾出版社，2009:12.）

图 4-41 "山、水、场"和谐共生的生态格局（合江佛宝场）（图片来源：作者航拍。）

　　千百年来，受到根植于中国传统文化中的追求人与自然和谐共生的思想观念的影响，川渝先民们对传统场镇的营造可谓独具匠心，无论是建筑材料的选择、民居院落的空间组合还是场镇的选址与布局，甚至是一草一木的培植，无不体现着人们对理想人居环境的追求和人与自然、人与人之间和谐共处、持续发展的理念。在这种思想的指导下，川渝地区优美的自然山水环境与传统场镇相融相生，山水与场镇形成了一个辩证统一的有机体。一方面，为了适应川渝独特的山水环境，传统场镇一切皆因时、因地、因境而建，通过顺应自然、顺势而为的"妥协"，在场镇环境的营造过程中更多地去利用自然山水，将人工环境巧妙地渗透到自然山水之中，形成了"你中有我，我中有你"的紧密相联的关系，构成了传统场镇与自然环境和谐共荣的景观格局，同时呈现出了丰富多元的景观环境；另一方面，自然山水环境也不是独立存在的，从整体的山水景观环境来看，正是因为场镇聚落的存在以及人类的活动，为其增添了新的活力。民间所流传的"山得水而秀，水得山而活，场镇得山水而生"也正好诠释了川渝传统场镇"山、水、镇"和谐统一的辩证关系。

（3）人居环境的诗意再现

　　自古在中国传统文化中就有浓烈的自然山水情节，无论是诗人还是画家，山水既是他们创造的源泉也是他们的精神追求的寄托，如《诗经·小雅》中的"秩秩斯干，幽幽南山"，就描述了靠近润水、面对青山的建筑配置，显示了古代匠师在选址时对水源和景观的注重。这种对自然山水环境的钟情也常常上升到对理想人居环境的追求，并融入到了对传统城镇山水景观环境的营建中，使得传统城镇景观环境中蕴藏着独特的人文精神，这也成为了中国传统城镇景观环境的一大特征。

　　就川渝地区传统场镇而言，得天独厚的自然山水环境为川渝先民们追求传统文化中独特的山水情怀提供了广阔的空间。因此，受传统山水观念以及山水画、诗文歌赋的影响，川渝先民在场镇景观环境的营造中，十分注重场镇与周围自然山水的呼应与和谐，在将自然山水美景与场镇人工景观融为一体的同时，还尽一切可能在极为有限的景观环境中塑造出无限的令人向往的景观意境来，崇尚"诗意的栖居"（图4-42），即在构建现实场镇景观环境的同时，还

图4-42　古人理想中的人居环境（诗意空间）（图片来源：张言勤，赵奎.杜甫诗意图 [M]. 湖北美术出版社，2013.）

致力于对理想"诗意空间"的营建——理想人居环境的诗意再现。正如李泽厚所说："从形似中求神似，由有限（画面）中出无限（诗境），与诗文发展趋势相同，日益成为整个中国艺术的基本美学准则和特色。"

　　因此，但凡有一定历史的川渝传统场镇不仅有"八景""十景"甚至是"十二景"之类的风景名胜，而且还有历代文人墨客通过歌赋题记所表达出的对场镇山水景观环境的独特见解与赞叹，这些都反映或标志着场镇景观营造背后所蕴含的人文风韵。一些诗词歌赋或地方志中大量关于场镇山水景观环境、人文景观的描绘和精彩点评，更是寄托了人们对理想人居景观环境的追求，如：

　　《凌云阁赋》描述官渡古镇："登斯楼夕阳满楼穿疏透阁，裹影蒙龙，斜辉飘落玉宇。"

　　《夔州府志》描述大昌古镇："诸山萦绕峭壁如画。"

　　《酉阳直隶州总志》描述龙潭古镇："州东九十里，酉水绕其东下。"

　　《巴县志》描述磁器口古镇："由歌乐山东衍为 龙隐山……又东为石壁山，一名金壁，石壁崇峻，横 斜江边 . 龙隐，石壁二山之间为龙隐镇，水陆交会。"

　　民国元老李根源也为和顺古镇赋诗："远山茫苍苍，近水河悠扬，万家坡坨下，绝胜小苏杭。"

　　与此同时，在场镇营建过程中，这些景观诗词、八景题名表达的诗意空间不仅把场镇独特的景观空间环境标示出来，并赋予美好的名号，而且也会对场镇选址、景观小品营造、街巷布局等产生影响，甚至成为场镇规划营建中的一个指导原则和营建目标，对场镇景观环境的塑造有着较为明显的调控作用。如重庆铜梁安居古镇北面的紫云宫就是以"安居八景"[①]之一的"紫极烟霞"景点为参照，与之相呼应，选择建造在高台之上，并面向涪江而布局，随山就势，形成整个景观环境的底景，从而营造出令人神往的空间意境（图4-43）。同时，场镇"八景"中的各个景点也相互呼应，互为对景或底景，令人赏心悦目。

---

① 光绪《铜梁县志》载，"安居八景"有化龙钟秀、飞凤毓灵、玻仑捧月、石马呈祥、琼花献瑞、紫极烟霞、关溅流杯、圣水晚眺。

图4-43 安居古镇八景之一的紫云宫"紫极烟霞"（图片来源：作者拍摄。）

4.4.2 "师法自然"的场镇景观形象

"师法自然""人工环境与自然环境的和谐共生"是川渝传统场镇环境营造的最高法则与指导思想。在川渝地区复杂多样的自然环境中，"山、水、城"相容共生、和谐统一，呈现出了与平原场镇迥然不同的景观形象。即便是某些场镇的建筑风貌有相似之处，但由于各自所处的自然环境不同，再加上场镇因地制宜、顺境而生，与周围山、水、林等自然元素相互"重叠与渗透"，构成了川渝传统场镇各不相同的景观形象。就如同世界上没有两片完全相同的树叶一样，每个场镇都是从各自的山水环境中生长出来的，这也正是川渝传统场镇具有师法自然的景观形象的根本所在。

（1）灵活自由的山地景观形象

川渝地区山峦叠起、地形高低起伏，植物类型丰富多彩，独特的山地环境在给场镇营造带来限制的同时，更赋予了场镇高低交错、灵活生动的山地景观形象。由于受到山地自然环境的限制，川渝地区的场镇聚落在选址布局上不得不作出妥协和让步，去尽可能地适应川渝独特的山地环境。也正是因为这种顺应自然、顺势而为的"妥协"，不仅使得城镇建筑往往根据地形环境的变化而灵活布局，高高低低、层层叠叠，而且也促使在川渝场景观环境的营造中更多地去利用自然山体，使自然景观环境与人工环境相互渗透、互为依托，呈现出了特有的山地人居景观形象。具体来说，它具有以下特点：

第一，丰富的山地景观层次。在独特的山水环境的衬托下，川渝传统场镇群落与周围的自然景观有机融合，连绵的山体、高低错落的建筑相互叠加，形成了丰富的景观层次，并成为了场镇景观环境的重要组成元素，从而使川渝山地场镇的景观呈现出灵活、自由的一面（图4-44）。

第二，多维的场镇景观空间。川渝地区独特的山地环境，为场镇景观环境空间的全方位的形象展示提供了有力支撑。由于场镇地形高低起伏，场镇布局往往依山就势，在这里，不同高低、不同位置的各种景观要素相互重叠、彼此交织，高直上下的石梯、蜿蜒曲折的街巷、形态自由的檐廊、高低错落的建筑、上下跌落的台地景观、丰富多变的天际轮廓线成为了川渝山地场镇最具特色的景观形象。另外，随着时间四维

图4-44 灵活、自由的山地景观形象（丙安）（图片来源：作者拍摄。）

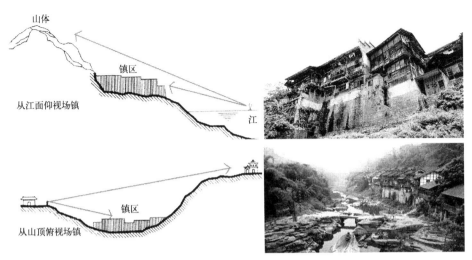

图 4-45　全方位的多维景观视野（图片来源：作者拍摄、绘制。）

性的介入，场镇的自然景观也随着时间的推移而变化，四季变化，花开花落，场镇景观也随之呈现出不同的面貌。

第三，全方位的景观视角。川渝特有的山地环境、地形的高低起伏让人们在视点高低变化的同时，从上、下、左、右等各个方向都能获得强烈的感官冲击。尤其是那些矗立在高山峡谷中的场镇，无论从水平视角还是从竖向视角，都能使人感受到出乎意料的壮观（图 4-45）。

第四，互为依托的山地景观构成。自然山体与场镇建筑作为场镇景观环境的重要组成部分，二者互为依托，相互影响。一方面，川渝地区山峦起伏、丘陵纵横，变化丰富的山体成为了场镇建筑的背景，在一定程度上对场镇建筑起到了较好的衬托作用；另一方面，场镇建筑往往依山而建，高低错落，成组成群，其本身也成为了自然山体的一部分。如重庆酉阳的龚滩古镇就建造在乌江东岸的悬崖之上，两岸夹壁成峡，地形极为陡峭，凡到临的人们无不被古镇凌空的姿态、吊脚的惊险、堡坎台基的气势所震撼。仰望古镇，高高的吊脚楼高低错落地竖立在岩石上，石砌的堡坎台基层层叠叠，令人心惊胆战。从山上俯瞰龚滩，在汹涌的江岸旁，古镇悬挂于峭壁之上，屋顶高低错落，婉转而生动。高低错落的场镇建筑、曲径通幽的街巷、高低不平的石板路、弯曲多姿的石梯，与自身山体紧密相连，相互映衬，形成了互为依托的山地景观（图 4-46）。

（2）随曲而弯的岸线景观形象

出于交通和生活的需要，川渝地区的传统场镇很大一部分是临江河溪流而建的。江河溪流不仅为场镇提供必要的生活、生产用水，同时又与场镇空间形态和景观环境有着千丝万缕的联系。一方面，场镇常常临水而建，随水面岸线的变化而变化，因此，水系流向和岸线不同的形态，形成了不同的场镇形态；另一方面，场镇建筑大都形成了一组一组的滨水建筑空间，同时沿岸建筑间又分布着码头、步道、石桥等景观小品，水系将

图 4-46　互为依托的场镇山地景观（酉阳龚滩古镇）（图片来源：重庆大学城市规划与设计研究院《龚滩古镇保护规划》，2011 年）

这些景观串联起来，使整个水面岸线景观成为了整个场镇景观中最具动态和灵气的部分。因此，随曲而弯的水面岸线景观自然也成为了场镇景观环境中又一重要的类型，也是区别于其他地区城镇聚落的重要标志之一。

具体来看，由于川渝地区河流纵横，既有滔滔长江，也有涓涓溪流，场镇所处水系环境不同，使得场镇水面岸线景观也各不相同，呈现出多样的景观特色，大体上可以分为以下几类（图 4-47）：

其一，动态变化型。这类场镇临靠大江大河，如长江、嘉陵江、岷江及其支流等，一方面由于江河水面宽广、水流迅猛，使得沿线场镇的岸线多为直线或幅度较大的曲线，另一方面，江河的季节性水位变化也造就了场镇岸线景观周期性的动态变化：春夏涨水，水面较宽，秋冬枯水，江面变窄。此外，这些位于大江大河旁的古镇往往也是水路交通的枢纽，江面岸边码头、渡口林立，白天，舟船往来穿梭，热闹非凡，而夜幕降临后，则寂静无声，唯有渔火点点，水面岸线的动态变化成为了这类场镇的水面岸线的主要特征，如江津的白沙古镇，重庆的磁器口古镇，重庆石柱的西沱古镇等。

其二，灵活自由型。有一些场镇依水流相对较小的支流或溪流而建。由于溪水宽窄不一，婉转自由，而场镇建筑大都依水而建，或挑或架，错落有致，形成了灵活自由的

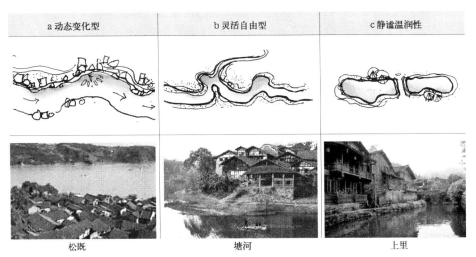

图 4-47　川渝传统场镇丰富多样的岸线景观（图片来源：作者绘制。）

空间形态。沿岸驳堤多以卵石为主，水生植物茂密，呈现出山峦秀美、碧水环绕的景观环境。如重庆北碚的偏岩古镇、重庆酉阳的后溪古镇以及四川双流的黄龙溪古镇等都是其典型的代表。

其三，静谧温润型。也有一些位于平坝和缓丘地区的场镇，由于地势平缓，场镇内外缓慢穿流的溪水与湖、塘、堰、池等各类水体形成了丰富多样的水网体系，形成了如同江南水乡般的景观环境。这类场镇中丰富多样的水网格局，使得岸线曲折流转，溪水在古镇中穿梭流淌，建筑与水体交相辉映，构成了川渝地区特有的"小桥、流水、人家"的水乡景观环境。雅安的上里古镇以及素有"小西湖"之称的乐山五通桥镇便是其中典型的代表。

4.4.3　画龙点睛的场镇景观小品

大多数川渝地区传统场镇在景观环境的营造过程中，除了将场镇建筑、街巷与自然山水环境有机融合，形成优美的整体景观环境之外，还特别注重利用一些景观小品对场镇景观进行装点，起到画龙点睛的作用。尤其是场镇中一些造型美观的风水塔、廊桥、牌坊以及为民风民俗所信仰的构筑物，不仅凝聚着浓厚的乡情，可引起人们的自豪感，而且还作为场镇对外景观形象的展示，成为了场镇的标志。

首先，川渝地区的传统场镇大多临水而建，自然而然地"桥"也就成为了场镇景观环境中的一个重要的构成要素。我国近代著名画家李可染就曾通过其出神入化的画投为人们勾勒出了三峡地区的场镇市井与桥融为一体的优美画面（图 4-48）。场镇中的桥梁，除了一些位于场镇内部或场镇边缘的，还有不少散见于场镇周边的山野道路之间，它们往往与自然紧密联系，并与场镇中的农舍、码头、作坊、渡口等有机组合，形成了很多意想不到的景观效果，成为了场镇景观环境中不可多得的亮点。特别是那些位于场镇入

图4-48 李可染《三峡古场》(图片来源：车永仁. 国画手画典·秋赋[M]. 天津：天津人民美术出版社, 2004.)

(a) 重庆罗田场石拱桥

(b) 丰都包鸾场运动桥

(c) 酉阳龚滩场"桥重桥"

图4-49 川渝传统场镇重要的景观小品——桥(图片来源：(a)(c)作者自摄；(b)李先逵. 四川民居[M]. 北京：中国建筑工业出版社, 2009：110.)

口处的桥梁，不仅作为重要的交通工具，而且被作为进入场镇的先导，加以重点营建，成为了场镇的一种标志景观。

受不同地区民族文化、审美观念、工程技术等因素的影响，川渝场镇中的桥梁也呈现出类型多样、形态各异的特征，若从材料上看，可以分为木桥、石桥、木石混合桥等，而从形态上看，又可以分为平桥、拱桥、索桥、风雨桥等。风雨廊桥是最受乡民们喜爱的桥型，这种桥集桥、廊、亭三者为一体，既为乡民们提供了较为便捷的交通，又能供人们驻足停留，躲避风雨，特别是在赶场之日，还能为人们提供一个休息交往的空间。如丰都包鸾场的运动桥，该桥为全木构架，设置于场镇的入口处，桥顶为重檐歇山顶，盖有小青瓦，两侧设有列柱扶栏，造型精美，尺度宜人，因此，它不仅成为了前来赶场的乡民们小憩、观景的最佳场所，而且也成为了人们心中场镇的标志性景观(图4-49)。

其次，在川渝地区一些经济较为发达的场镇中，为满足人们某种祈福或镇邪的精神诉求，常设有风水塔(也称为文笔塔或文峰塔)之类的标志景观(图4-50)。受传统风水观念的影响，风水塔常选址于场镇口或场镇附近的山冈之上，由于位置显眼，使其在整个场镇群体景观组织中，成为构图中心或控制点，同时也因其独特的造型，成为了场镇中特有的一种景观标志。如达州三汇古镇文峰塔(又名白塔)就建在离场镇不远的高台之上，它除了彰显文风、调理风水之外，还是场镇中最具标识性的景观建筑，从而形成了场镇景观组织的焦点。与此类似的还有雅安上里古镇文峰塔、云阳云安古镇的文峰塔等。而在一些地方，风水塔则与宗教寺庙中的楼阁相结合，成为了寺庙中的一个组成部分。如重庆磁器口古镇中的宝轮寺塔就设置在的场镇中的最高处，立于白崖之上，面朝嘉陵江，成为了场镇临江的一大景观。

此外，还有一些具有民俗特色的场镇小品，也增加了场镇景观的丰富性和文化性。如场镇中的凉亭、牌坊、古井、石栏、戏楼等，常常设立于场镇重要的景观节点处，或乡民聚居的中心场所。如果说前面两类标志性景观主要在场镇外部景观空间中加以展示，对场镇整体景观环境具有画龙点睛的效果，那么这类景观小品则主要集中在场镇内部的街巷空间中，对丰富场镇街道景观、强化街景的艺术效果有着举足轻重的影响。

4.5　小结

本章旨在以微观的视角对川渝地区传统场镇空间环境特色进行具体的分析和研究，使之全面、具体地呈现在人们面前。

图4-50　达州三汇古镇"文峰塔"（图片来源：网络下载。）

川渝地区传统场镇空间环境丰富多彩、个性突出，从空间形态类别的角度可分为外部开放空间环境、建筑空间环境、人文空间环境、景观空间环境四个层面。首先从场镇外部开放空间环境来看，是由街巷、檐廊、广场、场口等众多要素共同构成，而在一定的时空背景下，这些空间元素不仅是场镇交通、经济贸易、节日集会、社会交往的空间场所，呈现出多重功能的相互叠加和重合，而且在其中也蕴藏着多姿多彩的川渝地方习俗和文化，表现出强烈的复合型特征。

其次，从场镇建筑空间环境来看，其本质上具有一种"地缘性特征"。场镇建筑不仅是居民们赖以生活的物质基础，而且作为川渝地域文化的物质表现，在不同的社会文化和地理环境中呈现出不同的类型特征。民俗文化与场镇建筑空间组合的紧密联系、营建技术与材料的适应性表现、场镇建筑对地方风貌特色的集中体现显然是建筑地域化的结果。

此外，从场镇人文空间环境来看，其具有强烈的社会性特征。非物质形态的人文环境是场镇居民在积极改造自然以及社会实践中逐步形成的各种文化现象的总和。它不仅间接地、曲折地反映出了各种社会文化的内涵，而且在一定程度上制约和控制着场镇空间环境的形成和发展。风水思想作为一种古代社会对人居环境的营建思想和实践总结，更是影响着川渝地区传统场镇空间环境的形成和发展。从历史的角度来看，川渝地区作为一个典型的"五方杂处"的移民社会，移民文化已完全渗透融入到了场镇社会文化之中，是川渝地区传统场镇文化呈现出多元融合的根本原因所在。

最后，具有浓郁艺术性特征的场镇景观环境是场镇空间环境构成的又一重要元素。无论是山水观念下的场镇整体景观环境，还到师法自然的场镇景观形象以及画龙点睛的景观小品，都蕴藏着川渝先民们古朴的审美观念，把自然环境与人工环境的有机融合放在第一位，并加以充分地考虑和维护，从而表现出了强烈的艺术特征。

5 现实观察、经验借鉴与"传统场镇空间环境特色保护"的提出

我们不能设想与已经过去的世界一刀两断，完全遗忘，也不能以为我们及我们的问题与历史经验毫不相关。技术可以进步，但建筑学不必盲从。

——（美）阿莫斯·拉普卜特

广泛分布于川渝农村地区的传统场镇，不仅是城市与乡村联系的桥梁，而且至今依旧保留着独特的空间形态与历史人文景观。首先，从宏观层面来看，传统场镇作为川渝农村地区商品贸易的主要场所，不仅数量众多、分布广泛，而且通过多级化的场镇市场体系形成了相互链接、极具规模的"网状"空间结构体系。在这种结构体系之下，场镇作为一个人类活动的综合体，在环境、经济、社会方面具有独特的职能作用。其次，从中观层面来讲，在历史发展过程中，地理环境、交通运输、经济贸易、军事战争、宗教文化等因素的综合作用是川渝地区传统场镇空间环境生成与演进的主要推动力，它们从不同方面，不同程度地影响和决定着川渝地区传统场镇空间与环境的形成、发展和演进。也正因如此，在多重因子的综合作用下，川渝地区传统场镇呈现出了多样的空间与环境特征。再次，从微观层面来看，无论是以街巷、檐廊、广场为主的外部开放空间环境，还是场镇建筑的空间组织、建筑风貌、营建技术以及山水观念下的场镇整体景观环境和人文空间环境，都呈现出浓郁的个性化特征。

不难看出，传统场镇作为川渝地区社会、经济、文化发展的历史积淀，无论在空间格局、景观环境、建筑形态还是在社会文化等方面，都具有浓郁的地域特征，在它们身上体现出了传统场镇强大的生命力和价值。因此，对川渝地区传统场镇空间环境特色的探讨不仅是一项重要的学术研究课题，而且它对当前传统场镇的保护具有专属性的导向作用，对确立具体的保护目标和方向具有重要意义。

在过去的几十年中，随着社会经济的转型、交通条件的改变，特别是近年来大规模的城镇建设与开发，大大改变了农村地区的面貌，使得历经千年的传统场镇面临着史无前例的挑战。虽然对传统场镇的保护工作取得了一定的进展，但"趋同化""边缘化""变异化""失衡化"问题日渐突出，如何保护川渝地区数量众多的传统场镇，维护其独特的场镇空间与环境特色，显然成为了当前一个重大的社会议题。

因此，本章基于对新中国成立后川渝地区传统场镇空间环境历史变迁的回顾，对传统场镇保护工作的现实观察与问题总结，对国内外保护经验的借鉴，提出了涵盖"保护

与发展"、"维护与塑造"、"激活与转化"三个方面内容的"传统地区场镇空间环境特色保护"概念，从而实现了从认识对象、分析问题到解决问题的跨越。

5.1 现实观察：川渝地区传统场镇空间环境的变迁与保护

5.1.1 新中国成立后川渝地区传统场镇的坎坷命运

社会变革、战乱与政权的更迭使得传统场镇历经磨难，兴废无常。新中国成立以后，虽然全国范围内的社会、经济得以逐步恢复，但由于政治运动和社会变革等原因，川渝地区传统场镇经历了一个较为曲折的发展历程。根据传统场镇在不同时期的变化，笔者将新中国成立以后川渝地区传统场镇的巨大变迁划分为以下三个阶段：

（1）新中国成立至20世纪80年代：政治运动主导下场镇集市的消亡与破坏

这一时期，川渝地区传统场镇与国内其他地区一样，经历了统购统销、人民公社、"文化大革命"等政治运动主导下农村地区场镇集市贸易的消亡和场镇空间环境的严重人为破坏。

新中国成立初期，为了尽快恢复经济，稳定物价，打击囤积居奇、投机倒把等非法活动，进行了由国家主持的对粮食、油料等重要商品的统购统销。由于管理过严，在川渝农村地区，许多以农副产品（粮食、棉花、桐油等）为主的场镇集市被取缔，原本活跃的场镇集市被迫停止。1958年开始的"人民公社"运动则对场镇集市贸易进行了严格限制，禁止个人的商贩活动，关闭全部农村集市贸易活动。更为严重的是长达10年的"文化大革命"时期，在极"左"思想的影响下，传统场镇集市不仅受到了更为严格的限制，而且破除"封建残余"思想盛行，被视为封建统治和封建残余的传统场镇遭到了严重的破坏，许多具有重要历史价值的宫观寺庙、历史建筑被拆除、损害，这给场镇造成了无法弥补的损失。以安居为例，场镇中的东岳、妈祖庙、万寿宫、湖广会馆等明清时期所修建的移民会馆都在这一时期遭受了巨大的人为破坏（图5-1）。此外，"大炼钢铁"、"大跃进"、"破四旧"等政治运动也波及川渝各地，这些运动不但导致场镇周边的森林树木被砍伐殆尽、生态资源被严重破坏，甚至连那些历史悠久的祭祀典礼、民间故事、传统礼俗也被当作"封建主义的尾巴"而备受打击。

回顾新中国成立后的30年，在政治运动的影响下，川渝地区传统场镇可以说经历了较为严重的人为破坏，这种破坏不仅体现为对场镇集市贸易活动的关停，还表现为对传统场镇空间格局、自然生态环境、传统文化的极大破坏。

（2）20世纪八九十年代："改革开放"中场镇经济的复苏与人文空间环境的衰败

经过30多年的人为破坏之后，进入20世纪80年代，在"改革开放"的影响

(a) 50 年代被破坏的安居古镇东岳庙　　　　　(b) 50 年代被破坏的安居古镇东岳庙

图 5-1 "文革"期间惨遭破坏的传统场镇（图片来源：重庆大学城市与规划设计研究院《安居古镇保护规划》项目组提供。）

下，川渝地区农村自由贸易得以恢复，传统场镇集市一度出现繁荣兴旺的场景。这一时期各项改革措施的颁布，使得对传统场镇集市的各种限制逐步取消，如放开对"赶场"活动的限制，恢复插花集、百日场等场期设置，取消限价，实现随行就势等，从而使川渝农村地区场镇的经济贸易活动得以恢复，传统场镇随即进入了一个短暂的发展阶段。

以重庆酉阳地区为例，与新中国成立初期相比，从 20 世纪 80 年代起，无论场期还是场市数量，都得到了较大的恢复与发展。据《酉阳直隶州总志》记载，清同治二年酉阳地区场镇集市数量为 48 个，到 20 世纪 30 年代（新中国成立前）该地区场市已发展到 52 个，其场期大都为每旬 2 场。然而，在新中国成立后的 30 年间，受政治运动的影响，该地区场镇一度减少到 18 个，传统场镇集市贸易活动已极度萧条。但从 20 世纪 80 年代开始，在"改革开放"的影响下，场镇集市数量迅速恢复到接近清代中叶的水平，至 2004 年，该地区传统场镇集市数量已达 78 个，超过历史上任何时期，农村地区的经济贸易活动得以恢复（表 5-1）。

表 5-2 所示为清代和当代酉阳各区场镇集市地点及场期的变化情况。从中也可以看出，对于场期的安排并没有发生根本性的变化，场期还是按"一、六""二、七""三、八""四、九"等这样的插花集来安排，只是随着农村经济的发展，每旬三集的场市有所增加。与此同时，后溪、龙潭、酉酬、宜居、麻旺等众多传统场镇集市依旧发挥着重要的经济作用。可见，改革开放以来，农村地区的传统场镇集市已恢复了原来的活力，传统场镇集市依旧是农村地区重要的经济贸易场所。

与此同时，以西方为主的大量外来思想和价值观念也乘虚涌入，使得在场镇中延续了近千年的社会习俗、节日、生活方式快速消亡，再加上农村人口流失、贫困化与弱势群体化、老龄化、空心化等社会问题越发严重，使得川渝地区场镇中流传千年的传统文化快速衰落。传统场镇人文空间环境在传统社会结构解体与现代经济文化发展的双重压力下迅速消亡成为了这一时期川渝地区传统场镇的主要问题，这在开头以及其他文章中多有论述，在此就不过多阐述了。

酉阳（县）场镇集市数量变化情况　　　　　　　　表 5-1

年代	场市数量	场期（每旬开集天数）	资料来源	备注
清同治二十年	48	城集为每旬 3 集，其余为每旬 2 集	（清）《酉阳直隶州总志》卷 4，"市镇"	48 场集中 2 镇（龚滩镇、龙潭镇）46 场
20 世纪 30 年代	52		《酉阳州志》卷 6	
1950 年前	41	其中 2 场为每旬 3 集，其余 39 场为每旬 2 集		根据《酉阳 1912-1949》史志卷记载，除县城外有 31 场
1966 年	19	"文革"将所有场镇场期统一为"一、六"集		
1978 年	18			
1983 年	35	每旬 2 集		
1992 年	52	每旬 2 集	2002 年《酉阳县志》，重庆出版社	不包括市区集
2004 年	78	其中 73 场为每旬 2 集，5 场镇为每旬 3 集	西南师范大学社会学系"重庆农村 80 年变迁"课题调查组	不包括市区集

图表来源：作者根据资料整理绘制。

酉阳各区场镇集市地点及场期　　　　　　　　表 5-2

农历集期	清同治二年	2004 年
一、六	涂家寨场、后溪场、鱼地新场，3 个	苍岭、后溪场、涂市、板桥、南界、金家坝、五福、银岭、清溪，9 个
二、七	甘溪场、分水岭场、泉孔场、大溪口场、偏岩石场、茅坝场、庙溪场，7 个	丁市、庙溪、毛坝、沿岩、艾坝、马大坝、泔溪、双桥、江口、沙田、天馆，11 个
三、八	龙潭、铜鼓潭场、酉筹溪口场、铺子口场，4 个	浪坪、酉酬、铺子、土坪、龚滩、铜鼓、渤海、黑水、水傍岩、黑獭、清明坝，11 个
四、九	州城三街（分大、中、下）、蒲海场、麻旺场、丁家湾场、兴隆场、十字路场、宜居场、李子溪场，10 个	兴隆、天台、白竹、宜居、可大、花田、浪坪，7 个
五、十	金鱼穴场、董家河场、楠木场、黑水坝场、双桥场、太极场、两河口场，7 个	板溪、万木、两罾、蚂蟥、红井、偏柏、小河、后坪、小岗、柏溪，10 个
一、四、七		麻旺、李溪，2 个
二、五、八		酉阳县城、大溪，2 个
三、六、九		龙潭，1 个
	另：猫猫沟场、老寨子场、溶溪场、白家溪场、草坝场、大沟场、麻塘场、学堂坪场、谢家坝场、喻家坝场、水车坪场、清明坝场、土塘坝场等 13 个场镇无详细场期记录	另：定为农村集市，但无人赶场或赶场人数不多的场镇集市有龙池、小坝、井岗、夹州、亮垭、新溪、水田、沙滩、老寨、细沙、八穴、泡木、小咸、大函、上腴、花园、马鹿、何家沟、岭口、箐口、罾潭、董河、魏市等共 25 个
合计：	44 个	78 个

资料来源：（清）冯世瀛、冉崇文修撰《酉阳直隶州总志》卷 45 "市镇"；2004 年资料数据则根据作者实地调研获得。

（3）21世纪初至今：大规模"城镇化"下的传统场镇特色危机

进入21世纪以来，快速的"城镇化"运动在中国愈演愈烈。与全国各地一样，在川渝广大的农村地区，各种开发建设活动规模越来越大，且城乡建设热情空前高涨，大多采用"大拆大建、一拥而上"的方式，无序的建设活动给传统场镇造成了巨大的"建设性"破坏。在开发建设的过程中，各种因素相互叠加，使得川渝地区传统场镇所面临的内外环境更加复杂多样，自然生态环境的破坏、历史文化资源的流失、商业的过度开发、场镇面貌的趋同、人文环境的衰落等一系列现象纷纷涌现，导致川渝地区传统场镇的空间环境特色逐渐丧失。故此，笔者将通过下面几个个典型案例来反映川渝地区传统场镇的现实遭遇。

案例（一）：消失的千年古场——龚滩

坐落于重庆酉阳的龚滩场，曾是川渝地区保存最完好的传统场镇，因其具有典型山地特征的场镇格局和建筑风貌，被誉为"巴蜀地域绝无仅有的、最大的干栏建筑大观"。历史上龚滩因水而兴，曾是川、渝、湘、黔客货过往的水路转运中心和贸易集散地。

2000年9月6日，国家发改委下发了《重庆乌江彭水水电站项目核准的批复》，这意味着彭水水电站建成之后，乌江水位将大幅度提高，而这座千年历史场镇也将被全部淹没。无奈之下，2006年酉阳县政府启动了场镇整体迁建易地保护工程，全国规模最大的传统场镇异地搬迁工程正式启动。[①] 历经3年的搬迁重建，2009年，搬迁复建后的龚滩重新矗立在了乌江岸边。在这里，我们姑且不去讨论水电站选址是否恰当，但毫无疑问的是，由于场镇自然环境受到的巨大破坏以及各种客观原因，与原有场镇相比，迁建后的场镇在自然山水环境、街巷空间、建筑风貌等方面不仅产生了巨大的差异，而且原来那种粗犷蛮野的场镇空间特色已消失殆尽（图5-2）。

首先，迁建后的龚滩古镇虽然延续了原有场镇的地形环境，但由于水电站的修建和水库的蓄水，使得原有场镇那种"险江夹场"的自然山水格局消失殆尽。原有湍急奔流的乌江水变得十分平静，江边的巨石和险滩也被上升的水位淹没了。故此，搬迁后的场镇也少了原来那种粗犷蛮野的自然景观意境。其次，在搬迁的过程中，由于地形环境的改变以及实际操作不当，使得局部一些街巷空间节点在复原过程中产生了巨大的差异，从而影响并限制了场镇街巷空间特色的延续。如在对李氏客栈旁的"百步梯"的处理中，由于入口高差减小，使得顺势升降的梯道变短，再加上街道转折和周边建筑围合感的减少，使得原有那种陡峭的随山势上下的街道特色消失殆尽。与此类似的还有木王客栈旁"半边街"特色空间的消失、三抚庙与主街空间界面的脱离等。此外，在搬迁过程中，由于实际原因限制，采取了"居民自建，专家指导"的方法对风貌建筑进行复建，这也为后来场镇建筑风貌的混乱和无序埋下了伏笔。特别是场镇中一些临江吊脚楼建筑，由

---

① 据资料统计，龚滩场镇迁建面积为42876.24万平方米，其中县级文物保护单位12处，面积5324.86平方米，规模之巨，全国罕见。参：黄滋，汪胜华.涅槃重生的龚滩场镇[J].中国文物报，2009（9）：3.

于新旧址之间的地形差异，再加上搬迁过程中的人为破坏，使得如织女楼、蟠龙楼、转角店等独具特色的场镇民居面目全非或彻底消失（表5-3）。

如今虽然龚滩还是叫"龚滩"，但已不再是原来那个令人神往的地方，不可避免的大规模工程建设使得场镇赖以生存的自然山水格局瞬间消失，而搬迁过程中肆意的人为破坏使得经过千百年才形成的狂野不羁的龚滩场镇空间格局和传统风貌特色消失殆尽。

搬迁前后龚滩场镇空间环境的差异性对比及概述　　表5-3

类型	搬迁前	搬迁后	概述
自然山水环境的差异			由于场镇整体搬迁，自然山水格局已完全改变，虽然场镇新的选址与原有场镇距离不远，但搬迁后场镇也少了原来那种粗犷蛮野的景观意境
场镇街巷空间及节点的差异	搬迁前	搬迁后	在搬迁过程中，采用"复原性保护"方法，延续了原有带状分布的街巷空间格局，但受新的地形环境及迁建过程中一些人为因素影响，街巷虽然大体保持了原有的线性空间，但整体空间环境仍与原来有较大的差异
传统建筑风貌的差异			搬迁过程中，由于受到居民保护意识不强、施工措施差异大等因素的影响，造成了场镇建筑风貌的混乱和与原有场镇的差异

资料来源：作者整理绘制。参：重庆大学城市规划与设计研究院《龚滩古镇保护规划》。

案例（二）：过度商业开发的川中古镇——洛带

洛带原名甄子场，位于成都平原，是四川著名的历史文化名镇。早在三国蜀汉时期场镇就已形成，后经明清"湖广填四川"期间大批客家人从沿海各地迁徙于此，场镇规模迅速扩大，进而逐步发展成为了川渝地区客家人最为集中的场镇，也常被称为"川渝客家第一镇"[①]（图 5-2）。

进入 21 世纪以来，场镇独特的历史文化资源成为了人们眼中的"香饽饽"，在全国空前的旅游开发热潮下，洛带也迅速进入了场镇旅游商业开发的快车道。在短短 10 年间，为大力发展场镇旅游，政府及社会各界前后投入资金 30 多亿元，不仅对场镇中的传统民居进行了大规

图 5-2 开发前洛带独具特色的场镇空间环境（图片来源：作者拍摄。）

模的拆除改造，而且又按照现代城镇标准，紧邻场镇规划建设了 91 万平方米的"博客小镇"，试图形成场镇新的亮点。借用洛带政府对外宣传的口号："博客小镇是洛带场镇实现旅游设施升级、从观光旅游向文化休闲度假旅游转变的重要举措，也是'湿地洛带、艺术洛带'的重要支撑[②]（表 5-4、图 5-3）"。

洛带古镇旅游商业开发大事简要　　　　　　　　　　表 5-4

1992 年	修复广东会馆、湖广会馆、江西会馆并对外开放
1999 年	专家论证，通过《成都洛带古镇旅游开发总体策划及实施方案》
2000 年	四川客家海外联谊会与四川客家研究中心恢复客家民俗——火龙节
2001 年	政府主导引入专项资金对古镇街巷、民居、旅游、排污等进行专项整治
2002 年	洛带打出了旅游营销品牌"西部客家第一镇"，并开始被人们所熟知
2005 年	世界第 20 届四川客属恳亲大会在洛带古镇举行
2008 年	洛带政府确认了"兴建博客小镇、提升洛带古镇"的战略部署，成都地润置业发展有限公司与洛带古镇政府联手发展洛带古镇产业旅游，新建建筑面积约为 91 万平方米
2010 年	博客小镇破土动工
2011 年	洛带古镇年接待游客从 2000 年的 17 万，突破至 400 万
2012 年	博客小镇旁一期仿古商业街开始销售

资料来源：中国洛带博客小镇宣传资料。

---

① 与其他场镇相比，洛带场镇作为川渝地区最大的客家场镇以其独特的场镇格局和建筑风貌而备受人们喜爱。据资料记载，在洛带场镇中客家人的比例占到了 85% 以上，而且这些客家人大多都是清康乾时期从广东嘉应、惠州等地以"垦民"的身份迁徙而来的。与其他移民相比，客家人常常聚族而居，通过修族谱、建宗祠、立会馆等形式严格保持着自己的文化和习俗，从而造就了洛带场镇独特的空间形态。受客家文化"聚族而居"观念和"风水学说"的影响，场镇背靠龙泉山脉，街道两侧多以家族为单位的聚居式民居毗邻相接，并与上下老街、北巷子、凤仪巷、江西巷等街巷共同构成向内封闭的"一街七巷"空间格局。

② 博客小镇处于洛带场镇核心位置，是一个集酒店、文化商业街、艺术家工作室、企业会所为一体的复合性旅游综合体，开发总量约为 100 万平方米。2012 年，一期商业街及客家土楼博物馆建成，开始对外销售。参：博客小镇销售资料（2012）。

图5-3　洛带过度的旅游商业开发（图片来源：洛带博客小镇售楼宣传册。）

从中不难感受到政府对场镇旅游业开发的热情以及对场镇传统文化的轻蔑。在笔者实地调研期间，这种开发更是显得具体而灼热。面对那些"热情好客"的场镇商贩，标新立异的现代土楼、整齐划一的仿古商业街、从天而降的湿地公园、造型夸张的现代建筑以及随处可见的招商广告……笔者深深感受到了场镇试图摆脱"破旧风貌"的躁动以及"日新月异"的变化，而场镇昔日"一街七巷"的空间环境，林、田相间的林盘景观，浓郁的客家文化传统已悄然消逝。

在巨大的利益诱惑下，场镇被当成了"商品"来出售，由于过度的商业旅游开发和市场的介入，洛带原有的客家文化、场镇风貌、景观环境被完全颠覆，大量"符号化"的仿古商业建筑群落不断涌现，极大地破坏了场镇历史发展的延续性，使得场镇原有的空间环境特色逐渐消亡。诚然，笔者并不是要极力排斥场镇旅游开发，漠视场镇居民通过发展旅游来实现致富的目标，而是希望协调好场镇旅游开发与场镇保护间的关系，不要让商业开发超出场镇的承载能力，破坏场镇原有的风貌和格局，导致原有自然、历史、人文环境特色的变形与扭曲。这就需要把握好场镇旅游开发的"度"，实现保护与发展的有机协调。

案例（三）：传统风貌与人文环境的破败——走马

走马古镇又名走马场，位于重庆市九龙坡成渝古驿道旁，始建于宋代，历史上曾"因路而兴"，繁盛一时。旧时从重庆出发到走马刚好是一天的路程，走马成为了当时重庆附近最为重要的驿站。同时，走马也是西去璧山的必经之地，来来往往的商贩大都选择在此停留歇息，场镇因此而兴，至今仍流传有"识相不识相，难过走马岗"的谚语。据此，商贸的发达、交通的便捷、社会的稳定不仅使其成为了川渝驿道上的重要场镇，同时也留下了灿烂的场镇文化、数量众多的历史建筑和独具特色的街巷空间形态。[①]

---

① 走马素有"世外桃源"的美誉，场镇周围群山环抱，溪流流淌，林木葱郁，加之场镇旁的千亩桃林，构成了场镇特有的自然山水环境。场镇沿主街向前延伸呈带状布局，在街道两侧分布有各式宫观、寺庙、商铺、旅店，为了适应高低错落的地形环境，场镇建筑在空间组织上充分运用抬、挑、吊、架、退、分转等山地营造手法，或虚或实、或依或吊，使得场镇空间变化更加丰富，体现出了典型的山地场镇建筑空间形态。与此同时，贸易的繁盛、商贾行会的云集也进一步刺激了场镇中各种行业会馆、庙宇、戏楼等公共建筑的大量出现。由于有强大的财力支持，这些建筑不仅占据着场镇中重要的位置，而且往往造型独特，风格各异，构造精美。据载，在明清场镇最为鼎盛之时，场内建有大小庙宇15座，紫云寺、灵芝寺、万寿宫、关武庙、文昌宫等构成了场镇特有的"三宫五庙"的空间格局。

然而，随着交通方式的转变，场镇经济也从繁荣走向了萧条。场镇内的大多数建筑因年久失修，再加上其大多为砖木结构，经过岁月的长期洗礼，大都遭受了不同程度的破坏，许多房屋出现了损毁或倒塌。据调查显示：场镇现存 2.4 万平方米的传统建筑中，41% 的木结构建筑出现了局部倾斜或结构腐朽等情况，20% 的建筑被人为大量加造或改造，而 15% 的传统建筑则出现了沉降、倒塌等严重损毁的情况。这不仅严重影响到了场镇居民的日常生活，而且也对场镇传统风貌、街巷空间形态产生了巨大的影响。此外，由于保护意识淡薄，缺乏有效管理，场镇中如紫云宫、关武庙、文昌宫等历史建筑大都已遭破坏，只留残垣断壁，而幸存下来的，即便单体得到了保留，其周边环境也没有得到控制，各种粗制滥造的新建房屋见缝插针地在场镇中"肆意布置"，给场镇空间和风貌造成了无法弥补的破坏（图 5-4）。

与此同时，随着社会结构的转变，场镇职能衰败，场镇经济、社会、文化陷入了发展停滞甚至倒退的境地：①从经济层面来看，整个场镇的经济发展水平相当落后。大部分居民都还是以传统的农业耕种为主要经济来源，而像旅游、商贸、加工等第二、三产业比重相对较低。②从社会层面来看，在当前大规模城镇化过程中，由于经济发展落后，加上必要的生活设施欠缺，场镇出现了"青壮年人口流失""老龄化严重""贫困化与弱势群体化""场镇空心化"等社会问题。③从文化上来看，经济落后、人口流失、传统社会结构解体等问题使得场镇传统文化逐步衰退，特别是那些依靠"父传子承""师徒相授"的民间故事、表演艺术、手工技艺的保存状态普遍不容乐观，呈现出后继无人的尴尬状况。

这几个典型案例在某种程度上代表了当前川渝传统场镇的现实遭遇。不难发现，在快速城镇化过程中，各种因素相互叠加使得川渝地区传统场镇所面临的内外环境更加复

图 5-4 传统场镇风貌的破败（重庆走马场）（图片来源：作者拍摄。）

杂多样，自然环境的破坏、传统场镇风貌的流失、旅游商业的过度开发、历史人文环境的衰落等一系列现象纷纷涌现，从而导致当前川渝地区场镇空间环境特色丧失的问题日益严重。如何对川渝地区传统场镇空间环境特色进行积极有效的保护已成为当前我们所不可回避的问题。

5.1.2 川渝地区传统场镇保护的稳步前行

川渝地区传统场镇作为我国历史文化遗产保护的重要组成部分，其保护工作是在新中国成立后才逐步形成的。随着我国"历史文物、历史文化街区、历史文化名城"三位一体保护体系的建立，不仅将传统场镇作为历史文化名镇中一个相对独立的保护对象加以确认，同时也引起了社会各界对具有丰富历史文化资源的川渝地区传统场镇的极大关注。

（1）"历史文化名镇"保护体系的建立

1982 年《中华人民共和国文物保护法》首次提出了"历史文化名城"的概念，并于当年公布了国家首批 24 个历史文化名城，具有中国特色的历史文化名城保护制度就此开创。在 1986 年国务院批转建设部、文化部《关于请示公布第二批历史文化名城的报告》中首次明确提出了"历史文化街区"的概念，并指出："一些文物古迹比较集中，或能较完整地体现出某一历史时期的传统风貌和民族地方特色的街区、建筑物、小镇、村寨等，也应予以保护。各省、自治区、直辖市或市、县人民政府可根据它们的历史、科学、艺术价值，核定为当地各级'历史文化保护区'。"这标志着我国的"文物保护，历史文化街区保护以及历史文化名城保护为主"的多层次保护体系全面建立。

在我国的多层次保护体系之下，对传统（村）镇的保护也逐步开展。2002 年，在修订的《中华人民共和国文物保护法》（以下简称《文物法》）中明确提出了历史文化名镇的概念，并以法律的形式确立了历史文化名镇在我国历史文化遗产保护体系中的地位，历史文化名镇保护从此进入了法制化建设的轨道。但此时的历史文化名镇"仅由省、自治区、直辖市人民政府核定公布"，因此只存在于省市级别，而国家层面上的历史文化名镇还没有出现。2003 年建设部和国家文物局联合公布了国家第一批 22 个历史文化名镇，并进一步明确了历史文化名镇的概念。[①] 此后，国家又陆续颁布了第二批、第三批、第四批、第五批历史文化名镇，截至 2010 年 12 月，国家住建部和文物局共公布了 181个国家级历史文化名镇，其中川渝地区共有 46 个，占 25%（图 5-5），其中还不包括省、市级的历史文化名镇。[②] 以重庆市为例，截至 2012 年 3 月，重庆共有 27 个市级历史文化名镇，其中 16 个为国家级历史文化名镇。如果仅从数字上看，川渝地区历史文化名镇保护制度的建设是比较高效的，并取得了令人瞩目的成就。

---

① "历史文化名镇"："保存文物特别丰富并且有重大历史价值或者革命纪念意义，能较好地反映一些历史时期的传统风貌和地方民族特色的传统小城镇。"参：赵勇 . 中国历史文化名镇名村保护理论与方法 [M]. 北京：中国建筑工业出版社，2008.

② 重庆已拥有 27 个历史文化名镇（《重庆晨报》2012-3-07）。

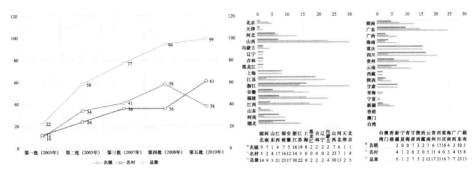

图 5-5　我国各地区历史文化名镇的数量统计（图片来源：作者绘制。）

与此同时，历史文化名镇的评选体系也得到了进一步的完善。在 2003 年颁布首批历史文化名镇名单时，建设部就提出了名镇评定的四大标准，即历史价值与风貌特色、原状保持程度、现状规模和保护管理。在此之后，为进一步提高评定的合理性，2004年又颁布实施了《历史文化名城名镇名村评价指标体系》，一方面从国家层面肯定了历史文化名镇的管理办法，突出了其在国家行政建制上的重要性；另一方面通过增加如历史建筑规模、历史街巷的数量和长度、核心保护区的面积等量化评价指标，改变了以往主观评判的局面，也标志着我国历史文化名镇保护制度的全面建立。

（2）当前川渝地区传统场镇保护的成就

传统场镇作为广泛分布于川渝农村地区的以经济贸易为主的传统聚落类型，不仅拥有数量众多的历史建筑、独特的场镇街巷空间格局，而且汇集了川渝农村地区特有的风土人情、宗教习俗、传统观念等，备受社会各界的关注。特别是进入 21 世纪以来，随着历史文化名镇概念的提出以及相关保护制度的确立，也在国家保护体系中确定了传统场镇的重要地位。社会各界对川渝地区传统场镇保护的热情也随之空前高涨，各地区纷纷投入大量人力物力，不仅对区内一些传统场镇进行保护规划编制、风貌改造、历史建筑保护等一系列保护工作，而且积极参与"历史文化名镇""历史文化街区"的申报工作。截止到 2013 年，川渝地区的国家、省、市级历史文化名镇已多达近百个。同时，在政府的引导下，川渝各地掀起了一股传统场镇旅游开发的热潮，涌现出了如四川安仁、黄龙溪、平乐，重庆磁器口、龙潭等一大批全国知名场镇，取得了巨大的社会效益和经济效益。具体来看，近十年来，随着我国历史文化遗产保护工作的不断推进，对川渝地区传统场镇的保护已取得一定的成就，并主要体现在以下几个方面：

1）保护意识的逐步加强，保护宣传的日益扩大

经过多年的发展，如今社会各界对川渝地区传统场镇空间环境的保护意识渐渐提高，普遍认识到了传统场镇在历史、文化、艺术等方面的重要价值。此外，为了进一步提高人们对传统场镇的认识水平和保护意识，各种反映传统场镇的影视作品不断面市，如《长江三峡》《茶马古道上的场镇》《大足石刻》《千年龚滩情》《寻枪》等，这极大地加强了广大市民的保护意识。

2）保护方法的日渐成熟

通过多年的尝试和历史经验的不断总结，一方面，对川渝地区传统场镇的保护逐步从单一的静态保护走向保护与发展相结合的多元化保护；另一方面，保护的范围不断扩大，民俗节日、传统技艺等非物质文化遗产也逐步被纳入到保护范围中。

3）保护管理与法制体系的初步建立

在结合国家有关法律法规的基础上，川渝地区逐步颁布了一系列行之有效的地方法规和管理办法，初步形成了一套保护制度体系。以重庆为例，近年来具有针对性地颁布了《中共重庆市委关于进一步加强城乡规划工作的决定》《重庆市城镇规划管理条例》《重庆市传统城镇保护管理办法》等，标志着对传统场镇的保护工作逐步纳入到了法制化的轨道上来。

4）保护实践与研究的逐步展开

在实践领域，大量的保护规划制定和保护实践在川渝各地广泛开展起来。如从20世纪90年代中期至今，重庆在先后完成《潼南双江历史文化名镇保护规划》《合川涞滩场镇保护规划》《北碚偏岩场镇保护规划》等近20多处国家级、市级历史文化名镇的保护规划编制工作之外，还实施了一系列具体的保护工程，如酉阳龙潭场镇环境整治工程、大足铁山场镇风貌整治工程、涞滩场镇街区及二佛寺维修等。与此同时，规划、建筑、地理、历史、经济、环境、社会、考古等各个研究领域的学者都陆续参与到传统场镇保护的研究中，相关著作逐渐增多，从而使得川渝地区传统场镇保护逐步成为了学术界和社会持续关注的热点话题。

5.1.3 当前川渝传统场镇保护中的现实困境

传统场镇的保护是一个逐步完善，稳步前行的过程。回顾近年来川渝地区传统场镇的保护工作，虽然伴随着历史文化名镇保护制度的建立，与之相关的保护工作也进入了积极探索的阶段，但是由于传统场镇在场镇规模、人口构成、空间格局、社会文化等方面都与其他历史城镇有很大的差异，对它的保护不能照搬其他地区的保护方法。再加上缺乏对传统场镇特色价值的足够认识、保护措施匮乏、特色保护意识薄弱等问题依旧存在，使得对传统场镇的保护仍处于一个起步阶段。总的来看，当前川渝地区传统场镇保护的现实困境主要表现在以下几个方面（图5-6）：

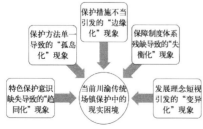

图5-6 当前川渝地区场镇保护中的现实困境（图片来源：作者绘制。）

（1）特色保护意识缺失导致的"趋同化"现象

川渝地区传统场镇作为一种复杂的聚落类型，在不断演化的历史过程中受各种因素（地形、交通、经济、军事、宗教等）的综合作用，形成了类型多样、各具特色的场镇空间环境。它们成为了每个场镇所特有的标志，具有重要的历史与经济价值。

若按照理想化的状态，这些特色空间环境作为场镇重要的历史文化资源，不仅能够给场镇带来较高的知名度，而且也是场镇重要的"形象和标志"，对传统场镇的保护与发展都具有重要的意义。但由于当前缺乏对场镇空间环境特色的保护意识，无视每个场镇的差异性，再加上"教条化保护"思想的影响，导致在场镇特色的保护和发展、维护与塑造等关系上理解不深，导致场镇"趋同化"现象日渐严重，主要表现在以下几个方面：

1）缺乏对保护与发展的关系的深刻认识。作为一种复杂的聚居体，对传统场镇空间环境特色的保护绝不是一种为维护场镇特色而进行的保护管理，而是为场镇发展而进行的一项系统工程。如随着川渝地区城镇化水平的快速推进，许多传统场镇都试图通过大力开发建设或量化式的风貌整治来改变其"落后面貌"，然而由于对场镇空间环境特色保护工作的价值缺乏足够的认知，对场镇空间环境特色保护与发展间关系的理解较为肤浅，致使"千镇一面"、"场镇趋同"等问题日益突出（图5-7）。

(a) 与场镇历史文化背景毫无关联的"千篇一律"的仿古商业街严重破坏了传统场镇的差异性特色（成都洛带）　(b) 无视场镇特色保护，对陈旧的传统民居进行"量化"式粉刷和"返老还童"式的风貌整治加剧了场镇趋同化现象的产生（东溪）

图5-7 特色保护意识的缺失下的场镇"趋同化"现象（图片来源：作者拍摄。）

2）缺乏对场镇特色维护与塑造的关系的清晰认识。传统场镇作为川渝地区最为宝贵的历史文化资源，虽历经流觞，但至今仍保留着独特的空间形态和历史人文景观。然而，当前在场镇保护中却更习惯于针对某个建筑、街区孤立地展开保护，而忽视或回避对场镇的地域性空间环境特色的维护，更不重视在对场镇特色进行深度挖掘的基础上，通过合理的改造与利用，塑造鲜明的场镇特色以满足社会、经济发展需求。这种缺失在一定程度上诱发了场镇"趋同化"现象的产生。

3）缺乏对场镇特色激活与转化的关系的深度思考。虽然川渝地区传统场镇拥有独特的空间格局与历史人文环境，但当前对场镇特色的挖掘与认知还不够，缺乏必要的场镇特色激活与转化手段，致使场镇的吸引力在现代信息文化的冲击下变得越发衰弱。因此，如何有效激活场镇特色资源，提升场镇特色优势，使其转化为场镇的优势竞争力已成为传统场镇保护中的当务之急。

（2）保护方法单一导致的"孤岛化"现象

审视当前川渝地区传统场镇保护工作，虽然已经取得了一定的理论成就，并已形成一套"普适性"的保护方法，但由于川渝地区传统场镇独特的空间形态与社会文化结构，只采用一种笼统的保护方法是明显不够的。特别是在场镇自然生态环境破坏、场镇经济职能消退、民俗文化环境衰败等问题上，缺乏有效的保护方法，致使传统场镇空间环境"孤岛化"现象日益严重。

1）缺乏对场镇自然生态环境的有效保护，削弱了场镇与自然环境间的有机联系。随着城镇化建设的推进，近年来，川渝地区进入了一个经济快速发展阶段，然而由于资源开采、基础设施的大量修建以及经济生产方式的改变，使得场镇周围脆弱的自然生态环境遭到了巨大的破坏，原本自然和谐的场镇山水格局急剧消亡。例如前文提到的龚滩就是因为水电站的修建致使场镇原来"险江夹场"的自然山水格局受到了毁灭性破坏，场镇显然成为了一个与自然环境脱离的孤岛。

2）缺乏对场镇集市贸易环境的保护，致使场镇的经济职能作用逐渐衰败，沦为一个个孤立的聚居点。川渝地区传统场镇是农村地区商品贸易的重要场所，然而随着商品经济的发展，场镇的商品贸易优势地位不再突出，场镇与城市、农村间的联系日渐薄弱。因此，如何恢复场镇的经济职能，使其重新焕发活力，成为了当前川渝地区场镇保护中的又一难题。

3）缺乏对场镇民俗文化环境的保护，导致场镇民俗文化在现代经济文化的冲击下变得越发衰弱。当前，随着农村社会结构的解体，人口空心化、老龄化、居民大量外迁等问题，不仅对民俗文化赖以生存的社会和物质环境造成了巨大的破坏，而且引发了场镇民俗文化的衰弱，从而使场镇成为了一个个空壳。以重庆走马场为例，2005 年，在该地区常住人口构成中，60 岁以上的老人比例达到了 22%，由于青壮年纷纷外出务工或外迁，使得场镇传统社会结构几乎解体，流传千年的民俗文化陷入了后继无人的状况（图 5-8）。

（3）保护措施不当引发的"边缘化"现象

保护措施是关于保护理论的具体实践和技术方法。传统场镇是川渝地域文化的结晶，当前过于笼统的保护技术无法解决场镇本身所暴露出的一些问题，再加上保护过程中存在着"重物轻非"的倾向，致使保护工作中还存在着技术方法使用不当的问题，从而进一步加剧了对场镇的破坏，使其呈现出"边缘化"现象。

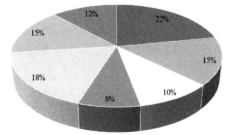

常住人口年龄构成比例

■61 岁以上■0~10 岁 ■11~20 岁■21~30 岁 ■31~40 岁■41~50 岁■51~60 岁

图 5-8　重庆走马常住居民年龄构成（图片来源：重庆大学城市规划与设计研究院《走马古镇保护规划》。）

1）保护措施缺乏必要的科学引导与针对性，致使保护工作难以落地，常处于停滞状态。现行的历史文化名镇保护制度，由于评选方式过于笼统、宽泛，缺乏一定的地域针对性，一方面使得许多具有特色价值的川渝地区传统场镇因申报不及时或在某一方面的指标未达到要求而未纳入名镇保护范围，从而鲜被人们所问津，逐步走向破败、消亡，令人惋惜；另一方面，评选的本意原是推动保护工作的持续发展，然而由于缺乏足够的科学指导与保护措施，很多地方政府只是把它作为一种称号，并没有能力落实好具体的保护工作。笔者在调研中发现，即便一些传统场镇被评为国家或省市级历史文化名镇，但由于缺乏具体的保护措施，场镇的保护工作基本属于停滞状态，破坏历史文化资源的情况仍旧未得到解决（图5-9）。

2）保护措施制定过于草率或采用统一的技术模式，致使保护工作低效与乏力，逐步走向边缘化。首先，传统场镇广泛分布于川渝农村地区，由于其自身的特点，场镇之间、场镇与自然环境之间均存在着千丝万缕的联系。然而，当前的保护更多是对单个场镇的"点"状保护，而忽视了这种场镇区域性的空间关联，导致对场镇区域整体空间的保护明显滞后。其次，传统场镇作为一个有机的整体，场镇内各个空间环境要素相互关联，然而，面对场镇空间环境呈现出的一系列破碎化现象，现有的保护技术过于笼统，缺乏足够的针对性和可操纵性，致使场镇空间环境间的脉络得不到有效的延续。再次，在场镇建筑的保护中，往往只注重建筑单体的保存，缺乏针对建筑周围的环境、功能空间、材料、营建技艺的修复技术（图5-10）。

图5-9　缺乏具有针对性保护措施而处于停滞状态的历史文化名镇（四川资中罗泉）（图片来源：作者拍摄。）

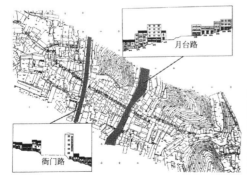

（a）由于保护措施的乏力，只注重对场镇单体建筑的保护而忽略了场镇群体空间与自然环境的有机联系，山坡上修建的2条公路使得场镇空间肌理出现破碎化问题（石柱西沱场）

（b）由于缺乏对建筑环境保护的有效措施，虽保护了建筑自身，却忽视了建筑与周围环境（自然环境、人工环境）的关联，致使场镇建筑空间环境未得到有效保护（江津石蟆清源宫）

图5-10　保护措施的不当导致的场镇空间环境"边缘化"现象（图片来源：（a）重庆大学规划与设计研究院提供；（b）作者拍摄。）

3）保护中"重物轻非"的技术倾向，导致了场镇人文空间环境的衰落和边缘化。从技术的角度来看，非物质形态的场镇人文空间环境远比物质空间环境更具复杂性、活态性和可塑性，这就客观决定了对于传统场镇人文空间环境的保护方法将更加灵活和动态。然而，由于保护工作视野的狭隘以及传统文化保护意识的淡薄，使得在当前对传统场镇保护的实施过程中，普遍存在着重物质形态保护而轻视非物质文化遗存保护的倾向，致使场镇极富地域特色的民俗文化迅速流失，场镇人文空间环境逐渐衰落。

（4）保障制度体系残缺导致的"失衡化"现象

川渝地区传统场镇的保护实践中，由于保护管理部门间缺乏协作、专业技术人员数量不够、公众参与度不高、保护资金匮乏等问题层出不穷，使得保护工作难以有效推进，出现了保护目标与实施的严重"失衡化"现象。

1）封闭的保护管理机制与开放的市场经济之间的矛盾日渐突出。我国现行的传统场镇保护依旧延续着过去从技术角度建立起来的行政管理体系。这种管理体系过度依赖政府层面统一集中的行政管理，对于区域和地方的差异性重视不够，表现出了职能单一、缺乏从全局把控的战略思想。

2）保护资金的来源渠道单一，缺乏充足和持续的资金支持。政府层面的资金"划拨"依旧是当前我国保护资金的重要来源，缺乏刺激性和鼓励性政策的引导，社会团体、企业、个人、慈善机构等非政府层面的资金筹集工作依旧难以启动，从而导致保护资金的增长速度远远落后于需求，常常"捉襟见肘"。

3）缺乏广泛的公众参与机制。由于长期以来我国对历史城镇的保护过分强调政府行政部门的主导作用，而忽视了对社会基础的建设，从而导致了在保护、监督等环节缺乏民众和专业顾问咨询公司的广泛参与。

4）专业保护人才匮乏，社会基层的宣传与教育工作缺失依旧是阻碍保护工作提升的重要因素。如今川渝地区众多传统场镇受自身体制影响而导致对高水平人才的吸引力不够，造成在保护过程中高水平的专业人员无论在数量还是质量上都严重不足；同时，长期以来相对落后的经济发展水平以及封闭的社会环境，严重阻碍了川渝地区社会宣传工作和专业人才培养的发展。

（5）发展理念短视引发的"变异化"现象

1）传统场镇发展方法单一，缺乏创新性的保护发展路径。对传统场镇的保护并不是一味静止的，它仍旧不可避免地面对发展的问题。在新的时代背景下，对于如何立足于川渝传统场镇自身的特点，探索场镇保护与发展的有机结合，寻求场镇多元的发展路径，至今仍未找到一种公认的可行的办法，这也是当前传统场镇保护中所面临的又一大难题。

2）过度性开发和疲劳性利用，导致场镇历史文化资源流失，历史价值发生转移和异变。历史文化资源具有惟一性、不可再生性、不可复制性等特点，在开发的过程中必须尽量避免对它的损害和破坏。然而，在实际工作中，一方面缺乏对场镇空间环境特色的有效维护，另一方面，在经济利益的诱惑下，各地主管部门任由对场镇随意改造，任意拆建，这种"竭泽而渔"的掠夺式开发使得场镇历史文化资源受到巨大的破坏，个性减退，彻底改变了传统场镇的原有面目。

综上所述，当前川渝地区传统场镇的保护工作尚处于一个起步阶段。由于存在着特色保护意识缺失、保护措施不当、发展理念短视、保障制度残缺等问题，导致"趋同化、变异化、孤岛化、失衡化"现象愈演愈烈。

5.2　借鉴与启示：国外保护经验借鉴

"他山之石，可以攻玉"，面对当前川渝地区传统场镇保护中的问题，对西方发达国家成功保护经验的借鉴显尤为可贵。因此，本章分别以法、日、意、英等遗产保护大国为例，从特色保护意识、保护措施、保护制度、保护对象等方面来具体分析传统城镇保护方面的最新发展动向，以期为进一步提升川渝地区传统场镇空间环境保护提供有益的启示。

5.2.1　特色保护意识的觉醒：法国建筑、城市和风景保护区保护规划

法国作为一个具有悠久历史的国家，早在 1793 年就已确立了历史文化遗产保护的重要地位，经过 200 多年的发展，至今已形成了对历史文化遗产（Monument Historique）、保护区（Secteures Sauvegardes）、建筑、城市和风景保护区（Zone de Protectlong du Patrilmolne Archltectural，Urbain Et Paysager，简称 ZPPAUP）等多层次的较为完备的保护体系，笔者曾就此作过专门的介绍。[1] 笔者在法国近两年半的学习生活中，也明显感受到当前法国对传统城镇的保护已脱离了对历史建筑、保护区以及建筑周边 500 米范围内等过于机械的保护方式，而是采用了一种面向"具有特征的城市空间"的建筑、城市和景观遗产保护区的保护制度，并在对历史文化城镇的保护过程中取得了巨大的成功。

ZPPAUP 是在 20 世纪末，随着政府将城市规划和建设的权利下放到地方而提出的一个适用性更强的遗产保护区概念，其主旨是对"具有特色的城镇空间"的全面保护。[2] 与以往的概念不同，ZPPAUP 是由地方政府提出的地方性法规，是一个扩大了的保护概念。在这里，它更为强调对城镇整体特色空间环境的保护，并将很多重要的非保护建筑和城镇空间、自然景观、田园景观、人文景观等都划入了"具有特色的城镇空间"的保护范围之内，而不仅仅只是几个孤单的历史建筑或是某个历史街区。从中不难看出，随着特色保护意识

---

① 姚青石，易晓园. 不断的探寻与发展：法国遗存保护制度的发展历程 [J]. 世界建筑，2010（2）：120-124；
姚青石，张兴国. 历史与现代的融合：当代法国历史建筑改造与再利用实践 [J]. 新建筑，2011：43.
② "具有特征的城镇空间"构成了城镇纹理的骨架，这些空间既包括公共活动空间，也包括街道、河流、山脉、田园等。它们作为城镇空间和景观要素被认为"具有特征"并具有特色的环境气氛而受到保护。因此，ZPPAUP 在传统城镇保护中就提出了对这些空间特征的全面保护。参：周俭，张恺. 在城市上建造城市——法国城市历史遗产保护实践 [M]. 北京：中国建筑工业出版社，2003：143，157.

的觉醒，ZPPAUP 是从一个更为宽广的视角来看待传统城镇保护，并体现在以下几个方面：

（1）保护空间范围上的整体性与灵活性

从保护的空间范围上来看，ZPPAUP 比保护区的范围更为宽广，保护内容更为丰富，与此同时，保护多是侧重于对整体空间环境的保护和控制。以法国波尔多地区的卢瓦埃镇为例，其 ZPPAUP 的占地面积约为 234 公顷，比整个中心镇区的面积还要大，而在保护的范围上，除了将代表小镇不同时期的 322 栋历史建筑划入到保护范围内，还将周围的道路、广场、农庄、森林、溪流等看作是构成"具有特色的城镇空间"的关键部位进行整合，从而达到城镇空间环境特色保护的目标（图 5-11）。

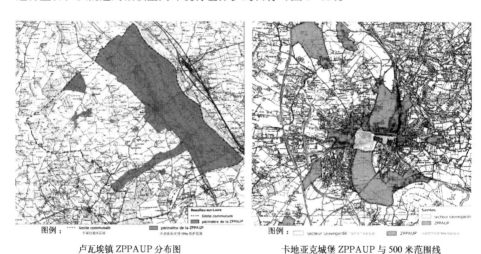

图例：······ limite communale ▨ périmètre de la ZPPAUP
卢瓦埃镇 ZPPAUP 分布图

图例：▢ secteur sauvegardé ▨ ZPPAUP
卡地亚克城堡 ZPPAUP 与 500 米范围线

图 5-11　法国 ZPPAUP 保护规划（图片来源：Protection du Patrimoine Historique et esthètique de la France[J]. Le Editions du Journal Officiel, 2006.）

（2）制定过程中的自主性和针对性

与以往的保护制度隶属于国家不同，ZPPAUP 的制定和执行则更多地是由地方政府主导完成的，也没有统一的标准格式和内容要求。它通常是由一个或几个国家遗产建筑师组成的工作小组来完成，经过民意调查、修改议案等环节，逐级向上申报，最后由大区区长签字方能生效（图 5-12）。这也从另一个侧面保证了规划和实施过程中更能够因地制宜，根据各自的现实情况制定具有针对性的措施。此外，ZPPAUP 虽然是由地方政府制定的，但却是依据国家层面的土地利用规划而制定的，作为对城镇空间环境特色维护的有益补充，以确保二者之间的一致性。

（3）"具有特色的城镇空间"保护

作为一种引导性的规划制度，ZPPAUP 在划定保护区范围时，更为强调"具有特色的城镇空间"与城镇规划和建设的有机协调，通过对城镇特色的维护来助推发展，使其成为地区和城镇整体演化过程中的一个有机环节，而不是将保护与发展相互脱离开来。

正如 Jonn Warren 所言："ZPPAUP 充当着管理城镇变化的角色，其具体的方法有一个广泛的范围，在这个范围的一端是阻止任何新的发展（指对城镇特色空间的改变），另一端则倾向于通过发展去实现城市纹理的不断延续。"

案例：法国布雷斯特（Brest）——特色保护意识的崛起

布雷斯特位于法国布列塔尼半岛西段，是法国最为重要的港口城市之一。从古罗马时期开始，布雷斯特就是一个著名的军事要塞，至近代，更是成为了法国著名的海军和造船基地。然而，由于二战的破坏，整个城市受到巨大的损毁，历史遗迹荡然无存，仅有远离港口的一些建筑得以保留下来。战后的布雷斯特几乎是在一片废墟上重建起来的，而重建后的布雷斯特也在最大限度地延续城市的历史脉络、历史风貌、路网结构。因此，虽然整个城市在战争中毁于一旦，但在重建后的布雷斯特依旧可以清晰地看到战前独具特色的城市空间形态和格局。这一切都要归功于强调对城市特色空间的维护与塑造的保护制度——ZPPAUP 保护，让布雷斯特成为了法国布列塔尼地区最具吸引力的城市。

图 5-12 ZPPAUP 制定过程（图表来源：姚青石，易晓园. 历史与现代的融合：当代法国历史建筑改造与再利用实践 [J]. 新建筑，2011:43.）

以布雷斯特 ZPPAUP 规划中的 Dajot 大街保护为例。该街道位于布雷斯特南侧高地上，与海岸线平行，全长 630 米，沿街建筑多为战后重建。由于这条大街位于布雷斯特南侧高地上，从城市南面的海面上望去，这条大街及其沿街建筑是展示布雷斯特城市形象的重要界面，同时也形成了布雷斯特的第二道城墙。因此，Dajot 在 ZPPAUP 规划中被定义为"具有特色的城市空间"，而不仅代表着"开敞"和"限定"两种城市空间特征（图 5-13）。

为了利用对 Dajot 大街的保护来推动整个城市形象的提升，吸引更多的居民和游客，保护不能局限于其自身，而要更多地从其与周边地区的关系入手，从保持城市空间比例关系、恢复传统景观视线联系、重塑城市氛围、激发城市活力等方面提出保护对于城市发展的重要意义。因此，在 ZPPAUP 规划说明中明确提出，未来与 Dajot 大街有关的活动应遵循以下原则：①关于空间尺度，为避免整体空间的断裂，需将街道两侧的城市公共空间连为一体，并防止这一具有良好比例关系的城市特色空间变得平庸；②关于景观视线，作为"具有特色的城市空间"，Dajot 大街是对城市边界的景观界定，需从改善东西向的视觉效果出发，加强其西端的城堡在景观系统中的识别性，使之成为视线焦点；③关于沿街建筑，除少数被界定为"代表布雷斯特历史保护建筑"的"不同类型建筑"外，大多数建筑都需要通过立面整治来达到沿街建筑的整体和谐；④关于城市氛围，各种规划建设活动不得削弱或破坏树木和沿江建筑构成的空间秩序。

（a）布雷斯特全景　　　　　　　（b）被界定为"具有特征的城市空间"的大街

图 5-13　特色保护意识在法国布雷斯 ZPPAUP 中的体现（图片来源：周俭，张恺 . 在城市上建造城市——法国城市历史遗产保护实践 [M]. 北京：中国建筑工业出版社，2003：145.）

5.2.2　保护措施的科学引导：意大利热那亚保护实践

意大利作为世界上较为先进的历史文化遗产保护大国，它在历史城镇保护方面不仅起步较早，而且保护的数量多、质量高，从而拥有较为成熟的理论研究和实践案例。下面以热那亚（Genova）历史中心区的保护实践为例，来学习和借鉴其在传统城镇空间环境保护中的经验。

（1）"激活城市特色"的保护理念

热那亚位于意大利西北部的利古里亚海北岸，曾经是地中海最为重要的港口城市之一，同时也是航海家哥伦布的故乡。在欧洲悠久而辉煌的航海时代，热那亚围绕着港口（即"Porto Antico"，所谓的老港口）发展，曾经一度成为欧洲重要的经济中心和海运中心，兴盛一时。可以说港口见证了这个城市的辉煌，成为了热那亚的重要标志。

然而，20 世纪 80 年代持续的经济低迷与破旧不堪的老港口中心城区一直困扰着热那亚。为了促进城市经济发展，复兴中心城区，热那亚提出了"激活城市特色"的保护口号。也就是说，老港口区作为热那亚最具特色的地区，在对其进行保护时，不仅要保存其中独具特色的历史建筑和港口文化，更要通过各种措施来激活与复兴这种城市特色，使之成为城市经济发展的重要推动力。在 80 年代，这一观点的提出立即引起了建筑与规划界的激烈讨论。1993 年，在为争办世界博览会的议会上，这一观点正式得到了肯定，"激活城市特色"成为了热那亚老港口街区保护与复兴的一条有效准则。如今，经过保护与更新后的老港口区不仅成为了热那亚最具历史特色的区域，而且成为了热那亚提名"欧洲文化之都"最为重要的组成部分，取得了巨大的成功（图 5-14）。

（2）保护规划的技术要点

在"激活城市特色"思想的引导下，热那亚在 1997 年完成了老港口的总体规划，

图 5-14　热纳亚老港口今昔对比（图片来源：http：//www.piaojia.cn/jingdian/article_3040.html.）

主要是针对老港口区的保护与复兴，规划中所制定的三项基本技术措施具有重要的创新性，非常值得我们学习和借鉴，其主要内容为：

1）历史中心区保护与城市发展的协同。保护规划首先明确了老港口历史中心区不仅代表着城市的历史记忆，而且是代表了整个城市的个性特征的具有重要象征意义的场所。因此，在具体的保护过程中，更倾向于以整治、改善等方式来处理城市特色空间与城市发展的关系，在不破坏历史中心区的空间特征的前提下，通过对历史建成环境的不断改善、改造和利用，激发其活力，从而实现城市形象的提升。这一保护技术也成为了近十多年来欧洲在历史城镇保护领域的趋势和方向。

2）老港口空间特色的保护与复兴。规划改变了传统的对历史城区"冻结"式的保护方法，在保护历史中心空间结构特征的前提下，将其特色历史文化资源引入旅游、文化展示、文化创意等产业，从文化产业发展的视角强化对港口历史地区的多元利用与开发。

3）历史建筑保护与经济功能的重组。强调用历史的观点分析、保护、利用具有特色和历史价值的建筑，通过设立符合其空间容量的功能与用途，对其进行内部功能置换重组，实现历史建筑保护与城市经济功能置换间的平衡。

在科学的引导下，热那亚开始重新审视城市与老港口区、城市与海洋的紧密联系。通过近十多年对老港口区的持续保护与复兴，许多具有重要历史意义的空间和建筑以一种开放的姿态融入到人们的日常生活中，使得该区域成为了城市中最具活力的地区。这里不仅保留着代表热那亚历史记忆的老港口，而且通过对历史建筑的利用与改造，使得海洋馆、新码头、城市公园等景点成为了港口的新地标，成为了推动城市经济和文化发展的重要推动力（图 5-15）。

图 5-15　热那亚老港口保护规划（图片来源：徐好好.意大利波河流域历史城镇城市遗产的保护和更新研究 [D].华南理工大学，2014：158.）

（3）热那亚经验

在过去的几十年中，热那亚通过对老港口历史中心区的一系列保护措施，成功地激活了承载着这个城市历史记忆的空间场所，实现了特色历史文化资源向提升城市形象、促进城市经济发展的转化。可以说，这首先来源于"激活城市特色"保护理念的科学引导。独特的海洋文化与历史悠久的老港口历史中心区是热那亚最具价值的历史文化资源，而受益于该保护理念的引导，这些城市特色资源才被人们所重视，成为了城市经济发展和环境改善的重要变革要素。其次，在老港口复兴的过程中，一系列具有针对性的文化、经济、法律等技术措施的实施，使得历史中心区与城市发展紧密联系，不仅实现了城市特色的有效保护与延续，更为特色资源的转化提供了有力支持。正因如此，利用城市独具特色的历史文化资源作为城市发展变革的重要条件，在对历史文化资源的保护中实现特色的延续与激活，就是热那亚最值得尊敬的"成功之道"。这也是对"激活城市特色"这一保护理念的完美佐证。

5.2.3 保障制度体系的健全：英国历史文化保护区的管理与控制

英国对历史文化遗存保护的历史久远，早在 1882 年就已经通过《古迹保护法》，随后成立了最早的管理机构——英国历史古迹皇家委员会。经过 100 多年的发展，如今英国已形成了较为完善的历史文化遗产保护制度体系，其中历史文化保护区[①]（Conservation Area）不仅成为了英国历史城镇保护的重要手段之一，而且其健全的保护管理和控制体系也为我们提供了不少值得借鉴的成功经验。概括来说，主要表现在以下几个方面：

（1）严格的规划许可制度

严格的规划许可制度是英国的"历史文化保护区"管理制度得以顺利推行的主要保障。当前，英国对传统城镇中历史文化保护区的保护管理，主要是依据 1968 年修订的《城乡规划法》而制定的"规划许可"（Planning Permission）制度，其目的是防止未经批准而对保护区内登录建筑[②]以任何形式进行的拆除、改建、扩建行为。同时规定，在英国，未经规划许可的任何开发行为都属于违法行为，并将被判处两年以内的监禁和罚款。与此同时，对保护区内任何的变动，特别是对区内一、二级登录建筑的所有变更建设行为，不仅必须通过地方规划部门的审批，而且还要得到英国建筑学会、古迹保护协会、维多利亚协会等有关的民间组织的同意，并依据他们的意见进行修改。

---

① "历史文化保护区"是指国家根据城市中文化遗产的整体分布情况及其历史、艺术等价值，进行综合评价后强制划定的区域。由专门的政府部门对"保护区"进行深入研究，制定出相应的强制性规划，即保护区规划和详细的法规和技术规范。随着"保护区"概念的进一步扩大，除建筑外，自然景观、农村景观等都被纳入到保护区的范围中，与此同时，英国成立了专门的政府机构负责各种类别"保护区"的日常保护工作，又借助法律法规以"公众利益"的名义，控制"保护区"管理权限，防止受到地方利益的影响。参：杨丽霞.英国文化遗产保护管理制度与发展简史 [J]. 中国文物科学研究，2011（4）:32.

② 英国登录建筑的保护建筑物、构筑物和其他环境构件，是"被法定保护的具有特殊建筑艺术价值或历史价值，其特征和面貌值得保存的建筑"。至今，在英国已登录的建筑物约 45 万件。参：朱晓明.当代英国建筑遗产保护 [M].上海：统计大学出版社，2007.

与此同时，法律规定保护区内无论是登录建筑还是非登录建筑的所有者都必须对建筑进行定期的维护和修缮，确保其处于一个良好的状态。如果建筑状态很差，急需修缮，地方规划管理部门会出具一个"修缮通知"给业主或使用者，明确要做的工作。若通知发出后两个月内业主没有采取任何行动，可通过法院判定其管理不善，政府有权按市场价对其进行强行收购。从中不难看出，英国对历史文化区的保护极为严格，并涉及规划管理部分、社会民间团体、居民等各个方面。

（2）"大棒＋蜜糖"式保护管理模式

英国对于历史文化区的保护管理并不是死板、僵化的，而是采用了一套惩、奖结合的管理模式。一方面，英国的保护工作执行的是一套自上而下由中央统一集权的管理方式。首先，由国家专门的政府部门 DCMS（Depatment for Culture，Media and Sport）负责全国的文化遗产保护工作，在这之下则是各地方的公共管理机构。其次，如《历史建行组和古迹法》《城乡规划法》《登录建筑和保护区规划法》等法律法规的制定确保了任何破坏保护区的行为都会受到严惩。此外，一批监督工作细致入微的民间保护组织为法律法规的执行提供了强有力的保障。如早在 1877 年，为抵制当时对中世纪建筑实行的破坏性"重建"，建筑师莫里斯领导成立了英国历史上第一个民间保护组织——英国古建筑保护协会（The Society for the Protection of Ancient Buildings，SPAB）。另一方面，为了激励民众保护的热情和积极性，政府还采用了一系列诸如免增价税、收入税、遗产税等经济方式，奖励一些能较好地履行保护法规的历史建筑所有者，以减轻他们维护建筑的经济压力。此外，还有一些以保护历史文化环境为目标的金融机构，如国民信托（National Trust）、遗产彩票基金（the Heritage Lottery Found，HLF）等，长期为遗产保护工作提供低息贷款或资金支持。

（3）积极有效的社会宣传教育

英国保护制度的顺利运行除了其较为完善的管理制度外，在很大程度上也依赖于对民众的多层次、大范围的保护宣传与教育。

首先，英国极为重视关于国家历史文化的教育和保护知识的普及。从幼儿园到中学，学校除了开设必要的历史课程之外，还会定期组织学生参观博物馆，把它作为室内课程的延伸教育。博物馆及一些重要的历史古迹、传统城镇不仅免费对学生开放，而且还设有许多构思精妙、新颖独特的儿童学习空间和器具，以便人们边学边玩，在潜移默化中感受到国家历史文化的熏陶。

其次，众多民间团体和保护协会为大众组织的内容丰富的民间活动，也大大激发了人们对保护工作的兴趣和认识。据统计，今天英国共有 320 多个民间保护团体和协会，例如农舍保护之家，为了鼓励和邀请民众参与到传统农舍的相关活动中来，定期到一些传统城镇或村庄中对一些农舍进行义务修缮，从而帮助人们掌握一些必要的保护技能。

此外，由政府主导的各种保护宣传活动的举办也有利于民众对保护工作的热情和保护意识的培养。如英国每年都会定期举行遗产开放日活动（Heritage Open Days），并以之作为欧洲文化遗产周的一部分，不仅在开放日当天将国内所有的历史建筑和文物古迹都免费向民众开放，这让人们有机会接触到一些平时秘不示人的历史珍宝，而且在节日期间还有各种各样的保护政策宣传和传统文化演出活动（图5-16）。可见，英国的形式多样、内容丰富的各种保护宣传和教育活动，极大地培养了人们对历史文化的保护热情和意识，从而为保护制度的顺利实施和开展打下了良好的基础。

图5-16　英国遗产宣传日中的伦敦西敏寺背后的古藏宝楼（Jewel House）
（图片来源：http://www.bbc.co.uk/china/specials/105_heritageopenday.）

5.2.4　保护与发展理念的不断前行：日本历史城镇保护

中日两国隔海相望，同属亚洲，在自然环境、气候特征、建筑形式、文化传统等方面都有很多相似之处，从而具有一定的参考价值。随着时代的发展，日本在历史城镇保护与发展的问题上进行了积极的探索，并取得了巨大的成果。具体来说，主要表现在以下两个方面：

（1）保护对象与范围的不断扩展

20世纪六七十年代日本进入了经济高速发展时期，巨大的城市化浪潮和"建设性破坏"，引发了大量对历史城镇的破坏活动。尤其是京都、奈良等古都，在进行大规模城市建设和改造之后，引发了历史街区、历史建筑迅速消失，城市吸引力下降等一系列问题，使得日本社会各界认识到了保护对于城镇发展的重要性。因此，以保护作为历史城镇发展的基本前提，日本通过对保护对象和范围的不断扩展，成功地避免了城镇发展对历史环境的破坏和不利影响。

为了在城镇建设发展的同时，较好地对历史城镇进行保护，日本在1966年颁布了《古都保存法》，在该法规中不仅明确了对历史城镇的保护，而且提出了"风土"①这一保护概念及其保护范围。同时，在《古都保存法》中还规定，在城市规划划定"历史风土保护区"与"历史风土特别保护区"的基础上，通过采取严格的控制和管理措施，来实现对城镇历史环境的保护。截止到 2006 年 31 日，日本共设有 32 处历史保存区，51 处历史风土特别保护区，这不仅标志着日本对于历史城镇的保护已从过去对单体建造物的保存转向了对城镇历史环境的保护，而且也预示着对于风土的保护已成功纳入到了城镇发展与文化财保护体系之中（表 5-5）。

日本历史风土保护区状况一览表　　　　　表 5-5

城市	历史风土保存区			历史风土特别保存地区	
	保存区名称	数量（处）	面积（公顷）	数量（处）	面积（公顷）
京都市	京都市历史风土保存区	14	8513	24	2861
奈良市	奈良市历史风土保存区	3	2776	6	1809
斑鸠町	奈良市斑鸠町历史风土保存区	1	536	1	80.9
天理市、樱井市	天理市、樱井市历史风土保存区	4	2712	7	598.2
镰仓市	镰仓市历史风土保存区	5	989	13	573.6
大津市	大津市历史风土保存区	5	4557	—	—
合计	6 区	32	20083	51	5922.7

资料来源：张松. 历史城市保护学导论——文化遗产和历史环境保护的一种整体性方法 [M]. 上海：同济大学出版社，2008：160.

进入 20 世纪七八十年代，席卷各地的开发浪潮使得更多的历史城镇的历史街区遭受人为破坏。为了进一步加强对一般性历史城镇的保护，各地不断开展在自治体制下的保护条例制定工作，如《金泽市历史环境保护条例》《柳川市历史美观保护条例》《明日香村历史景观保护条例》等。这些地方性条例的制定直接导致了 1975 年日本《文化财保护法》的一次大修订。在这次调整中，对历史城镇的保护范围和对象都进行了扩展和完善，并体现在以下几个方面：

1）首次将与周围环境形成整体，构成历史景观的历史建筑物群②作为历史城镇保护中的重要组成部分，并设定"历史建造物群保存地区"，从而使得对历史建造物群及环境实施整体保护成为可能（图 5-17、图 5-18）。

2）将戏剧、音乐、历史工艺技术、信仰、节庆活动、民俗民艺以及在这些活动中使用的衣物、器具等纳入到民俗文化财范围内，并与历史风土一起保护。

---

① 依照《古都保存法》的定义，"风土"是指一个地方特有的自然环境、气候、气象、地形、地貌以及在历史上有意义的建造物、遗迹、风俗习惯的总称。参：张松. 历史城市保护学导论——文化遗产和历史环境保护的一种整体性方法 [M]. 上海：同济大学出版社，2008:139.

② 传统建造物群，在《文化财保护法》中是指："历史悠久，具有重要价值的与周围环境紧密融合为一体，并已形成了历史景观的传统建筑物，并具备以下标准：1）传统建造物群在整体上独具匠心；2）传统建造物群及周围环境明显体现地方特色；3）传统建造物群及整体布局保存良好。"参：张松. 历史城市保护学导论——文化遗产和历史环境保护的一种整体性方法 [M]. 上海：同济大学出版社，2008:141.

图 5-17 京都井町历史保存地段（图片来源：作者拍摄。）　　图 5-18 关宿历史建造物群保存地区（图片来源：高桥康夫等．图集：日本都市史 [M]．东京：东京大学出版社，1993.）

3）通过立法确定对文化财保存相关的历史技术的保护制度。

4）将《古都保护法》中的历史风土保护范围进一步扩大，不仅包含对古都中重要历史建筑及其周围历史环境的保护，而且还将一般性历史城镇、历史村落、历史街区、建造物群等也纳入其中。

随着保护对象与范围的不断扩展，不仅使日本的历史城镇得到了较好的保护，而且随着保护工作的不断推进，历史城镇的独特的历史文化环境得以延续，这为后来城镇的可持续发展奠定了坚实的基础。

（2）发展理念的不断推进

今天，日本在历史城镇发展问题上已经走上了以城镇历史环境保护与利用为切入点，通过维护和塑造城镇特色，来改善居住环境、寻求历史城镇可持续发展的道路。

20 世纪八九十年代至今，日本经济进入了低速发展的时代，大规模的开发建设也逐渐停息，这给日本民众重新思考"历史"、"自然"和"文化"的关系提供了难得的契机。因此，日本社会围绕着历史城镇开发的是与非、环境公害、城镇特色、历史环境保护等问题进行了长期广泛的讨论。在《新全国综合开发规划》中，把城镇历史环境保护提到了极为重要的高度，并指出："伴随着教育水准、生活水平的提高，市民对城镇历史环境所蕴藏的历史与文化也越发关心，而城镇历史环境也必须作为生活环境的组成部分有计划地进行改善。"2005 年 5 月颁布的《文化财保护法》（修订）中更是明确地将塑造富有个性与活力的生活环境与景观空间作为为历史城镇保护中的新目标。

在这种思想的引导下，近年来日本的历史城镇保护工作已不是单纯的以保护论保护，而是转变为发掘城镇魅力、激活城镇特色，推动历史城镇社会、经济、文化发展。如横滨在发展过程中不仅基于独特的历史文化资源和城市特色，大力发展文化创意产业，而且从社区营造的角度出发，通过传承和发扬地方传统文化、改善城市居住品质、拓展文化交流等，将一个经济落后的传统港口城市发展为现在著名的东亚文化之都，从而成功实现了城市的产业结构调整与可持续发展。与之类似的还有按"保护、再生、创造"理念的京都保护等。

由此可以看出，日本在历史城镇保护与发展的问题上，已从过去单纯的静态保护，逐步走上了以保护促发展的道路。也就是说，现如今日本对历史城镇的保护已从过去所熟知的历史的、以技术为主的"崇古求美"式保护，转向了从人们的心理感受、社会参与的角度出发，塑造城镇环境特色，改善生活环境品质，寻求保护与发展间的平衡。

5.2.5 小结

在这一节中，虽然只是浮光掠影地介绍了当今法、意、日等国在历史城镇保护方面的成功经验和发展趋势，其中不乏宏观方面的视角，也有一些实践中的思路、技术和方法上的具体案例。然而，由于东西方文化的差异性以及在地域、空间、历史、经济等方面的不同，我们不能完全照搬、一味模仿，但其中仍有许多东西值得我们借鉴与学习。

第一，对具有特色的历史文化资源的保护逐渐成为了当今世界在历史城镇保护领域的新的发展趋势。法国的 ZPPUAP 保护规划就表明，在历史城镇保护的过程中不能局限于对历史建筑或历史地段的静态保护，而是应该转向在保护特色城镇空间环境的基础上，通过维护和塑造城镇特色，实现对历史城镇更为宽广和深入的保护。

第二，各国保护实践为"激活城镇特色历史文化资源，促使其向城镇竞争优势转化"提供了大量可研究的现实范本。特别是意大利热那亚老港口区的保护实践更向世人证明了通过各种行之有效的保护措施不仅能够有效地维护和延续历史城镇特色，而且还可以为城镇复兴提供新的助推力。

第三，随着保护理念的不断发展，对历史城镇的保护已从过去局限于物质形态的保护扩展到了对城镇历史环境全面整体的保护，从过去注重外部形态的保护延伸至维护和塑造城镇特色，改善生活环境品质，寻求保护与发展间的平衡。也就是说，保护与发展是可以相互促进的，二者并不是一个永恒的矛盾体。

5.3 突围之路："川渝传统场镇空间环境特色保护"的提出

在分析当前困境、借鉴国外经验之后，再次聚焦川渝传统场镇时可以发现，对传统场镇特色空间环境的保护是推动城镇发展的重要手段。因此，川渝地区传统场镇能否利用自身特色资源，通过场镇空间环境特色的提升来助推场镇的整体发展，从而寻找到走出困境的"破冰之举"呢？这也恰恰契合了笔者提出的"川渝传统场镇空间环境特色保护"的理念。

需要说明的是，川渝地区传统场镇空间环境特色保护观点的提出，并不意味着它是实现传统场镇可持续发展的惟一"突围之路"。川渝地区各个传统场镇的条件各不相同，或许还有一些场镇拥有替代它的优势资源或核心产业。但就一般性而言，特色鲜明的场镇空间环境几乎是每一个传统场镇所共有的，是不可模仿的稀缺传统文化资源。将对传统场镇空间环境特色的保护纳入到场镇发展的整体框架之中，具有极为突出的优势。因此，文章将研究的重点放到了对传统场镇空间环境特色的保护上。

保护不只是为了过去而过去，而是为了现在而尊重过去。笔者认为，川渝地区传统场镇空间环境特色保护是为了降低传统场镇空间环境特色衰败的速度而对场镇进行的保护管理，是对场镇传统文化遗产和空间环境特色的积极守护，从整体上保护传统场镇的独特个性和魅力场所，增加场镇的吸引力，实现场镇的可持续发展。换言之，传统场镇空间环境特色保护应包含以下三个层面的内涵："保护与发展——寻求以空间环境特色保护为目标的可持续发展"、"维护与塑造——场镇空间环境特色维护与塑造并举"、"激活与转化——实现特色资源向优势资源的转化"。下面将以上述三项内容作为专题，展开对川渝地区传统场镇空间环境特色保护内涵的具体阐述。

5.3.1 保护与发展：寻求以场镇空间环境特色保护为前提的可持续发展

保护与发展之间的关系，历来都是学术所热衷讨论和关注的话题。对于当前川渝地区传统场镇来说，一方面要保护和延续场镇所特有的空间格局、空间形态，另一方面又必须面对经济落后的现实，尊重场镇居民改善生活居住环境、发展当地经济文化的急切要求。二者之间表面上看似相互矛盾，但实际上却有着密不可分的联系。寻求保护与发展间的平衡点，协调二者之间的关系，显然已经成为场镇空间环境特色保护中最为重要的内容之一。

（1）建构以价值认知为导向的传统场镇空间环境特色保护

川渝地区传统场镇空间环境的价值认知是场镇保护工作首先要面对的一个基本问题。从语意上看，价值作为一种主观的判断，取决于个人或社会在特定时空中的价值观念和对"价值"的不同理解。从川渝地区传统场镇与社会、经济、文化等方面的相互关系来看，其价值主要表现在文化、社会、经济、利用四个方面。

1）文化价值

川渝地区传统场镇作为川渝地域文化的结晶，其空间环境在历史、艺术、科学三个方面具有较为丰富的文化价值内涵。

a. 历史价值

历史价值的基本属性是时间属性，传统场镇作为历史的产物，其场镇空间环境不仅清晰地记录了不同历史时期内场镇的社会文化发展状况、生产力水平、居民生活习惯、社会习俗等内容，而且能够对一些重要的传统事件或是一些传统人物活动提供可视的、真实的时空坐标和物质补充。如三台郪江场曾是春秋战国时期郪国王城所在地，在其场镇空间中仍旧可以寻查到大量汉文化的历史遗存；又如酉阳龚滩场镇的杨力行，是明清时期场镇兴旺发达的真实见证（图5-19）。

b. 艺术价值

川渝地区传统场镇作为千百年来人类共同创造的物质财富，其独具特色的场镇空间环境凝聚着历代无数能工巧匠的智慧和各民族不同的审美情趣、艺术观念等。因此，它们不仅能给人们带来感官上的美的享受，而且也能从多方面来满足人们精神方面的审美需求，例如场镇中的空间形态美学特征（尺度、光影、色彩等），建筑物的艺术特征（造型、装饰、材料等），景观环境的艺术特征（山水环境、人文环境、场镇风貌景观等）（图

5-20、图 5-21)。

c. 科学价值

川渝地区传统场镇的科学价值是指场镇在形成发展的过程中所产生、使用、发展的科学技术成就，它不仅包括传统场镇自身选址、规划、营建、生态保护等方面的技术成就，也覆盖了场镇建筑造型、结构形式、原材料加工制作、施工组织等多个方面的内容。它们都代表了在某个时期内川渝地区最具合理性、科学性、先进性的科学技术水平，这为当前研究川渝地区建筑技术的发展演进提供了一个基本的坐标和珍贵的一手资料。如龚滩古镇的陈家院子就是川渝山地建筑营建技术的重要成就，建筑依山而建，采用穿斗结构，木石相接，层层退台与地形环境浑然一体，体现出了高超的营建技术（图 5-22 ）。

2）社会价值

首先，传统场镇空间环境的社会价值核心是文化的认同作用。传统场镇作为一定区域范围内一个群体或民族在精神、政治、文化上的中心，对激发民族或个人的文化认同感具有重要的影响，而这种文化的认同是与特定的历史和社会环境相关联并由特定的物

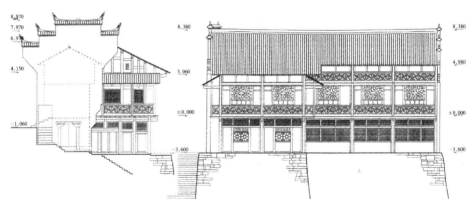

(a) 具有百年历史的杨力行（龚滩古镇）

(b) 具有两千多年历史的郫江场

图 5-19 具有重要历史价值的传统场镇空间环境（图片来源：作者拍摄、绘制。）

图 5-20 山水和谐之美的江津中山场（图片来源：作者航拍自摄。）

（a）建筑之美的丙安古镇吊脚楼　　（b）装饰艺术之美的石蟆清源宫　　（c）艺术之美的佛宝场镇风貌

图 5-21　具有重要艺术价值的传统场镇（图片来源：作者拍摄。）

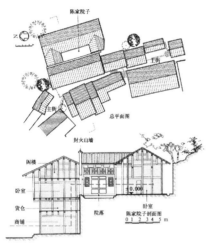

图 5-22　高超的营建技艺（酉阳龚滩陈家院子）
（图片来源：重庆大学建筑城规学院龚滩古镇测绘资料。）

质环境所决定的。它能够在不经意间唤起人们共同的记忆和体验，激发出特有的乡土意识，从而在当今多元的社会文化中产生对本土社会文化的认同，提高对本民族文化的信心。

其次，川渝地区场镇空间环境的社会价值还体现为具有一定精神和社会文化层面的象征意义。川渝场镇的形成历程，从某种意义上来说，其实也反映着川渝地区和民族社会文化演变发展的过程，它不仅经历过重大传统事件的洗礼，也见证了先辈们千百年来在这片土地上开荒拓土、创立家园时所表现出来的吃苦耐劳、不惧艰险的精神品格，因而往往会成为一个地区或民族的精神文化象征，从而对后人产生强大的凝聚力和激励作用。

3）利用价值

利用价值是指场镇作为客观存在的物质实体而被利用所产生的价值。场镇作为社会、文化、经济共同作用下的产物，自形成之初就具备了丰富的使用功能。随着社会文化的变迁，场镇原有的一些使用功能或延续，或消失，甚至在新的时代背景下被赋予新的功能。

4）经济价值

传统场镇的经济价值具有多种表现形式，其中，发展旅游业是其经济价值市场化最为直接的途径。根据我国旅游协会的统计，我国旅游业以每年 7% 的速度递增，预计到 2020 年，我国将成为世界第一大旅游国。随着旅游业从单一转向多元，从观光转向体验、休闲式旅游，场镇旅游正在成为文化旅游的重要组成部分。如场镇旅游发展较好的四川街子古镇，2011 年全年接待游客 112 万人次，旅游总收入 12 亿元。除了上述这些直接的经济效益之外，还存在着大量间接的社会经济效益以及由场镇特有的传统文化价值带来的附加经济效益。

总的来说，川渝地区场镇空间环境特色保护的实质是人们对场镇空间环境中众多构成要素的价值给予准确的了解和判别，并对其进行保留、展示、维护、利用的过程。只有这样才能揭开传统场镇的外在表象，才能对传统场镇空间环境中的各种要素进行"去伪存真"，才能根据价值认知正确、清晰地拟定传统场镇空间环境特色保护的具体对象，从而引导对川渝地区传统场镇空间环境特色的保护走向正确的方向。

（2）寻求以"场镇空间环境特色保护"为前提的可持续发展

在川渝地区传统场镇空间环境特色保护中，"保护"与"发展"始终都是两个无法回避且相互矛盾的话题。它们的关系并不是同步对等、平衡均分的，而是有所侧重的。其中保护和传承场镇空间环境特色是发展的前提，是发展不可逾越的重要内容；而发展则是指以发展的观念来统领保护工作，一方面在保护的前提下，通发展来改善居民的生存环境，促进场镇的经济发展，更为重要的是通过可持续的发展使场镇特色空间环境得到延续，最终实现场镇保护的可持续性（图 5-23）。

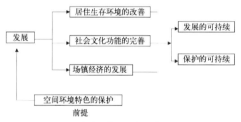

图 5-23 川渝地区传统场镇可持续发展的任务
（图片来源：作者绘制。）

因此，基于对场镇现状的调查和研究，笔者认为：当前众多的传统场镇空间环境特色保护与可持续发展是一致的，坚持"空间环境特色保护"是"可持续发展"的前提和有力保障。这主要体现在以下几个方面：

第一，"场镇空间环境特色保护"是川渝地区众多场镇在寻求发展模式的过程必须首先确立的方向。川渝地区地理环境复杂、交通闭塞，再加上社会经济水平相对落后，因此，受到商品经济的侵蚀和全球化的影响相对较小，至今仍有大部分场镇保留着千百年来形成的独特的空间环境和传统文化。诚然，在全球化的今天，这些独具特色的传统文化资源反而成为了川渝场镇最为宝贵的一笔财富和资源。

第二，对场镇空间环境特色的保护能够促进场镇可持续发展的良性循环。可持续发展的模式要求在发展过程中对社会、经济、资源、环境等因素进行平衡。一方面，要使场镇在发展过程中保持鲜明的民族文化个性和传统文化环境，走可持续发展的道路有其必要性；另一方面，古老独特的传统文化、保存完好的场镇建筑风貌、风景优美的生态

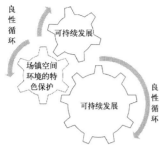

图5-24 空间环境特色与可持续发展间的良性循环（图片来源：作者绘制。）

环境，又为场镇的可持续发展提供了优越的外部条件。如今，"在保护中求发展，发展中守特色"已成为关于场镇未来发展的普遍共识（图5-24）。

第三，提出以空间环境特色保护为基础，在某种程度上是强调务实的发展模式。当前，川渝地区传统场镇的保护工作难度极大（资金投入、法律法规、技术力量、公众意识、管理机制）且不受重视。如果只是强调经济发展，则必然导致场镇保护工作陷于停顿；而如果事先把保护作为发展的目标，并将发展和保护工作有机结合，在发展的过程中采用积极的保护手段，通过发展来推动场镇传统文化遗产的保护工作，则最终必然会创造出有利条件使保护与发展走向共赢的局面。

第四，川渝传统场镇的发展本身有多条途径可供选择，发展并不排斥保护，甚至二者是可以同时进行的。随着传统城镇保护发展模式的不断更新和改进，越来越多的发展模式也使得发展与保护间的矛盾趋于缓和。今天，川渝地区许多传统场镇，如邛崃的平乐古镇、雅安的上里古镇等通过发展旅游业等第三产业，成功实现了发展与保护的同步。

此外，在选择以特色保护为前提的可持续发展道路的同时，还需要明确一些重要问题，即在场镇可持续发展过程中，应该选择什么样的基本原则来确保场镇特色保护目标的实现。笔者建议以价值认知为导向，将以下内容作为衡量可持续发展道路与保护目标是否一致的基本原则：

1）发展不得破坏场镇独特的自然环境和生态格局以及传统人工环境的构成肌理、空间形态等内容，并要促进优秀的传统文化和手工技艺的延续和传承。

2）发展过程中不得随意加建与场镇整体风貌相悖的现代建筑，或改变传统建筑的建筑风貌和空间结构，从而确保场镇传统建筑风貌的原真性得以保留。

3）在向前发展的过程中，避免场镇中具有重要传统、文化价值的建筑工艺、文化习俗、民间艺术等非物质文化的遗失。

4）发展不能过度改变场镇中原住民的人口结构和比例，在保留场镇传统生活方式的同时，最大限度地改善居民的生活环境。

5）在场镇产业调整和发展的同时，避免过度商业化和超负荷的旅游开发对场镇的传统产业、自然环境、居住环境等造成破坏和影响。

总的来说，坚持以场镇空间环境特色保护为目标的可持续发展是解决川渝传统场镇特色保护与发展之间矛盾的最为有效的方法。

5.3.2 维护与塑造：实现场镇空间环境特色维护与塑造的并举

"维护"一词泛指维以护之，免受外害。亦可规定为通过人工或技术的手段尽量恢复到原初的状态，免受人为的破坏。"塑造"一词则不同于改造和创造，它是指在保护和延续现有资源的基础上，进行科学合理的定位分析，并以此为基础进行创造，形成一个与原有事物有着紧密联系的新事物。在川渝地区传统场镇空间环境特色保护中，维护和塑造的关系是其中较为复杂且急需协调好的关系之一。

（1）深度理解场镇空间环境特色维护与塑造的关系

川渝地区传统场镇空间环境特色是人们对一个场镇的空间格局、人文环境等物质和精神内容形象性、艺术性的概括总结。它是川渝地区传统场镇在千百年来的形成演化过程中，通过当时所能达到的技术手段创造出来有别于其他城镇的物质和精神文化成果的外在表现形式。因此，对传统场镇空间与环境特色的维护既是从文物保护出发，保护场镇传统建筑、历史街区、场镇自然环境等物质空间环境，又要对蕴藏在背后的非物质形态的社会文化环境进行保护，其实质是对传统场镇历史空间环境的保存与延续。

然而，"保护的根本目的不是要留住时光，而是作为历史产物和未来改造者对当代的一种理解"。因此，对于传统场镇空间环境特色的维护，不仅仅是对遗留下来的场镇历史环境进行真实、客观的反映和保存，而且还要在保护的同时对场镇特色内涵进行有效的利用和更新，努力塑造出新的满足时代发展需求的场镇特色，使其满足场镇在发展过程中的物质和精神需求。

通过上述关于特色维护与塑造的基本论述，可以清晰地看到：场镇空间环境特色的维护与塑造只是对待传统场镇空间环境的两种不同措施，它们并不是保护中一前一后的两个阶段，而是紧密相联、互为依托的两个方面。

第一，对场镇空间环境特色维护工作的进一步提升，需要场镇空间环境特色的塑造提供支持。当前，川渝地区大部分传统场镇面临着特色衰落问题已是不争的事实，如果依旧采取单纯的静态式保存，而不进行有效改造与发展，那么，场镇特色的衰败势头就很难被改变。

第二，对场镇空间环境特色的塑造实质上是为满足场镇社会、经济发展的一种创新行为，其成功的前提和基础在于对特色元素的传承和保护，因此脱离了对场镇特色的维护实则是对场镇特色的破坏。

第三，在深刻挖掘特色内涵的基础上，主动地"塑造"场镇特色则不仅可以加强场镇的个性特征，满足社会、经济发展的需求，同时又能创造有利条件（资金投入、社会关注、民众参与、技术支持等）反过来助推场镇特色的日常维护工作。

可见，在川渝地区传统场镇空间环境特色保护的过程中，维护与塑造，二者并不是一种非此即彼的对立，而是你中有我，我中有你的相互依存的关系。因而将二者统一起来，成为了传统场镇空间环境特色保护的关键所在。

（2）努力实现场镇空间环境特色维护与塑造的并举

在对待过去、现在、未来的态度上，传统场镇空间环境特色保护不仅仅是对场镇历史遗存（场镇建筑、传统街巷、景观环境、社会文化、风俗习惯等）进行真实、客观的维护和保存，而且还要在对特色内涵进行深层次挖掘的基础上，通过对特色构筑要素的

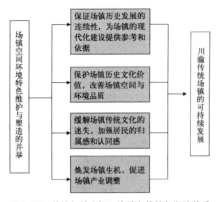

图5-25 传统场镇空间环境特色维护与塑造的重要作用（图片来源：作者绘制。）

合理改造，形成与场镇原有空间环境相协调的场镇特色，助推场镇的社会、经济、文化发展，最终实现传统场镇可持续发展的目标。

因此，在保护过程中，努力实现对场镇空间环境特色的维护与塑造的并举，不仅是场镇得以生存和发展的必要手段，更是传统场镇走向复兴的重要路径，它们对保证场镇历史发展的连续性，改善场镇空间环境品质，增强场镇居民的归属感与认同感，促进场镇的经济结构调整具有极为重要的意义（图5-25）。

首先，传统场镇空间环境作为历史积淀的地域文化"遗传因子"，对其特色的维护与塑造的并举，可以有效保证场镇历史发展的连续性，为场镇的现代化建设提供参考和依据。传统场镇作为一个由历史凝聚沿袭下来多种因素的复合体，至今仍旧保留着历史的痕迹。一方面，历史建筑、传统街巷、场镇形态等作为场镇主要的物质载体，依旧保持着传统的风貌；另一方面，传统场镇中普遍存在的社会风俗、传统技艺、口头传说等非物质文化依旧得以世代延续，它们共同构成了传统场镇独特的空间环境。对它的维护与塑造实质就是通过保护和延续其丰富多彩的形式来保证场镇发展的延续性。当前我国正在经历巨大的社会变革，对场镇空间环境特色的维护与塑造的并举有利于缓解急剧的社会变革给场镇带来的破坏和冲击。

其次，场镇空间环境特色维护和塑造的并举，是保护场镇历史文化价值、改善场镇空间环境品质、推进场镇保护的重要手段。传统场镇独特的空间形态、自然景观、传统街巷、历史建筑真实完整地记录了场镇历史发展的过程，蕴藏着重要的历史文化信息。然而，一方面，随社会经济的转型，传统场镇职能衰退，大量历史建筑、传统街巷因年久失修而破败不堪；另一方面，在城镇化的冲击下，场镇大拆大建之风盛行，曾经独具地域特色的场镇风貌被标准化的"现代城镇"取代。因此，在场镇空间环境保护中，既要对现存的场镇历史文化遗产进行积极有效的保护，维护场镇空间与环境特色；同时也必须在保护的基础上通过改造、整治、织补、修复等技术手段改善破败的场镇空间，塑造与场镇的社会文化环境相协调的场镇特色，从而推进场镇保护与发展的顺利进行。

再次，场镇空间环境特色维护和塑造的并举，可以缓解全球化过程中场镇传统文化的迷失，加强居民的归属感和认同感，为场镇传统文化的传承提供支持。传统场镇作为传统文化的汇集之地，保留着大量具有浓郁地域特色的传统民俗文化，它们是场镇最为重要的历史记忆。然而，在传统社会结构与现代经济文化的双重冲击下，许多流传了近千年的社会习俗、传统节日、生活方式逐渐消亡，让传统场镇陷入了一种文化迷失的困境之中。因此，在场镇保护中，不仅要对具有浓郁地域特色的场镇传统文化进行有效的保存、保留，而且还应利用这些场镇文化进行场镇特色塑造，为传统文化的传承和发扬，提供良好的社会文化环境和动力支持。

最后，场镇空间环境特色维护与塑造的并举，可以给场镇经济发展注入新的活力，促进场镇产业调整，推动场镇经济向旅游、文化、影视等特色产业发展。传统场镇独特的空间形态与历史人文环境，是场镇取之不尽、用之不竭的艺术和旅游文化资源，除了对场镇特色进行维护之外，还应利用当前川渝地区第三产业快速发展的契机，将场镇特色塑造作为场镇保护中的一项重要任务，与场镇旅游资源开发、文化产业发展结合起来，优化产业结构，因地制宜地发展本地的现代特色经济，从而给场镇经济注入新的活力。

5.3.3 激活与转化：推进场镇空间环境特色向优势竞争力的转化

特色即个性，是任何事物都具有的、突出或独有的性质和特征，是每个传统场镇最为珍贵的财富。在当今时代背景下，城镇间的竞争日趋激烈，城镇竞争力的强弱在一定程度上决定着城镇的兴衰。对于川渝地区传统场镇而言，场镇空间环境特色既是场镇竞争资源的重要组成部分，又是其竞争力的外延和表现形式，只有基于传统场镇特色的竞争力提升才是良性和可持续的。因此，通过提炼、拓展、更新、利用等手段有效激活传统场镇空间环境特色，使其焕发活力，从而促进其转化为场镇的优势竞争资源，提升场镇竞争力，已成为当前川渝地区传统场镇空间环境特色保护的又一重要内涵。

（1）川渝地区传统场镇空间环境特色的激活

前文已述，川渝地区历史悠久、多元共存的地域文化和多样的自然环境造就了数量众多、各具特色的传统场镇。近年来，只有极个别保存较为完整的场镇（如重庆磁器口、成都黄龙溪、邛崃平乐古镇等）利用别具一格的场镇个性特征，形成场镇"品牌"，迅速从众多场镇中脱颖而出。对于大部分场镇而言，对自身特色不了解，个性不鲜明，特色资源挖掘和利用不够等问题，显然成为其发展停滞不前、竞争乏力的根本原因。

因此，笔者认为，在场镇空间环境特色的发展过程中，根据每个场镇的现实情况和具体问题，通过不断地对场镇空间环境特色进行提炼、拓展、更新等，进一步焕发其在场镇发展过程中的活力，对促进传统场镇空间环境特色优势作用的发挥具有重要意义。

1）特色提炼

特色提炼是指以"特色"为导向，通过对场镇特色空间与环境进行深度挖掘、资源整合，提取其最具价值和特征的部分，重点突出场镇在某个方面的特征，以达到突出场镇个性的目的。如成都金堂县的五凤场，属于典型的移民场镇，场镇规模不大，无论在场镇风貌的完整性、场镇街巷空间的代表性还是在历史场镇的重要性上都稍逊于同区域的其他场镇，未见得特别突出，因此在场镇发展的过程中，当地政府立足于场镇独特的移民文化，通过对场镇现存的各类移民会馆（关圣宫、南华宫、江西馆、火神庙等）进行挖掘，提炼出其特有的"移民文化"和"会馆文化"作为场镇的典型特征，从而使得场镇特色鲜明而具体起来。

2）特色拓展

特色拓展是指为适应时代发展的需要，对传统场镇空间环境特色不断地进行"拓展"，丰富其内涵，发展其外延，从而维持场镇在竞争发展中的优势地位。需指出的是，特色的拓展是围绕场镇核心特色资源而进行的，是为了更好地突出核心，而不是改变或削弱场镇原有核心特色。

至于那些特色鲜明的传统场镇，并不是说就可"高枕无忧"了。由于场镇的发展和竞争是一个长期动态的过程，场镇特色也必须随着时代的发展不断地进行"拓展"，丰富其内涵，发展其外延，从而维持场镇在竞争发展中的优势地位。与此同时，仍有不少可以体现场镇空间环境深厚历史底蕴的"精华"资源却"隐藏"在场镇中，缺乏充分的发掘和有效利用。因此，对场镇空间环境特色的拓展就显得十分必要，将更多潜在的场镇特色资源纳入到场镇的整体保护框架中，对丰富场镇特色、激活场镇竞争力的效果是显而易见。如四川上里的雅安古镇，保存完好的场镇风貌和井字形的街巷空间格局是其较为突出的空间环境特色。除此之外，上里作为茶马古道上的重要驿站，昔日各地商贩、马帮往来于此，浓郁的马帮文化深深地渗透在场镇布局之中。此外，还因红军长征过程中在此停留，留有大量宣传标语和文物，从而使场镇具有备受瞩目的红军文化。这些场镇特色的拓展和挖掘，不仅使得场镇的个性特征更加突出，而且还容易与"完好的场镇历史风貌"产生"化学反应"，有机结合，从而使得场镇的空间环境特色丰富而立体。

3）特色更新

随着交通、经济贸易方式的转变，今天大多数川渝地区传统场镇已不复当年商贸兴旺的景象，场镇的功能性衰退、时代性衰退、经济性衰退已是不争的事实。通过对场镇功能的转换和调整，来带动场镇整体环境品质和社会地位的提升，实现传统场镇的复兴，已成为当前川渝地区传统场镇特色保护的重要方法。如位于四川邛崃境内的平乐，历史上曾是川西地区重要的商品集散中心，商贾云集，盛极一时，而如今随着古道交通职能的隐退，场镇逐渐走向衰落，传统建筑破败不堪，曾经极富地域特色的场镇风貌也日渐消亡。为此，在场镇发展的过程中，通过对武氏宗祠、陈氏民居、长春阁、玉皇阁等历史建筑进行复原和功能的适当调整以及对场镇内的新建筑进行整治性更新，逐渐恢复了昔日统一协调的场镇风貌特色，使得场镇空间环境特色得到了较好的提升和延续。

4）特色利用

如果只是一味地采用"静止""冻结"的保护方式，而不对其进行有效利用，则场镇特色资源依旧难以对场镇的发展提供有效的推力。故此，顺应时代发展的需求，在对传统场镇空间环境特色进行保护的同时，还须强调对场镇特色资源的有效利用。例如重庆双江古镇保留有一组明清时代修建的兴隆街大院，以其独特的空间形态成为了场镇最

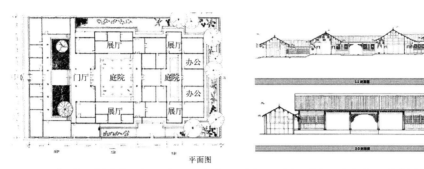

图 5-26 作为乡土博物馆的兴隆街大院（双江古镇）（图片来源：重庆大学建筑城规学院双江古镇保护规划项目组提供。）

具地方特色的民居建筑。在场镇保护与发展规划中，就提出了在充分保护的前提下，对其进行改造再利用，通过在建筑内部增加一些服务设施将之改造为乡土博物馆，赋予了建筑新的生命和活力（图 5-26）。

（2）积极推进传统场镇空间环境特色向优势竞争力的转化

特色是每一座传统场镇最为珍贵和最富魅力的财富，是场镇的核心资源所在，具有稀缺性和不可替代性。

当前，城镇的竞争力是以城镇发展的质量、效率和潜力来衡量其获得发展机遇与自身发展的能力，强调的是城镇间的横向对比，其强弱在很大程度上取决于城镇在某一个阶段所拥有的关键性竞争资源的多少。也就是说，对于川渝地区传统场镇而言，维持场镇的竞争优势更多地是依赖于场镇中具有价值的、稀缺的和不可替代特色场镇的数量、种类、演化及影响力。"其中特色资源的数量和类型是获得持续竞争优势的基础，是获得持续竞争力的驱动力。"反之，若传统场镇没有了空间环境特色这个核心优势资源的支撑，场镇优势竞争力就是"无米之炊"，无从谈起。因此，传统场镇空间环境特色与场镇优势竞争力息息相关，甚至从某种意义上而言，场镇特色的强弱决定着场镇竞争力的大小。

在全球化的今天，一方面，地方特色正在逐步消亡，使得各地城镇千城一面，而另一方面，城镇特色对城镇竞争力的提升也越发明显。如近年来异军突起的丽江，就是以其独特的地域民族文化、保存完整的传统风貌为基础，通过对特色资源的整合激活，将其转化为古城的优势竞争力，从而使之迅速崛起，摆脱了落后的局面，也因此成为了传统城镇特色资源转化为优势竞争力的典范。

由此可以看出，对于川渝地区众多传统场镇而言，在当今日益激烈的城镇竞争中，在规模、区位、基础条件等方面都不占优势的情况下，只有立足于自身核心的资源和能力，通过适当的方式和途径激活场镇特色资源，将场镇空间环境特色转化为场镇优势竞争力，才能获得更好的发展机遇和发展空间。所以，只有实现这个转化，才能真正达到以整体空间环境为特色的传统场镇保护的最终目的。

5.4　小结

本章基于对新中国成立后川渝地区传统场镇历史变迁的回顾，与对传统场镇现状的分析与观察，并借鉴国内外成功的经验，提出了涵盖"保护与发展""维护与塑造""激活与转化"三个层面内涵的"传统场镇空间环境特色保护"概念。

"保护与发展"，是指对于传统场镇而言，一方面需尊重历史，保护与延续场镇所特有的空间格局、历史人文景观；另一方面又必须面对现实，改善场镇居民生活环境，大力发展当地社会经济。显然，保护与发展作为一对矛盾对立的统一体长期存在。为化解二者间的矛盾，对于传统场镇空间环境特色的保护应以价值认知为导向，寻求以保护为前提的可持续发展。以价值认知为导向是指传统场镇空间环境特色的保护是以价值判断为前提，强调以场镇空间环境的价值认知为基础来拟定具体的保护对象。以保护为前提的可持续发展则是指对场镇空间环境特色的保护不仅是场镇发展的前提和基础，同时还能够促进场镇发展的良性循环，从而实现传统场镇可持续的发展目标。

"维护与塑造"，是川渝地区传统场镇空间环境特色保护中的一个重要问题。首先，传统场镇空间环境特色的保护不仅是对其空间形态、历史文化真实、客观的反映和保存，还需要在此基础上通过对场镇特色内涵的挖掘与利用，塑造出满足时代发展需求的场镇特色。其次，维护与塑造只是对待传统场镇空间环境特色的两种不同的措施，二者紧密相联，互为依托，其实质都是对场镇特色空间环境的保护与延续。最后，场镇空间环境特色维护与塑造的并举对保证场镇历史发展的连续性，改善场镇空间与环境品质，增强场镇居民的归属感与认同感，促进场镇经济结构调整具有极为重要的作用。因此，在保护过程中，应努力实现对场镇空间环境特色维护与塑造的并举，这不仅是场镇得以生存和发展的必要手段，更是传统场镇走向复兴的重要路径。

"激活与转化"是实现川渝地区传统场镇空间环境特色资源向优势竞争力转化的重要手段。在竞争日益激烈的今天，场镇空间环境特色既是场镇竞争资源的重要组成部分，又是其竞争力的内在驱动。因此，我们应当坚持"趋利避害"的原则，通过对特色的提炼、拓展、更新、利用等手段将传统场镇空间环境特色进行有效激活，使其焕发活力，从而促使其转化为场镇的优势竞争资源，提升场镇竞争力，这已成为当前川渝地区传统场镇空间环境特色保护中的又一重要内涵。

6 川渝地区传统场镇空间环境特色保护策略研究

我们必须完成一个本体论的革命，就像哥白尼式的革命——从现代的"走向死亡"到"走向新生"的转变，并考虑到人类存在的现实关系，以确保世界的可持续发展。

——Augustin Berque（法）

　　川渝地区传统场镇不仅数量众多、类型丰富，而且呈现出了与其他地区传统城镇截然不同的山水空间格局、群体空间组织与人文空间环境。它们作为传统场镇的灵魂，是千百年来川渝地区独特的自然、经济、交通、军事等诸多因素综合作用下的物化结果。虽然，当前传统场镇的相关保护工作取得了一定的进展，但由特色保护意识缺失、保护措施不当、保障制度残缺、发展理念短视所引发的"趋同化、边缘化、变异化、失衡化"问题却愈演愈烈。显然，仅仅通过以整体空间环境为特色的传统场镇保护理念的提出远不能满足对传统场镇空间环境特色进行有效保护的需求。

　　因此，还应基于前文对川渝地区传统场镇空间环境特色的具体分析与对场镇保护中现实问题的总结，"以问题为导向"，设计制定出合理的场镇保护策略与方法。本章也正是基于这一认识，从保护方法、技术措施、保障制度、发展路径四大方面入手，提出了"十四点"具有针对性和可操作性的保护策略。

6.1 策略一：保护方法建构：基于场镇职能，探索多样性保护方法

6.1.1 探索与场镇环境职能相适应的"自然生态环境"保护

　　正如在第二章节所述，川渝地区传统场镇作为一种依托于川渝地区独特的自然生态环境的聚落类型，在人们改造、利用自然生态环境的过程中发挥着重要的作用。正是由于传统场镇的存在，实现了人与自然的和谐共处，这也是传统场镇环境职能的根本所在。

　　然而，近年来以龚滩、大昌、西沱为代表的一大批川渝地区传统场镇，随着人为干扰的加大，场镇与自然环境间的有机联系被破坏，场镇环境的职能与作用受到了巨大挑战。鉴于此，有必要从以下两个方面出发，来探索与传统场镇环境职能相协调的自然生态环境保护方法：

　　其一，基于对川渝地区传统场镇在自然生态环境中的地位与作用的考量，在场镇空

间环境特色保护中倡导和坚持和谐共生的自然生态环境保护观念，维护场镇与自然环境间的有机融合。

其二，基于继承和落实和谐共生的生态观念，从技术建构方面来考量，尽力避免在保护开发中滥用现代技术而导致对场镇环境职能作用的破坏。同时，在维护传统场镇与自然生态环境的关系的前提下，提出技术策略，构建积极有效的传统场镇自然生态环境保护机制。

6.1.1.1 自然生态环境保护观念的建立

有机融合、人文联系、人地一体是川渝地区传统场镇环境职能作用的具体体现。它们一方面体现在场镇空间环境对所依附的自然生态环境积极响应的状态上，另一方面还凝聚于场镇对人工环境和人文环境的引导和塑造过程中。

从区域环境来看，川渝地区不仅有广泛分布的丘陵、高原、谷岭、盆地等不同地形环境，同时区内河流纵横，江河、湖泊、溪流散布其间，传统场镇作为一个有机组成部分点缀其中，共同构成了一种连续的、大尺度的空间格局。从场镇自然生态环境来看，经过数百年的发展和演变，传统场镇中的人工环境与山峰、山谷、山丘、平地、谷底、河流、溪塘等自然生态因子相联相生，形成了众多大小不一、相互分离的山水空间环境。分布其中的传统场镇则灵活布局，相互渗透，形成了一个"山—水—场"平衡稳定的自然生态系统。

(a) 山、水、场关系示意图

也正因如此，川渝传统场镇自然生态格局是在川渝地区山水空间分隔下生态环境自然演化的结果。如四川合江的顺江场就处于川南地区的谷岭之中，多条近似南北走向的山岭将场镇用地分割为一条条狭窄的带状用地，婉转曲折的小漕河从谷岭中穿流而过，同时，在谷岭之中，山丘、河滩、山岭余脉支系自然分布，将场镇用地自然地分割成一条条狭窄而细长的带形走廊，从而形成了独特的场镇空间格局（图6-1）。

因此，传统场镇自然生态环境保护观念的核心应该从"山—水—场"整体关系分析入手，将具有关联性的自然环境全部纳入到保护范围中，对川渝地区山水空间分隔下的场镇整体自然生态环境进行保护。这就要求我们一方面要保护山水之间、山水与场镇之间的有机联系，从而确保大尺度范围内区域自然生态景观格局的完整性；另一方面，还要维护好自然山水与场镇间自然生态的稳定与平衡，对于那些受到人为干扰而破损的自然生态环境，应进行修补和清理，使之迅速返回到原来的状态，从而保证川渝传统场镇自然生态环境的和谐性、共生性和稳定性。

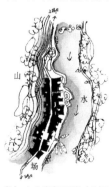

(b) 山水空间环境（合江顺江场）

图6-1 传统场镇自然生态环境格局（图片来源：作者绘制。）

重庆巫溪县宁厂古镇的保护恰好可供我们借鉴。宁厂是早期川渝地区的制盐地，同时也是巫巴文化孕育之所。场镇地处渝陕鄂三省交界的峡谷地带，宝源山、石柱坪山、二仙山连绵起伏，悠悠后溪河水横贯东西从峡谷中穿越，把场镇分为南北两个部分。场镇受后溪河与周围高山峡谷山水环境的影响，其整个空间布局沿后溪河呈"S"形东西方向线性延伸，靠山沿水，呈现出三面板壁一面岩的场镇空间格局。因此，从整个空间环境来看，场镇背山面水，场镇建筑组合形式、空间格局、场镇肌理、分区布局无不受到周围环境的限制，自然山水环境成为了促使场镇线性发展的主要原因。场镇在历史不断演变的过程中也因势利导，因山势就水形，形成了半边街、吊脚楼、双面街等丰富多样的空间形态，呈现出了"山—水—场"有机融合、和谐统一的空间环境特征。因此，在对传统场镇空间环境特色的保护过程中，并不需要刻意地将自然山水环境与场镇实体空间相互剥离，而是基于自然生态环境保护的理念，将山水环境与场镇建筑群体统一起来，着力在保护过程中修复和强化山、水、岩、石与场镇建筑群体空间之间的"链接"，有机保护和整理场镇丰富的自然生态环境（图6-2）。

6.1.1.2　传统场镇自然生态环境保护机制的建构

　　川渝地区传统场镇自然生态环境保护机制的建构，是实现场镇自然生态环境保护的基础，是维护场镇在自然生态环境中的地位及作用的可靠保障，它涵盖山地生态环境保护、水系修护与水资源有效控制、区域自然生态生化灾害防治等方面。

(a) 场镇山水环境特征分析

(b) 场镇自然山水环境保护规划图

图6-2　重庆巫溪宁厂古镇自然生态环境保护（图片来源:(a) 作者拍摄;(b) 重庆大学城市规划与设计研究院《重庆巫溪宁厂古镇保护规划》。）

（1）生态技术、工程措施相结合的传统场镇山地生态环境保护

山峦起伏、高山峡谷构成了川渝地区最为基本的山地地形特征。根植于这种自然环境下的场镇由来已久，呈现出场镇人工环境与自然山地环境合二为一、不可分离的整体关系。然而，近年来，随着经济的发展，无序的人工建设所导致的山体破碎、山地生态退化、山体滑坡等生态问题层出不穷（图6-3）。

因此，基于当前的生态技术与工程技术水平，对传统场镇山地生态环境的保护包含以下几个方面：

1）运用生态保护理念与技术手段，加强对场镇赖以生存的山地生态资源和生态功能的保护，强化山体自身生态机制作用的稳定性和延续性。对场镇山地自然生态的保护不仅要充分尊重原有的自然生态基础，而且要坚持"谁开发谁保护"的原则，对山地自然生态资源进行合理的开发与利用，避免因过度的"索取"而造成资源枯竭和物种多样性退化。

2）结合生态措施与管控制度，保护山体形态的完整性及山体绿化的延续性。高低起伏的山体形态和连绵不断的山体绿化是川渝地区传统场镇得天独厚的自然生态基础，造就了传统场镇多维的景观空间层次和独特的空间形态特征。因此，在保护场镇山体自然环境时，一方面要明确自然山体的保护边界，严禁对山体进行大规模的"切割"、"削填"和开山取石，有效保护山体的自然形态，同时对于那些已遭破坏的山体，则应积极进行生态修护和环境治理；另一方面，通过退耕还林、水土养护、生态农林业等生态措施加大对场镇周边山体绿化的保护和培育，减少暴露的山体和土壤，尽量做到"逢山必绿，逢水必绿"。此外，在对山体绿化进行恢复时，应根据山体的区位和自然条件，分类指导、因地制宜，尽量采用本地植物，保护山体绿化发展的延续性，使绿化后的植物群落与当地环境相融合。

3）利用灾害风险管理理念及工程技术手段，建立生态安全的传统场镇山地空间环境。川渝地区多山的地理环境特征加上过多的人为干扰，客观上给传统场镇带来了一定程度的次生灾害影响，如山体滑坡、危岩、滚石等。因此，基于目前的工程技术水平，一方面通过清理、锚固、边坡防治等手段对场镇周边山体进行处理，从根本上消除其

（a）滑坡（古蔺水口场）　　　　　　　　　（b）危岩（丙安）

图6-3　场镇山地生态环境的破坏（图片来源：作者拍摄。）

危害性；另一方面，在场镇新区建设中还应减轻开发强度，避免因山体开挖、爆破导致山体裂隙从而诱发滑坡和崩塌。

如重庆龙兴古镇位于重庆渝北区东南部，周围被浅丘所环抱，具有得天独厚的山地自然生态环境。因此，在场镇环境的保护中，就充分利用保存较好的山体植被条件，把周围的重石岩、龙脑山、蒋家坪、吴家山等山体作为场镇重要的绿化组团纳入到保护范围中。同时，由政府主导加强周边山丘、缓坡和滨水绿带的建设和山体的绿化培育工作，形成"临山见山、山中有场、场在林中"的自然生态环境。此外，为了防治山体次生灾害的发生，还制定了一套完善的灾害因子综合评估体系，其中包括水土流失因子、山体地貌稳定性因子、山体滑坡影响因子、地质断层影响因子等，从而较好地实现了对区域内自然生态环境的保护（图6-4）。

（2）水系修护与水资源有效控制的场镇水体环境保护

四川盆地内部河流纵横，丰富的自然水系不仅是众多川渝地区传统场镇赖以生存的基础，也是其历史上对外交通的重要通道。然而，与规模较大的城镇不同，传统场镇水

图6-4　传统场镇山地生态环境保护（重庆龙兴）（图片来源：重庆大学城市规划与设计研究院《龙兴古镇保护规划》。）

体环境所面临的生态危机并不仅仅是自然水体的污染，更为重要的是因人为填埋、破坏而导致的水资源萎缩和水系廊道的阻塞。

因此，对场镇水体环境的保护，首先要加强对水系、河道的管理与整治，避免因过度的水利水电开发对自然水系造成生态性破坏，从而确保场镇水系廊道的完整与畅通；其次，在一些严重缺水地区，应减少水稻等耗水量大的农作物，须禁止大规模用水企业的引入，杜绝对水资源的肆意浪费；此外，在场镇建设过程中，要严格控制对自然水体和湿地的侵占，减少地表的硬化面积，保护水体生态斑块（水塘、水井）的分布和容积。

重庆偏岩场保护中对场镇水资源环境的成功保护就给了我们很好的启示。偏岩场又称"接龙场"，坐落于华蓥山脉川渝面的两支余脉之间的丘陵地带，整体呈东北高、西南低之势。偏岩为川渝地区典型的山水型场镇，发源于华蓥山南麓的黑水滩河自北向南流经场镇，不仅造就了场镇独特的山水格局，而且丰富的自然水系至今依旧是场镇居民日常生活中洗衣、垂钓、取水的重要依托。为此，在对偏岩古镇的保护中，鉴于该地区水体环境的敏感性特征，突破了一般性的水体环境保护方法，将场镇周边1公里范围内的山丘林区划定为场镇水资源生态保护区，严控建设和场镇生活污水的任意排放，同时积极强化对黑水滩河上、下游水道的整治与疏导以及两岸水体岸线自然景观的保护，对已被人为损毁的岸线提出了具体的整治措施（图6-5）。

（3）与产业调整相结合的场镇自然生态生化灾害防治

在西部大开发的背景下，近年来，大量的沿海淘汰产业向川渝各地转移，虽然在一定程度上带动了地方经济的繁荣，但同时也给深处群山中的川渝传统场镇带来了工业粉尘、浓烟、化学废弃物等污染。这不仅严重破坏了传统场镇所依赖的自然生态环境，而且由工业废气的排放而带来的酸雨问题也日益严重，这使得场镇传统木构建筑的构件、装饰遭到了严重的酸性腐蚀、褪色，给传统建筑保护带来了极大的威胁。

图6-5 水系修复与水资源的有效控制（偏岩古镇）（图片来源：重庆大学城市规划与设计研究院《偏岩古镇总体规划》。）

为解决这些问题，首先，我们应该调整发展思路，从单纯的工业经济发展转向经济发展和生态环境有效保护相结合的轨道上。根据传统场镇自身优势进行产业调整，确立发展以旅游、生态农业等第三产业为主导的产业经济，严禁盲目引入污染工业，改变依靠以工业发展为主导的经济发展模式。其次，针对一些工业污染较为严重的地区，应建立和健全风险评估机制，大力开展综合利用，提高对工业废弃物的处理和净化能力。此外，大力发展生态化技术与集约化经营相结合的生态农业，改变当前以大量消耗资源和粗放经营为主的传统经济模式。

6.1.2　探索与场镇经济职能相协调的"场镇贸易环境"保护

在第二章就已论述，传统场镇作为联系城市与农村地区的纽带，在川渝农村经济环境中发挥着巨大的作用。除此之外，场镇作为区域城乡经济系统中的一个子系统，它与城镇相互关联、互为依托，形成了一个相互链接的网状空间结构体系。在这个体系之下，场镇一方面满足了广大农村地区商品贸易的需求，另一方面，作为一个整体，通过相互协同推动城市与农村之间商品、资金、劳动力的纵向流通和转移，使得社会分工、资源配置、商品流通在广阔的农村地区成为可能。

然而，随着交通格局的变化、传统经济生产方式的解体、大都市的极速膨胀、再加上传统场镇自身规模较小，经济发展严重滞后，城乡经济日渐脱离，导致大部分传统场镇商品贸易的优势地位不再突出。场镇之间、场镇与城市间的联系也越发薄弱，昔日兴盛的传统场镇贸易环境呈现出衰败的趋势。鉴于此，基于传统场镇经济职能，对川渝地区传统场镇贸易环境的保护，可从以下两个方面展开：

其一，赶场、庙会等农村传统贸易活动是维系和推动川渝地区传统场镇向前不断演化的根本动力。对传统场镇贸易环境的保护，首先是对赶场、庙会等传统场镇贸易活动的有效引导和组织，以之为载体，通过将文化、商贸、旅游等各方面内容融入其中，使传统场镇焕发出新的经济活力。

其二，对于场镇集市贸易环境的保护，还应以城乡经济融合为导向，增强场镇空间形态与场镇贸易活动间的关联，从而达到保护场镇集市贸易环境的目的。

6.1.2.1　以"赶场"为载体的场镇集市贸易环境保护

赶场是川渝地区传统场镇中普遍存在的一种极富地域特色的经济贸易活动。这种传统经济贸易活动不仅成为了川渝地区城乡间联系的重要载体，而且时至今日，它仍旧承担着川渝广大农村地区生活、生产商品流通配置的重要职能。因此，以赶场、庙会等传统场镇贸易活动为载体，通过对其进行有效的引导和组织，保护传统场镇集市贸易环境，复兴传统场镇经济活力，已成为川渝地区传统场镇空间环境特色保护的重要方法。

正如前文所提及，按场期的不同，赶场可以分为十二日一场、六日一场、十日一场、十日三场、两日一场等。周期性场期的设立不仅可以有效地将一定区域内不同层级的场镇集市相互链接，而且也方便商贩、乡民以最少的时间和花费往来于不同的场镇之间。

例如川东地区流行的插花场，也称为转转场，就是彼此相邻的场镇为了避免相互之间的竞争，采用相互交错的场期，即每月1、4、7在甲镇，2、5、8在乙镇，3、6、9在丙镇，实现了场镇集市间的轮流协同。

因此，对于分布在川渝农村地区数量庞大的传统场镇而言，可利用现有的交通基础、相互协同的场期制度，通过以赶场为主的集贸活动来实现区域内资源商品的有效调动与配置，保护传统场镇集市贸易环境，使其焕发新的活力。如在重庆江津区传统场镇的保护中，就在现有交通条件的基础上，通过合理规划与安排相互协同的"插花场"场期系统，有效地扩大了区域内的商品流通，形成了一个互为关联的传统场镇集市贸易空间，从而重新激发了传统场镇的经济活力，为传统场镇空间环境特色的保护和延续发挥了重要作用。在具体实施的过程中，以李市、蔡家、石门、先锋等中心场镇为核心划分出不同的片区，而片区内各场镇场期均按照插花场场期制定场市间隔，分配到各个场镇中，相互补充协调，从而构成了一个多层级的场镇市场关系（图6-6）。如在李市片区内，中心场镇李市的场为1、4、7，龙吟的场期为3、6、9，西湖的场期为2、5、6，永兴的场期为2、8，慈云的场期为2、5、8。各片区间也不是相互孤立的，它们通过相邻场镇间的场期协调来实现商贸联系，如慈云（场期为2、5、8）与邻近的白沙（场期为1、4、7）相互协调进行区间的贸易互通。最后，各片区的中心场镇之间又通过国道或快速道路系统实现了相互联系，形成了一个多级化的城乡贸易体系（图6-7）。

此外，在对传统的赶场、庙会等经贸活动进行积极引导和有效组织的基础之上，还必须有意识地将文化、商贸、旅游等各方面内容融入其中，将这些原本仅限于场镇周边居民和小手工业者参与的传统经济活动，发展成为在一定区域范围内集商贸流通、旅游观光、经济洽谈、文化交流等内容于一体的重要区域经济活动。这不仅可以重新激发传统场镇的经济活力，而且有利于传统场镇与城市间形成一个具有时空差异性的网络，这对处于日渐衰退中的川渝地区传统场镇的社会、经济、文化具有极大的推动作用。

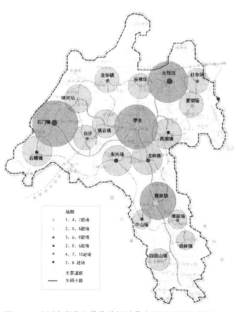

图6-6 以"赶场"为载体的场镇集市贸易环境保护（图片来源：作者绘制。）

图6-7 场镇集市的繁忙景象（龙吟赶场天）（图片来源：作者拍摄。）

例如，川内为数不多的百万以上人口大县之一的三台，历史悠久，各种宗教文化相融共生，客观上使得这里的传统场镇中庙会和节庆活动异常丰富，如郪江城隍庙会、云台观庙会、射洪三月三金华山庙会等，其中以郪江城隍庙会最为典型。每年农历五月二十八的城隍庙会是郪江场 ① 最为隆重的节日活动。相传这一天，牛头、马面、吴二爷、鸡脚神、阎王要出面"巡视"人间，惩恶扬善，教化信众，祈求来年风调雨顺。整个会期大约持续 2~3 天左右，期间周围各县乡居民商贾云集而来，在进行完一系列的祭祀游行活动之后，人们纷纷身穿盛装齐聚城隍庙举行最为隆重的祭祀仪式——祈雨。在庙会期间，除了郪江本地居民外，周边乡镇和德阳、射洪等地的群众、商贩也纷纷涌来，在这里不仅兜售茶叶、铜、农具、手工制品、丝棉等各地不同的商品，而且还参加阎王出巡、民俗表演等一系列文化娱乐活动。从中可以看出，这种节庆集市不仅持续时间长，而且规模较大，所辐射的范围也较广。今天随着当地政府的积极引导，郪江城隍庙会不仅成为了三台地区最为重要的集旅游、经贸、文化交流等内容于一体的农村商贸集市，而且逐步演变成为保护传统场镇集市贸易环境特色的重要载体（图 6-8）。

图 6-8 四川三台郪江场城隍庙会（图片来源：作者拍摄。）

6.1.2.2 以"城乡经济融合"为导向的场镇集市贸易环境保护

城乡关系自产生以来就是一组既对立又联系的社会经济关系。马克思曾在其《资本论》一书中指出："城乡间的分离，是一切发达的、以商品交换为目的分工的结果。"伴随着城乡的分离，在城乡二元经济结构下，二者间的差距也越来越大，城乡关系逐步走向相互对立也成为了必然。而城乡经济融合则是为了扭转和改变这种对立的二元关系，

---

① 郪江场，位于四川三台县城南 47 公里处。场镇历史悠久，至今已有 2000 多年的历史，为古代郪王城遗址，西汉至南朝齐为郪县治所，繁华一时。现保留有汉代崖墓、千佛寺、九龙桥、王爷庙等历史文物。此外，该场于 1992 年被评为省级历史文化名镇。

其最早可以追溯到 19 世纪英国学者霍华德的田园城市理论。[①] 它强调通过城乡之间生产要素的自由流动和相互协作，优势互补，以城带乡，以乡促城，逐步加强城乡之间的经济交流与协作，缩小城乡之间的差距，从而使二者形成一个相互渗透、相互融合的整体。

就川渝地区传统场镇而言，历史上它作为城市与农村地区联系的纽带，依靠大大小小不同规模的传统场镇与区域中心城镇、中心城市的紧密联系发挥着城乡间商品上下流通的经济职能。然而，今天，随着城镇化进程的加快，城乡经济的差距越来越大，城市与传统场镇间的经济联系逐渐疏远，传统的场镇集市贸易渐渐失去了以往的活力。为此，在城乡经济融合思想的引导下，通过不同层面的措施，加强城乡间的经济联系，促进城乡经济统筹发展，显然已成为保护川渝地区传统场镇集市贸易环境的重要方法。

首先，从宏观区域层面出发对传统场镇集市贸易环境的保护应该遵循区域统筹协调的原则，加强传统场镇与城镇间的经济贸易联系。也就是说，一方面对场镇集市贸易环境的保护不再局限于一个独立个体，而是面向由各级规模不同的传统场镇与城镇所组成的城镇群，在保护的过程中，传统场镇需从自身特色资源出发合理确定场镇的发展方向；另一方面依据场镇规模、经济功能、辐射力大小的不同对传统场镇进行差异性扶持，形成由中心场镇、一般场镇、周边农村地区组成，规模上各有层级，经济上相互联系，职能上互有分工的场镇集市贸易网络。

其次，对川渝地区传统场镇集市贸易环境的保护，还应该从镇域出发实现场镇与农村地区经济的整体发展。从前文论述中不难看出，大多数川渝传统场镇与一般建制镇一样，其经济贸易范围并不局限于镇区中心，而且还涵盖了镇域范围内的广大农村地区。因而，川渝传统场镇集市贸易环境的保护在很多情况下应该注重对镇域范围内城乡经济的统筹整体发展，强化场镇与所邻农村地区的经济贸易联系，协同区内农业生产与非农业生产间的关系，平衡场镇与农村地区公共服务设施、公共基础设施的公平发展，从而真正落实镇域范围内的城乡经济一体化发展。

此外，川渝传统场镇集市贸易环境的保护还应该注重对原有场镇集市贸易空间的维系和保护。经济学界一直存在有"城镇形态伴随经济文化发展"的观点，也就是说，经济的发展对传统城镇形态的影响是不容忽视的。由于川渝地区传统场镇独特的场镇空间格局、街巷空间形态、建筑空间组合关系等都是场镇经济文化发展的物化结果，因此对传统场镇空间集市贸易的保护还应最大限度地保护传统场镇空间形态特征，从而有效地保持传统场镇集市贸易环境。

如重庆巴南区的丰盛古镇，始建于宋代，历史上曾是自重庆去往南川、涪陵的重要驿站，因商贸集散的发达而兴场，成为了古代巴县旱码头之首，素有"长江第一旱码头"之称，至今仍旧保留有三宫三庙、场口、过街楼、杨家祠堂、仁寿茶馆等文化斑块。因而，

---

① 英国学者埃比尼泽·霍华德在 1898 年发表的《明日的田园城市》中写到："城镇与乡村各有其优点和相应的缺点，而城镇与乡村的融合避免了这种缺点，这种愉快的结合将迸发出新的希望，新的生活，新的文明。"参：霍华德．明日的田园城镇 [M]．金经元译．北京：商务印书馆，2000：8-9.

对丰盛古镇集市贸易环境的保护，首先是在尊重场镇原有商业文化特征的基础上对场镇空间形态的保护，即便为了适应现代商业经济发展的需要而进行一些改造，仍旧最大限度地保持着原有场镇的空间形态特征。如为了场镇经济的发展，虽然一些现代商业经营进入了场镇内部，但原有的由富寿街、公正街、长宁街、十字街组成的场镇"回"字形商业廊道的原始形态不但没有被破坏，反而得到了强化，明晰的商业廊道维系着场镇独特的商业氛围。而对于场镇中保存较为完整的商业斑块——茶市、仁寿茶馆，东、西场口等则进行保护性修复，从而体现出场镇独特的商业文化因子。值得一提的是，在对丰盛古镇的保护中，并没有抛弃场镇传统的"赶场"活动，相反，基于场镇"回字形"街道而形成的传统商业活动——"转转场"的保存为丰盛古镇保留下了原始的商业文化基因，为场镇集市贸易环境的保护提供了坚实的基础。正是通过对场镇空间形态以及传统经济贸易活动的保护，使得重庆丰盛古镇集市贸易环境保护成果显著，使其成为了川渝地区传统场镇空间环境特色保护中的一个成功案例（图6-9）。

图6-9　场镇集市贸易环境的保护（重庆丰盛古镇"回"字形商业廊道）（图片来源：重庆大学城市规划与设计研究院《重庆丰盛古镇保护规划》）

图例
原有建筑
新建建筑
山体
农田
铺地
绿地

6.1.3 探索与场镇社会职能相结合的"场镇民俗文化环境"保护

正如前文所言，川渝地区传统场镇在农村社会中具有重要的社会职能，它不仅是乡民们喝茶打牌、听戏集会、说媒婚恋、占卜算命的重要场所，而且还是农村地区宗教活动、节日集会的最佳地点。也正因如此，传统场镇成为了广大农村地区风土人情、传统观念、宗教信仰的汇集之地，并经过历史的洗涤和积淀，形成了世代相承、别具一格的场镇民俗文化环境。[①]

然而，近年来，传统社会结构的解体、农村人口的流失、现代文化的冲击等不利因素的影响，不仅对传统场镇民俗文化赖以生存的社会和物质环境造成了严重破坏，而且也使得场镇的社会职能作用急剧消退，场镇民俗文化面临着消亡的危险。因此，从场镇空间环境特色保护的角度来看，探索与传统场镇社会职能相结合的场镇民俗文化环境保护具有以下两方面的内涵：

其一，场镇民俗文化以其具体的形式和内容孕育于特定的社会环境中，相对于场镇物质性形态的保护，对于场镇民俗文化环境的保护更需将场镇民俗文化及其衍生的社会与物质环境加以整体保护。

其二，场镇民俗文化是由场镇"原住民"创造并传承下来的宝贵财富，在形成的过程中已完全融入到场镇原住民的生产、生活中，并成为了场镇中不可分割的一部分。因此，在场镇民俗文化环境的保护中，应突出场镇原住民的主体地位，实现保护与传承的有效统一。

6.1.3.1 场镇民俗文化环境的整体性保护

川渝地区传统场镇作为传统民俗的汇集之地，其丰富多彩的民俗文化形成于特定的社会和物质文化环境中。随着保护理念的不断发展和人们的认识水平的提高，如何更加真实、完整地对传统场镇民俗文化进行保护已成为社会各界竞相探讨的一个话题。因此，基于川渝地区传统场镇民俗文化环境的构成特征，笔者认为：应在整体性保护[②]的原则下实现对场镇民俗文化环境的保护。

首先，对传统场镇民俗文化环境的整体性保护，必须将场镇民俗文化及其衍生的社会和物质环境加以整体保护。传统场镇中非物质形态的民俗文化孕育于特定的社会和物质环境之中，这些环境同时也是场镇民俗文化生成的沃土。民俗文化从中不断汲取营养，并塑造出丰富多彩的内容和形式（包括戏曲、绘画、音乐、手工技艺以及节日集庆、赶场庙会、茶馆文化等）。从某种意义上说，二者紧密联系，构成了一个统一的整体。因

---

① 民俗文化环境是场镇人文空间环境的重要组成部分，它以场镇中各种民俗文化事象为主要内容，是人们在社会生产、生活、饮食、娱乐、节日等活动中形成的稳定心理及社会物质现象和精神现象的总和。参：钟声宏 . 民俗文化环境保护与民俗旅游的可持续发展 [J]. 民族旅游研究，2000（3）：144.

② 整体性（Entirety）保护是指在民俗文化环境保护中应考虑其构成要素的各个方面，而不是只强调一个方面而忽视其他方面。换言之，就是要体现场镇民俗文化环境的各个要素全部保存下来。参：李和平 . 重庆历史建成环境保护研究 [D]. 重庆大学，2004:108.

此，对川渝地区传统场镇民俗文化环境的保护，不仅要保护场镇中所拥有的民俗文化本身，而且还要对与其共生的环境加以整体保护。当然，民俗文化所赖以生存的环境也不是一成不变的，它也会随着时代的进步而不断发展变化。故而在当前条件下，对民俗文化环境的保护除了维育其原有的物质环境之外，还应尽可能培育和发展有利于民俗文化生存发展的社会环境，使得传统民俗文化始终能够在现代社会中拥有其发展之地。

其次，在保护过程中应坚持"整体性"的保护思想，把场镇民俗文化看作一个整体，杜绝人为地将其中某一部分或局部与整体割裂开来进行保护。传统场镇是川渝地区民俗文化的汇聚之地，虽然场镇民俗丰富多彩、各不相同，但它们共同依托于场镇而存在，从本质上说，是一个具有内在同一性的完整的整体。也就是说，场镇民俗文化是由众多的局部或个体共同构成的，但其中的任何局部要素都不可能完全代替这个整体。因此，在保护过程中，应采用整体性的保护思想，避免人为选择性地对某一部分或局部进行保护。这虽然表面上看似是正确的保护工作，但实则严重破坏了其固有的整体性特征。例如在川渝地区一些传统场镇中的重要节日、集会活动都保存较好，但只是保存了活动的本身，而对于相关的祭祀活动、礼仪习俗及其场所等内容的保护却较为忽视；又如一些场镇只是注重对传统服饰或手工制品的保护，而忽视了对这些传统工艺的传承、挖掘和发展。

6.1.3.2 以"场镇原住民"为主体的场镇民俗文化环境保护

传统场镇民俗文化是"场镇原住民"[①]在长期的社会历史发展过程中创造并传承下来的，是传统场镇的灵魂所在。因此，对川渝地区传统场镇民俗文化环境的维系和保护应在突出民俗文化持有者——"场镇原住民"的主体地位，强调场镇原住民的"文化自觉"意识，尤其是在改善场镇"原住民"生活环境的基础上，对场镇民俗文化环境进行有效保护，这样才有望实现场镇民俗的发展与延续。

首先，对传统场镇民俗文化环境的保护应回归到以"场镇原住民"为主体的保护中来。原住民作为场镇民俗文化环境的核心要素，在日常生活中不仅创造出了属于自己的民俗，而且代代相传，传承和维育着脆弱的场镇民俗文化环境。如果忽视场镇原住民作为民俗文化环境持有者的主体地位，必然会影响到传统场镇民俗文化及其生存环境的异动和变异。例如成都附近的黄龙溪古镇，历史悠久，在场镇近千年的发展过程中形成了丰富多彩的场镇文化（包括茶文化、佛教文化、水乡文化）以及独具特色的民俗活动。然而，近年来，在"旅游兴镇"的背景下，为满足场镇的管理和商业开发的需要，政府将大量原住民强制外迁，取而代之的是大量外来经商或务工者，随着场镇居民"置换"的发生，

---

① "原住民"一词是 20 世纪以后，在国际社会和国际学术界出现的一个专用词汇。从字面上来理解，它一般是指在某个地区较早定居或长期居住的族群，在英文中的对应词汇是 Indigenous people（s）或 aboriginal people。马戎教授认为："原住民是 20 世纪全球化浪潮的产物，相对于外来垦殖者(settlers) 进入的地区，才有对应性的原住民的概念存在"，并具有以下三个特征：①时间上较外来群体更早到达和长期定居；②具有独特的文化传统并得以延续；③具有强烈的自我认同感的群体。参：马戎 . 民族研究中的原住民问题 [J]. 民族理论与政策，2013(3).

今天黄龙溪已物是人非，从前小桥流水、恬静优美的场景已不复存在，取而代之的是熙熙攘攘的游人，雷同待售的旅游商品和已然消失的场镇民俗。

其次，在对场镇民俗文化环境的保护中，还应强调对场镇原住民的"文化自觉"意识和对传统民俗文化的"自豪感"的培养。早在20世纪90年代末，费孝通先生就提出了"各美其美，美人之美，美美与共，天下大同"的文化自觉主张。对此，对于当前在文化上处于"相对弱势"的川渝传统场镇而言，更应大力培育广大场镇原住民对自身传统节日、手工技艺、行为仪式的正确认识和肯定，增强场镇原住民的文化自觉性和自豪感，逐步在全社会形成良好的氛围，从而为场镇民俗文化的传承奠定坚实的基础。例如具有1800多年历史的重庆磁器口，在悠久的历史发展过程中，场镇原住民不仅营建了具有典型山地特征的场镇空间格局，而且还创造了许多具有浓郁巴渝地域特色的民俗文化（如川剧清唱、茶馆文化、古镇龙灯、庙会巡游等），它们一起构筑了场镇独特的民俗文化环境。在对场镇民俗文化环境的保护中，当地政府并没有忽视场镇原住民的重要作用，相反，通过有效引导和组织，充分调动场镇居民的积极性，定期举办各种民俗活动。随着工作的深入以及场镇民俗文化越来越得到社会各界的肯定，带动社会经济的发展，场镇原住民的"文化自觉"意识越发突出，并主动参与到了民俗文化环境的传承保护中来。如今虽然场镇职能发生了巨大变化，但在场镇中依旧可以感受到浓郁的巴渝民俗文化氛围（图6-10）。

此外，对场镇"原住民"生活环境的改善，是当前传统场镇民俗文化得以顺利保护和延续的关键。一方面，传统场镇民俗文化是一种世代相继的生活样式，它自然流溢于场镇原住民的生活中，因而维持场镇原有的生活和原住民的数量对场镇民俗文化的保护显得十分重要。然而，这并不意味着场镇居民就必须远离现代生活，永远停留在古老而破旧的生活环境中。相反，只有提高对场镇原住民的人文关怀，改善场镇的居住环境，才能留住场镇居民，才能从根本上保护好民俗文化赖以生存的基础。另一方面，历史的

（a）庙会巡游　　　　　　　　　　　　（b）传统糖人制作

图6-10　以"原住民"为主体的场镇民俗文化环境保护（重庆磁器口）（图片来源：作者拍摄。）

车轮必定不断前行，场镇的发展、场镇居民生活环境的改善、时代的变迁是一种不可逆转的趋势。面对这种变化，川渝传统场镇民俗文化也会遵循其自发发展的规律吐故纳新，在发展的过程中淘汰一些不合时宜的文化物种，不断形成新的物种去填补旧物种的死亡和退位所发生的缺位。正是这种不断的演化发展、相互交替使得民俗文化能够生生不息。因此，在川渝传统场镇民俗文化环境保护中，对于传统场镇民俗文化的保护，并不是原封不动或一味复古就好，而是要在改善"原住民"生活环境的基础上与时俱进，在现代化的今天促进传统民俗文化得以顺利传承和延续。

6.2 策略二：技术措施革新：维护场镇特色，巩固资源优势

6.2.1 区域空间整合：场镇空间环境特色保护的新型技术措施

近年来，川渝各地对传统场镇的保护日益重视，大量濒临灭绝的场镇得以保存下来。然而，目前传统场镇的常规保护工作更多是停留于对单个场镇、街区、建筑的"点"上的保护，缺乏宏观、整体的"面"上的保护，对于范围更广、联系更为复杂的区域传统场镇空间环境的保护明显滞后。因此，笔者认为在保护过程中有必要引入一种更为宏观的区域化研究视野，来引导场镇保护工作由"点"向"面"转化，推动川渝地区传统场镇的区域化、网络化保护发展。基于这样的认知，通过引入"区域空间整合"这一新的学术概念，运用整合的思维方式，从区域的视角来探寻川渝地区传统场镇区域空间环境特色保护的问题。

6.2.1.1 "区域空间整合"技术的内涵解析

"区域空间整合"是一种基于"共生理论"的系统化发展模式，从字面上看，它包含着"区域空间"与"整合"两个层面的含义。

首先，"区域空间"作为一个空间概念，是指以地理单元为基础而形成的，具有一定完整性和明显界限的空间单元，这些空间单元既可以是自然的，也可以是经济的、社会的……因此，整体性与结构性自然而然就成为了"区域空间"最为重要的两个特征。

其次，"整合"作为一种术语，最先出现在哲学领域。英国哲学家赫伯特在其《第一原理》中就提到："任何事物的发展都经历着不断分化和整合的过程。"[①] 在这里，整合是与分化相对的一个哲学概念，"整"代表着开始，"合"则是结果，是暂时的均衡，"整合"的目的是实现事物的向前发展。从中可以看出，"区域整合"作为一种特殊的整合模式，其目的是将在一定区域范围内的各种资源进行重新利用，形成新的更加稳定、协调、完整的结构体系。整合本身就是一个事物高级化和发展的过程。

因此，对于宏观区域视角下的川渝地区传统场镇空间环境特色保护来说，"区域空

---

① 赫伯特·斯宾赛. 第一原理 [M].1858. 转引自：佟宝全. 区域整合理论体系的构建与实证研究 [D]. 东北师范大学,2006.

间整合"实际上蕴含着从以单一场镇为核心的保护向在特定时间、空间、文化上相互关联的多个传统场镇整体性保护的延伸，并具有了极为丰富的内涵（图6-11）。

其一，"区域空间整合"体现了在特定区域范围内对传统场镇空间环境特色构成要素的整体保护。川渝地区独特的山水环境和复杂多样的地形地貌，使得分布其间的川渝传统场镇极易形成相对离散和封闭的聚居点。这些聚居点表面上看似毫无联系，但从宏观的视角来看，在场镇生成和发展的过程中，单个场镇与场镇之间，场镇与社会环境之间，场镇与自然环境之间存在着千丝万缕的联系，它们共同构成了一种"形散而神不散"的空间关联。通过区域整合，实现了在一定范围内对传统场镇与相关联要素的整体保护。

其二，"区域空间整合"实则为川渝地区传统场镇搭建了一个多层次、立体化、完整的区域社会、经济、文化保护框架。它不仅让原本孤立的场镇保护获得了更为广阔的范围，而且保护的对象也从场镇本身延伸到了场镇所赖以生存的区域社会、经济、文化环境，相应的保护方式也从单体保护扩展到了整体的系统化保护，即从"点"状保护延伸为"线"、"面"状的区域保护。如在川西平原地区，成都作为该区域内规模最大的中心城市，围绕其周边100公里范围内密集分布着大大小小数十个传统场镇。由于成都强大的辐射力，使得这里的场镇从社会、经济、文化等方面形成了一个以成都为核心的一体化城镇空间格局。因此，对于该地区场镇的保护应充分运用区域整合的思路，搭建一个以成都为中心的区域社会、经济、文化保护框架，才能最大限度地展现该区域的传统场镇整体空间环境特色（图6-12）。

其三，"区域空间环境整合"是对宏观区域范围内川渝传统场镇空间环境特色的彰显。依存于不同地理环境单元之中的川渝传统场镇，如果把各种交通线路（驿道、水路等）、文化线路（遗产廊道）视为一种路径的话，那么，顺着这条路径就必然会将一些相对孤立的场镇串接起来，从而形成具有某种关联性的整体。如在重庆三峡地区，长江沿岸密集分布着大大小小近百个场镇，虽然这些场镇形态各异，但在三峡这条交通、经济、文化大走廊的串连下，形成了具有紧密关联性的一个整体。显然，在长江这条廊道的串连下，这些区域中相对分散的场镇具有区域整体空间环境得以彰显的可能（图6-13）。

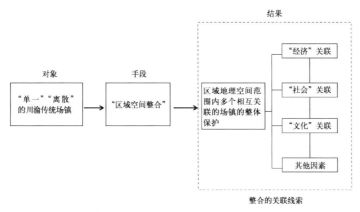

图6-11 "区域空间整合"的关系过程示意图（图片来源：作者绘制。）

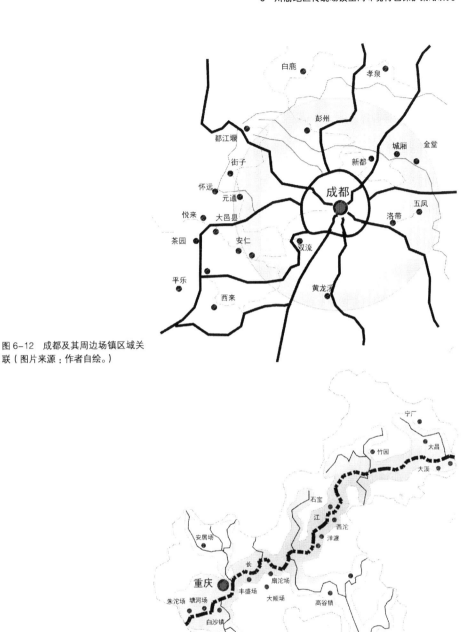

图 6-12　成都及其周边场镇区域关
联（图片来源：作者自绘。）

图 6-13　长江航道上的场镇区域关
联（图片来源：作者自绘。）

　　通过以上论述，可见川渝传统场镇区域空间环境特色保护中的"区域整合"不仅是
一种工作方法，更是一种思维方式。它表现为从区域宏观的视角出发，以场镇空间环境
保护为核心，将一定区域内具有线索关联的场镇、自然环境、单个文物全部纳入到保护
的视野中，形成一体化的区域保护格局，从而改变以往那种只注重单个场镇本身，各自
为政、分散孤立的保护局面，拓展川渝传统场镇空间环境特色保护的范围和外延。

6.2.1.2 "区域空间整合"技术的模型建构

在前文中就曾论述，川渝地区传统场镇作为城乡间联系的纽带，城市与场镇间、场镇与场镇间相互关联，共同组成了特有的空间结构体系。此外，受地理环境、军事征伐、贸易交通、矿业经济等因素的影响，传统场镇在地理空间上呈现出带状、串连状、散状等区域分布特征。这不仅显示了川渝地区传统场镇区域空间上的分布态势，而且也反映出了场镇之间的关联状况。

因此，对川渝传统场镇地理区域空间环境的"区域整合"既要考虑现有的空间结构，又要充分考虑在交通、文化、自然环境等方面的关联因素。在结合当前学界关于区域整合的理论研究成果和现有场镇空间结构关联状况的基础上，笔者将川渝传统场镇区域空间环境特色保护的区域整合模式划分为以下四种："单核"放射状整合模式、"双核"点轴状整合模式、"多核多节点"带状整合模式、"多核网络化"面域整合模式（图6-14）。

其一，"单核"放射状整合模式，即在一定区域内，以某一个中心场镇或城镇为核心，其他各种要素（文物点、村落、场镇、自然景区）聚集在其周围，构成一个放射状的空间环境保护区域。例如在成都平原地区的洛带、黄龙溪、街子等传统场镇就以成都为核心形成了放射状的空间格局。

其二，"双核"点轴状整合模式，即两个或多个相互邻近的场镇，通过交通线路或潜在的文化廊道将其串连起来，形成一种点轴状的空间保护区域。

其三，"多核多节点"带状整合模式，该模式是"双核"点轴模式的进一步延伸，即在一定区域范围内存在多个中心场镇并具有多个大大小小的其他保护要素作为支撑，通过交通或文化线路相互链接，整合为一组规模不等的带状空间保护区域。如川南合江流域，沿合江航道不仅分布着福宝、顺江、先滩、自怀、元兴、榕山等场镇，而且这些场镇与周边的各种文物、村落等通过水运交通线路彼此关联，构成了典型的带状整合保护区域。

其四，"多核网络化"面域整合模式，即散布在一定区域中的场镇、文物点、村落、自然景观等元素，通过交通路径或文化通廊，按照"点对点"的方式相互联系起来，整合为一个网络化的面域保护区域。如在重庆周边地区，不仅分布着走马、偏岩、磁器口、

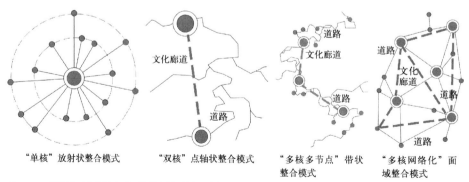

"单核"放射状整合模式　　"双核"点轴状整合模式　　"多核多节点"带状整合模式　　"多核网络化"面域整合模式

图6-14　川渝地区传统场镇"区域整合模型"（图片来源：作者绘制。）

龙兴等 20 多个传统场镇，而且大足石刻、潼南大佛寺、合川文峰塔、双桂堂等历史古迹分布其间，借助区内完善的水、陆交通网络和文化传播线路，彼此相互联系，其本身就形成了一个多核网络化的面域保护区。

值得一提的是，这四种区域整合模式并不是孤立存在的，在不同的空间层次与时空背景下，它们之间可以相互渗透和转化。例如"双核"点轴状整合模式依托的是线性特征较为明显的空间载体，而随着区域的不断扩大、保护一体化水平的提高，场镇区域空间结构逐步过渡为"多核多节点"带状整合模式，在区域范围和场镇数量向更高层级转化时，场镇区域空间将嬗变为"多核网络化"面域整合模式。

6.2.1.3 案例研究：三峡沿江场镇区域空间环境保护

长江三峡地区西起重庆，东至宜昌，北靠大巴山脉，南界川鄂山地。区域内城镇密集且大多沿长江及主要支流河谷分布。除了重庆、万州、涪陵、长寿等中心城市之外，还分布着近百个大大小小的传统场镇。自古三峡就是巴蜀与中原社会、经济、文化交流的大走廊，使得各种文化因子在这里相互碰撞、融合，从而推动沿江两岸场镇不断地向前发展和演化。巫山大庙的考古发现就已证实，早在两百多万年前三峡地区就已有人类活动的迹象。然而由于战争等因素的影响，现存长江三峡地区的传统场镇大多为明清时期所建，并在发展的过程中受"三峡航运"、"川盐济楚"、"湖广填四川"等一系列移民、经济、交通等因素的影响逐步演化出别具一格的场镇空间与环境。从这些沿江两岸的场镇空间分布来看，沿着交通线呈带状分布成为了这些场镇最为强烈的空间形态特征（图6-15）。此外，出于交通和商贸因素的考虑，这些场镇从场镇选址、建筑形态、空间布局、社会结构等方面都表现出了独特的个性。季富政先生就曾对三峡传统场镇进行过深入的研究，并归纳总结出了其作为一个整体所具有 8 个方面的突出的共同特征。[1]

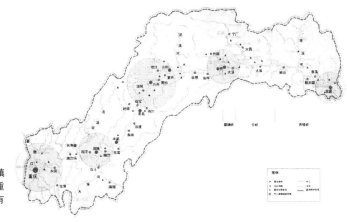

图 6-15 长江三峡沿江场镇空间分布区（图片来源：重庆浩丰规划建筑景观设计有限公司提供。）

---

[1] 季富政. 三峡古典场镇 [M]. 成都：西南交通大学出版社，2007：46-48.

　　然而，如今三峡沿江场镇在现代文化和三峡库区城镇搬迁的冲击下，除了单个传统场镇风貌破坏、传统文化流失等问题，最为突出的是，当前对三峡地区传统场镇的保护呈现出庞杂而零散的状态，使得作为一个整体的场镇群落无法得到完整的保护。同时，各场镇间的保护开发程度也存在着各自为政、孤立发展的问题，如大昌、宁厂、西沱等零散的几个沿江场镇近年得到了较好的保护，而大溪、信陵、洋渡等大多数场镇由于缺乏资金，保护工作严重滞后。

　　为此，在《长江三峡沿江场镇区域空间环境保护规划》中，就引入了"区域整合"理念，通过对区域内各场镇空间形态及各历史文化遗产节点的梳理、归类，以长江三峡及其支流为主要交通廊道，把区域内相对分散的场镇聚落串连起来，形成了一个整体保护对象。此外，规划根据沿江场镇特有的带形空间分布特征以及不同场镇的景观环境特色，在整体的带形保护区域内，在主次交通廊道的串连下又划分为重庆—涪陵整合片区、涪陵—万州整合片区、万州—宜昌场镇整合片区等多个文化区域，从而实现了对区内分散、孤立的场镇聚落进行整体保护的目标。与此同时，基于场镇间的关联性，在场镇的区域整合过程中，一方面从宏观视角出发，基于三峡地区历史脉络的延续、整体景观格局保护等方面的考虑，将传统场镇保护纳入到三峡流域的整体保护和开发中；另一方面从微观视角出发，对场镇中所具有的空间环境特征，从族群空间整合、空间轮廓线控制、群体空间营造等方面提出技术性的引导（图6-16）。

　　需要特别指出的是，长江三峡沿江场镇聚落的历史成因、空间分布、自然环境等条件为场镇空间形态的"区域整合"提供了基础，特别是场镇在地理区域范围内的线性分布特征以及文化、交通、环境上的相互关联，更是与笔者提出的"多核多节点"带状区

长江三峡流域沿江场镇区域空间环境保护规划

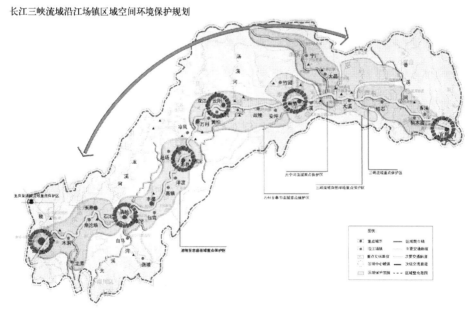

图6-16　长江三峡流域沿江场镇空间环境趋于保护与整合（图片来源：重庆浩丰规划建筑景观设计有限公司提供。）

域整合模式条件不谋而合。"区域保护"方法的引入，不仅形成了一个对场镇区域空间环境特色和场镇文化全面、完整的保护区域，而且也为笔者提出的区域整合模式的完善提供了有力的支撑。

从这个保护实例中我们可以清晰地看到，"区域整合"作为一种新型的保护技术措施，实际上就是将保护从零散、孤立的个体保护延伸至全面、复合的整体保护。面对复杂、多变的川渝地区传统场镇空间环境，无疑"区域整合"是对一定地理单元内传统场镇整体空间环境特色最为有效的一种保护措施。它不仅可以有效地全面展示川渝地区传统场镇独特的空间环境特色，而且还可以充分发挥场镇特色资源的综合效益，有效保护川渝地区传统场镇的自然和人文资源。

6.2.2 群体空间织补：场镇群体空间环境特色保护的基本技术措施

传统场镇群体空间环境是指在场镇范围内相互关联的建筑与环境组合而成的一个有机整体。它不仅包括了由街巷、场口等组合而成的人工环境，还包含了由山、水、溪、林等组成的自然环境。它们二者间相互融合，共同构成了川渝地区传统场镇独具特色的群体空间环境。

然而，从20世纪80年代以来，川渝地区传统场镇建设发展同保护的矛盾日渐尖锐。特别是人口的增加、场镇建设规模的不断扩大、人为破坏活动的加剧，使得川渝传统场镇群体空间环境在场镇肌理、空间格局、景观环境等方面呈现出一系列片断化、破碎化现象。

因此，面对川渝地区传统场镇群体空间环境的严峻现状，基于适应性保护的技术运用向导，提出了"群体空间织补"这一新型技术措施。从场镇群体空间修缮的角度出发，通过各种具有针对性的织补措施，来达到场镇空间环境特色保护的目标（图6-17）。

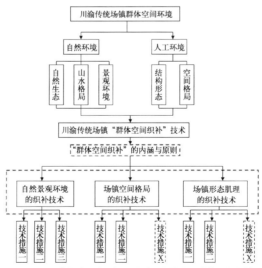

图6-17 川渝传统场镇空间环境特色保护的"群体空间织补"
（图片来源：作者绘制。）

6.2.2.1 传统场镇"群体空间织补"技术的内涵解析

所谓"织补"是指针对空间环境片断化和碎裂化而采取的一种协调、修缮的技术方法。早在 20 世纪 70 年代，欧洲许多历史城镇在乌托邦式大胆、开放的现代城市发展理念下暴露出了一系列城镇空间片断化、破碎化问题，从而激发了很多学者开始探索拯救传统城镇空间的理论与途径。"织补"就是其中有代表性的一种理论方法。在柯林·罗著名的《拼贴城市》一书中，并没有向柯布西耶对待巴黎那样，提出革命性的现代化建设（图 6-18），而是第一次明确提出了用文脉主义（Contextualism）的方法织补现代城市片断的设想。他认为，面对复杂的社会文化，城市可以接受多元的片断，就像古罗马城那样在不断的改造、叠加中不断地更新和修复，在公共建筑相互冲突的现实与历史片断缝隙之间建立起普通却又多变的联系，从而使罗马成为了最有魅力的城市建筑与历史的"作品选集"。

此后，这种文脉主义的思想得到了更广阔的社会土壤和实践空间，逐渐从对微观城市环境的关注扩展到整个城市的保护实践中，并最终发展成"织补"的城镇保护概念。例如 20 世纪 90 年代，德国统一之后，合并后的新柏林开始从城市的各个系统入手，提出空间织补策略，努力在城市功能上不断协调，完善市政设施，在城市形态上，努力重塑具有城市特色的建筑、广场等，从而使得空间织补的概念得到了进一步发展（图 6-19）。又如 2001 年，巴黎在申办奥运会时，更是明确提出了织补（Weaving The City）城市的主题号召。

"他山之石，可以攻玉"。国外空间织补理念的提出，反映了世界对历史城镇空间在片断化、破碎化问题上的探索和思考。这显然对于当前川渝地区传统场镇群体空间环境的保护具有重大的启迪。改革开放以来，由于缺乏有效的保护措施以及建设规划、管理体制等方面的原因，场镇群体空间环境在功能、结构等方面都出现了不同程度的破坏，特别是在场镇中新旧建筑、新旧镇区相互交织使得场镇空间片断化、破碎化严重。依据"空间织补"理论和方法要求，对场镇群体空间环境的保护应避免那些忽视传统空间尺度和

图 6-18 柯布西耶激进的巴黎改造计划（图片来源：（法）柯布西耶. 光辉城市 [M]. 金秋野译. 北京：中国建筑工业出版社，2011.）

（a）二战前柏林的城市肌理　　　　　　　（b）1999 年通过的柏林内城城市设计总图

图 6-19　柏林城市肌理的保护与织补（图片来源:张杰,邓翔宇,袁路平.探索新的城市建筑类型,织补城市肌理 [J]. 城市保护与更新，2004(12)：48.）

体量，大面积改造或整治的措施，采用一种"微创手术"式的保护技术，对破碎化的传统场镇群体空间环境进行修复、整治。

　　正是基于这样的认识，场镇"群体空间织补"这一新型技术措施正在被学术界所接受。鉴于川渝地区传统场镇群体空间环境的复杂性和独特性，笔者认为在场镇群体空间环境进行"织补"时候应遵循以下原则：

　　（1）要以场镇自然景观环境织补为先导，保护和改善现有的自然景观环境资源，突出场镇空间环境特色。

　　（2）要划分明确的保护区范围，但对保护区边界不能强求整体连续性，允许其"镶嵌"在场镇中。

　　（3）最大限度地保护和恢复传统场镇的历史文化脉络，并以此为纽带，以产业、用地调整为契机，以渐进式织补为手段，实现对传统场镇群体空间环境特色的保护。

　　（4）分等级、分类别进行控制和织补。

　　（5）以保护原有场镇格局和肌理为出发点，织补和延续场镇群体空间环境脉络，构建富有历史氛围和地域特色的传统场镇空间场所与形态。

6.2.2.2　"群体空间织补"技术在传统场镇空间环境特色保护中的运用

　　"群体空间织补"作为川渝地区传统场镇群体空间环境特色保护中的一项重要技术方略，其有效的实施还必须借助于具体的织补技术措施。在以上原则的指导下，可以从环境、格局、肌理三个层面来考虑。

（1）传统场镇自然景观环境的织补技术措施

　　自然环境是川渝地区传统场镇生存发展的基础，在场镇形成演变的过程中，场镇遵循着与自然环境相融共生的原则，形成了独特的自然景观环境。基于对场镇自然景观环境的认知，笔者认为，对场镇自然景观环境的织补体现在两个技术层面上：

其一，是对场镇景观环境风貌的织补，即在保护范围内，通过"山、水、场"景观视线关系的分析，对场镇特有的景观环境风貌进行梳理与整治，以达到恢复场镇自然景观环境，延续场镇自然景观廊道，保持视觉通廊完整性和连续性的目的。

其二，是场镇自然生态环境的织补，即通过对场镇自然生态系统进行有计划的整治，梳理场镇内的山水环境和开发空间，加强山、水、林、溪、田等生态元素间的结构联系，逐步进行场镇自然生态系统的恢复（图6-20）。

（2）传统场镇空间格局的织补技术措施

川渝地区传统场镇空间格局作为场镇中各种要素间相互组合的关系，历来都是传统场镇保护中的主要工作。基于场镇空间格局的复杂性和异质性特征，笔者认为，在对传统场镇空间格局的织补中，应重点考虑以下几个方面：其一，逐步建立场镇层级保护、差异性控制的保护体系；其二，强化对场镇街巷复合空间结构的保护；其三，增强对场镇特色空间场所的控制引导。具体的技术措施如下：

其一，设立多层级的保护控制范围。根据场镇历史文化保护单元的不同等级，分别进行保护、整治、更新的"织补"。在这里，场镇历史文化保护单元的划定以单元内保护遗存的丰富度和价值为依据，根据单元保护等级的高低，分别实行保护修缮、整治、更新、拆除等措施，以实现对场镇空间格局的严格保护和织补（图6-21）。

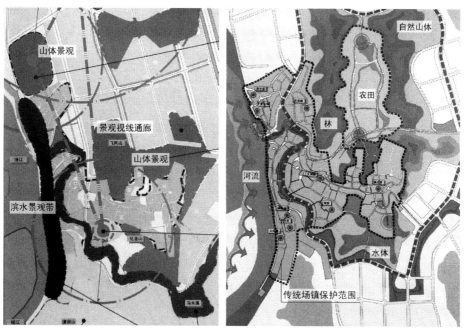

图6-20　川渝传统场镇自然生态环境的织补（铜梁安居古镇）（图片来源：重庆大学城市规划与设计研究院《铜梁安居古镇保护规划》。）

其二，强化对传统场镇中街巷复合空间结构的保护。正如在第四章中所分析的，由于场镇大都由"草市"发展而来，因街成市，因市成场，最终使得街巷成为了主导场镇空间格局形成的主要因素。因此，对场镇街巷复合空间结构的保护，不仅要修补和保护传统场镇的街巷路网结构，而且要传承和保护街巷中的"赶场、赶街"等传统商业行为以及相关的商业空间，从而实现对传统场镇街巷复合空间结构的保护目标（图6-22）。

其三，增强对场镇特色空间场所的控制引导。由于受多元地域文化的影响，在场镇中产生了诸如"九宫八庙、移民会馆、戏楼、场口"等特色空间场所。它们不仅具有独特的场所功能，而且还是维系场镇空间格局的重要空间节点。因此，对传统场镇特色空间场所的织补不仅仅是对其本身的保护，更为重要的是依托其独有的历史文化资源和空间区位，通过对空间环境的梳理，划定具体的保护控制范围，同时适度引导保护空间场所功能的有机更新，以实现对场镇特色空间场所的长效控制和引导（图6-23）。

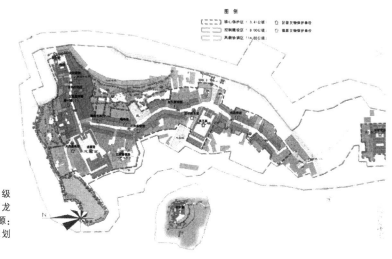

图6-21 多层级的保护范围控制（龙兴古镇）（图片来源：重庆浩丰旅游规划设计有限公司。）

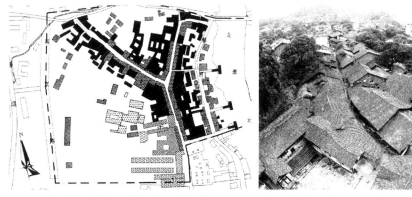

（a）街巷空间结构的保护（重庆龙潭古镇）　　（b）街巷保护中商业空间的传承（重庆偏岩古镇）

图6-22 传统场镇街巷复合空间结构的织补（图片来源：（a）赵万民. 龙潭古镇[M]. 南京：东南大学出版社，2010：43；（b）作者自摄。）

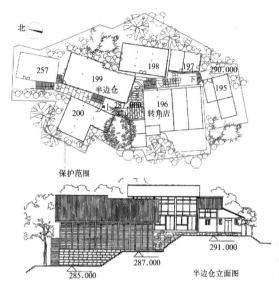

图 6-23 特色空间场所的控制与引导（龚滩古镇"半边仓"特色空间场所保护）（图片来源：重庆大学龚滩古镇保护规划设计组。）

（3）传统场镇肌理的织补技术措施

场镇空间中各种要素（边、街、区、节点、标志）在整体结构关系下呈现出协调、完整的场镇形态与肌理是场镇群体空间的基本特征。但由于粗放的城镇化发展和无序的人为建设，导致了如今大量松散、破碎的场镇肌理的出现，从而使许多传统场镇丧失了其最基本的空间与形态特色。因此，逐步织补割裂、破碎的场镇空间要素的形态肌理就显得尤为重要。

1）边：场镇"山—街—水"边沿形态肌理的织补。"山、街、水"共同构成了川渝传统场镇空间的边沿形态肌理，而对场镇边沿形态肌理的织补主要体现为对场镇岸线和天际线两种具体形式的修复与整治。

岸线形态作为场镇自然环境与人工环境的交界线，对其形态肌理的织补主要涉及环境修复、功能更新、生态保护等内容。其一，通过环境修复和风貌整治，保护岸线传统建筑的历史风貌，同时协调新旧建筑间的色彩、层高等内容，保护岸线空间形态的连续性和整体性。其二，对岸线功能进行保护性更新，配合环境整治与场镇居民生活环境改善，完善岸线的休闲、文化、商业功能，使其焕发新的活力。其三，加强污染治理，严禁挖沙、取土等破坏岸线生态环境的行为，积极保护岸线生态。

场镇天际轮廓线织补主要包括以下两个方面的内容：其一，通过控制色彩、体量、高度、形式等手段，协调和降低新建建筑对场镇天际线的破坏，织补和修复传统场镇灵活自由的天际轮廓线。其二，在环境控制、用地控制、建筑控制的基础上，为场镇风貌的发展预留一定的弹性空间，引导、控制传统场镇天际轮廓线在保留自身形态肌理特征的基础上实现良性生长（图 6-24）。

2）街：场镇街巷形态肌理的织补。对传统场镇街巷形态肌理的织补主要包括街巷的形态、尺度、铺砖等内容的延续与整治。

通常来说主要包括以下几种技术措施：其一，通过严格控制与修缮保护，延续和控制场镇街巷的形态和尺度变化，特别是对坡道、檐廊、梯坎等元素进行重点保护，以实现传统场镇街巷形态肌理的保护。其二，在认真梳理场镇街巷空间尺度的基础上，通过对景观轴线、节点、空间韵律和连续界面的弹性控制，延续和织补街巷紧凑宜人的空间尺度。其三，通过修复、更换等技术手段，保持和织补破碎或损坏的街巷铺砖肌理（图6-25）。

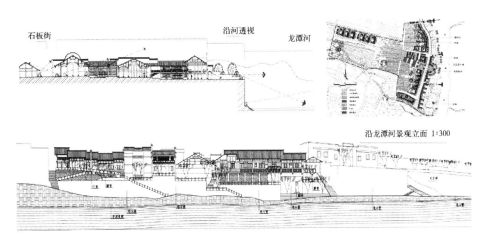

图6-24　场镇"山、街、水"边沿形态的织补（重庆龙潭古镇）（图片来源：赵万民. 龙潭古镇 [M]. 南京：东南大学出版社，2010.）

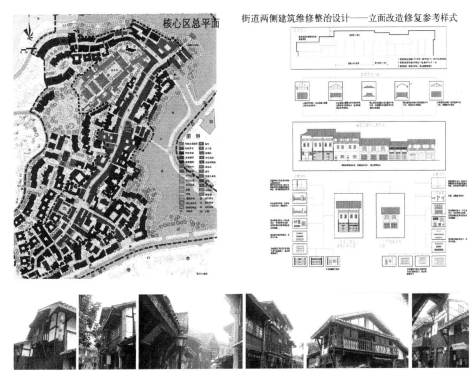

图6-25　川渝传统场镇街巷形态肌理的织补（重庆磁器口街巷空间保护）（图片来源：重庆大学城市规划与设计研究院《重庆磁器口保护规划》。）

3）区：场镇街区的织补。场镇街区是不同形态的建筑单元通过空间结构的关联组合而成的，因此，街区形态肌理织补的重点就在于对场镇建筑空间组合格局与结构层次关系的梳理与织补。

首先，从整体上来看，川渝地区传统场镇受自然环境、地形地貌、文化习俗、经济贸易等因素的影响形成了或带状、或团状、或疏、或密的场镇建筑组合关系。这种组合关系不仅形成了场镇特有的"图—底"关系，而且还具有相当的稳定性。因此，对传统场镇街区形态肌理的织补必须从保护场镇建筑空间组合关系入手，控制改变场镇建筑格局的因素；同时，对于因破损而拆除或新建的场镇建筑，必须严格按照原有建筑的布置和传统形式进行重建，最大限度地将新建建筑控制在"原边界范围内"，从而保障场镇街区形态肌理的原生状态。

其次，层次清晰的场镇街区空间形态是场镇街区的特色所在。正如在第四章所论，街巷是场镇活动的中心场所，在这里，公共空间、半公共空间、私密空间完美地交织在一起，相互渗透，形成了居住、生产、商业、休闲等复合功能的有机整体。因此，对传统场镇街区形态肌理的织补还必须从街区空间组合和功能入手，对街巷两侧建筑界面的形态、组合方式、屋脊高度、檐廊出挑进行认真分析，对破损的沿街建筑进行修缮，从而保护传统场镇街巷空间的流动性和功能的复合性（图6-26）。

4）节点：场镇节点空间形态的织补。节点是传统场镇肌理的主要构成要素之一，包括广场、场口、码头等具体内容和形态。因此，场镇节点空间形态织补的工作主要涉及对节点空间的轮廓、尺度、色彩、材质等的保存和延续，主要包括以下措施：其一，对围合节点的建（构）筑物的轮廓、形态、材料、尺度等景观视觉要素进行严格分析与控制，防止因建设或过度修缮而导致场镇节点空间形态肌理的改变。其二，应在充分尊重场镇原有历史风貌的基础上，通过对节点周围环境进行"修旧如旧"的修复与整治，剔除不和谐因素，净化空间环境，保护场镇节点的明晰性和可识别性。其三，从景观视线和空间结构关系出发，通过开辟景观视线走廊，凸显节点周围重要建筑物的空间形象和地位，强化节点的空间秩序和景观形象（图6-27）。

5）标志：场镇标志形态肌理的织补。对场镇中标志形态肌理的织补主要包括对其自身形象的维护和视觉景观形象的修复两个方面的内容。其中对场镇标志自身形象的维护主要是对其形式、尺度、色彩等的完好性和真实性的保护，以维护其在场镇中的标志性形象特征。此外，作为场镇标志景观的建（构）筑物，其标志性价值远远超过了建筑本身，即相对于标志物本体保护而言，对其视觉景观价值的维护就显得更为重要。因此，在对标志物形态肌理的织补过程中，应充分协调标志物与周边建筑、街巷、景观的空间关系，梳理标志的景观视域范围，清除阻碍景观视线的障碍，以实现对视觉景观形象的修复。

6.2.2.3　实例研究——重庆安居古镇的群体空间环境织补

重庆铜梁安居古镇始建于隋代，又名赤水场，历史上曾是川东地区重要的商贸中心和交通枢纽，自古便有"安居依山为城，负龙门，控铁马，仰接遂普，俯瞰巴渝"之句。

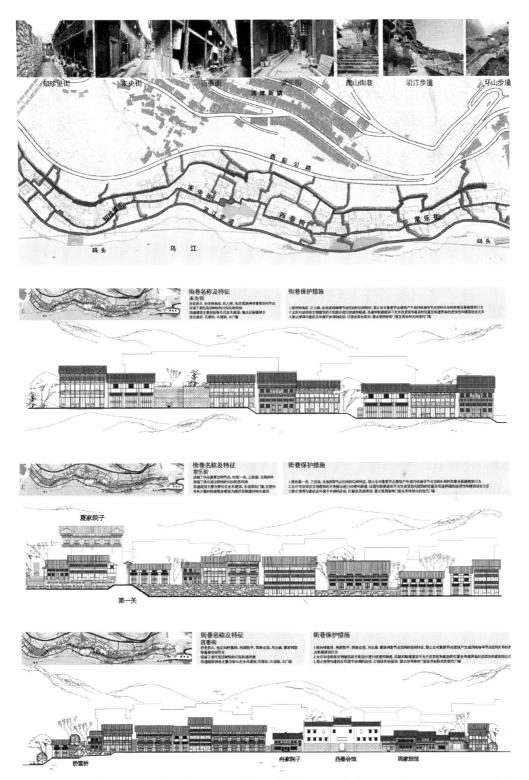

图 6-26 传统场镇街区形态肌理的织补（酉阳龚滩）（图片来源：重庆大学城市规划与设计研究院《酉阳龚滩古镇保护规划》。）

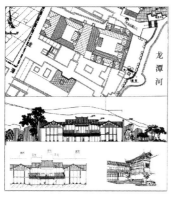

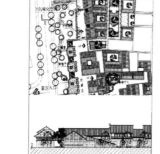

▲ 万寿宫节点形态织补

▲ 茶艺综合中心节点形态织补

◀ 场镇广场节点形态织补

图6-27 川场镇节点空间形态的织补（龙潭古镇）（图片来源：作者根据资料整理。参：重庆大学城市规划与设计研究院《龙潭古镇保护规划》。）

场镇依山傍水，位于琼江、涪江交汇之处，三面环水，地势高低起伏。受此影响，场镇布局灵活自用，建筑常常顺应山势采用吊脚楼的形式依山而建，而场镇街巷则因山势就水形，犹如植物的根茎不断向外延伸，形成了以西街、十字街、太平街、火神庙街为主的场镇街巷。在这里，山形、水势、建筑、街巷相互协调、有机融合，形成了独特的山水格局。

此外，安居古镇素有"九宫十八庙"之称，在场镇四周分布着数量众多的寺庙、道观，如文庙、武庙、下紫云宫、波仑寺等，它们不仅构成了场镇特有的景观斑块，而且也记录着场镇特有的移民文化、宗祠文化和会馆文化。作为场镇空间基质而存在的场镇民居，大都具有典型的川东民居特色，且造型独特、空间丰富，以朱家院子、翰林书院最为著名。

由于年代久远，场镇独特的空间环境受到了不同程度的损害。为了保护场镇与自然的和谐关系，延续场镇独特的空间格局，保护和修复场镇的历史文化脉络，在安居古镇保护中就充分运用了"群体空间织补"的技术策略，对场镇自然景观环境、空间格局、场镇肌理提出了具有针对性的保护措施（图6-28）。

（1）自然景观环境织补

独特的山水格局是安居古镇生存和发展的基础。因此，对场镇自然环境的织补采用"源—廊道—斑块"模式，以场镇镇域范围内的山体林地为源，包括波仑山、化龙山、飞凤山等，以琼江、涪江、后溪及河岸绿化为生态廊道，从而将场镇的山体绿化、河岸景观、农田等相互串联起来，形成了山、水、林、田等要素相互链接的网络化自然景观系统。在此基础上，通过有计划的景观环境整治，如划定禁建区、修补景观视线通廊、保护岸线景观、整治水系污染、恢复山体植被等具体方法来实现对场镇自然景观环境的保护。

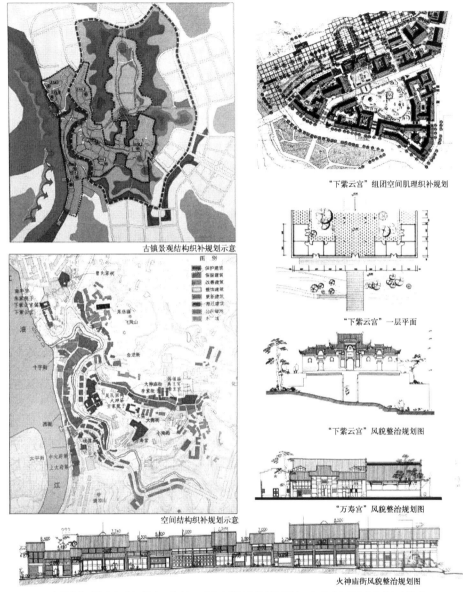

古镇景观结构织补规划示意

"下紫云宫"组团空间肌理织补规划

"下紫云宫"一层平面

"下紫云宫"风貌整治规划图

"万寿宫"风貌整治规划图

空间结构织补规划示意

火神庙街风貌整治规划图

图6-28 安居古镇群体空间的织补（图片来源：重庆大学城市规划与设计研究院《安居古镇保护规划》。）

（2）场镇空间格局保护

以太平街、十字街、顺城街等主要街道为骨架，以后溪河、大南街为支系，加上"九宫十八庙"、琼江码头、古桥等景观要素，共同构成了安居古镇灵活自由的场镇格局。为保护场镇独特的空间格局，保护规划在遵循"统一规划、多级控制"的原则下设立了历史核心保护区、风貌协调区、一般控制区、新镇发展区等多层级的保护控制范围。对于场镇街巷，则通过保留场镇街巷的形态、格局以及对街道两侧破损或各种原因已建的不协调建筑进拆除或改建，来达到延续传统街巷空间的目的。与此同时，场镇老街中增设的商业网店、传统手工业作坊、特色商店以及对传统庙会（川主会、火神会）、龙灯表演、赶场等民俗活动的恢复，又给场镇重新注入了活力。

（3）场镇空间肌理的织补与缝合

基于对场镇空间构成元素的研究和分析，又分别从边、街、区、节点、标志五个方面入手，来织补和缝合已被人为破损的传统场镇肌理：①通过严格控制化龙山—化工厂旧址公园之间的建筑高度，降低近山临水建筑的高度以及建立万寿宫—化工厂旧址、化工厂旧址公园—波仑寺、波仑寺—万寿宫三条景观视廊等措施，来进行场镇临琼江、涪江的空间轮廓线的织补和保护；②保留场镇原有街巷的形态、格局、位置，通过对主要街道（西街—十字街片区、会龙街—火神庙街道—大南街片区）两侧建筑界面进行风貌整治以及对街巷铺地、梯步等进行修复来实现对场镇街巷肌理的织补；③针对场镇中传统建筑的类型和空间组合关系，通过层级划分，采用不同的保护修复措施，以实现对场镇风貌的保护和肌理的织补与缝合。

6.2.3 建筑空间修复：传统场镇建筑空间环境特色保护的重要技术措施

早在 19 世纪，欧洲各国就已开始了对历史建筑修复理论的广泛研究，并以法国的维奥莱－勒杜提出的"风格性修复"[①]，英国的拉斯金、莫里斯等人追求的对建筑史料的真实性再现[②]以及意大利的关于历史建筑材料、美学、历史等方面的真实性追求[③]，对今天历史建筑修复理论的发展影响最为深远。随着社会的发展，人们已普遍认识到对历史建筑的修复不是哪一个国家和地区独自面对的问题，而是一个全球性的普遍问题。于是在联合国教科文组织、国际古迹遗址理事会、国际建筑保护中心等一批国际性机构的主导下，先后形成了《威尼斯宪章》《内罗毕宪章》《世界文化遗产公约实施指南》《奈良真实性文件》等对历史建筑修复具有指导性的国际宪章和文件。在此影响下，从 20 世纪 80 年代起一些国际修复理论被引入，对我国传统建筑修复理念的发展起到了极大的推动作用，特别是 2000 年，中、美、澳《中国文物古迹保护准则》（下面简称《准则》）的通过，更是标志着我国的文物建筑修复观念正在向国际靠近。

在这种情况下，一方面适时将历史建筑、文物古迹修复的概念拓展到传统场镇建筑

---

① "风格性修复"主要是提倡建筑师从原设计者的角度出发，借助史料将建筑恢复到最初时代的形式，强调保持建筑风格的完整、统一。其最为著名的代表作就是对巴黎圣母院的修复。参：陆地.风格性修复理论的真实与虚幻 [J].建筑学报，2012（6）.

② 英国文物保护学家拉斯金、莫里斯则认为，完全修复历史建筑到原来的状态是不可能的，因为建筑及其工艺的意义与其社会背景紧密相联，修复后的建筑则破坏了传统的面貌。同时，莫里斯还认为"旧的就是旧的，新的就是新的。在对旧进行修补和添加时必须展现增补措施的明确可知性与时代性，以展现旧肌理的真实性，进而保护其建筑的历史价值。"这一思想得到了今天世界的广泛认同。参：冷婕.重庆湖广会馆保护与修复的研究 [D].重庆大学，2005.

③ 意大利的历史建筑修复理论则以乔瓦尼诺为代表，提出历史建筑修复不能局限于建筑本身，应将修复置于更为广阔的社会和文化背景中，同时修复应更多关注对材料、美学、历史等方面真实性的追求。参：詹长法.意大利文物修复理论和修复史 [J].中国文物科学研究院，2006（7）.

空间修复中，并将其引入川渝传统场镇建筑空间环境特色的保护中，另一方面将国内外的修复理论与川渝地区传统场镇建筑现状相结合，实现相关理论研究的本土化，从而对当下川渝地区传统场镇建筑空间环境特色的保护与修复实践进行有效指导，就显得十分重要和紧迫。特别是近年来，随着时光的流逝，在自然、人为、历史等因素的破坏下，川渝传统场镇建筑空间环境的物质性衰败日益严重。为此，笔者将借鉴国内外历史建筑修复的成功经验，并结合多年来的工程实践，从川渝传统场镇建筑"空间修复"的原则、内容、方法及修复技术手段等方面进行探讨，以期保护日渐消退的川渝传统场镇建筑空间与环境特色（图6-29）。

6.2.3.1 传统场镇建筑空间修复的内容及方法

正如在第四章中提出的"川渝传统场镇建筑作为川渝场镇空间环境的特色之源，从空间布局、建筑形态、营建技术、建筑材料等方面都呈现出丰富多彩的地缘性特征"，因此，基于川渝传统场镇建筑空间衰败的现状而进行建筑"空间修复"，不仅仅是对传统场镇建筑进行表观上的复古和清理，也是在遵循修复真实性原则的基础上，对传统场镇建筑的背景与文脉、形态与类型、材料与技术、功能与使用等多方面的维护与更新，力图实现传统场镇建筑空间环境特色的延续。根据上述的理解，从技术角度来看，川渝传统场镇建筑空间修复应包括以下内容：

（1）真实性原则——建筑空间修复的基本原则

真实性原则（Authenticity）是目前国际上历史建筑修复理论研究中公认的最为基本的原则，这与我国的《文物保护法》及《准则》中提出的"不改变文物原状"从本质上

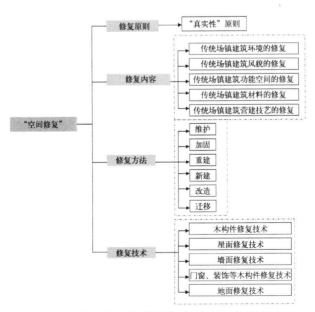

图6-29 传统场镇建筑空间修复技术框架（图片来源：作者绘制。）

来说是一致的。但是由于对"原状"没有一个完善的界定标准，一直以来，对这一原则的争论也从未停止。

对于川渝传统场镇建筑来说，场镇居民的建造物和使用空间在历史发展过程中，修葺、改动是在所难免的，不可能一直维持建造时的"原状"。在修复时如何看待"真实性"，如何把握修复的尺度，是恢复到原状还是历史上的某个时期？在笔者看来，首先，"真实"并不直接等于"原真"或"原状"，而是场镇建筑在不同历史时期中的"真实"的叠加，严格意义上的"原真"是不存在的。特别是对于川渝地区绝大部分木结构体系的建筑来说，在历史演变过程中，不断地移梁换柱、落架维修，甚至拆改重建也是再平常不过的事情，而真正重要的是"营建法式"的延续，而非"营建原样"的延续。比如重庆龙潭古镇的吴家院子、王家大院、甘家大院等木结构建筑，从明清到当代就经历了数次修葺和局部改动，建筑的原状已无从考证。其次，对传统场镇建筑的历史信息保存是真实性原则的具体体现。川渝地区传统场镇建筑最为重要的价值就是其历史价值和文化价值，它们是通过建筑的真实程度来体现的，而"真实"是各个时期变化的叠加。因此，在面对传统场镇空间修复的具体问题时，需根据对象的价值进行具体分析，以最大限度地保存历史信息，方能作出适当的判断和取舍。

（2）建筑空间修复的对象

在真实性原则指导下的川渝地区传统场镇建筑"空间修复"不是对场镇建筑的简单保存，而是在保护场镇建筑历史、文化、经济价值的基础上，从建筑背景文脉、历史风貌、功能空间、传统材料、营建技艺等方面入手，最大限度地保持和延续传统场镇建筑的历史真实性。

1）建筑环境空间修复

从前面的论述中可以看出，川渝传统场镇建筑并不是孤立存在的，建筑与孕育其生长的环境（自然环境、民俗文化）有着密切的关联性。在历史的演变中，传统场镇建筑周边的环境可能发生了变化，这种变化后的环境已无法体现建筑与原有环境之间的关系，甚至会影响到建筑的价值。因此，在对川渝地区传统场镇建筑空间进行修复时应将建筑与环境统一起来，修复建筑与环境间的整体性关系。如在重庆龙潭古镇传统建筑修复中，就通过对建筑周边环境的分级保护、拆除与整治等不同措施来保持和强化场镇建筑街巷空间和肌理特征，延续场镇建筑与周边环境的关联，保持场镇建筑环境的真实性（图6-30）。

2）建筑功能空间修复

川渝传统场镇建筑功能空间是在长期的历史时空环境演变下形成的，是建筑得以存在的基础，能够保持场镇建筑原有的功能空间无疑是最为理想的。然而，由于现代文明的冲击，许多传统场镇建筑功能空间所赖以生存的时空环境也发生了巨大的变化，传统建筑已不能适应现代生活的需求，面临被遗弃的危险。因此，对于场镇功能空间的修复不能一味强调复古，而是应该根据时代环境的变化，在保持建筑历史信息的基础上，通

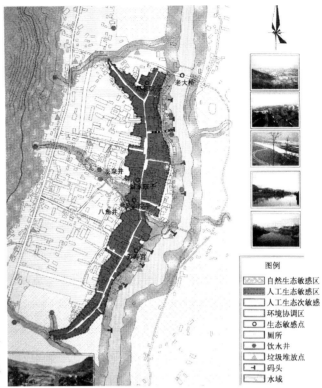

图 6-30 龙潭古镇建筑环境的修
复中的分区保级保护（图片来源：
重庆大学城市规划与设计研究院
《龙潭古镇保护规划》。）

图例
自然生态敏感区
人工生态敏感区
人工生态次敏感
环境协调区
生态敏感点
厕所
饮水井
垃圾堆放点
码头
水域

过对建筑的有机更新与再利用，使其焕发出新的活力。如四川洛带古镇中众多的移民会馆，过去曾是同乡人聚会议事的场所，但随着时代的变迁，会馆建筑也逐步退出了历史的舞台，内部功能空间明显不能适应现代生活的需求。为了恢复会馆建筑的活力，在修复过程中，除了延续内部特有的表演功能、祭祀功能之外，还对其内部功能空间进行合理改造，并作为场镇中的"客家博物馆""移民博物馆"使用，从而使传统的会馆建筑在延续其功能空间的基础上重新焕发出新的活力。

3）建筑风貌修复

真实性原则下的川渝地区传统场镇建筑风貌修复，要求对场镇建筑立面、艺术风格、风貌特色等方面进行完整、真实的反映，并取得与场镇历史风貌相协调的效果。在历史的长河中，场镇建筑由于不合理的使用或添加，严重破坏了原有建筑的真实风貌。因此，为保证场镇建筑风貌的"真实性"表达，依据翔实的资料，剔除后来的添加和更改，使建筑真实的风貌得以复原。如在重庆磁器口古镇风貌的保护中，为了延续场镇建筑风貌的真实性，不仅对场镇内重要的文物建筑及民居采用复原修复的方式，尽可能按照历史资料进行原貌保存，而且对核心区的场镇建筑进行严格的立面保存（图 6-31）。

4）建筑材料修复

传统场镇建筑材料不仅是川渝独特地理环境下的产物，而且还真实记录着人们使用

重庆瓷器口古镇法轮寺大雄宝殿——修复前　　　　　重庆瓷器口古镇宝膳宫——修复前

重庆瓷器口古镇法轮寺大雄宝殿——修复后　　　　　重庆瓷器口古镇宝膳宫——修复后

图6-31　"真实性"原则下的传统场镇建筑风貌修复（重庆磁器口古镇）（图片来源：重庆大学城市规划与设计研究院《磁器口保护规划》，作者参与规划编制。）

经历所留下的历史印记。延长传统场镇建筑材料的寿命，保存其中的历史记忆，自然成为了川渝传统场镇建筑材料修复的重要目标。然而，对于以木构为主的川渝传统场镇建筑来说，无限延长原材料的生命周期往往是不现实的。由于木材自身的特殊属性，易受到虫害、腐烂等问题的影响，从而导致建筑结构安全性问题，因此，必须将建筑材料保护与建筑结构保存统一起来看作一个整体，在最大限度保存材料历史信息的基础上，通过加固、更换、修补、落架维修等方式，尽可能地保持材料与结构的真实性。值得一提的是，在建筑材料的修复过程中，还应遵循可识别性原则，对新增或新换的材料构件加以可识别的技术处理（标识、新旧对比、留白等）。如在重庆潼南县双江古镇的杨闇公旧居的修复过程中，就从保护场镇历史建筑的原真性出发，没有采用落架大修的方式，而是采用替换历史建筑构件或部件的措施进行修缮。因此，在修缮的过程中就非常注重对场镇建筑材料的修复与历史信息的保留（图6-32）。[1]

5）建筑营建技艺修复

传统建筑的营建技艺是川渝地区传统场镇建筑存在的重要基础。由于川渝地区传统场镇建筑大多以木构为主，在使用过程中只有通过不断的修缮才能延长其生命周期，在这种不断修缮的过程中，只有运用传统营建技术才能最大限度地保存建筑的历史价值和建筑构造、形态、空间的真实性。因此，保护和延续传统场镇建筑的营建技艺已成为传统场镇"空间修复"中的重要组成部分。

（3）场镇建筑空间修复的基本方法

从川渝传统场镇建筑空间修复的具体实施方法来看，在面对不同类型的修复对象时，应采取不同的保护方法，目前较为常见的有以下几种：

1）维护

维护是对现有传统场镇建筑干扰度最小的一种方法，它不仅能及时化解和预防外力对建筑造成的损害，而且还能够最大限度地保存建筑的历史信息。在对场镇的日常维护中，除了必须制定相应的制度之外，还要对一些存在隐患的部分进行记录归档、连续监测，及时进行保养维护等。

图6-32 川渝传统场镇建筑材料的修复（潼南双江古镇杨闇公旧居修复）（图片来源：重庆大学城市规划与设计研究院《潼南双江古镇杨闇公旧居修复设计》。）

---

[1] 在修复的过程中，主要通过以下几个方面来实现对建筑材料信息的保留：首先，对于木构件的表面处理，剔除铁钉等杂物，清除构件表面的污垢，恢复材料构件的原始色彩和材料质感；其次，对不能恢复的表面材料装饰，表面不刮腻子，直接在历史木构件上采取刷大漆三遍的措施，以更多地保护历史构件的材料信息；此外，对替换和新添置的木构件，一方面进行表面处理，以符合当地的传统表面油漆技术，力求与原建筑构件风格一致，另一方面，通过标志、对比等技术手段来强调建筑材料的可识别性，最大限度地保留原建筑材料的历史信息。参见重庆大学城市规划与设计研究院《潼南双江古镇杨闇公旧居修复方案设计》。

2）加固

加固是为了防止建筑结构体系损害而采取的一种技术措施。一般而言，包含以下三个方面：其一是以建筑原有结构体系为基础进行加固，以满足使用及延长建筑寿命的要求；其二是加固原有结构体系的同时增加新的结构体系，使新老建筑共同承担荷载；其三是完全脱离原有结构体系，完全由新结构体系受力承载。特别需要指出的是，在加固的过程中所有的措施都不得对原有建筑造成损害，虽大限度地保持建筑的真实性和可识别性。

3）重建

重建是在翔实的史料、图像和实测资料的基础上，对已损害的传统场镇建筑进行复原的一种方法。在重建时必须采用与原有建筑一致的结构形式、材料、造型，以恢复建筑的原貌。然而，并不是任何情况下都可以进行复原性重建，对于那些具有特殊意义的废墟，或缺乏翔实资料的重建，要慎之又慎，不然极易造成"假古董"和"建设性破坏"的出现。

4）新建

新建是一种新型的空间修复方法，它是为了协调和修复场镇整体风貌而进行的建设。它不仅需要采用与传统场镇建筑完全一致的结构形式、材料、装饰等，以获得整体协调的场镇建筑风貌，而且还要注重对场镇空间、环境、肌理的协调和统一。

5）改造

改造是根据场镇现实环境和建筑现实状况，在保留建筑历史信息的基础上，对传统场镇建筑内部功能空间进行调整或更新再利用，以满足现代生活环境的需要，给传统场镇建筑注入新的活力。

6）迁移

迁移是指在传统场镇建筑赖以生存的空间环境消亡的情况下采取的一种特有的保护方式，这是一种不得已而采用的保护修复方法。如前面提到的重庆龚滩古镇就是在乌江水位上涨，原有场镇被淹没的情况下，通过对具有重要历史价值的场镇建筑进行迁移，来实现对场镇建筑空间环境特色的延续。

6.2.3.2 建筑空间修复技术

川渝传统场镇空间修复的有效实施必须依赖于合理的修复技术手段才能得以实现。近年来，随着各种新技术、新材料的不断引入，川渝传统场镇建筑修复技术得到了长足的发展。为此，笔者结合多年来川渝传统场镇的建筑保护案例以及自己的工程实践经验，针对川渝传统场镇建筑不同的材料、构件、类型等，归纳总结出了以下几种较为成熟的修复技术方法：

（1）木构件修复技术

由于木材自身的属性，使得川渝传统场镇建筑中的柱、梁架、屋架、枓等木构件在长期的日晒雨淋下，不同程度地出现了腐烂、弯曲、断裂等问题，这严重影响了场镇建筑的日常使用和安全。因此，在原真性修复原则的指导下，为了最大限度地保存建筑构件的历史信息和完整性，不仅可以采用挖补、包镶、墩接、拼接、劈裂处理等传统修复技术，还可运用环氧树脂等新型材料对破损构件进行浇筑加固（表6-1、图6-33a、图6-33b）。

（2）屋面修复技术

屋面修复主要包括屋瓦、垫层、屋脊等内容。同时，屋面修复工作必须严格按照传统工艺的要求进行，并根据屋面材料和破损程度的不同选择合理的技术措施。如在修复屋面瓦的过程中，必须对原有屋面瓦编号落地清洗后，原样复位，而对补充的新瓦应以原瓦作为样本进行专门烧制。又如屋面天沟、烟道泛水、屋脊等防水薄弱处，除了采用一般的传统做法之外，还可在垫层上加设三元乙丙卷材等来加强屋面的防水性能（图6-33c）。

（3）墙面修复技术

川渝地区传统场镇建筑墙面的类型多样，按材料来分大体可分为砖墙、土坯墙、夹泥墙、石墙等几大类型。针对不同类型的墙体，其修复技术手法和理念也各不相同。如对于砖墙，可采用清洗、替砖修复、砖粉修复、外贴仿制面砖等方式；石墙可采用环氧树脂、有机硅树脂、丙烯酸树脂等化学物质来进行加固粘接与表面防护；土坯墙，则根据其不同的伸缩性、抗渗性，可采用具有针对性的加孔排潮、钢梁支撑、胶体灌注等技术措施（图6-33d）。

（4）地面修复技术

川渝传统场镇建筑地面的基面材质选用多因地制宜，选择当地较为流行的地方材料，如青石、方石、鹅卵石、碎石、木板、青砖等不一而足，并以其丰富的文化意义和精美

川渝传统场镇建筑木构件修复技术措施一览表　　　　表6-1

修复木构件内容	修复技术措施	修复技术、材料说明
柱、通梁、斗栱、屋架	挖补	当构件表面糟朽，而内部完好，不影响构件使用及结构承载力时，用与原构件同材质的木料做成木楔，再上胶填实补洞
柱、通梁、屋架	包镶	做法与挖补相同，只是填充部分可分块制作，根据补块长短用木钉或铁箍固定
柱	墩接	用齐头墩接或刻半墩接方式衔接新旧木料。在一些特殊地带可插入钢筋将木料相互连接
柱、通梁、斗栱、屋架	拔榫	对于构件歪闪、滚动而出现的倾斜，可使用铁扒锯、铁拉扯等进行加固
柱、通梁、屋架	劈裂处理	结合挖补与开裂修补的方式对构件进行修复
柱、通梁、屋架	化学材料浇筑	利用环氧树脂等高强度、低收缩率、高抗腐蚀度等有机化学物质对损毁的构件进行填补、粘接、补强

图表来源：作者根据相关资料整理绘制。参：西安文物保护中心《重庆湖广会馆修复工程》；新同升. 鲁中地区近代历史建筑修复与再利用研究[D]. 天津大学，2008.

的铺地图案而具有了较高的价值。因此，在修复中，不仅要遵循原有地面的材质和传统的铺砌方法，处理好排水设施，而且对地面中具有较强地域和文化特色的图案符号需重点保护。

（5）门窗、装饰等木构件修复技术

川渝传统场镇门窗、装饰等木构件往往蕴含着丰富的历史信息，但也是最易遭受破坏而使得建筑艺术价值、历史价值缺失的部分。因此，对建筑门窗、装饰等木构件表面的修复就提出了更高的要求，不仅需要保护原物及原物上的历史文化信息，而且还要使这些构件尽可能地再现原有的风貌和韵味。一般来说，修复工作大致分为表面清理、破损构件粘结、原有漆层的加固、原有漆层补全等几个环节（图6-34）。

综上所述，"空间修复"作为传统场镇建筑空间环境特色保护的一种重要技术措施，是建立在对场镇建筑空间环境的独特认知基础上的。随着保护修复视野的不断扩展，它已不再局限于过去单一的"历史复原做法"，而是从建筑环境、风貌、材料、营建技术等方面入手，通过具有针对性的修复方法和技术手段来实现对传统场镇建筑的原真性修复，同时，各种新材料、新技术的广泛运用也为空间修复技术的发展奠定了坚实的基础。

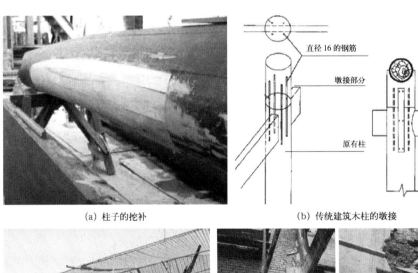

(a) 柱子的挖补　　　　　　　　　(b) 传统建筑木柱的墩接

(c) 屋面瓦、垫层的修复　　　　　(d) 墙体的加固与连接

图6-33　修复技术在场镇建筑修复中的运用（图片来源：作者拍摄。）

图 6-34 装饰构建清洗、补漆前后的效果对比（资料来源：重庆大学城市与规划设计研究院提供。）

6.2.4 活态保护：场镇人文空间环境特色保护的优化技术措施

从技术角度来看，川渝地区传统场镇人文空间环境比物质空间环境更具复杂性、活态性和可塑性，这就客观决定了对于传统场镇人文空间环境的保护方法将更加灵活和动态。如何在新的社会环境下保护和传承川渝地区传统场镇独特的人文空间环境成为了实现场镇空间环境特色保护的关键。基于场镇人文空间环境的具体构成和特征，强调对人文空间环境动态的、活化的"活态保护"显然是实现这一目标的有效手段和措施。

6.2.4.1 "活态保护"的内涵

川渝地区传统场镇人文空间环境的"活态保护"概念是相对于物质文化遗产"静态保护"而衍生出来的一种新型保护技术方法。由于传统场镇人文空间环境的形成并不是静态的，而是在不断的历史文化演变中传承下来，且存在于传统场镇的日常生活中，至今仍旧持续发挥着重要作用。因此，对于传统场镇人文空间环境的保护，不能局限于我们所认定的某个时间点或者我们所采取的某种价值判断，要充分考虑到场镇人文空间环境随着社会生活的变更而不断变化，并具有"活态流变性"的本质特征。因此，对传统场镇人文空间环境的保护应从传统的对"物"静态的保护转变为对"技艺"活态的保护；从注重对物质实体的保护转变为"以人为本"的保护；从过去的片段式保护转变为活态的连续性保护。

正是基于这样的认知，川渝地区传统场镇人文空间环境的"活态保护"可以定义为将场镇人文空间以一种鲜活的状态保存于原生的环境中，以一种可持续发展的、以人为本的眼光看待场镇人文空间环境，使其在持续有机的历史演变中得到完整、连续、活态的保护。

6.2.4.2 "活态保护"的具体技术措施

如前所述，传统场镇人文空间环境是在不断的历史层叠中传承下来的，从而具备了独特的活态流变性特征，而"活"是它的核心特征。从这个层面来讲，在具体的保护过程中，活态保护不是对传统场镇人文空间环境单纯的怀旧、复古和封存，而是通过活态的展示、记忆、传承、利用来实现对场镇人文空间的保护传承的技术方法。概论来说，传统场镇人文空间环境的活态保护主要包括以下几种技术措施：

（1）"活态博物馆"展示

所谓"活态博物馆"（Eco-museum，也称生态博物馆）是建立在对"活"的传统场镇人文空间环境认识的基础上，强调将场镇居民自己的日常生活劳作一起保护起来，以人为本，通过原封不动地把整个场镇连同居民看作一个整体，对场镇中的人文现象和人文场景进行保护与展示。原真性、社区参与、文化认同则是其最为核心的三个要素。在这种展示中，更看重场镇居民的动态参与，实现文化空间环境保护与传承的并重。通过对传统场镇文化空间环境的"活态博物馆"展示，人们不仅可以更为直观地了解到"活"的场镇文化，而且它也是传统场镇文化保护与传承的一种重要手段。

当前，"活态博物馆"保护已在其他地区开始推行，并取得了较好的效果。如贵州六枝梭戛就居住着一支独特的苗族支系"箐苗"，为保护和展示区内特有的苗族民族文化，引入了活态博物馆保护方法，以空间元素、集体记忆、苗族居民为元素，通过区内苗族的日常生活来向社会展现一种鲜活的苗族传统生活模式和文化传统（图6-35）。

可以说，活态博物馆作为一种活化的、动态的、无围墙的博物馆形式，淡化了传统博物馆建筑实体的围墙边界，极大地延展了藏品的内涵，强调当地居民和参观者的动态参与，逐步得到了社会的广泛关注。

（2）"数据库"记忆 [①]

川渝地区传统场镇中的许多民间文化（如神话、诗歌、民谣）传承到今天，主要依赖于人们的口口相传、言传身教。为了使这些原生文化能够以最为真实的形式保存下来，按照"无形文化有形化，文化资源数据化"的目标，采用现代科学技术手段对这些无形的文化进行记录、归类、整理，建立相关数据库是当前传统场镇人文空间环境保护尤为重要的一种技术手段。相对于传统意义上对文化相关实物的保护而言，"数据库"记忆不

图6-35 活态博物馆保护（贵州六枝梭戛）（图片来源：余压芳. 景观视野下的西南传统聚落保护：生态博物馆的探索 [M]. 上海：同济大学出版社，2012：72-75.）

[①] "数据库"记忆是指借助现代科技的媒介手段（文字、录音、影像、动画等）对传统场镇文化空间环境进行信息获取与处理，进而建立数据库对其进行保存与共享的一种保护技术手段。

仅能够突破文化形态上的限制，对各种民间技艺进行全方位的展示和解析，而且还能更为安全和长久地保存这些弥足珍贵的传统文化。

（3）活态传承

所谓"活体传承"，是指针对场镇中那些濒临消亡或尚存活力的传统文化，通过鼓励、扶持、改造和发展等技术手段，增强其生命活性，促使其在当代发扬光大，并被当代或后世永续传承的一种保护方式。根据其传承方式的不同又可划分为自然传承和主动传承两种形式。

1）自然传承

这是指探寻传统场镇文化在当代场镇居民生活中存在的原由，通过保护和优化其赖以生存的场镇人文环境，将对传统场镇文化的保护与民众的日常生活有机结合起来，使其更加紧密地融入到当地社会发展中，从而让文化在场镇民间的日常生活中保存和延续的一种保护方式。例如在川渝传统场镇日常生活中广泛存在的传统节庆、礼仪习俗、传统工艺等（图6-36）。

通过对它们加以扶持、引导，不仅可以和当前场镇居民的日常生活需求结合起来，而且还能与场镇文化建设和发展相互衔接，进行整体性保护，使得传统场镇文化在场镇日常生活环境中能够自然地传承和发展。

（a）日常理发（四川西来）

（b）铁具打制（四川平乐）

（c）传统木雕（四川阆中）

（d）糍粑制作（重庆中山）

图6-36　日常生活中场镇传统文化的自然传承（图片来源：作者拍摄。）

2）主动传承

在市场化的今天，对传统场镇文化的传承还不能一味任由其自然地延续和发展，还必须通过与市场紧密结合的文化产业开发，为那些因丧失社会功能而濒临灭绝的场镇文化营造出新的生存空间，赋予其新的社会功能，给予其完善的法规保护、资金支持，引导和推动传统场镇文化的传承。例如在当前一些传统场镇中常见的传统工艺品销售、游客参与性的手工制作、节日庆典、传统民俗舞蹈演出等（图6-37）。

(a) 民族工艺品制作（重庆磁器口）　　　　　　　　(b) 变脸表演（四川街子古镇）

图6-37　川渝传统场镇文化开发中对传统文化的主动传承（图片来源：作者拍摄。）

6.3　策略三：保障机制完善：实施战略管理，强化制度体系

6.3.1　导入场镇空间环境特色保护的战略管理机制

战略一词泛指"重大的、带有全局性或决定性的谋划"。战略管理作为一门20世纪的新兴学科，源于企业组织管理的发展，是企业在面临企业复杂性与环境复杂性的挑战时的一种积极回应。《布莱克维尔战略管理学百科辞典》中的定义："战略管理包含了一系列形成某种战略的决策与行动，以及达到公司目标的实施过程。"

最初，战略管理产生的组织基础是西方社会的大公司体制及其等级式的管理结构。此后，以安索尔、安德鲁斯等西方学者的研究理论为代表，不仅形成了沿用至今的古典战略基本命题①以及战略管理的六个基本任务和管理过程②（图6-38），而且逐步将这种管理方式引入到其他领域。

---

① 古典战略管理理论的基本命题包括：①环境—战略—结构为基本的战略管理范式，战略应该适应于环境，战略需要通过内在的管理尤其是结构来加以实施等；②战略就是企业为了收益制定的与组织使命和目标一致的最高层计划；③战略就是实现长期目标的方法；④企业战略就是关于企业作为整体该如何运行的根本指导思想。参：巴纳德. 经理人员的职能 [M]. 北京：中国社会科学出版社，1977:161；周三多. 战略管理思想史 [M]. 上海：复旦大学出版社，2002:253-255.

② 战略管理的六项基本任务为：①目标形成；②环境分析；③战略形成；④战略评价；⑤战略实施；⑥战略控制。参：罗佳明. 中国世界遗产管理体系研究 [M]. 上海：复旦大学出版社，2004: 35-36.

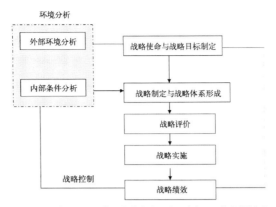

图 6-38　古典的战略管理的基本流程（图片来源：作者绘制。）

6.3.1.1　战略管理机制导入的意义和作用

就川渝地区传统场镇而言，其空间环境则是由物质空间环境、社会文化空间环境、精神文化空间环境等子系统为载体，构成的一个相对开放的系统。在这个系统内部各子系统间、子系统要素与外部环境之间，不断地进行着物质能量信息的交换、资金与人员的交流等。因此，不能将场镇空间环境作为一个封闭系统来对待，对场镇空间环境特色的保护应该是一个长期稳定的目标，并且在目标实现的过程中还包含着一系列关乎决策与战略的管理。所以有必要从战略管理的高度来看待传统场镇空间环境特色的相关保护工作。

与企业管理相比，传统场镇空间环境特色保护的战略管理的内涵要复杂、广泛得多。它运用战略管理理论，建立一个较为系统、整体的分析体系，来解决传统场镇所面临的种种保护与利用之间的动态管理问题，从而为传统场镇的管理者提供更面向未来、面向复杂环境的可操作的管理体系和方法。

具体来说，"战略管理"机制在传统场镇空间环境特色保护中具有以下几个方面的意义和作用：

第一，战略管理机制的导入能有效地克服现今保护管理制度上的局限性。目前，川渝地区传统场镇保护的管理组织模式依旧延续着计划经济时代的管理体制，由不同的职能部门共同承担职责（涉及工商、公安、林业、市政、宗教、文物、建设、旅游等单位），呈现出管理主体不明确、条块分割、步调不一等弊端（图 6-39）。与此同时，由于管理主体间的复杂性，各个管理主体或同一主体的各部门间也存在着管理上的"冲突"或"盲区"，这大大增加了管理目标的混乱和多重性。因此，只有通过战略管理机制的导入将场镇不同的管理主体纳入到总体战略下，形成系统战略目标体系，才有可能在保护管理的实践过程中确定统一的目标，从而实现管理部门的统一协调。

第二，战略管理机制能够较好地协调传统场镇空间环境特色保护在不同时期、不同阶段的目标关系。从发展的过程来看，川渝传统场镇空间环境特色作为传统场镇的"核心"资源，对它的保护、利用、发展存在着多重目标。这就需要通过战略管理的导入来

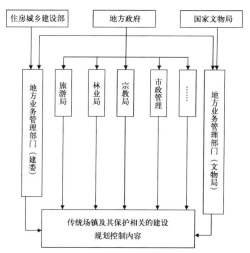

图 6-39 川渝地区传统场镇现行保护管理机构体系简图（资料来源：作者根据资料改绘。参：阮仪三，王景慧. 历史文化名城保护理论与规划 [M]. 上海：同济大学出版社，1999.）

协调、统一它们之间的关系，从而为管理者从宏观上考虑场镇的"未来远景"及各个时期与阶段目标间的协调打下良好的基础。

第三，战略管理机制能协助相关管理部门作出科学、正确的决策。虽然当前川渝地区传统场镇具有较为完整的制度体系，但在具体运行过程中，由于缺乏科学的组织、安排以及对科学管理精神的遵从，在很大程度上依旧表现为以"人为经验"为主，依靠主要领导的经验来进行重大决策，而不是在对客观事物进行科学分析基础上得出结论。一旦领导的个人经验发生偏差，就会造成巨大的损失。因此，在场镇管理中导入战略管理机制，运用其较为科学和全面的系统分析方法，对于协助管理部门在一些重大问题上作出科学的决策具有重要的意义。

第四，战略管理机制是解决过渡转型期传统场镇特色保护管理问题的有效措施。在处于过渡转型期的传统场镇中，各种社会、经济、环境问题相互交织在一起，长期的动态性变化成为了这一时期场镇保护所面临的最大问题。因此，通过导入战略管理机制来制定出一个长期稳定的发展目标，指出实现这个战略目标的途径，是解决过渡转型期传统场镇保护管理动态变化问题的有效措施。

总体而言，对于川渝地区传统场镇空间环境特色的管理可以视为一个包含多个目标在内的复杂组织体系的管理，通过战略管理机制的导入，可以帮助管理者全面、整体地了解、分析内外环境因素的影响，从整体上制定战略目标、规划管理行为，加强管理组织体系的协同，为场镇空间环境特色的保护提供有力的制度保障。

6.3.1.2 传统场镇空间环境特色保护战略管理的基本框架

传统场镇空间环境特色保护中引入现代战略管理是一项具有探索性的工作，参照战略管理的六个基本任务和管理模式，其基本框架内容如下：

（1）战略环境分析

目前川渝地区传统场镇空间环境特色保护中所出现的许多问题都与其所面对的内外环境的复杂变化有着密切的联系。一方面，从宏观角度来看，环境变化的根本原因是传统场镇处在我国转型过渡的时代背景之下，而这种转型又涉及对文化、社会、经济、制度全方位的影响和变化，从而不仅让传统场镇的保护进入到了一个全新的变革时期，而且也使得场镇对环境的敏感程度逐步增加。另一方面，从微观视角来看，随着时代的变化，对场镇的保护工作不仅涉及技术层面，还涉及财务、人力、信息等资源层面的内容。

因此，从外部宏观环境分析与内部资源环境分析两个方面入手，对当前的传统场镇进行分析，寻找场镇保护工作中的不足，是成功实施战略管理的前提。

1）外部宏观环境分析

当前对传统场镇的保护工作正处于一个全新的变革时代，社会、经济、制度等外部环境的变化对保护工作的影响也越发明显。为此，借用企业宏观环境分析中采用的分析方法，从政治、法律、经济、社会文化、科学技术等方面来研究外部宏观环境对传统场镇空间环境特色保护的影响，成为了贯彻战略管理的首要工作（表6-2）。

2）内部资源环境分析

与文物保护不同，传统场镇空间环境特色保护是一个涉及信息资源、技术资源、财务资源、人力资源等方面的综合体系。随着外部宏观环境的变化转型，场镇内部资源环境发生了巨大的变化，然而由于场镇保护工作长期处于我国封闭的文物保护体制中，场镇保护管理模式已远远落后于时代的要求，如人力资源结构不合理以及专业知识落后，

川渝地区传统场镇空间环境特色保护外部宏观环境分析　　表6-2

a	政策法律方面的环境分析	我国目前与传统场镇保护相关的法律、法规有《文物保护法》《环境保护法》《历史文化名镇名村保护条例》《中华人民共和国城乡规划法》等，它们基本构成了当前传统场镇保护管理的法制框架。然而，具体来看，在国家层级仍旧缺乏专门针对传统场镇保护的整体性法规以及关于场镇空间环境特色保护的具体专属法规，这是当前川渝传统场镇出现特色危机的重要原因
b	经济方面的环境分析	由于川渝地区经济条件相对落后，众多传统场镇急于通过发展经济改变场镇落后的面貌、提高场镇居民的生活水平。场镇空间环境特色作为一种历史文化资源，对它的保护管理常常在发展经济的迫切要求中出现被忽视或被滥用的情况。特别是近年来大规模的城镇建设、旅游经济开发给场镇空间环境特色保护管理带来的冲击是巨大的
c	社会文化方面的环境分析	改革开放以后，随着人们物质生活的日益丰富，消费观念也随之改变，文化消费、精神消费的比例逐年上升，场镇旅游作为一种新兴的旅游方式受到人们的喜爱。这一社会文化方面的变化，必然给川渝传统场镇空间环境特色保护的管理提出新的要求，以满足人们的精神文化需求
d	科学技术方面的环境分析	随着科技的迅猛发展，各种新技术、新材料逐步被运用到传统场镇保护领域，这无疑给当前川渝传统场镇空间环境特色保护的开展提供了强有力的技术支持，如GIS技术、三维扫描技术等

图表来源：作者绘制。参：安定.西部中小历史文化名城可持续保护的现实困境与对策研究[D].天津大学，2005.

财务资源缺乏有效的资金保障制度，同时在资金的分布上，并未落实公平和效率的原则等。因此，深入分析场镇内部资源的变化，在此基础上制定相应的保护管理模式是导入传统场镇空间环境特色保护战略管理的内在要求。

3）内、外资源环境 S.W.O.T 综合分析与评价

S.W.O.T 分析模型是当前战略管理分析中经常采用的一种分析框架。它的基本方法是从优势、劣势、机会、威胁四个方面入手来对传统场镇内、外环境资源进行综合性分析和总结，以帮助进行合理的战略选择（图6-40）。

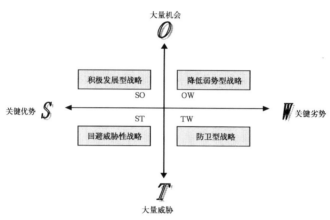

图 6-40　S.W.O.T 分析模型（图片来源：作者绘制。）

为了更好地说明，本文从具有普遍性的问题出发，借用 S.W.O.T 分析模型对当前场镇内、外资源环境进行了较为整体和概括的分析（表6-3）。需要特别指出的是，在这里给出的只是一般性的分析方法，每一个场镇在制定自身的空间环境特色保护战略管理策略时，都还应该结合自身情况，进行具有针对性的分析。

（2）战略目标与规划

1）战略目标[①]

就川渝地区传统场镇而言，场镇空间环境特色不同于一般的城镇资源，它具有重要的历史价值、经济价值和文化价值，具有惟一性和不可复制性。因此，对场镇空间环境特色的保护应是第一位的。此外，场镇空间环境特色本身又是一种最具综合价值，满足人们多方面精神和文化需求的资源。通过对其合理有效的利用和开发不仅能获得巨大的经济效益，而且还能助推场镇社会、经济、文化的可持续发展。

---

① 战略目标是实现战略管理的核心思想，是战略管理的具体化内容。由于它描绘了组织发展的基本方向、要求和标准，因此，战略目标对于战略问题的解决起进一步具体化的作用。同时，也应该看到，由于组织系统的复杂性，所制定的战略目标不可能是惟一的，在不同的层面、不同的领域、不同的阶段有不同的目标，因此战略目标是一个由总体目标、若干分目标、子目标等共同构成的有层次的结构体系。参：罗佳明. 中国世界遗产管理体系研究 [M]. 上海：复旦大学出版社，2004：96.

川渝地区传统场镇空间环境特色保护的 S.W.O.T 战略分析　　表 6-3

<table>
<tr><td rowspan="2">外部宏观环境</td><td>（O）机会</td><td>（T）威胁</td></tr>
<tr><td>1. 场镇空间环境特色某种程度上代表一个场镇或地区的形象，受到各级政府的重视。
2. 人们的文化、精神生活的不断丰富，为场镇空间环境特色保护提供了广泛的空间。
3. 传统场镇空间环境特色保护有利于传统文化的保护与传承。
4. 川渝传统场镇空间环境特色保护有利于场镇竞争力的提升</td><td>1. 现行传统场镇保护相关的法律、法规不完善，缺乏具体的操作性。
2. 过度的商业开发与建设性破坏极大地损害了场镇的个性和特色。
3. 随着市场经济的发展，场镇间的竞争也日益加大。
4. 国家及地方对川渝传统场镇保护的专项投入较少，再加上相关政府管理部门效率低下、监管不力等问题，严重影响了场镇保护工作的开展</td></tr>
<tr><td rowspan="2">内部资源环境</td><td>（S）优势</td><td>（W）劣势</td></tr>
<tr><td>1. 川渝传统场镇空间环境特色保护与场镇旅游开发密切相关，受到地方政府和社会的广泛重视。
2. 川渝传统场镇地域文化特色和民族特色鲜明，具有较大的潜力。
3. 具有"后发优势"，可以借鉴起步较早的东部传统城镇和国外的成熟经验</td><td>1. 川渝传统场镇历史文化资源本身具有不可逆性（脆弱性）。
2. 场镇空间环境特色保护缺乏完整的战略规划，具有盲目性。
3. 缺乏具有较高素质的专业人才队伍。
4. 绝大部分川渝传统场镇知名度低，自我营销能力弱</td></tr>
</table>

资料来源：作者自绘。

　　鉴于此，目前川渝传统场镇空间环境特色保护战略管理的总体目标应是在对传统场镇空间环境特色进行有效保护的基础上，通过自身机制的完善和能力的加强，使传统场镇空间环境特色在保护与发展、维护与塑造、激活与转化等环节获得改进，从而为场镇的可持续发展提供强大的动力。围绕这一个战略总体目标，根据不同场镇的具体情况的差异和阶段要求，还有若干分目标和子目标，如：①传统场镇旅游发展目标；②场镇空间环境特色监测目标；③人力资源目标；④财务目标；⑤场镇特色宣传目标；⑥特色保护教育目标；⑦技术措施改进目标；⑧场镇规划建设目标等（图 6-41）。

　　2）战略规划

　　战略规划是战略管理进行有效实施的有力支撑。概括来说，川渝地区传统场镇空间环

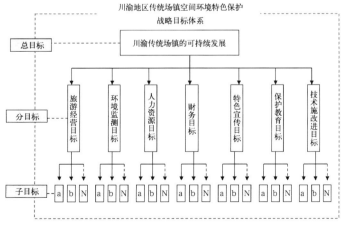

图 6-41　川渝传统场镇空间环境特色保护战略目标体系（图片来源：作者绘制。）

境特色保护的战略管理规划是通过组织外部环境和内部资源条件来分析、制定达到战略目标的战略和政策。它的基本内容包括：传统场镇空间环境特色保护的战略管理方案与计划（如社会宣传方案、保护经费预算计划等）；保护中管理部门的评价体系等。因此，战略规划的完整性可以用来评估一个传统场镇在空间环境特色保护管理上的规范性和管理水平。

但需要注意的是，战略管理规划与一般的传统场镇保护规划或旅游发展规划明显不同。战略规划更多是针对场镇保护中的管理组织、各方协调等，它并不是对场镇本身的具体空间规划，对于作为主体的场镇管理部门来说，战略管理是宏观层面的内容。因此，在场镇空间环境特色保护的过程中，只有首先完成战略目标与规划的制定，从根本上解决战略问题，分析和处理各种内外环境资源条件，才能将战略思想贯彻到具体的场镇保护规划中，否则，动态变化的环境条件和突发的问题会大大增加具体的保护规划与技术措施的落实难度。

（3）战略实施

具体的实施过程是保证整个战略管理机制得以顺利进行的关键。甚至从某种意义上来说，一个完美的战略目标与规划，若未得到有效的实施，必将会以失败告终，而一个乏善可陈的战略目标若得到有效的实施，不仅可以使战略获得成功，而且还能在一定程度上挽救不恰当的战略。

就川渝地区传统场镇而言，由于具体的环境资源和个体目标、规划的差异，场镇空间环境特色保护的战略实施也应具有一定的弹性空间，根据具体的情况作出因时、因地的动态调整。除此之外，在战略实施的过程中还应坚持以下基本原则：①合理性原则；②多方协调的原则；③随内外环境资源的变化而采取的动态变化原则；④提升场镇保护管理能力的原则；⑤整合更多资源、机构、团体等多方参与合作的原则；⑥坚持不断学习、持续增强自身能力的原则。只有这样才能更好地适应动态变化的环境，高效、完整地坚持和实施既定的保护管理战略目标。

（4）战略控制与修正

战略控制与修正，是指在战略实施过程中，检查未达到战略目标的各项活动的进展情况，评价实施战略的得失，把它与预定的战略目标与评价标准相比较，分析产生偏差的原因，修正偏差，使实施过程更好地与当前的内外环境、目标协调一致。一般来说，战略控制与修正要经历以下5个环节：①确定目标；②确定衡量公众成果的标准；③建立报告和通信等控制系统；④对信息资料进行审查，并找出活动成效与评价之间的差距；⑤对不达要求的内容进行修正和调整。

具体到川渝地区传统场镇空间环境特色保护的战略控制和修正，除了具备全面完整的战略规划、健全合理的组织机构等三个方面的前提条件之外，其战略控制和修正还包括以下具体内容：

1）结合川渝地区具体的法律法规、经济发展水平、专业技术人员、保护资金配置等条件，确定组织相应的标准。

2）通过一定的评测方式和具体的评测标准，监测每个传统场镇保护中的实际情况，并将其与标准相对比，进行偏差分析评估。

3）监控场镇保护中的外部环境的关键因素，如自然生态因素、人为因素、管理因素、经济因素、政策因素等。

4）在传统场镇空间环境特色保护中，通过一系列的激励政策，调动战略实施主体的积极性，以保证战略控制与修正的有效落实。

当然，这个框架还比较笼统，而笔者在此也仅仅是提供一种设想（图6-42）。这还需要进行不断的实践和研究，才能使其不断得到充实和完善，只有这样才能有效解决当前传统场镇在空间环境特色保护管理中遇到的困境，从而为实现传统场镇空间环境特色保护的战略目标提供保障。

6.3.2 完善场镇空间环境特色保护的经济保障机制

川渝地区传统场镇空间环境特色保护作为一项旷日持久的工程，其得以顺利进行必须依靠强有力的经济保障机制。然而，当前，除了各级政府有限的专项拨款之外，其他渠道的资金来源微乎其微，使得"保护资金匮乏"确实成为了一个长期客观存在的事实，而这似乎已成为各方消极保护的"最佳借口"（图6-43）。

在借鉴国外经验，并结合川渝地区现实情况的基础上，笔者认为："临渊羡鱼，不如退而结网"，川渝地区传统场镇空间环境特色保护的资金不能只是消极地等待政府的投入，而应该从"开源"与"高效"两个方面来不断完善现行的经济保障机制，从而实现经济保障能力的提高。

6.3.2.1 "开源"：市场经济背景下保护资金的多元筹集

所谓"开源"，是指通过增加保护资金来源渠道来确保资金供给的稳定。这是针对目前川渝地区传统场镇保护资金来源较为单一而提出的一种应对策略。

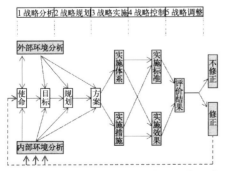

图6-42 战略管理模型框架（图片来源：罗佳明. 中国世界遗产管理体系研究 [M]. 上海：复旦大学出版社，2004:102.）

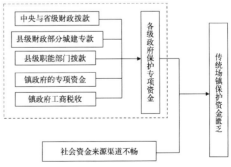

图6-43 传统场镇保护资金匮乏的现状（图片来源：作者绘制。）

现阶段川渝地区传统场镇保护资金的筹集还较为单一，主要还是依靠各级政府或职能部门的专项资金投入，而且从数量上来说还较为有限，无法满足数量众多、分布广泛的传统场镇保护需求，更谈不上针对场镇空间环境特色保护的资金需求。例如从1998年开始国家计委、财政部联合设立国家专项保护基金，对于一些重要历史文化名镇、名城中的重要历史文化街区给予资金补助，面对全国范围内上百个历史文化名镇，每年仅3000万元，而重庆市用于历史文化名镇保护的财政划拨虽逐年增加，但到2007年才约840万元，明显不能够满足区内近30多个国家、省市级历史文化名镇保护的资金需求，更不用说满足那些尚未纳入到名镇保护体系中的传统场镇保护的资金需求。与此同时，在保护资金的筹集过程中，由于缺乏有效的刺激和引导，对社会民间资金的吸纳以及个人企业的捐助常停滞不前。例如根据笔者调研，近年来在重庆龚滩、偏岩、走马、宁厂等古镇的保护实践中，仅偏岩古镇吸纳了占总比例8%的非政府资金，而其他场镇的保护资金均来自国家及各级地方政府（表6-4）。

因此，笔者认为，对场镇保护资金的筹集，除了接受政府的保护拨款之外，还应结合市场经济规律更多地引导和鼓励民间金融资本的进入，开拓和扩展社会资金的筹集渠道，从而实现多渠道、多层次的资金筹集，从而真正达到"开源"的目标。具体来看，可以从以下几个方面入手（图6-44）：

（1）强化中央和地方政府的财政拨款。当前川渝地区只有一部分传统场镇（主要集

2002-2005年重庆历史文化名镇保护经费统计表　　表6-4

时间	原国家计委及文物局拨款用于名镇保护的费用（万元）		市级政府及相关职能部门拨款				私人、企业等社会捐赠及赞助		合计（万元）	
			场镇文物保护费用（万元）		保护机构日常运转费用（万元）					
2002	123.6	40%	89.61	29%	86.52	28%	9.27	3%	309	100%
2003	162.33	42%	115.95	30%	96.625	25%	11.595	3%	386.5	100%
2004	170.94	33%	207.2	40%	129.5	25%	10.36	2%	518	100%
2005	268.8	32%	386.4	46%	184.8	22%	0	0%	840	100%

资料来源：重庆市文化局统计年鉴（2002-2005）。

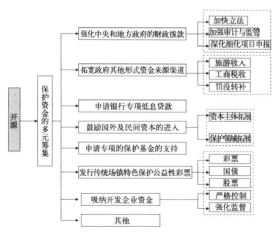

图6-44　川渝地区传统场镇空间环境特色保护资金的多元筹集（图片来源：作者绘制。）

中在历史文化名镇内部）能够得到国家和省市级财政中的专项资金（但也经常发生被挪用的情况），而那些未纳入名镇范围内的传统场镇的保护资金来源则由于没有法律和政府的保障，更是具有相当大的偶然性、间接性。为此，一方面需加大财务监管和审计力度，合理配置财权，确保资金专款专用；另一方面，基于实际工作中大部分场镇保护资金是以项目的名义下发的，故在当前保护资金制度尚未建立的情况下，可鼓励和引导那些未纳入名镇保护范围中的传统场镇，通过项目申报工作的细化和深化来争取更大的资金支持。

（2）拓宽政府其他形式保护资金的来源渠道。除了积极申请政府的专项财政拨款之外，还需进一步拓宽工商税收、罚没收入、旅游收入等其他资金渠道来补贴传统场镇空间环境的特色保护。例如重庆磁器口古镇就采用每年从古镇旅游及场镇经营税收中提取一定比例资金的形式，用于古镇历史环境的维护、建设。

（3）疏通向银行申请低息贷款的途径。为了刺激、鼓励川渝地区传统场镇的保护，可以借鉴国外一些经验，由政府出面担保或通过一定的财产抵押向银行申请低息或无息专项保护贷款，用于场镇的空间环境特色保护工作。如法国在 ZPPAUP 保护条例中就规定，保护区的修复工作和保护工作可以得到由政府出面担保的银行专项保护低息贷款的支持，最多可占工程金额的 60%。虽然目前我国在这方面的金融信贷机制还不完善，但依旧可以大力发展这种以低息贷专项款的模式来支持场镇保护。

（4）鼓励国外及民间资本的进入。通过税收减免、简化行政审批、财税补贴等一系列刺激手段鼓励民间资本或国外资金参与到场镇保护或旅游开发中不失为一种较好的途径。作为投资公益事业的回报，政府在确保场镇受到严格保护的前提下，允许投资主体得到一定的商业回报。

（5）申请专项的保护基金的支持。一般来说，申请国内、外各种专项保护基金的资助，也是一种较为有效的途径。但由于申请这类资金的要求较为严格和专业，并要经过严格的论证、审核后才能通过，因此政府需加大对川渝地区，特别是一些偏远地区传统场镇的技术扶持，鼓励高校、专业研究机构、保护团体积极参与到场镇的申报工作中去。

（6）发行传统场镇特色保护公益性彩票。通过政府发行传统场镇保护的国债、彩票或股票来筹集资金也是一种国际常用的方法。如意大利就通过立法规定将彩票收入的0.5% 作为国家文物的保护资金。又如日本每年春、秋两季都会向全国发行"历史文化城镇保存奖券"、"文化财产保护奖券"等，其收益都会自动划入到传统城镇的保护经费中去。就川渝地区来说，也可以结合自身情况，借鉴这些方法，通过发行一些公益性的彩票、债券来拓展保护资金的来源渠道。

（7）吸纳开发企业资金。在主管部门进行严格控制并设定相应的惩罚措施的前提下，将开发企业的开发资金引入到传统场镇中进行旅游开发也不失为一种可运用的资金筹措方式。只是这种资金筹集的前提是对开发行为的有效、严格的控制与监督，并有一定的政策作为依据，避免在发展的同时带来对传统场镇的巨大的人为破坏。

除了上述几种途径之外，对于川渝地区传统场镇空间环境特色保护资金的筹集还可以借鉴国外的一些经验，如通过法律、税收等手段规定场镇传统建筑的所有者，无论是个人、团体还是政府部门都主动承担起其所占建筑的日常维护开支，这也是一种具有良好前景的筹集途径。

6.3.2.2 "高效"：提升保护资金的配置与管理水平

所谓"高效"，包括两个层面的含义：其一是提升资金的配置效益。其二就是强化资金管理水平（图6-45）。

从目前川渝地区传统场镇空间环境特色保护所获得的经费来看，要提升资金的合理配置水平，最大程度地发挥其经济和社会效益可以从三个层面入手：

首先，从宏观层面来看，由于各地区保护水平、保护紧迫程度各不相同，因此，需根据各地区的具体情况，按照"效益最大化"原则在不同地区间进行合理的资金分配，使保护资金在区域空间分布、投放数量、投放时间上与各地区保护工作的客观情况相符合，从而达到资金投入产出比的最大化，即实现最优化的资金配置效益。

其次，从中观层面来看，在同一地区内的不同场镇之间要进行合理的配置，在坚持社会、经济效益平衡发展的基础上，进行权衡比较，确保区域内各传统场镇的保护协调发展，不会出现保护工作严重滞后的情况。

此外，从微观层面来看，在具体的单个场镇保护过程中，在不同保护阶段（例如保护前期调研、施工、日常维护等），应因地制宜，从空间优化与重构中挖掘效益，通过资金的合理安排，保障在实现预期效益的同时尽可能减少资金的损耗。

除了提升资金配置效益之外，提高场镇空间环境特色保护资金的"高效"运作还应从转化政府职能，建立专业的保护机构，加强监督立法等多方面入手，以实现川渝地区传统场镇空间环境特色保护资金管理的高效率和透明化。具体来说，主要体现在以下几个方面：

（1）推动政府保护管理职能的转化。传统场镇空间环境特色保护作为一项公共事业，保护管理的主体应该是政府。因此，在当前市场经济背景下，若要提高保护资金的管理应首先推动政府职能的转化，使其从原来的多重、无限政府向高效、法治政府转化，从既是政策的制定者又是实施者向监督管理者转化，从以经济管理为重点向以公共行政管

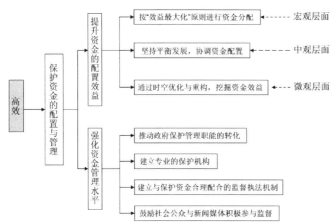

图6-45　传统场镇空间环境特色保护资金的"高效"配置（图片来源：作者绘制。）

理为重心转化。

（2）建立专业的保护机构。目前在川渝地区，保护资金一般是由镇级人民政府或其下属单位来接收，并负责资金的支配使用。由于职能模糊，缺乏必要的监督，在实际操作中有可能存在挪用或挤用的情况。因此，成立一个基层的保护机构（如传统场镇保护中心）按"专款专用"的原则来负责保护资金的接受、投放、配置等，有利于减少中间环节，提高资金使用的效率和透明度。

（3）建立与保护资金合理配合的监督执法机制。从大的发展趋势来看，川渝地区传统场镇空间环境特色保护资金的高效运作，离不开完善的执法监督机制，特别是在保护资金的具体操作性条款和监管约束文件制定方面。如现行的许多国家及地方法规在制定中常常"避实就虚"——通过一些笼统的措辞来回避一些实质性问题，从而造成法律空洞，在面对实际问题时候常常难以实施。

（4）进一步鼓励社会公众与新闻媒体积极参与到对保护资金的监督中。虽然社会公众大多不具备专业的知识背景，但却具有较强的敏感性和积极性。在对保护资金的监管中增加公众调查、公众讨论、公众监督等环节，引导群众组织或个人积极参与到保护监督中来，不仅可以增强保护资金管理中的公正性、公开性，而且还能为保护工作的开展提供有效的群众基础。

由此可以看出，对于川渝地区传统场镇空间环境特色保护中经济保障机制的完善，具有阶段性和长期性的特征，其目标的实现不仅有赖于多元化的保护资金的筹集，更依靠保护资金配置与管理水平的提升。

6.3.3 健全场镇空间环境特色保护的公众参与机制

"公众参与"[①]（Public Participation）作为一种民主思想的产物，如今在世界范围内得到了广泛的欢迎和认可，并普遍存在于环境保护、政策制定等领域。它不仅能促使不同群体的合法权益获得实现和保障，化解不同群体的利益及矛盾冲突，更为重要的是，它还可以反过来强化对权力的制约和民主的监督，是推进社会民主得以弘扬的重要手段。

6.3.3.1 公众参与到场镇空间环境特色保护中的现实意义

就川渝地区传统场镇空间环境特色保护而言，它作为一项牵扯广泛、头绪复杂、与社会经济发展密切相关的社会工程，绝不是仅仅依靠单一主体就能独立推动的。它必须依靠全社会的共同参与，实现社会动员、资金筹措、管理监督等方面在保护这个公共领

---

① "公众参与"是在一定社会背景下，具有共同利益和兴趣的社会群体对政府涉及公共利益事物的决策的介入，从构成上来看，其由"公众"和"参与"两个层面的内容所组成。"公众"是指具有共同的利益基础、共同的兴趣或共同关注某些问题的社会大众或群体；而"参与"则是指一种外部力量向内部力量转移和渗透的过程，是参与主体通过影响内部的意志，从而使内部的决定有利于外部的一种形式。也有学者将这一过程定义为利益相关者对某项事物或资源的介入、咨询、建议等活动。参：蔡定剑.公众参与：欧洲的制度和经验[M].北京：法律出版社，2009.

域内的汇集。然而由于长期以来公众缺乏足够的保护意识，公众参与的意愿与能力都极为低下，依旧习惯于由政府来包揽所有的保护工作。再加上现行的保护是一个以政府为主导的自上而下的管理机制，缺乏广泛的社会基础，从而使缺乏公众参与的传统城镇保护显得越来越软弱无力，各种矛盾日益复杂和突出。

因此，健全公众参与机制，拓宽公众与政府间信息沟通的渠道，增强保护过程中的民主性、公开性，对当前处于起步阶段的场镇特色保护具有极为重要的现实意义。

（1）公众参与能有效促进公众之间、公众与政府之间良性互动的形成。对处于起步阶段的川渝地区传统场镇空间环境特色保护来说，公众参与制度的建立有利于形成以政府为主导，个人、社会团体、企业、专家学者各占有一席之地，相互协同、相互监督的良性保护机制（图6-46）。

（2）公众参与能够为场镇空间环境特色保护奠定良好的社会基础，化解政府与公众间的矛盾和冲突，促使保护朝着可持续发展的方向迈进。川渝地区传统场镇空间环境特色保护作为一项任务繁重、牵扯广泛的社会事业，必须依靠全社会的共同参与，集思广益，充分考虑和协调各阶层的利益，减少社会阻力，才能实现可持续的推动和发展。

（3）公众参与是提高保护过程中政府执行力和公信力，推动政府职能转变的有效手段。目前，川渝地区传统场镇保护以政府的单方面行为为主，完全是一种政府独立行为。由于缺乏有效的社会公众参与、舆论监督，在保护过程中容易出现忽视公众利益、执法不严、唯长官意志是从等现象。而建立公众参与机制，拓宽群众监督渠道，能有效约束政府的权力，提高政府执行力和公信力，推动政府职能的转变。

（4）公众参与是实现川渝传统场镇空间环境特色保护决策科学化、民主化的有效途径。目前，政府作为传统场镇保护政策的制定者、维护者和执行者，在行政过程中必须从群众利益出发，实行科学决策和民主决策，这既是公众参与的核心内容，又是当前公众参与的迫切要求。

6.3.3.2 "多级"公众参与机制①——公众与政府间良性互动的有效途径

在对川渝地区传统场镇空间环境特色的保护过程中，参照公众参与的一般规律，结合川渝社会环境的现实状态，健全与之相适应的多级公众参与机制（包括信息知情机制、表达机制、监督机制、公益诉讼机制、反馈机制）是实现公众与政府良性互动的有效途径（图6-47）。

（1）信息知情机制。信息知情机制是川渝地区传统场镇空间环境特色保护公众参与

---

① 公众参与机制是指在保护过程中，个人、专家、社会团体等参与主体与政府间，通过"相互尊重、深入探讨"的公众参与，实现整体公众利益从价值冲突到共识形成的过程和相互关系。它包含着公众在保护政策制定、规划设计和开发建设等各个环节中的知情式参与、诉求式参与、监督式参与等内容。通俗来说，就是在保护过程中公众可以获得相关的信息，可以提出自己的意见和想法，可以参与、监督保护的实施，可以获得政府的反馈，并被通知进程及结果。

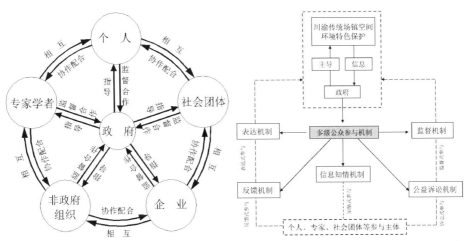

图 6-46 保护中公众参与主体间的互动（图片来源：作者绘制。）

图 6-47 川渝传统场镇空间环境特色保护的多级公众参与机制（图片来源：作者绘制。）

的前提和基础。它是指公众了解和获取保护过程中的重要决策、重要事物以及与公众密切相关的日常事务，如保护法规的制定、立法状态，保护管理机构的职责与权限，保护资料数量及支出情况，保护研究相关成果等信息的一种公众参与形式。

因此，信息知情机制，更多是对政府管理部门信息公开和透明的要求。如重庆铜梁安居古镇这几年在保护过程中就非常重视政府对场镇保护规划信息和场镇历史文化特色的主动宣传，这不仅使得场镇居民充分了解到保护规划的详细内容和场镇历史文化，为规划的实施奠定了坚实的社会民众基础，而且也起到了舆论造势、社会宣传的作用，可谓一举两得（图 6-48）。

此外，近年来我国在保护领域对于政府信息公开也陆续出台了一系列相关规定，这为川渝地区传统场镇空间环境特色保护信息知情机制的建立奠定了坚实的法律基础。如：

1）2008 年《中华人民共和国政府消息公开条例（2008）》第三章中就明确要求："政府应当主动公开的政府信息，通过政府公报、政府网站、新闻发布会以及报刊、广播、电视等便于公众知晓的方式公开；各级人民政府应当在国家档案馆、公共图书馆设置政府信息查询场所，并配置相应的设施、设备……"

2）2010 年《国家文物局关于进一步发挥文化遗产保护志愿者作用的意见（2010）》中规定："各省、市、自治区、直辖市文物局（文化厅、文管会）要积极、及时地向志愿者通报信息，使广大志愿者充分了解文化遗产保护工作的成就及面临的困难。"

3）2011 年《关于加强文物行政执法工作的指导意见（2011）》中要求："积极建立和推行执法信息公示、公告制度。各地通过多种方式及时公开执法信息……"

4）2013 年《国家行政许可法（2013）》第二十一条规定："行政机关应将法律、法规、规章规定的有关行政许可的事项、依据、条件、数量、程序、期限以及需要提交的全部材料的目录和申请书示范文本等在办公场所公示……"

（2）表达机制。表达机制是指能够确保公众在保护政策制定、保护实施等环节，通过

图6-48　通过网络媒体对场镇保护公众的主动宣传（图片来源：http://ajz.cqstl.gov.cn/index102.html.）

制度或相应法律法规的支持来表达自己的权益的一种公众参与形式。这是公众参与到川渝地区传统场镇空间环境特色保护中的根本动力，也是衡量保护中公众参与的重要标准。

现阶段公众并没有影响保护决策的实际能力，始终停留在一种初级的公众参与阶段，公众对于自己权益的表达并没有一个通顺的渠道。为了改善这种状况，笔者提供几种建议来优化这一公众表达机制：其一，在保护的各个环节，公众通过与政府相关部门间的会议研讨、问卷调查、座谈会等双向沟通的方法来表达自己的权益；其二，公众可以通过投票选举产生具有威望的代表或代表团，一方面汇集公众提出的合理化意见，另一方面参与到政府的保护决策过程中，对保护具有"一票否决"权，从而保障公众的意见能够得到具体的落实和实施；其三，公众通过电视媒体、网络、报纸等公共传媒机构来表达自己的意见，并对政府施加舆论压力和影响。

（3）监督机制。监督机制作为公众参与的核心组成部分主要表现在以下两个方面：一是直接性监督参与，是指公众在充分获取信息及充分参与的情况下，通过听证、批评、建议等形式直接参与到国家或政府执法工作中，监督相关部门或工作人员在保护中的不规范或违法行为。二是间接性监督参与，也可称协助性监督参与，指的是公众通过检举、揭发等形式为国家相关保护执法机关提供支持和帮助。

当前川渝地区保护中的政府监督执法制度还处于起步阶段，公众监督机制的介入不仅有利于提高政府保护工作的效率和公正性，避免保护中相关部门或人员违法行为的发生，把传统场镇空间环境特色保护置于全社会的关注和监督之下，而且更有利于激发公众对场镇空间环境特色保护的热情。

（4）公益诉讼机制。诉讼机制是指场镇居民、相关组织、个人、社会团体等公众参与主体对违反场镇保护的法律法规、侵犯国家或公共利益、破坏场镇历史文化遗产的行为的依法诉讼，从而实现公众对传统场镇保护事物的管理和参与。它是保障公众参与的重要环境，是公众在保护过程中，信息知情机制、表达机制、监督机制受到损害时的法律支持手段。

（5）反馈机制。反馈机制是指在以政府为主导的传统场镇空间环境特色保护过程中，对公众需求和疑问作出积极而快速的反映和回复的过程。然而，就目前川渝地区而言，在对传统场镇的保护中，一方面由于政府回应渠道单一、程序复杂、效率低下，再加上政府在行政过程中自利型倾向严重，使得至今仍未建立起有效的反馈机制。故此，可以通过以下几个方面来加强公众参与中的反馈机制建设：

1）进一步拓宽民意表达和政府反馈渠道，加快政府职能转变。

2）建立相应的法律法规体系。

3）提高政府反馈机制的透明度，提高行政办公效率。

4）利用现代信息技术和网络技术建立健全电子化的政府服务平台。

总之，在目前川渝地区社会经济发展相对落后，公众参与程度还处于起步阶段的条件下，健全和强化信息知情机制、表达机制、监督机制、公益诉讼机制、反馈机制等多极化公众参与机制，是推动在传统场镇空间环境特色保护中公众参与从目前的"低级参与"向"深度参与"转换，实现公众与政府良性互动的有效途径。

6.3.4 强化场镇空间环境特色保护的社会教育机制

川渝地区传统场镇空间环境特色保护作为一门专业性较强、综合多学科知识的系统工程，如果仅仅凭借一股热情，没有专业的保护人才、体系化的公众保护教育体系为依托，那么传统场镇空间环境特色保护的科学性、先进性就无从谈起，更不用说场镇空间环境特色保护的可持续发展。

从前文对当前英国在保护领域的社会教育的成功经验可以看出，建立多层级的社会教育[①]机制是保护得以顺利进行的基石。当前，川渝地区传统场镇空间环境特色保护的社会化教育不应局限于高等学院的专业化研究教育，还应包括非高等教育领域，受教育

---

① "社会教育"是指由社会机构及有关社会团体或组织实施的，除学校教育以外，针对公众进行的一切有目的、有组织、有计划的教育活动。参:张超国.我国文化遗产社会教育模式构建研究[J].贵州师范大学学报，2012（6）.

的对象也不应仅限于大学生，还应包括社会上的志愿者、社会团体、政府官员、自由职业者等。概括来说，除高等教育之外，社会化教育机制还应包括大众教育、专业教育、职业教育等多个层次。

6.3.4.1 大众教育

首先，由于面向大众的教育群体相当广泛，因此在实施过程中不仅要有极强的针对性，而且还要贴近生活，易于理解。在这方面，西方发达国家的做法尤为值得我们学习。以澳大利亚为例，为了鼓励全社会了解澳大利亚的历史文化和世界遗产资源，启动了"世界遗产教育运动"。它通过在官方网站针对不同职业和年龄的公众定期设立免费课程，来促进公众对本国历史文化的了解和鉴赏。如针对儿童，主要是以动画片、儿童玩具等形式介绍各地区的历史文化遗产，而对于青少年，除了基本遗产知识外，更多是通过影视作品、课外实践、传统工艺学习来引导他们作更深层级的思考，学会分析和理解遗产的价值、重要性等。

另外，大众化教育的目标不是培养保护方面的专家，而是加强人们对传统场镇空间环境特色保护的认识和理解，提高特色保护意识。具体而言，大众化教育主要是培养社会各阶层以下几个方面的观念和认知：

（1）提高公众对传统场镇空间环境特色的理解、尊重、欣赏水平。

（2）培养人们对保护和改善传统场镇本体及其生存环境的责任感。

（3）促进人们对场镇空间环境特色保护与可持续发展间的关系的主动理解。

（4）调整和完善对传统场镇空间环境特色观念的认知。

6.3.4.2 专业教育[①]

当前，对川渝地区传统场镇的保护主要还是在政府的主导下，依靠专家、学者来引导和推动。因此，通过专业化教育，培养专业化人才，建立完善的教学和科研体系，成为了川渝地区传统场镇空间环境特色保护得以顺利开展的重要保障。然而，当前川渝地区在这方面的建设却并不理想，没有形成专业化的教育体系，只是依靠部分高等院校中的部分课程设置来普及相关知识，科研力量薄弱、专业人才匮乏、科研机构不完善等问题依旧存在。相比之下，西方发达国家完善的专业化教育体系和研究体系，非常值得我们借鉴。以法国为例，自1887第一部《文物保护法》制定开始，就已着手建立专业化的教育研究机构。今天，法国已有以巴黎夏约遗产保护学院为首的30多个隶属于国家的历史文化遗产保护专业化教育学校和研究机构，它们不仅设有专门的遗产保护本科、研究生教育，而且还负责培养"法国遗产建筑师"等专业化保护人才。此外，法国各地还建有很多私人或公私合办的保护培训机构，定期地面向学校学生和

---

① 专业教育是指在社会教育机构或各高等院校中开设与传统场镇空间环境特色保护相关专业，设置保护教学课程，以培养传统场镇空间环境特色保护领域的专家、学者、保护员等专业化人才为目标的教育形式。

社会人员进行例如古建筑修复、传统营建技术培训等专业化教育。在研究上，法国成立了数百家专门的历史文化遗存保护研究机构，如古迹研究保护中心、历史小城镇保护研究实验室等，负责全国历史文化遗产的调查、研究、修复及信息收集等工作（图6-49）。

6.3.4.3　职业教育

职业教育也称职业技术教育或实业教育，是指面向与川渝地区传统场镇保护相关的技术管理人员、包括场镇管理者、具体参与保护的技术人员、专家学者、政府主管者等，进行传统场镇空间环境特色保护中所必需的知识、技术、技能、管理的专业培训教育。由于其目的是进一步提高相关从业者的专业知识及保护技能，因此与大众教育和专业教育相比，它更侧重于实践技能和实际工作能力的培养。

近年来，随着场镇保护的社会和经济价值逐步得到社会各界的认可，川渝各地区政府主管部门对保护工作者的职业教育也越发重视。例如2006年在四川省全省历史文化名镇保护工作会议上，省城乡建设厅就把"加强名镇历史文化遗产保护教育培训"作为重要的基础管理工作之一，在各县、镇、区等管理部门开展教育培训，同时为规范传统场镇保护工作，开展了一系列针对执法行政人员的技术培训，并逐步实施资格认证、持证上岗制度。又如重庆，近年来在市文物局的主导下陆续举行了各类场镇保护的职业培训课程，如"重庆市历史文化名镇（村）管理人员培训班""名镇文物普查工作培训班"以及"全市文物保护工程勘察设计、施工和监理资质审查及业务培训"等。

总而言之，职业教育有利于加强传统场镇保护的相关保护专业队伍的建设，有利于培养传统场镇特色保护所需专业人才，有利于提高川渝地区传统场镇空间环境特色保护的水平。

（a）巴黎夏约2009年"国家遗产建　（b）法国历史建筑修复专业人才　（c）法国历史古迹研究培养中心分布
筑师"考试信息　　　　　　　　　的培养

图6-49　法国遗产保护的专业人才培养（图片来源：法国巴黎拉维莱特建筑学院AMP研究所提供。）

6.4 策略四：发展路径创新：激活场镇特色，助推场镇发展

6.4.1 场镇旅游资源开发与场镇空间环境特色保护的结合

6.4.1.1 旅游资源开发与场镇空间环境特色保护的辩证思维

近年来，随着人们生活水平的不断提高，旅游产业快速发展，川渝地区众多传统场镇以其独特的山水空间环境、别具一格的场镇风貌和空间格局、极富地域特色的人文空间环境而备受人们的青睐，成为众多旅游者所向往的旅游目的地。然而，一方面，地产开发商、旅游从业者以及大量游人的涌入，不仅完全打破了场镇往日的宁静，而且也给场镇空间环境特色的保护工作带来了极大的挑战；另一方面，旅游业已成为众多传统场镇主要的经济支柱，为传统场镇保护工作的顺利进行提供了巨大的经济支持。二者之间呈现出一种既矛盾又联系的辩证统一关系，具体表现为以下两个方面：

（1）相互促进，相互依存

首先，对传统场镇空间环境特色的保护是川渝地区场镇旅游资源开发的前提和基础。毋庸置疑，具有典型地域特色的场镇空间环境是进行场镇旅游活动的基础和前提条件，一旦被破坏，场镇旅游也必将失去其依存的条件，变得毫无开发价值可言。

其次，旅游资源开发是传统场镇空间环境特色保护的集中体现。从场镇发展的角度来看，场镇空间环境特色保护的目标归根结底是为了场镇更好的发展。旅游资源的开发利用，是发挥场镇特色社会价值、经济价值最为有效的方法和途径。例如近年来成都黄龙溪、大邑安仁、崇州街子等传统场镇就通过有序合理的旅游资源开发，不仅让人们认识到了场镇独特的空间格局和风貌具有重要的经济价值并积极参与到对其的保护中来，而且依靠旅游发展，场镇居民的收入水平和居住环境也都得到了较大的提高（图6-50）。

再次，科学的场镇旅游资源开发本身就意味着对场镇空间环境特色的保护。在科学观念的指导下，合理的场镇旅游资源开发强调在开发利用的同时对场镇特色的维护和塑造，以实现场镇旅游的可持续发展。与此同时，传统场镇旅游业的发展所带来的经济收

(a) 成都黄龙溪 　　　　　　　　　　　　　　(b) 四川街子古镇

图 6-50　旅游开发对传统场镇保护促进作用（图片来源：作者拍摄。）

益，其中很大一部分又会以各种形式用于场镇基础设施的建设、环境的整治以及风貌修复。从这两个层面来看，传统场镇旅游资源的开发本身就意味着对场镇空间环境特色的有效保护。

（2）相互矛盾，相互排斥

当前频繁的旅游开发活动对传统场镇的破坏是显而易见的。它体现在：首先，出于旅游发展的需要，必然会对场镇进行一定范围内的建设开发（如兴建大型宾馆、商业街、购物中心、度假住宅等），这种建设开发不可避免地会对场镇空间格局、生态环境产生一定程度的破坏。其次，大量游客的爆发式涌入往往会超出场镇的承载能力，再加上管理不善，各种不文明行为时有发生，这都给场镇本身造成了致命的损害。再次，伴随着旅游过度开发，外来文化的强势入侵也会给场镇传统文化带来毁灭性的打击。场镇千百年来形成的价值观念、审美意识、社会关系被迅速改变，使得场镇传统文化出现了趋同化、庸俗化甚至消亡的现象。

不难看出，旅游资源开发与场镇空间环境特色保护本身就是一对矛盾统一的辩证体。场镇旅游发展已不再是一种单纯的经济活动，其中也包含着场镇空间环境特色的保护、利用、开发等问题，因此如何正确处理好传统场镇空间环境特色保护与旅游资源开发的关系，在二者之间谋求一个平衡点，已成为当前传统场镇旅游发展的核心问题。

6.4.1.2　以"场镇空间环境特色"为基础的旅游资源深层次开发

川渝地区传统场镇历经长期的历史演变和发展，最终形成了独具特色的场镇空间环境。这种特色资源优势能否转化为经济优势，与场镇旅游资源开发密切相关。从某种程度上说，旅游资源的深层次开发甚至成为了有效利用场镇特色，赢得市场先机的关键所在。

然而，当前川渝地区传统场镇虽然特色鲜明、数量众多，但在场镇旅游发展上却呈现出同质化现象严重，重复性建设突出，场镇间恶性竞争与资源浪费等问题。同时场镇产品单一，主要局限于"走—停—看"的单一观游模式，缺乏个性和特色产品已成为一个普遍存在的现象。

为此，扬长避短、突出特色，以场镇空间环境特色为基础，走"差异化"和"品牌化"旅游发展路线，显然已成为当前川渝场镇旅游资源深层次开发的有效途径。基于上述理解，川渝地区传统场镇的旅游资源开发可以从以下几个方面入手：

（1）以场镇空间环境特色为载体，拓展多样化的旅游开发模式。每个传统场镇的空间形态、民俗文化、风貌特色、类型特征等各不相同，这就决定了在每个场镇所采取的开发模式也各不相同。目前，主题式、保留式和联动式开发是三种较为典型的开发模式。其一，主题式开发，即选定场镇中最为突出的某一方面特色作为主题，所有的旅游活动都围绕这个主题进行。如成都洛带古镇最为突出的就是客家移民文化，因此客家文化就是其旅游开发的主题，又如千年盐都宁厂就应围绕盐文化、巫文化而进行开发。唯有这样才能特色鲜明，主题突出。其二，保留式开发，即对传统场镇进行有限制或有选择的开发。由于受交通、区位、场镇自身因素的影响，并不是每个传统场镇都适合于全面发展旅游，因此，根据开发条件的不同，或只对场镇中某些部分进行选择性开发，或以保护为主，暂不开发。如雅安望鱼、乐山板桥、夹江铧头等场镇由于地处偏远，交通不便，近期场镇旅游难以发展，因此目前还是以对场镇的全面保护为主，待交通改善后再进行开发利用。其三，联动式开发，即将若干特色一致的场镇联合起来，进行统一开发。如在长江三峡沿线密集分布着西沱、洋渡、大昌、扇沱等场镇，这些场镇在交通、空间形态、民俗文化等方面都极为相似。因此，将它们联合起来共同开发，不仅可以形成一个"品牌化"的旅游线路，而且还有利于通过规模效应提升场镇吸引力。

（2）以场镇空间环境特色为切入点，开发特色化旅游产品。充满地域特色的祠庙会馆、传统街巷、民居建筑、地方民俗、庙会赶场等是传统场镇空间环境特色的主要内容，它具有惟一性和不可模仿性。当前，随着场镇旅游竞争的日渐激烈，要想从众多的场镇中脱颖而出，必须以"特色"为切入点，根据每个场镇不同的类型和特征，深入挖掘，形成特色化的旅游产品，来满足游客的不同需求。如四川宜宾的李庄古镇拥有丰富的人文景观和完整的历史风貌，在进行旅游开发时，就通过对古镇独特的民俗文化和场镇建筑进行深入挖掘和充分展示，形成了抗战文化旅游、名人故居旅游、川南古建筑体验等特色化旅游产品（图6-51）。

（3）以场镇空间环境特色为纽带，强化区域旅游资源的开发与合作。虽然每个传统场镇都有自己的个性特征，但在一定地理区域范围内受相同文化因子的影响，场镇间彼此关联并呈现出极为相似的类型特征。然而，由于场镇在旅游开发时往往不考虑与周边场镇间的关系，只是埋头发展，因此，"主题相撞"、"重复性建设"成为了普遍存在的问题。为此，以场镇空间环境特色为纽带，一方面场镇间错位求异，寻求自己的个性特征，另一方面，维护和突出区域范围内场镇间的群体空间环境特征，强化区域间旅游产品的合作与开发，不仅是未来场镇旅游发展的趋势，也是促进区域旅游规模发展、整合区域旅游资源的有效手段。例如川南合江流域的顺江、自怀、仙滩、元兴等传统场镇的旅游资源，特别是民俗风情极为相似，为了避免场镇旅游产品间的竞争和同质化现象，突出和保护区域文化环境特征，在旅游开发上进行区域间的合作，共同开发，在功能上有所分

图6-51　以场镇特色为切入的旅游产品开发（四川李庄古镇）（图纸来源：作者拍摄。）

工，在宣传上有所侧重，形成了"取长补短、资源共享、优势互补"的旅游开发格局。

6.4.1.3　场镇空间环境特色保护引导下的可持续旅游发展

可持续发展是 21 世纪的主题。1995 年联合国通过的《可持续旅游发展宪章》明确指出："可持续旅游发展的实质，就是要求旅游发展不能破坏旅游地的自然、社会和人类生存环境之间的平衡关系，确保旅游资源开发不损害后代为满足其旅游需求而进行旅游开发的可能性。"

显然，就川渝传统场镇而言，可持续旅游发展就是要将场镇空间环境特色保护与旅游资源开发有机结合起来，通过对场镇特色资源的积极保护与有效利用，将旅游发展引导到可持续发展的道路上来。为此，可从以下几个方面入手：

（1）坚持"特色保护第一，旅游开发第二"的原则。当前大多数特色鲜明的川渝传统场镇普遍面临着旅游开发的巨大压力，特别是急功近利、一哄而上的旅游开发加重了对场镇的破坏。因此，在场镇空间环境特色保护的基础上，必须强调旅游开发的"度"和"量"，将旅游开发控制在一定的范围内，防止过度开发对场镇空间环境特色的破坏。如四川的平乐古镇，作为茶马古道上的重要驿站，历史悠久，曾以淳朴的川西民俗文化而著称。然而，就是因为在旅游开发时不注重对场镇民俗文化的保护，过度的商业化以及外来文化的强势侵入，使得场镇文化渐渐失去了原来的内涵，诸如山歌会、河灯会等很多传统节日集庆渐渐消失。

（2）科学规划，合理开发。规划是开发的前提，只有在科学的旅游规划的基础上才能对场镇进行合理的开发。"旅游规划的任务是综合研究和确定旅游开发的规模、容量，保证每个阶段旅游发展目标、途径、程序的优化和科学，引导旅游资源开发的合理性。"由于旅游规划确定旅游开发范围、方法和途径，所以在宏观上就可以为传统场镇空间环境特色的保护、利用与发展奠定坚实的基础。例如在铜梁安居古镇的旅游总体规划中，就将湖广会馆、万寿宫、火神庙等会馆建筑作为场镇的核心旅游要素，并在旅游发展中强调对宫庙建筑空间环境的保护，从而有效地引导和控制了场镇的保护与发展。因此，对川渝传统场镇而言，有必要将场镇空间环境特色保护作为旅游规划的一项主要内容，贯穿于旅游发展的不同层面和不同方向，使场镇空间环境特色保护与旅游开发结合起来，以实现可持续的旅游发展。

（3）制定旅游影响评价体系，消除开发的不利影响。随着场镇旅游开发的进行，过度的人为干扰对场镇空间环境特色（自然环境、民俗文化）的影响是毋庸置疑的。因此，旅游影响评价体系的重点主要是关注旅游开发对场镇环境的负面影响。故评价内容一方面需要对旅游项目可能对场镇环境产生的影响进行识别和筛选（包括环境容量、场镇特色要素的承载力等）；另一方面还需要在客观的分析后，根据旅游开发对场镇的近、远期影响的预测和评价，提出明确的旅游资源开发可行性论证，使开发所带来的负面影响降至最低。

（4）加大社会宣传，优化宏观旅游环境。首先，管理部门一方面应利用书籍、网络、电视、广告等加大对传统场镇特色的社会宣传力度，树立特色鲜明的传统场镇形象；另一方面，可以利用传统场镇中诸如赶场、庙会等特色民俗集会，举办各种旅游活动，借机提升场镇的吸引力，从而为场镇旅游发展营造出一种良好的氛围。其次，在大力宣传场镇特色的同时，强调场镇空间环境特色保护与场镇居民的切身利益紧密相关，使其认识到特色保护工作在旅游开发中的重要作用，主动承担起场镇保护的责任和义务，从根本上实现保护与开发的双赢。

6.4.2 场镇形象塑造与空间环境特色保护的协同

当前，面对日渐激烈的城镇竞争，特色鲜明的"场镇形象"成为了传统场镇推销自己、提高场镇竞争力与吸引力的有力武器。然而，众多川渝传统场镇虽然拥有别具一格的山水格局、民俗文化、历史风貌等特色历史文化资源，但并未在城镇竞争中显示出其优势地位，传统场镇的发展举步维艰。面对这种现实困境，除了对场镇自身特色历史文化资源进行持续不断的保护之外，还必须通过场镇形象的进一步强化和塑造，提升场镇的竞争力。因为在"吸引力经济"的今天，场镇形象特色匮乏、缺乏吸引力，就意味着社会认知度和关注度的降低。场镇特色也就得不到"激活"，无法转化为场镇的竞争优势。所以，塑造具有吸引力和特色的场镇形象，是传统场镇获得发展的关键。

因此，关于川渝地区传统场镇"场镇形象"的问题成为了政府、学者们时常思考和讨论的话题。什么是"场镇形象"？如何塑造传统场镇形象？传统场镇空间环境特色与场镇形象间有何内在联系？基于这些来自实践和理论的命题，笔者将在本节中进行粗浅的探析。

6.4.2.1 传统场镇形象的内涵与作用

（1）传统场镇形象的内涵

人们大都有这么一种生活经历：初到一个陌生的地方，其与众不同的特点最容易给人留下难忘的强烈的记忆，并随着人们的进一步接触而不断加深和修正，最终成为了人们对该地长期稳定的形象记忆。从中不难看出，一个特色鲜明的传统场镇形象实质是人们对场镇特色的一般认定和综合印象（图6-52）。

从字面上看，"形象"一词的解释是"能引起人们的思想或情感活动的具体形态或姿态"。然而，对于场镇而言，由于场镇本身构成的综合性和复杂性，就决定了对于场镇形象可以从以下多个视角、多个层面来认知：

其一，从直观感受来说，传统场镇形象是场镇"形"和"象"在大众心目中的感受与反映，它是人们对场镇特色信息收集、筛选、反馈过后的直接感知和综合评价。

其二，从价值角度来看，传统场镇形象是场镇文化、形态、环境、风貌等要素的综合反映，是场镇重要的无形资产，具有重要的社会价值和经济价值。

其三，从构成内容来看，传统场镇形象是场镇构成要素的综合反映。其内容可以概括为硬件和软件两个部分，硬件包括由场镇建筑、街巷、广场、小品等元素构成的物质空间

(a) 合江尧坝　　　　　　　　(b) 自贡仙市　　　　　　　　(c) 龚滩古镇

图 6-52　特色鲜明的场镇形象（图片来源：作者拍摄。）

环境，软件部分包括由场镇传统风俗习惯、传统文化、节庆活动等组成的非物质空间环境。

其四，从心理学层面来看，传统场镇形象是一种心理符号，一种客观事物的主观反映。

其五，从美学角度来看，传统城镇形象是高度统一的艺术综合体，是场镇本质的自然流露，是场镇历史的长期沉淀。总的来说，传统场镇形象是场镇内在自然、社会、物质形态的外在艺术表现，是场镇特色给予人们的综合印象与整体文化感受。

（2）传统场镇形象的作用

在市场经济环境下的今天，"场镇形象"不但蕴含着独特的经济价值，而且还对增强场镇吸引力、提高知名度、促进对场镇特色的共同认知和理解具有重要作用。

首先，明的场镇形象对内能促进场镇特色"目标共识"的形成。场镇居民可以通过鲜明的场镇形象来加强对场镇内涵的深刻认知与理解，引发共同的认同感、自豪感和愉悦感，这成为了传统场镇凝聚力和自信心的源泉。如江津中山古镇以优美的山水格局、独具地域特色的"凉厅子街"街巷空间、风格统一的吊脚楼，形成了与众不同的场镇形象。这种场镇形象得到了场镇居民和游客的普遍共同认知，并被赋予了"高山流水、川东风情"的场镇内涵和场镇精神。

其次，鲜明的场镇形象对外能扩大场镇知名度，提高场镇的竞争力，对场镇经济发展具有导向作用。由于知名度不足，使得当前大多数川渝地区传统场镇在招商引资、旅游开发中往往缺乏足够的吸引力和呼唤力，时常在竞争中败下阵来。这种知名度作为社会对场镇的"印象"和"评价"，正是场镇形象对外影响力的具体体现。可见，场镇的知名度和竞争力的提高，都是与场镇形象密切相关的。

此外，场镇形象还是激发场镇公共资源资本化的重要支撑。近年来，随着政府职能从计划经济时代的"城镇守夜人"向今天市场经济环境下的"城镇经营者"的转变，"城镇经营"[①]作为实现场镇资源增值的有效途径，已成为各地政府热衷的管理方式和手段。在这种以实现场镇建设投入和产出最大化为目标的"城镇经营"中，场镇形象自然也成

---

① "城镇经营"，是指以传统城镇资源（历史文化资源、自然资源、生态资源等）资本化为着眼点，把传统城镇作为一个社会化企业来进行管理建设，并运用市场经济手段，对以公共资源为主体的各种资源进行资本化市场运作，以实现这些资源在容量、结构、秩序和功能上的最大化与最优化，从而实现传统城镇建设投入和产出的良性循环、城镇功能的提升及场镇的可持续发展。参：李广斌，王勇．城镇特色与城镇形象塑造 [J]．小城镇规划，2006（2）：79-82．

为了场镇"公共资源",其形象的优劣直接关系到场镇公共资源资本的转化和升值,因此,备受各级场镇政府的高度重视。

可见,"场镇形象"作为一个内涵丰富的系统,无论"对内"场镇特色共识的形成还是"对外"知名度的提高,都具有极为重要的作用和影响。它就如商品的品牌形象,一个优良的品牌不仅可以扩大商品的影响力,吸引更多的买家,而且还是商品特有的一种无形资产;若商品没有自己的品牌,则无法在激烈的市场竞争中被识别、认知、发展。

6.4.2.2　场镇形象与空间环境特色

传统场镇空间环境特色是场镇价值的内在体现,而场镇形象则犹如场镇这个"商品"的包装、品牌形象,二者间存在着密切的内在逻辑联系。

首先,传统场镇空间环境特色是"真",场镇形象是"美"。川渝传统场镇空间环境特色是场镇千百年来历史演化的记忆,是真实存在并能被人感知和认识的,是每个传统场镇区别于其他城镇的"真"。场镇形象则是场镇自然环境、民俗文化、历史建筑等空间环境特色的外在表现,是场镇内在"真"的外在"美",即场镇形象是建立在场镇空间环境特色根基上的外在艺术表现形式。因此,场镇形象是场镇内在"真"与外在"美"的和谐,只有真实地反映出场镇所固有的空间环境特色,场镇形象才能活色生香,才具有"美"的艺术感。

其次,场镇空间环境特色是"本",场镇形象是"源"。别具一格的川渝传统场镇空间环境特色是场镇生存的基础,是其最宝贵的财富资源,是发展之本。场镇形象作为凸显场镇个性与特色的重要手段,是场镇发展之"源"。一方面,场镇空间环境特色作为场镇的历史记忆,只有经过场镇形象的塑造、提炼,才能使场镇发展的历史文脉得以延续;另一方面,场镇形象作为场镇自然、文化、物质形态的综合反映,只有建立在场镇特色的基础上,其品质才会更高,场镇发展的"生命线"才不会中断。

因此,川渝传统场镇的形象塑造必须从自身特色和个性出发,突出场镇在历史文化、自然环境、空间格局、传统风貌等方面的特色,塑造出自己的个性化形象,才不会在发展中迷失自己。

6.4.2.3　传统场镇形象塑造与空间环境特色保护的协同——场镇发展的必然

根据协同理论[①],任何一个系统中的各子系统之间都具有协同性,协同性与有序性呈因果关系。各个子系统和各要素的"协同"会使混乱无序转化为有序,使分散甚至相互抵触的成分转变为有序的整合力并形成整体功能。换言之,协同即是系统内各子系统间

---

① 协同 (Synergetics) 一词来源于希腊文,意思是"协同作用的科学"。在 20 世纪 70 年代,德国物理学家赫尔曼·哈肯(Herman Haken)在其《协同学:一门合作的学说》中明确提出了协同的概念。在此基础上,哈肯不仅提出了协同的三个基本原理,即支配原理、自组织原理、协同效应原理,而且还指出:"对千差万别的自然系统或社会系统而言,均存在着协同作用。协同作用是系统有序结构形成的内驱力。这种内力推动着系统'无序—有序—无序—有序'的不断循环的整体演化,这是协同系统演化的普遍规律。"这使得协同学理论更加完善和成熟。

相互适应、相互协作、相互配合、相互促进、相互耦合而成的良性循环发展过程。

就川渝传统场镇而言，场镇发展是一个远离平衡状态的开放式复杂系统，其内部包含着许多复杂的子系统。传统场镇空间环境特色保护和场镇形象塑造作为其中联系较为紧密的一组子系统，如果都按照自己的逻辑去发展，必会出现无序与混乱。另外，当前川渝传统场镇还普遍存在着保护乏力，场镇形象缺乏吸引力等问题。因此，要推动川渝地区传统场镇不断向前发展，就必须坚持将场镇形象塑造与空间环境特色保护二者协同起来（图6-53）。

（1）协同发展的必然性

在目前竞争激烈的市场环境条件下，塑造特色鲜明的场镇形象，提高吸引力，扩大场镇美誉度已成为传统场镇参与市场竞争的重要手段。然而，近年来许多传统场镇忽视了对自身历史文化特色资源的保护，试图通过各种"标新立异"、"时尚潮流"的场镇建筑来迅速提升场镇形象，结果却适得其反。如四川洛带古镇一味追求"夺人眼球"，盲目地在古镇核心区周边修建了各种"标新立异"的现代建筑，以期迅速提升场镇形象。然而，一方面由于这些建筑无论从空间格局、体量还是造型上都与场镇传统空间环境格格不入（图6-54），另一方面，场镇传统的客家民俗文化、独特的会馆建筑、"一街七巷"的空间格局因得不到重视和有效保护，正在面临着逐渐消亡的危险，结果是：新建的商业街区与传统街区形成了相互"冲突"的局面，场镇形象未见得就此提升，而场镇个性却丢失不少。可见，对于川渝传统场镇而言，应该从实际出发，将场镇形象塑造与空间环境特色保护协同统一起来，这是促进场镇可持续发展的必然。

（2）协同方式的多样

针对川渝地区传统场镇的不同特色，其场镇形象塑造与空间环境特色保护间的协同方式也表现出多样性特征，即根据不同传统场镇空间环境的差异性特色，可以围绕某种较为突出的特征，也可以针对某个文化主题进行彼此的协同发展，相互促进，达到"共赢"的局面。具体来说，可以采取以下几种方式：其一，围绕"传统风貌格局完整性"进行协同；其二，围绕"场镇重点历史文物古迹"进行协同；其三，围绕"场镇景观环境"进行协同；其四，围绕"传统民俗文化"进行协同。这几种模式在实践中并不是彼此独立的，而是通过彼此合作、相互协同，共同推动着场镇的发展（表6-5）。

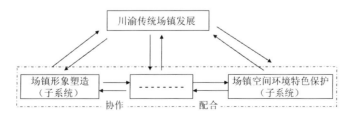

图6-53　形象塑造与特色保护间的关系图（图片来源：作者绘制。）

图6-54 "标新立异"的场镇建筑（洛带）（图片来源：作者拍摄。）

传统场镇形象塑造与空间环境特色保护的协同方式　　　　表6-5

	围绕"传统风貌格局完整性"进行协同	
模式一	对于一些保留有较为完整的传统风貌格局的川渝传统场镇来说，传统风貌格局的完整性是其最为突出的场镇特色和优势资源。因此，进一步加强对场镇传统风貌的完整性保护就成为了塑造场镇形象的最为有效的措施。例如通对场镇传统风貌的改造、环境整治等手段来剔除一些不和谐因素，塑造出具有完整传统风貌特色的场镇形象。 代表场镇：重庆偏岩古镇、合江福宝、雅安上里等	 偏岩古镇
	围绕"场镇重点历史文物古迹"进行协同	
模式二	对于一些拥有较高知名度的历史文物古迹的传统场镇（如潼南双江古镇，就拥有国家级历史文物杨尚昆故居），这些文物古迹成为了场镇形象的核心要素。因此，这类场镇在发展中可以加大对它们的保护和宣传，将这些重要的历史文物古迹作为场镇形象的代表，对场镇形象塑造具有强大支撑作用。 代表场镇：忠县石宝寨、潼南双江、合川涞滩等	 双江古镇杨尚昆故居
	围绕"场镇特色景观环境"进行协同	
模式三	场镇以其独特的景观环境对社会公众产生了极大的吸引力。一些生长于川渝独特山水环境中的传统场镇，在传统山水观念的影响下形成了山、水、场和谐统一的场镇整体景观环境。因此，通过对场镇景观环境的保护、整合、推广，将这种资源优势转化为特色鲜明的场镇形象，不失为二者协同的有效途径。 代表场镇：酉阳龚滩、忠县洋渡、江津塘河等	 江津塘河场
	围绕"传统民俗文化"进行协同	
模式四	具有浓郁的传统民俗文化是这类场镇的优势，因此可通过加强"传统民俗文化"保护，并以此作为场镇形象塑造的切入点，强化场镇特色文化与场镇形象间的关联。如四川的洛带古镇，因独特的客家移民文化而闻名，因此，在场镇发展过程中，就对各种客家文化风俗进行了保护传承，通过突出"客家文化"，使得场镇形象获得了鲜明的主体特征和支持。 代表场镇：成都黄龙溪、江津中山、洛带古镇等	 洛带古镇"水龙节"

图表来源：作者拍摄、绘制。

（3）协同目标的一致性

从传统场镇自身发展来看，场镇空间环境特色保护与场镇形象塑造二者间不仅紧密相关，而且在目标上也具有一致性，都是要使场镇这个"商品"得到社会的认可和喜爱。换言之，二者互为依托、缺一不可。一方面，对场镇空间环境特色的保护是场镇形象塑造的重要保障。场镇形象是对场镇特色的一般认定和综合印象，塑造特色鲜明的场镇形象必须从自身特色出发，通过对传统场镇空间环境特色的保护才能得以实现。另一方面，场镇形象塑造是促进场镇特色保护的有效途径。川渝传统场镇空间环境特色作为场镇的宝贵资源，极易受到人为破坏且不易修复，只有将它们利用起来，发挥它们在场镇形象塑造中的作用，才能使它们得到长期的保护。同时，利用传统场镇特色塑造场镇形象，可以强化人们对场镇特色的认知，这无疑将促进传统场镇空间环境特色保护工作的开展。

（4）协同过程的动态性

由于传统场镇形象的塑造是人为有意识地组织、整合、运作、创造、创新的个性化过程，也就是说，场镇形象塑造具有一定的可操作性，所以二者间的协同发展并不是固定不变的，它可以随着发展的需要不断地进行改善和创新。正是由于这种动态性特征，使得场镇的管理者、决策者以及参与者可以根据现实的需求，对场镇形象不断地加以修正或拓展。例如可以为场镇形象注入新的内涵，也可以根据保护的发展情况不断地进行定位和设计，从而使场镇形象塑造水平得以不断的提高和改变。这对川渝传统场镇结合场镇空间环境特色保护的情况主动进行改善和推广自己的"形象"具有积极的意义。

6.4.3 文化产业发展与场镇空间环境特色保护的互动

21世纪是文化经济的时代，通过发展文化产业来实现文化资源向文化经济的转化，增强区域乃至国家的竞争力和发展力，已成为世界范围内许多地区和国家提升其竞争力的有效途径。反观川渝地区，独特的场镇空间格局、别具一格的场镇建筑风貌、和谐共生的自然空间环境、丰富多彩的民俗文化，使川渝传统场镇拥有了独具特色的历史文化资源。然而，在实际发展的过程中，对场镇这些特色历史文化资源的利用和转化途径却非常单一，大都只停留在旅游开发上。

在此背景下，通过文化产业发展与传统场镇空间环境特色保护间的互动，激活场镇特色资源，推动其向场镇文化资本的转化，促进场镇的永续发展和经济结构转型，显然成为了当前川渝传统场镇突破现实困境，寻求发展的又一重要路径。

6.4.3.1 文化产业的内涵

文化产业（Culture Industry）一词最早出现于西方马克思主义法兰克福学派代表人物霍克海默于1974年所著的《启蒙辩证法》一书中。按照联合国教科文组织的定义：文化产业是按照工业标准生产、再生产、储存以及分配文化产品和服务的一系列活动。显然，这是一种对文化产业较为笼统的解释。从20世纪90年代文化产业的起步直至今日的蓬勃发展，发展文化产业不再是文化产品生产复制的规模化，而是形成了一种满足人们多样的文化消费需求的文化形态和经济形态。各国也对文化产业有着不同的理解，如英国就将其文化产业称为创意产业，法国则认为文化产业是"传统文化事业中具有可大量复制性的产业"，日本把文化产业统称为娱乐观光业，西班牙将其定名为文化休闲产业等。

我国正式对文化产业概念进行定义是在 2003 年出台的《文化部关于支持和促进文化产业发展的若干意见》中，其中明确提出："文化产业为社会公众提供文化、娱乐产品和服务的活动，以及与这些活动有关联的活动集合。"

从中不难看出，当今世界各国对文化产业的产业属性和文化商品属性的认识基本一致。文化产业显然已成为一种以"文化资源"为基础、以生产和经营文化商品和文化服务为内容，以"文化创意"为核心，通过技术的介入和产业化的方式制造、营销不同形态的文化产品，从而满足人们精神文化生活的经济形态。

6.4.3.2 场镇文化产业发展与空间环境特色保护的内在联系

传统场镇空间环境特色的保护，除了对场镇独特的空间形态、格局、风貌等进行保护之外，更为重要的是将场镇特色历史文化资源有效激活，转化为场镇的优势竞争力，从而推动传统场镇的经济文化发展。文化产业发展作为文化经济发展的高级阶段，其根本目的就是通过运用现代文化经营理念与科学技术，整合、改造、利用场镇历史文化资源，以实现传统场镇特色资源的商品化、市场化过程，为传统场镇空间环境特色的激活与转化提供强大的支撑。

可见，川渝地区传统场镇文化产业的发展与场镇空间环境特色保护之间存在着相互促进、互为发展的互动关系。

首先，川渝地区传统场镇空间环境特色保护是场镇文化产业诞生与发展的重要基础。文化资源的差异性特征是文化产业成功发展的关键。对传统场镇而言，其独特的场镇空间环境特色，正是场镇历史文化资源在纵向的"历史性"与横向的"地域性"、"民族性"等差异性特征的集中体现。因此，通过对传统场镇空间环境特色的保护，维护场镇历史文化资源的差异性特征，促使场镇特色历史文化资源转化为文化产品的核心内容，是川渝地区传统场镇文化产业诞生与发展的基础。如近年来推出的《印象丽江》、《印象武隆》等大型原生态歌舞就是在文化的差异性上下功夫，利用历史文化资源的差异性开发文化产品的典范（图 6-55）。

其次，川渝地区传统场镇文化产业的发展有利于场镇空间环境特色保护的提升。按照马克思主义经典言论，经济基础决定上层建筑。市场经济条件下传统场镇文化产业的发展属于经济基础的层面；而对场镇传统民俗活动、手工技艺、节庆礼仪等传统民俗文化的保护传承则归属于精神文明在内的上层建筑。如果没有强大的经济基础，场镇空间环境特色的保护工作就如同"无水之源""无本之木"。换言之，只有大力发展场镇的文化产业，展现场镇特色历史文化资源的经济价值，才能使场镇空间环境特色的保护工作得到足够的重视和经济支持。

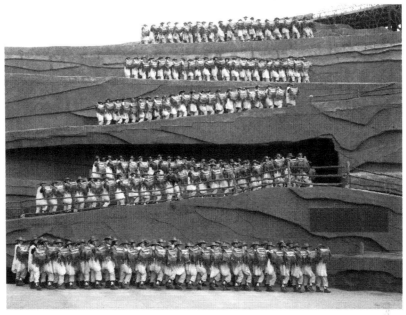

图 6-55　历史文化资源向文化产品的转化（《印象丽江》歌舞剧）（图片来源：http://you.ctrip.com/sight/liji.）

因此，川渝地区传统场镇空间环境特色保护与场镇文化产业的发展并不冲突，而是相辅相成、相互统一的。在场镇空间环境特色遭到巨大人为破坏、传统场镇越发趋同的今天，我们必须认识到，将传统场镇空间环境特色保护与场镇文化产业发展结合起来，相互协调，进行有效互动，已成为将场镇特色有效激活，并转化为场镇竞争力的未来趋势。

6.4.3.3　场镇空间环境特色保护与文化产业的互动——场镇产业发展的未来趋势

通过前面对川渝地区传统场镇文化产业发展与场镇空间环境特色保护间的互动关系的解析以及对当前传统场镇文化产业发展现状的进一步分析，我们更加清楚地认识到，由于场镇特色历史文化资源在形态、归属、价值效应和利用渠道等方面的特殊性，使得对其的开发和利用，必须建立在产业发展与特色保护相结合的系统思维下，通过建立明晰的传统场镇文化产业发展与空间环境特色保护间的互动策略，来实现对场镇特色历史文化资源的有效利用和转化。

（1）整合开发主体，建立现代文化企业制度。从目前的情况来看，为了实现二者间的有效互动，应从打破目前在传统场镇文化管理中"管办不分、政企不分"的局面，建立完全市场化的现代文化企业入手，疏通传统场镇文化产业开发渠道，让文化企业来对场镇特色历史文化资源进行统筹安排、整合经营。如当前在一些传统场镇中就专门成立了开发公司负责具体的文化产业发展工作；而政府则主要负责场镇特色资源的保护和搭建文化产业开发的平台，发挥监督和指导的作用（表 6-6）。如此，才能既有利于场镇

川渝地区部分传统场镇的文化产业开发渠道　　　　表 6-6

序号	场镇名称	场镇文化产业开发公司
1	四川洛带古镇	成都地润置业发展有限公司
2	四川街子古镇	成都文旅集团街子古镇开发建设有限公司
3	四川平乐古镇	成都文旅集团平乐古镇开发建设有限公司
4	重庆铜梁安居古镇	重庆安居杰龙旅游开发有限公司
5	重庆酉阳龚滩古镇	酉阳县龚滩旅游开发有限公司
6	重庆酉阳龙潭古镇	酉阳县龙潭旅游开发有限公司

图片来源：作者根据资料绘制。

空间环境特色的保护，又能真正组织起和充分释放文化生产的能力，最大程度地推进场镇文化资源的产业化进程。

（2）强化文化产业发展的多元化路径。川渝地区传统场镇有着丰富独特的历史文化资源，具有巨大的历史价值、文化价值、经济价值。然而，在目前的情况下，场镇历史文化资源的利用与开发程度远远不够，场镇历史文化资源的丰富底蕴和资源优势还没有转变成文化优势、经济优势。因此，有必要从产业发展的视野出发，在保护场镇空间环境特色的基础上，通过深度挖掘或赋予场镇历史文化资源新的价值，来推动对场镇历史文化资源的利用和开发的多元化路径（表 6-7）。

（3）走差异化、品牌化的发展线路。精炼川渝地区传统场镇文化资源的产品功能，走差异化、品牌化的发展路线是增强传统场镇文化产业发展与空间环境特色保护互动的核心。对场镇历史文化资源的利用和开发要落实到文化产品上来，只有保证文化产品具备了差异化、品牌化特征，继而进行场镇品牌化的文化生产与运作，才是场镇文化产业走向世界，得以延续的硬道理。在这个过程中，必然缺少不了对场镇空间环境特色内涵的挖掘和保护，只有保留了场镇历史文化资源的特色内涵，文化产品才能更加饱满，更具价值。从这个角度来说，走差异化、品牌化的发展线路，是川渝传统场镇空间环境特色保护与文化产业发展互动的基础和核心价值。

场镇特色历史文化资源利用与开发的多元化路径　　　　表 6-7

序号	文化产业类别	文化产品的具体内容	可供利用的传统场镇历史文化资源
1	文化艺术及创意产业	音乐、舞蹈、戏剧、民俗艺术创意性作品、绘画、雕塑、摄影、平面和工艺艺术等类型	场镇民间戏曲、神话故事、民俗舞蹈、民间工艺、历史文化遗迹资源、历史文化建筑资源、民俗节庆和宗教资源
2	广播及媒体产业	广播、电视、电影、杂志等类型	音乐、民间曲艺、文学艺术
3	历史环境产业	遗产、建筑、考古学区、宝藏及古器物、历史财产等类型	历史文化遗迹资源、历史文化建筑资源、文化民俗风情和宗教资源
4	运动、观光旅游及纪念活动产业	纪念庆典、地区庆典、运动竞赛、观光产业等类型	历史文化遗迹资源、历史文化建筑资源、文化民俗风情和宗教资源等
5	图书馆、博物馆、美术馆产业	图书馆、博物馆、美术馆等文化展示与教育类型	文化民俗风情和宗教资源、民间曲艺、文学艺术、舞蹈、服装、民间工艺等

图表来源：作者绘制。

（4）培养现代文化产业的管理与经营人才。培养现代文化产业的管理与经营人才是场镇空间环境特色保护与文化产业发展间进行互动的有力保障。在知识经济的今天，发展文化产业必然要求投资者、经营者和管理者都熟悉市场经济与文化经营，且具备较高的专业知识水平。然而，当前川渝地区从事文化产业发展的人才资源不足，专业知识面狭窄，创新能力低，直接导致了大多数川渝场镇文化产业的文化含量和文化品位不高，文化产业发展门类单一等问题。因此，川渝地区当务之急是从多方面入手建立完善的文化产业人才培养机制，如通过加大对创新型专业技术人员培养的资金投入力度，支持产业间、行业间专业技术人员的交流与合作，制定实施文化领域的奖励机制，加大对人才、产品、创新的奖励，鼓励及引导各类文化企业与科研机构、高等学校联合，加入到场镇文化产业发展中来等措施，为场镇文化产业发展与场镇空间环境特色保护间的互动提供专业化的人才支持。

（5）延伸以场镇空间环境特色为核心的文化产业链。长期来看，市场经济转型在给传统场镇空间环境特色保护带来挑战的同时，也给其带来了实现经济价值的机遇。这就意味着对场镇的特色保护不仅仅是资金的投入，以此为基础的文化产业发展也能带来可观的收益，两者相辅相成。因此，依托于场镇自然景观环境、民俗文化环境等特色历史文化资源，延伸文化产业链，一方面可以衍生出一系列的文化产品如民俗歌舞表演、影视动画作品等，不断地开拓市场，另一方面也可增加场镇特色历史文化资源所衍生的市场经济价值和附加经济价值，强化场镇市场竞争力，从而为吸引投资创造条件，更为社会经济的发展创造机缘，实现保护与开发的双赢局面。

6.5　小结

本章基于前文对川渝传统场镇空间环境特色的深入分析，针对当前传统场镇保护中所暴露的问题，从保护方法、技术措施、保障制度、发展路径四个主要方面，提出了十四点具有可操作性的保护策略与方法，试图探索并构建传统场镇空间环境特色保护的相关理论方法。

首先，从保护方法入手，针对川渝地区传统场镇的三大职能作用（环境、经济、社会），提出了与之相适应的多样性保护方法。第一，从"山、水、场"的整体关系入手，建立传统场镇自然生态环境的保护观念，通过场镇山地生态环境保护、水系修复与水资源的有效控制以及区域自然生态生化灾害的防治，建构川渝地区传统场镇自然生态环境保护。第二，一方面以赶场、庙会等传统农村贸易活动为载体，通过积极引导和组织，保护传统场镇集市贸易环境；另一方面在"城乡经济融合"的引导下，增强场镇与城市间的关联，焕发场镇集市活力，从而建构与传统场镇经济职能相适应的经济贸易环境保护。第三，针对当前川渝传统民俗文化环境衰败的现实，必须坚持场镇民俗文化与其环境的整体性保护，以场镇原住民为核心，建构与场镇社会职能相结合的场镇民俗文化保护。

其次，从技术措施出发，提出了维护传统场镇空间与环境特色的具体保护措施。第一，通过"区域环境整合"技术方法的引入，统筹一定区域空间范围内相互联系的场镇，利用整体规模效应，实现从对单一场镇的保护向传统场镇整体空间与环境特色保护的转变。第二，针对场镇群体空间的片断化、破碎化现象，从场镇自然景观环境、空间格局、形态肌理等方面提出了具体的"场镇空间织补"技术措施。第三，对于传统场镇建筑空间环境修复技术，提出了在真实性原则的指导下应从建筑环境、历史风貌、功能空间、传统材料、营建技艺等方面展开，并对当前普遍存在的修复方法（维护、加固、重建、新建、改造等）及修复技术进行了总结。第四，针对场镇文化空间环境的复杂性、活态性特征，导入"活态保护"理念，提出活态博物馆展示、数据库记忆、传承人保护、活态传统等技术措施，以实现对川渝传统场镇空间环境特色的有效维护。

再次，从保障机制入手，提出保障机制的策略制定，应立足于当前川渝地区的现实情况，从战略管理、经济保障、公众参与社会教育方面进行强化。第一，战略管理机制的导入可以从战略目标制定、规划管理行为、管理组织协调等方面为场镇空间环境特色的开展提供有力的制度保障。第二，针对川渝地区保护资金匮乏的现状，提出从寻求保护资金多元筹集与提升保护资金配置与管理水平出发，建立川渝地区传统场镇空间环境特色的经济保障机制。第三，从推动公共参与，实现政府与公众间良性互动出发，提出多极（表达、反馈、监督、知情等）公众参与机制。第四，指出从大众教育、专业教育及职业教育出发，强化社会教育培养机制是传统场镇空间环境特色保护的有力保障。

最后，从发展路径出发，保护最终的目的是发展，传统场镇空间环境特色保护的最终目的是实现场镇特色资源向场镇优势竞争力的转化，助推场镇发展。为此从旅游开发、形象塑造、文化产业三个方面提出了川渝地区传统场镇的发展策略。第一，提出以场镇空间环境特色为载体，通过多样化旅游开发，特色旅游产品挖掘，区域旅游资源合作等方式，实现场镇空间环境特色保护与可持续旅游发展间的建构。第二，围绕传统场镇空间环境特色与场镇形象间的对立统一，提出二者多样、动态的协同策略。第三，面对当前传统场镇所面临的产业调整，提出了整合开发主体，强化多元化发展路径，走差异化、品牌化发展路线等传统场镇空间环境特色保护与文化产业间的互动策略，以助推川渝地区传统场镇的可持续发展。

7 结论与展望：空间环境特色保护——川渝地区传统场镇复兴的必由之路

7.1 主要结论

进入 21 世纪以来，全球化席卷世界各地，迅速改变了世界范围内的文化格局和面貌。在这场巨大的文化变革中，对本土文化和地域文化特色的保护已渐渐成为人们的一种自觉。另一方面，目前我国正经历着史无前例的城镇化建设，特别是在近十多年来大规模的城镇建设运动中，建设性破坏愈演愈烈，许多具有丰富文化底蕴和地域特色的场镇遭到了巨大的人为破坏，"千镇一面"现象日渐突出。正是在此背景下，本文展开了对川渝地区传统场镇空间环境特色与保护策略的研究工作。基于详细的论述，笔者认为，对传统场镇空间环境特色的保护显然已成为当前传统场镇走向复兴的必由之路，这也是本文不懈追求的目标所在。具体而言，形成了以下几个方面的研究成果：

（1）在川渝这个相对独立的经济大区内，数量众多的传统场镇不仅形成了一个初具规模的城乡贸易体系，而且成为了城市与农村地区联系的纽带，呈现出独特的空间结构特征。具体而言，清朝时期随着农村商品贸易的兴盛，在市场的作用下，川渝地区传统场镇形成了两种不同类型的多边形"网状"空间结构体系，同时在地理空间分布上不仅数量大、分布广，而且形成了以重庆、成都为核心的川西、川东两大密集分布区域以及核心区密集、边缘区稀疏等特征，在这种"多层级"的场镇市场结构关系之下场镇作为一个人类活动的综合体，在环境、经济、社会三个方面具有重要的职能作用。

（2）在历史发展过程中，地理环境、交通运输、经济贸易、军事战争、宗教文化等因素的综合作用是川渝地区传统场镇演进的主要推动力，它们从不同方面不同程度地影响和决定着川渝地区传统场镇空间环境的形成与发展。然而，推动传统场镇空间环境不断向前演变的动力并不是某个因子所能单独提供的，而是多重因子综合作用的结果，并在此过程中呈现出特定的复合性、多重性、动态性特征。也正因如此，本文总结了在不同因素影响下，川渝地区传统场镇空间形态与类型多样化的规律特征。

（3）在地域文化环境的影响下，川渝传统场镇形成了极富个性化特征的空间环境。以街巷、檐廊、场口、广场为主的场镇外部开放空间作为场镇交通、经济贸易、休闲娱乐、节日集会的场所，呈现出特有的复合性特征；而场镇建筑群体空间的组织与商业文化、吉祥文化，甚至地缘、业缘文化紧密相关，同时作为地方风貌集中体现的场镇建筑，无论在营建技术还是材料上都呈现出强烈的适应性特征；风水观念与移民文化渗透于场镇居民的日常生活中，不仅对场镇选址、空间布局、群体空间组合产生重要的作用，而且对场镇居民价值观念、社会交往具有重要影响，从而使场镇人文空间环境表现出浓郁的社会化特征；此外，"山水观念"影响下的山、水、场的和谐统一，场镇景观环境的诗意再现以及画龙点睛的景观小品，无不蕴藏着川渝先民们古朴的审美观念，从而使川渝地区传统场镇景观环境呈现出突出的艺术性特征。

（4）涵盖"保护与发展"、"维护与塑造"、"激活与转化"三个层面内涵的传统场镇空间环境特色保护概念的提出。基于对新中国成立至今川渝地区传统场镇历史变迁的回顾和当前传统场镇现实问题的总结，并借鉴国内外的成功经验，提出了以整体空间环境为特色的场镇保护理念，实现了从认识对象、分析问题到解决问题的跨越。第一，保护与发展作为一对矛盾对立的统一体长期存在于传统场镇中。基于场镇现状，以价值认知为导向，寻求以场镇空间环境特色保护为前提的可持续发展是解决二者矛盾最为有效的方法。第二，传统场镇空间环境特色的维护与塑造是传统场镇得以生存的必要手段，努力实现二者的并举是传统场镇空间环境特色保护的内在要求。第三，通过提炼、拓展、更新、利用等手段将传统场镇特色进行有效激活，使其焕发活力，从而促使其转化为场镇的优势竞争资源，提升场镇竞争力，已成为当前川渝地区传统场镇空间环境特色保护中的又一重要内涵。

（5）以"问题为导向"探索并建构传统场镇空间环境特色保护的策略与方法。针对当前传统场镇保护中所暴露出的问题，通过对保护方法、技术措施、保障制度、发展路径四大专题的深入研究，提出具有针对性的十四点保护策略，探索并构建传统场镇空间环境特色保护的相关理论。第一，从保护方法入手，针对传统场镇的三大职能作用，本文提出了与之相适应的自然生态环境保护、场镇集市贸易环境保护、民俗文化环境保护，为传统场镇保护提供了科学的保护方法。第二，从技术措施出发，根据传统场镇空间环境特色，拟定了区域空间整合技术、场镇群体空间织补技术、建筑空间修复技术以及针对场镇人文空间环境保护的"文化活态"保护措施。第三，从保障机制入手，基于川渝传统场镇保护中所暴露出的问题，本文从导入战略管理机制，完善"开源"与"高效"相结合的经济保障机制，建立涵盖知情、表达、反馈、监督、公益诉讼等的多级公众参与机制，强化以大众教育与专业教育为主的社会教育机制入手，提出了具体的保障机制完善策略与方法。第四，从场镇发展路径入手，提出了以场镇空间环境特色为载体，拓展多样化的旅游开发模式，开发特色化的旅游产品，是场镇保护与旅游开发相结合的有效途径。场镇形象塑造与空间环境特色保护间的协同是激活场镇特色，推动其向场镇优势竞争力转化的有效手段。场镇空间环境特色保护与文化产业间的互动则是川渝地区传统场镇产业发展的未来趋势。

7.2　课题研究的创新点

川渝地区传统场镇作为一种极富地域特征的历史城镇聚落类型，对其空间环境特色与保护策略的研究本身就是一个具有创新性的研究领域。尽管国内外早已开展了对历史城镇聚落的保护研究工作，已形成一套日渐成熟的研究与实践成果（例如历史文化名城保护、历史文化名镇（村）保护等），但由于历史城镇本身所固有的排他的地缘性特征，使得对它的保护不能采用一套标准化的模式和方法，必须针对不同地域和类别进行具体的研究，从而促使具有明确针对性的本土化理论研究成果不断涌现。具体到川渝传统场镇，截至目前，剔除一些零散的研究，还未出现一部较为系统完整的研究成果，特别是在其空间环境特色的分析总结与保护方面，这就为本文的创新留下了足够的空间。因此，从系统分析法和类型学的视角入手，对川渝地区传统场镇空间环境特色进行了全面系统的梳理与归纳，提出了以整体空间环境为特色的传统场镇保护理念，并对具体的保护方法和策略进行了一系列的创新性思考和研究，体现在以下几个方面：

（1）基于系统论及相关科学研究理论框架，以大量田野调查与方志史料研究为基础，从宏观、中观、微观三个层面首次全面系统地探讨与归纳川渝传统场镇的空间环境特色，这是本文的第一个创新点。在当前我国传统城镇聚落的学术研究舞台上，可谓是百家争鸣，观点纷呈。虽然对传统城镇的研究已经取得了巨大的进步，但由于我国地域宽广，各种文化纷繁复杂，对川渝地区传统场镇的空间环境特色鲜有系统性的研究。故此，依托于大量的田野调查和方志史料研究，从不同层面对川渝地区传统场镇的空间环境特色进行了系统的探讨。其中既有对场镇网状空间结构特征、地理空间分布特征、多层级的传统场镇市场的系统梳理，也有对传统场镇在环境、经济、社会方面的职能作用的理性认知；既有对地理、经济、交通、军事、宗教等因素综合作用下传统场镇空间环境演化轨迹的深入分析，也有对多重因子综合作用下传统场镇空间形态与类型多样化规律特征的归纳总结；既有对以街巷、檐廊、场口、广场为主的场镇外部开放空间环境的复合性特征的归纳，也有对场镇建筑、景观、人文空间环境特征的总结。可以说，首次全面系统地对川渝地区传统场镇空间环境特色进行多方位的剖析，将有利于人们进一步提高对川渝地区传统场镇空间环境特色的理性认知。

（2）提出涵盖"保护与发展、维护与塑造、激活与转化"三个层面内涵的"川渝传统场镇空间环境特色保护"概念，并对其进行专题化分析，这是本文的第二个创新点。从新中国成立至今，川渝地区传统场镇在三个不同历史阶段经历了巨大的历史变迁，虽然对传统场镇的保护工作稳步前行，但却暴露出"趋同化"、"变异化"、"失衡化"等问题。在借鉴国外保护经验之后，本文提出了传统场镇空间环境特色保护概念，并对其涵盖的三个方面的内容进行了专题分析，即：第一，以价值认知为导向，寻求以保护为目标的可持续发展；第二，深刻理解场镇特色维护与塑造的重要意义，在保护过程中努力实现二者的并举；第三，通过提炼、拓展、更新、利用等多种手段激活场镇空间与环境特色，推进场镇特色历史文化资源向优势竞争力的转化。

（3）以"问题为导向"，从"保护方法构建"、"技术措施革新"、"保障机制完善"、"发展路径创新"四大方面，提出十四点具有针对性与可操作性的川渝地区传统场镇空间环境特色保护策略，这是第三个创新点。首先，基于传统场镇在环境、经济、社会方面的职能作用，提出了与之相适应的自然生态环境、场镇集市贸易环境、民俗文化环境的保护方法与策略；其次，针对当前传统场镇保护措施不当引发的"边缘化"问题，从区域空间整合、群体空间织补、建筑空间修复、文化活态保护四个方面提出了具体可行的保护技术措施；再次，完善的保障制度体系是川渝地区传统场镇空间环境特色保护得以顺利推行的有力保障，面对当前的复杂局面，从导入战略管理机制，完善"开源"与"高效"相结合的经济保障机制，健全多级（监督、知情、反馈等）公众参与制度，强化社会教育机制方面提出了独特见解；最后，保护是为了寻求更好的发展，川渝传统场镇空间环境特色保护与场镇旅游资源开发、场镇形象塑造、文化产业发展相结合是当代川渝地区传统场镇的创新性发展路径。

附　录

川渝地区传统场镇空间环境特色调研汇总表——合川涞滩

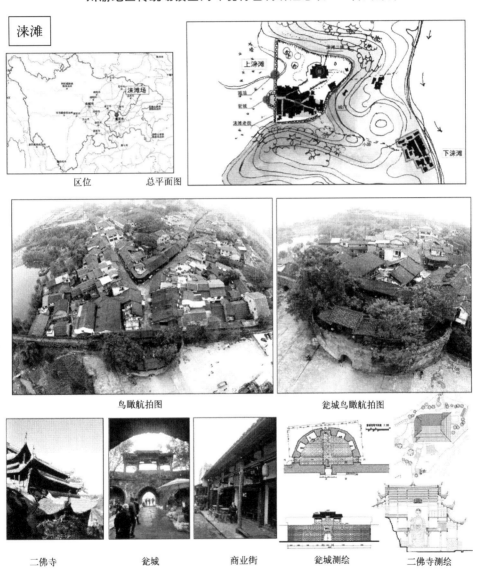

涞滩

区位　　　　　　　总平面图

鸟瞰航拍图　　　　　　　　　　瓮城鸟瞰航拍图

二佛寺　　　　瓮城　　　　商业街　　　瓮城测绘　　　二佛寺测绘

涞滩场又名（涞滩古寨），典型的军事型场镇。其位于重庆市合川区东北28公里，始建于宋代。场镇分为上、下两个部分，上涞滩位于鹫峰山顶的一处平台上，其南、北、东三面皆为陡峻山崖，下涞滩则位于长江边的一处平坝之处，整个场镇占地约0.25平方公里。出于军事防御思想的考虑，涞滩依托险峻的地势，在场镇周围构筑起了石砌的城墙，城墙全长1500多米，高约3.5米，并在东、南、西分别设有用条石砌筑的三个寨门，易守难攻。而场镇内有二佛寺、文昌宫、回龙观、恒侯宫四座宫庙，它们作为整个场镇内重要的空间节点与入口寨门一起，被街巷有机地串接在一起。独特的场镇空间格局不仅让宫庙节点空间、街巷的线性空间、寨门的标志空间融为一体，而且使宗教活动、商贸活动、军事防御活动有机结合，形成了特色鲜明的"寨场合一"的场镇空间结构。

川渝地区传统场镇空间环境特色调研汇总表——江津中山

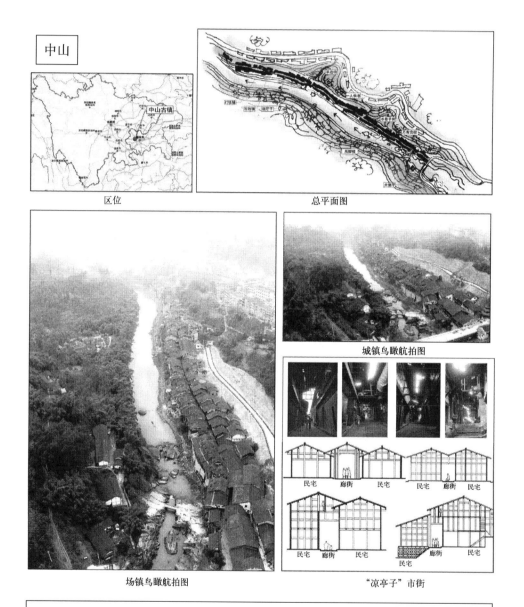

中山古镇又名三合场或龙洞场，交通型场镇，位于重庆江津区南部，与四面山一脉相连，靠水而建。场镇依靠便利的水运及陆路交通，曾是川东地区最为重要的水陆码头之一，重庆綦江、四川、贵州、合江等地的产品物资大都集中于此交易，盛极一时。现如今，场镇依旧保留有全长1586米、有铺面453间，现存完好1132米，铺面307间的明清老街，街道以青石铺设，街面3~5米宽，共分八节：即江家码头、观音阁、万寿宫、水巷子、一人巷、卷洞桥、月亮坝、盐店头，而街巷两侧建筑通过大挑檐形成独特的"凉厅子"空间，素有"雨不湿鞋、日不能晒"之说。场镇建筑依山而建、高低错落，具有典型的山地建筑空间特征。

川渝地区传统场镇空间环境特色调研汇总表——铜梁安居

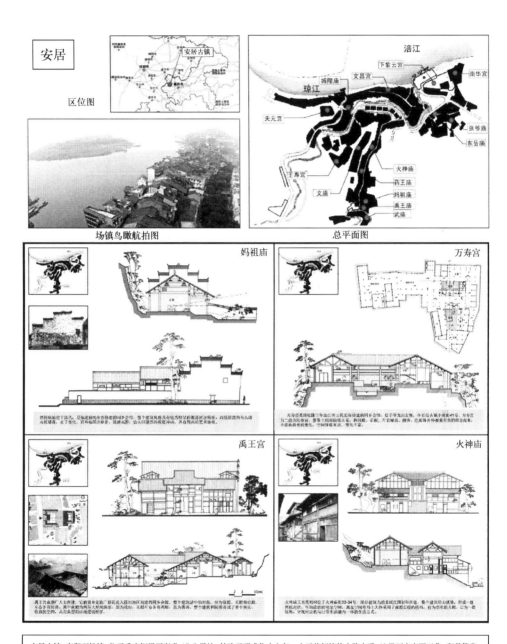

安居古镇，商贸型场镇，位于重庆钢梁区以北17公里处，始建于明成化十七年。由于其便捷的水路交通，这里历来商贾云集，贸易繁荣，是琼江流域重要的商贸之所。场镇依山傍水，风光绮丽，再加上商帮林立，形成了独特的"九宫十八庙"。这些宫庙建筑遍布场镇各处，或雄踞山顶，或悬置山腰，或立于市街，风格各异，造型独特。它们不仅是场镇中重要的祭祀之所，更是行业商帮们的聚会之地，同时也是场镇居民日常生活中重要的文化娱乐场所，而独特的"九宫十八庙"成为了场镇最为独特的空间环境特征。

川渝地区传统场镇空间环境特色调研汇总表——潼南双江（1）

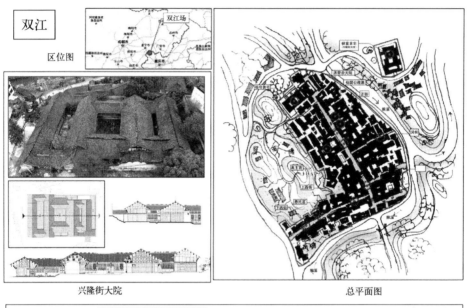

兴隆街大院　　　　　　　　　　　　　　　　　　　总平面图

　　　　　　　　　　　总平面图

双江场，典型的农业型场镇，位于重庆铜梁县西北处，地处嘉陵江支流涪江下游流域，始建于明末清初，距今已有400多年的历史。受传统农耕思想的影响，场镇中保留有多座明清时期的民居院落，以杨氏家族的兴隆街大院、长滩子大院、邮政局大院、源泰和大院等数座清代大院为代表，成为了场镇空间环境特色的重要构成要素。如杨闇公－杨尚昆旧居，即"邮政局大院"最为典型，建筑面积1100平方米，大小39间房屋，呈二进三重四合院布局；而源泰和大院占地面积1600平方米，为木结构四合院建筑，建筑面阔三间，采用了典型的前店后宅的布局方式，反映了清代传统商业和居住结合的居住建筑模式。

川渝地区传统场镇空间环境特色调研汇总表——潼南双江（2）

源泰和大院

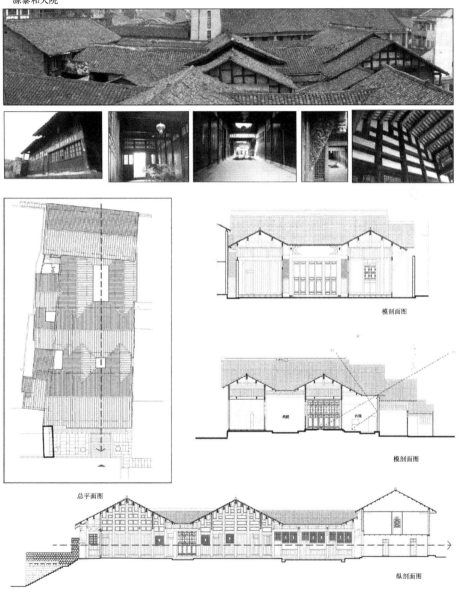

源泰和大院是典型的川东穿斗式构架民居，建筑的平面布局、空间形态、装饰构件都有其独特的风格特征：白灰抹面竹编壁墙和木构装板墙体相结合，具有浓厚的朴实典雅的地方建筑色彩风格；建筑空间组合采用了面阔三间的空间方式，利用天井、穿堂和过厅组织交通和采光通风；在功能上，采用了典型的前店后宅的布局方式，反映了清代传统商业和居住结合的居住建筑模式。

川渝地区传统场镇空间环境特色调研汇总表——石柱西沱

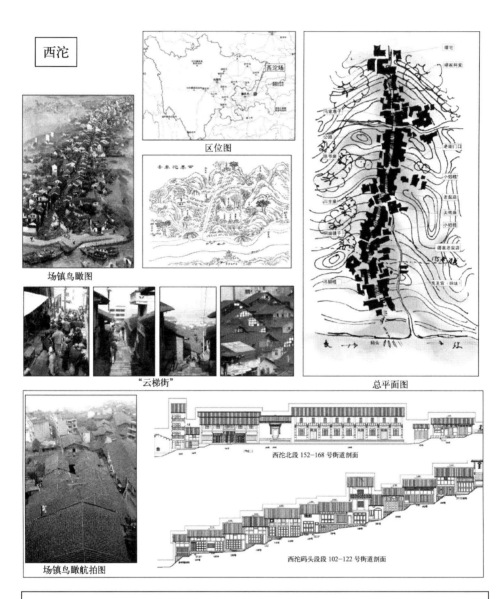

西沱场又名西界沱，因水而兴，典型的交通型场镇。古为"巴州之西界"，因地临长江南岸回水沱而得名。历史上西沱属石柱县管辖，有"一脚踏三县"的称誉。场镇自古就是长江上游重要的深水良港，从汉代起就设有码头，唐宋时期已成为川江重要的水驿，和相当规模的物资集散的"大场"，到清中叶为全盛时期，场镇内日杂百货店、五金铁铺、客栈马房已上百家，行商业摆摊不下 200 余户。同时由于特殊的地形地貌，场镇西起江岸，顺山脊垂直等高线布置，至山上街顶端独门关，全长 2.5 公里，1800 多级石梯，故名"石梯千步，如登天云梯"，而街两旁保存着明清遗留下来的土家民居吊脚楼，层层叠叠，"紫云宫"、"禹王宫"、"万天宫"、"桂花园"等公共建筑穿插其间，形成了独特的场镇空间布局。

川渝地区传统场镇空间环境特色调研汇总表——永川松溉

松溉古镇，典型的商贸型场镇，位于重庆永川南部，清光绪《永川县志·舆地·山川》中记载："松手溉，邑之雄镇也。商旅云集，设有水塘汛，查缉奸盗。"历史上的松溉是永川、荣昌、隆昌、泸州、铜梁、大足、内江一带商贾来往重庆贩运物资的集散枢纽和商品贸易中心，水路繁忙，商号林立，市场繁荣，故有"白日千人拱手，入夜万盏明灯"之说。场镇地处丘陵地区，在选址上，布局考究，依山傍水，具有"整城依山筑，四水绕城流"的城镇山水空间形态，构成了典型的"山—水—场"空间格局。此外，场镇空间形态因山就势，因地制宜，街巷呈蛇形弯曲，起伏有序，建筑高低错落，呈现出自由灵活的空间布局。

川渝地区传统场镇空间环境特色调研汇总表——酉阳龙潭（1）

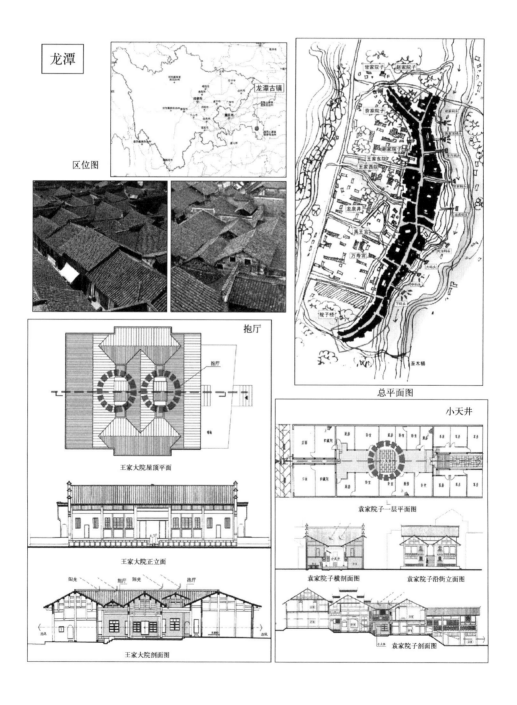

川渝地区传统场镇空间环境特色调研汇总表——酉阳龙潭（2）

龙潭古镇，典型的商贸型场镇，位于渝东南，地处武陵山区腹地，场镇凭借龙潭河、酉水河之便，逐渐发展成为重要的地方中心商业集镇，古有"龙潭货、龚滩钱"之说。场镇顺溪流呈长形分布，大小街巷均有石板铺砌，而受地域文化影响，四合院、封火山墙成为场镇最为独特的建筑语言，如王家大院、袁家大院，甘家大院等沿街一面全为店铺，开间大小不等，但庭院幽深，内有二三重天井，后面作主宅或仓库，或庭院，廊廊回环。高低错落的封火山墙，则大都由火砖砌成，并以户为主体，高从数十米到二三十米不等。除此之外，场镇中还保留有独特的民族风情，如春节的灯会，端午的龙舟竞渡，火树银花，火龙等传统民俗活动。

川渝地区传统场镇空间环境特色调研汇总表——江津塘河

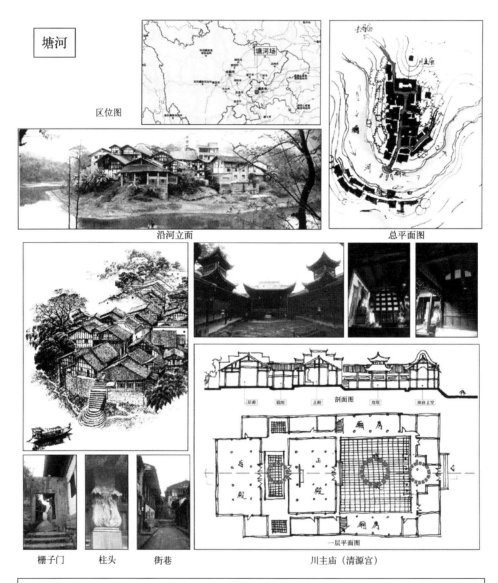

塘河

区位图　　　　　　　总平面图

沿河立面

栅子门　　柱头　　街巷　　　　川主庙（清源宫）

塘河场，典型的交通型场镇，位于江津塘河流域，为塘河水运体系下游、江津县境内的重要交通枢纽，因水运而兴。场镇选址于河湾坡岸处，从河边码头起呈阶梯状蜿蜒向上，一头是码头，一头是川主庙。约长 600 米的主街连接着横街子、庙巷子两条小街，由三道寨门把持着。拾级而上的沿街建筑多以青石为基、砖木为墙、雕梁画柱，错落有致、美不胜收。值得一提的，与其他川内场镇不同，场镇中并无天后宫，南华宫，万寿宫等移民会馆，而川主庙则作为唯一的宫庙位于镇中最为重要的位置，且造型独特，规模宏大，从中映射出土著文化在场镇中的绝对统治地位。

川渝地区传统场镇空间环境特色调研汇总表——北碚偏岩

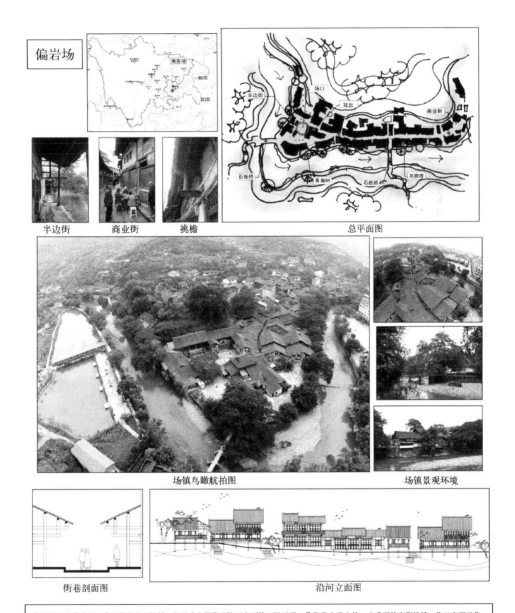

偏岩场

半边街　　商业街　　挑檐　　　　　　　　　　总平面图

场镇鸟瞰航拍图　　　　　　　　　场镇景观环境

街巷剖面图　　　　　　　　沿河立面图

偏岩场又名接龙场，典型的商贸型场镇，位于重庆华蓥山脉西南面的丘陵地带，是华蓥古道上的一座重要的商贸场镇，昔日商贾云集，商贸繁荣，名播川峡湖广。场镇选址于一河湾处，依山傍水，临水吊脚楼依河而建，层层叠叠，错落有致，高大粗壮的黄葛树疏密相间。这些百年老树，盘根错节，棵棵枝繁叶茂，像巨大的伞遮天蔽日，掩映着傍水而筑的民居小舍，与戏台、禹王庙、石桥等构成了场镇独特的空间环境。此外，场镇至今仍旧保留着各种内容丰富的传统习俗，如春节时的接神、庙会、要龙灯等。

川渝地区传统场镇空间环境特色调研汇总表——巫溪宁厂

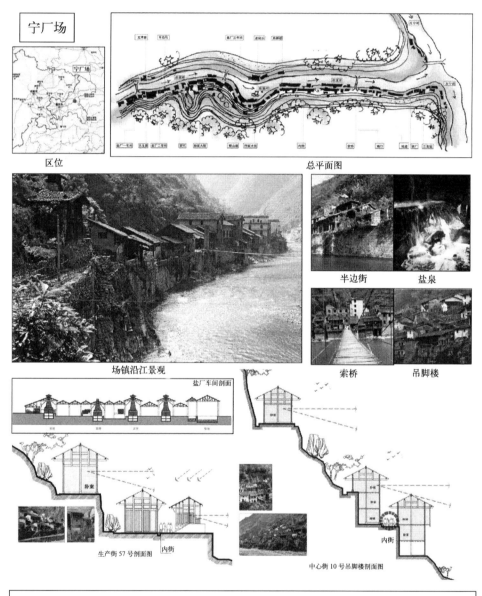

宁厂场，因盐而兴，典型的矿业型场镇，位于巫溪县北17公里处，是历代四川地区重要的盐都，曾有过"一泉流白玉，万里走黄金"、"吴蜀之货，咸荟于此"的辉煌。场镇建筑多为斜木支撑的吊脚楼，临河而建，高低错落，通过架、抬、调、拖等山地建筑手法营造出了半边街、过街楼等独具特色的场镇空间形态，并沿后溪河蜿蜒延伸3.5公里，俗称"七里半边街"。此外，与川中成熟农业经济区的场镇空间相比，场镇建筑随坡而建，凡稍可立足之处都加以利用建房，呈现出"散乱"无序的场镇空间形态，别有一番风味。

川渝地区传统场镇空间环境特色调研汇总表——重庆磁器口

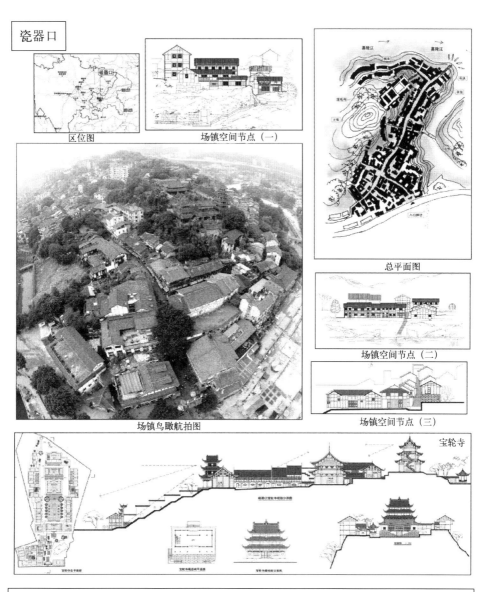

瓷器口又名白岩场，商贸型城镇，位于重庆沙坪坝区嘉陵江畔，始建于宋代，作为嘉陵江边重要的水陆码头，曾经"白日里千人拱手，入夜后万盏明灯"，繁盛一时，被赞誉为"小重庆"。场镇位于嘉陵江畔，背靠马鞍山，左邻金碧山，右靠凤凰山，三山遥望，清水溪、凤凰溪两溪环抱形成了"一江两溪三山四街"的独特空间形态。场镇始建于宋代，因为水运方便，该场镇成为了嘉陵江中上游各个州、县和沿江支流的农副土特产的集散之地，各地商贩云集于此，贸易兴盛，并形成了以棉纱、布匹、煤油、盐糖、洋广杂货、日用百货、五金颜料、土碗土纸和特产烟丝等为主的大宗商品贸易。场镇商贸则主要云集在大码头和靠码头的金蓉正街之上，从早到晚，商旅川流不息，装卸搬运，络绎小绝。场镇中的宝轮寺则位于马鞍山顶，居高临下，气势磅礴，是场镇空间环境的重要构成要素之一。

川渝地区传统场镇空间环境特色调研汇总表——酉阳龚滩（搬迁前）

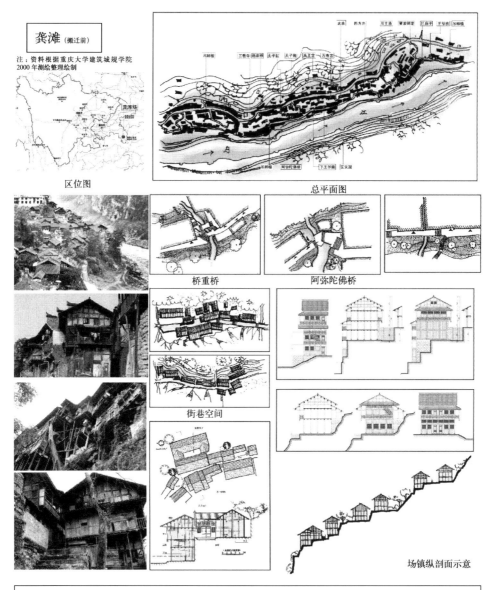

龚滩（搬迁前）

注：资料根据重庆大学建筑城规学院
2000 年测绘整理绘制

区位图

总平面图

桥重桥

阿弥陀佛桥

街巷空间

场镇纵剖面示意

龚滩，又名龚湍，因乌江水湍急，又多为龚姓人家居住于此，二者合一故称为龚滩。场镇位于武陵山区的重庆酉阳境内，地处乌江、阿蓬江的交汇处，北依凤凰山，南靠马鞍山，西隔乌江与贵州沿河县新井乡相望。该场镇距今已有 1700 多年历史。历史上龚滩古镇是川（渝）、黔、湘、鄂货中转站，是由乌江连接重庆的黄金口岸。于是各地商贩云集于此，场镇成为货物、客商集散中转之地，经济因此而繁荣。历经各代修葺，场镇形成了长约 3 公里的石板衔，并以吊脚楼为场镇独特的风貌，被誉为"巴蜀地域绝无仅有的、最大的干栏建筑大观"。此外，场镇山水环绕，独特的民俗文化给人留下了较为深刻的影响。

川渝地区传统场镇空间环境特色调研汇总表——酉阳龚滩（搬迁后）

龚滩（搬迁后）

龚滩古镇历史沿革	
明万历元年（1573）	风气以此呈，巨石龙江，自然形成上下两座码头，商埠道路发展为货水路沿岸货列进行土特产交易，商贸进而发展。
民国期间	商埠经济文化渐趋繁盛，成为当时乌江的繁华、锦衣、金银行。
1949年	新中国成立成为乌江航镇街道归人民政府，并行电气工程逐渐加以改善修治。
1959年	乌江进行改道建筑房头，是其不再通航的乌江镇中转，也行成川渝川黔经济文化的重要交通之枢。
2004年7月	乌江彭水电站因国家发改委核定之批，部分规划线路建设使乌江水位将提系大幅度程度，千年历史重要县城将全部淹没。
2008年	重庆市政府组成了调研委并组织专家对场镇进行保护计划整治，根据"居民自建、专家指导、施工监、施工管"的原则进行保护整治，龙古院"工程逐渐开始进行乌江沿居整体的移迁搬投补构筑材料。
2009年	搬迁复建工程改量上采续有保行了完整地建筑方式，以乌江本地古期新建材，使用乌江浸较大的旧建筑中某当有在安置中采集，存风貌迁地房与古镇江整体协调。

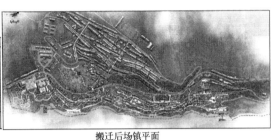
搬迁后场镇平面

川主庙

街巷

吊脚楼

搬迁后场镇鸟瞰

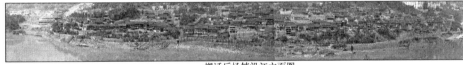
搬迁后场镇沿江立面图

沿江立面保护规划南段图

场镇空间节点整治　　　　　　场镇空间节点整治

场镇空间节点整治

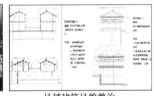
场镇建筑风貌整治

龚滩因交通险阻而兴，却因水电站修建而衰败。2000年9月6日，国家发改委下发了《重庆乌江彭水水电站项目核准的批复》，这意味着彭水电站建成之后，乌江水位将大幅度提高，从而将龚滩整体淹没。为保护这座千年场镇，重庆市政开始对场镇进行整体搬迁。由于场镇搬迁后，原有的"险江夹江"的自然山水环境消失，同时在搬迁过程中，采取了"居民自建，专家指导"的方法对风貌建筑进行复建，由于地形环境改变以及实际操作不当的影响，使得在一些局部街巷空间节点复原过程中产生了巨大的差异，从而影响并限制了场镇街巷空间特色的完全呈现，这也为后来场镇建筑风貌的混乱和与原有场镇的差异埋下了伏笔。

川渝地区传统场镇空间环境特色调研汇总表——资中罗泉

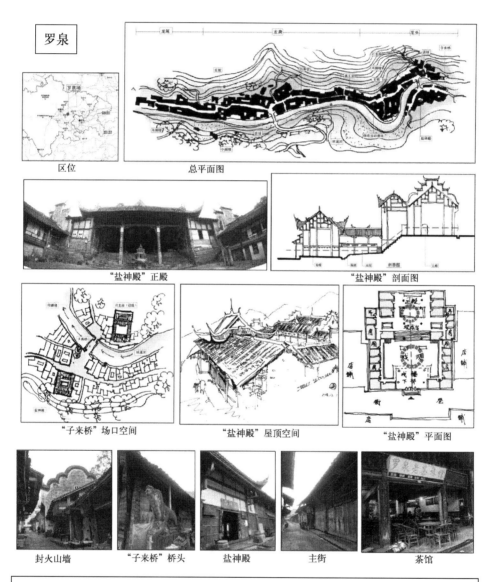

罗泉场又名龙场或罗泉井，因盐而兴，矿业型场镇，位于仁寿、威远、资中三县交界处，场镇具有悠久的制盐历史，《盐法志》记载："资州罗泉井，古厂也、刱于秦。"至清同治年间，已有盐井1200余眼，而盐业的发达也直接带来了场镇的繁荣与兴旺。场镇沿球溪河与赖家山依山傍水而建，现有老街子街、顺城街、中顺街、广福街等街巷，俗称"五里街"。场镇建筑保留较为完整，多为穿斗木结构，而盐神殿作为场镇中最富特色和规模最大的古建筑，为当地盐商祈求神灵保佑和聚会议事之所，造型独特，极富美感。作为场镇入口的"子米桥"则与盐神殿、川主庙形成了场镇独特的场口空间。

川渝地区传统场镇空间环境特色调研汇总表——合江福宝

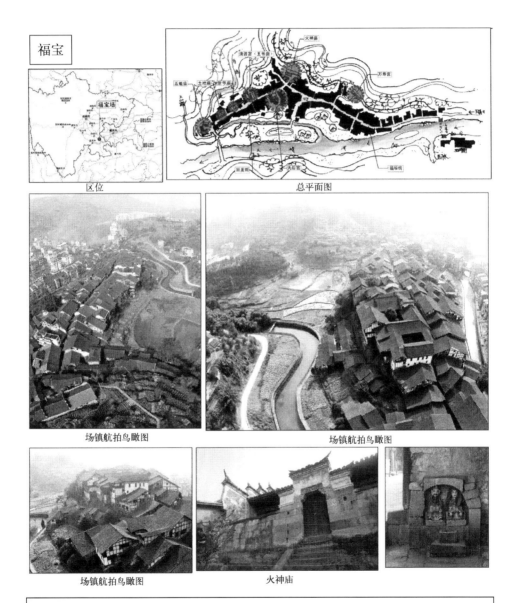

福宝场，因庙而兴，具有宗教型场镇的典型特征，位于四川省泸州市合江县城东，处于川、黔、渝三省市的交界处，福宝的兴旺与庙宇文化有着不可分割的联系，元末，在建场之初，场镇人丁稀少，交通闭塞，谋生艰难，后经明清"湖广填四川"移民活动，各地移民纷在此定居，兴建庙宇，形成了场镇中特有的"三宫八庙"。而这些庙宇迅速成为了移民们联系感情，祭祀神灵的精神家园，吸引着南来北往的善男信女们在此聚居，遂而场镇规模迅速扩展，人丁兴旺，形成了以回龙街与福华街为主要构架的场镇空间布局。故"以庙兴场"的福宝场也常被称为佛宝场。此外，具有明显地缘特征的民间宗教信仰在场镇建筑形态上也有所反映。如具有典型徽派建筑风格的"封火山墙"作为福宝场建筑一个典型的造型符号，赋予了场镇别具一格的艺术特色。

川渝地区传统场镇空间环境特色调研汇总表——三台郪江

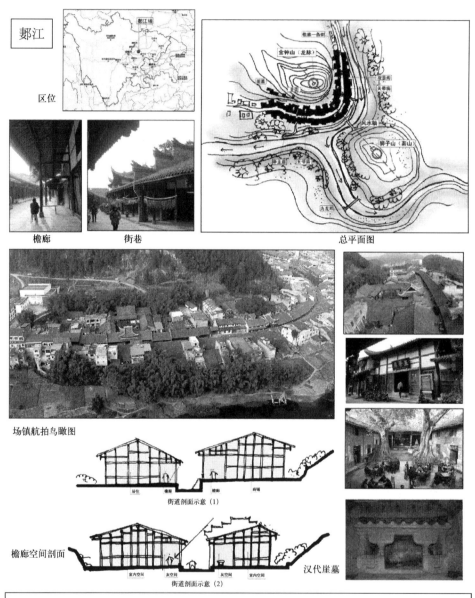

郪江场，商贸型场镇，位于四川三台县南部，曾是先秦时期郪国王城所在地，具有2000多年悠久的历史文化。受传统风水思想的影响，场镇选址于一个非常隐秘的丘陵河湾之间，背山面水，城镇因山就势，随曲而弯，呈现出了形如"弯月"，与自然山川相对应的场镇空间布局。场镇中的民居建筑大都为清中叶以后的遗留，并有设檐廊依次相联系，形成了独特的"一"字形檐廊式街巷空间，而场镇民居则多采用"四合院"、"一进两院"等形式，古朴典雅，富有风韵。场镇中的大型公共建筑如王爷庙、帝主宫、关帝庙等则位于靠山北侧，坐南朝北，厚重粗犷，具有较为典型的川北建筑特征。

川渝地区传统场镇空间环境特色调研汇总表——自贡仙市

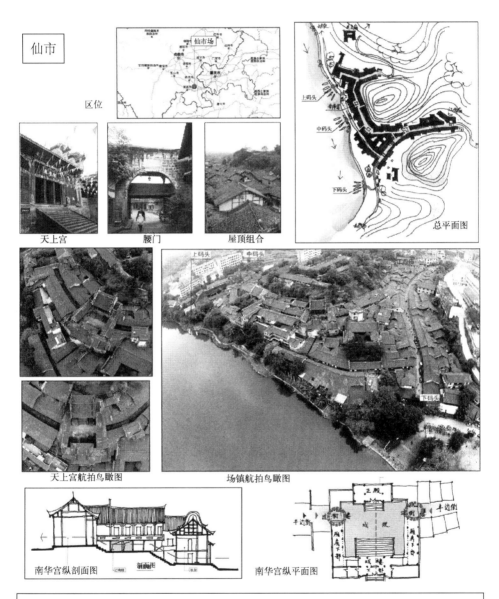

仙市场又名仙滩场，因盐运而兴，典型的交通型场镇，位于沱江支流的釜溪河上，距自贡仅10余来公里。历史上仙市曾利用其便利的水运交通，成为自贡盐井出川的主要官道之一，因盐运而兴起和发展。场镇依山傍水而建，有"四街、五栅、五庙、三码头"之称。其中沿河边密集分布的上、中、下三个码头，不仅场镇空间环境中重要的景观斑块，同是也映射出场镇水运交通的发达。除此之外，场镇中的移民会馆也颇具特色，如天上宫和南华宫，横卧在半边街上，两侧厢房成为过街楼，使得戏坝与街道串为一体，成为了街巷与场镇广场相互演化的代表。在民俗文化环境方面，场镇至今仍旧保留有各种丰富多彩的传统活动，被誉为"中国井盐古道的明珠，川南场镇风情的标本"。

川渝地区传统场镇空间环境特色调研汇总表——赤水丙安

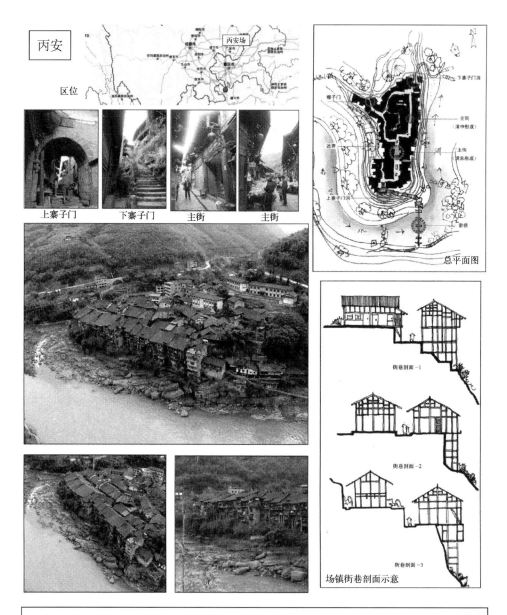

丙安场，原名炳滩，典型的"寨场合一"的寨堡式场镇，位于赤水河流域，离泸州70多公里。清朝统一四川以前，该地区属四川管辖，故将其列入考察范围之内。场镇选址于一小溪和赤水河交汇的三角台地之上，出于防御考虑，场镇建筑尽建于高悬于河面的巨岩之上，并在场镇的两头入口处分别构筑了石砌的石洞，据险而守，形成了场镇整体的防御体系。在内部则是一条贯穿两头寨门的商业街巷和各式吊脚民居，而出于商业的考虑，其大都为前店后宅式布局，随地形起伏，高低错落。而由于场镇依山就势，其边界极不规则，再加上作防御用的石洞，建基多为当地山石所彻筑，在色彩、材料上，与周围环境相互融合，呈现山与平原寨堡式城镇不同的空间形态特征。

川渝地区传统场镇空间环境特色调研汇总表——龙泉驿洛带

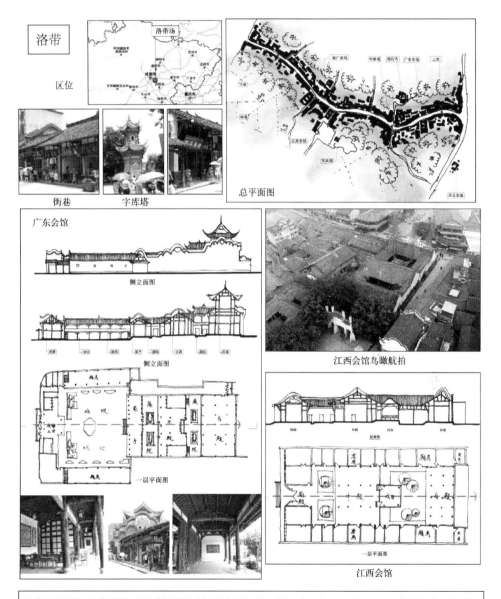

洛带又名甄子场，农耕型场镇，位于成都平原与龙泉山脉交汇处，距离成都 20 余公里，迄今已有 1000 多年的历史，呈一街七巷的空间格局，明清之际，在"湖广填四川"、"插占为业"等背景下，大批移民从广东、江西、福建、湖广等地大量涌入，其中以客家人为主的移民成为了场镇的主体。受此影响，场镇中保留有湖广会馆、广东会馆、江西会馆、川北会馆四座客家移民会馆，如广东会馆由广东籍客家人捐资修建，制式宏伟，甚为壮观；而江西会馆建于清末，设有重檐歇山式的戏楼和石制牌坊，具有较高的艺术、历史价值。此外，至今洛带还保留有火龙节、水龙节、客家祭祖等传统客家民俗文化，被誉为"中国西部客家第一镇"。

川渝地区传统场镇空间环境特色调研汇总表——雅安上里

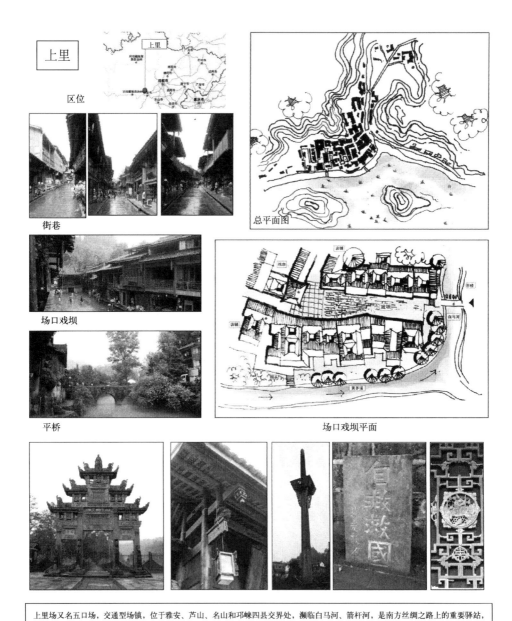

上里场又名五口场，交通型场镇，位于雅安、芦山、名山和邛崃四县交界处，濒临白马河、箭杆河，是南方丝绸之路上的重要驿站，因商而兴，成为了川西地区经济较为发达的场镇之一。由于上里靠近西康、再加上沿丝绸之路各种外来文化纷纷融入，汉文化与彝、藏、羌等少数民族文化在此相互碰撞，场镇成为了各种文化荟萃之地，保留有双节孝牌坊、旧世同居牌坊、韩家大院、二仙桥、字库塔等历史古迹。此外，场镇在空间布局上呈现出独特的"井"字形布局，其中蕴含着祈求井水保护，免受火灾的良好蕴意。

川渝地区传统场镇空间环境特色调研汇总表——邛崃平乐

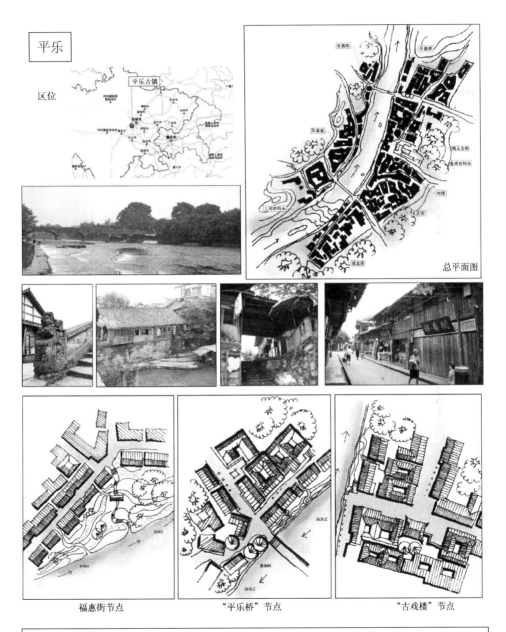

平乐场，古称"平落场"，交通枢纽型场镇，位于邛崃西南部，距成都90余公里。场镇位于白沫江一侧，地势平坦，山清水秀。过去白沫江可通航，川流不息的船只和商人来往于平乐，江边码头繁忙，交易兴隆。往来的船只将本地的纸、竹、茶等运往各地，又将外地的盐、铁、煤等物资运往平乐，交通的便利使得场镇因此而兴，故有"茶马古道第一场镇"和"南方丝绸之路第一驿站"之称。场镇街巷和民居建筑至今仍保存较好，大都为穿斗结构，下店上宅形式。

川渝地区传统场镇空间环境特色调研汇总表——大邑安仁

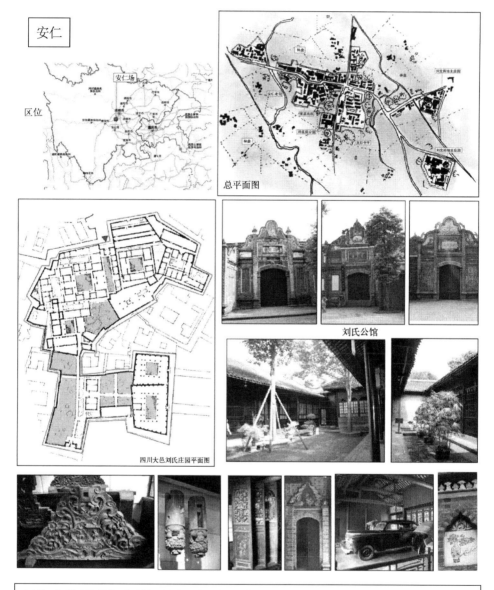

安仁场，典型的农耕型场镇，位于成都平原西部，距成都市区40余公里。在封建土地私有制影响下，形成了牢固的土地观念，使场镇中的地主阶层更热衷于兴建豪宅深院，这在安仁场镇中较为明显。该场镇中有刘氏庄园［庄园由近代四川大官僚地主刘文彩及其兄弟陆续修建的五座公馆（刘文渊、刘文昭、刘文成、刘文彩、刘文辉）和刘氏家族的一处祖居构成］以及其他七十多处公馆，构成了迄今中国规模最大的老公馆建筑群落。这些公馆建筑既有传统的川西民居风格，也融入了西式建筑形式，规模宏大，造型精美，成为了场镇空间特色的重要构成要素。

参考文献

[1] （美）G·W·施坚雅. 中国农村的市场和社会结构 [M]. 史建云，徐秀丽译. 北京：中国社会科学出版社，1993.

[2] 刘慧群. 全球化语境下民族文化的传承 [J]. 吉首大学学报，2010(3).

[3] 鲍宗豪. 文化全球化与民族文化 [J]. 上海交通大学学报，2002(3)：13-16.

[4] 谭继和. 巴蜀文化研究的现状与未来 [J]. 四川文物，2002(2)：19.

[5] 袁庭栋. 巴蜀文化志 [M]. 上海：上海人民出版社，1998：12.

[6] 杨宇振. 中国西南地域建筑文化研究 [D]. 重庆：重庆大学，2002.

[7] 季富政. 巴蜀城镇与民居 [M]. 成都：西南交通大学出版社，2000：5-6，136.

[8] 何荣昌. 明清时期江南市镇的发展 [J]. 苏州大学学报，1984 (3).

[9] 顾朝林. 中国城镇体系——历史·现状·展望 [M]. 北京：商务出版社，1992：82-83.

[10] 王士兰. 游宏滔. 小城镇城市设计 [M]. 北京：中国建筑工业出版社，2004：32.

[11] 赫纬人. 新人文地理学 [M]. 北京：中国社会科学出版社，2002：18.

[12] 黄瓴. 城市空间文化结构研究 [M]. 南京：东南大学出版社，2011：103.

[13] 郭彬. 城市公共空间环境设计的社会价值取向 [J]. 沈阳建筑大学学报（社会科学版），2007(9)：46-49.

[14] 段进. 城市空间发展论 [M]. 南京：江苏科学技术出版社，2006.

[15] 唐子安. 西方城市空间结构研究的理论和方法 [J]. 城市规划汇刊，1997(2)：12.

[16] 马武定. 论城市特色 [J]. 城市规划，1990(3).

[17] 卢华语. 唐代西南经济研究 [M]. 北京：科学出版社，2010：11.

[18] 陶思文. 四川少数民族流动人口研究 [M]. 北京：民族出版社，2007.

[19] 邹平，武友德. 西南民族区域特色经济问题研究 [M]. 北京：科学出版社，2010：8.

[20] 张兴国. 川东南丘陵地区传统场镇研究 [D]. 重庆建筑工程学院，1985.

[21] 李和平. 重庆历史建成环境保护研究 [D]. 重庆大学，2004.

[22] 毛刚. 生态视野——西南高海拔山区聚落与建筑 [M]. 南京：东南大学出版社，2003.

[23] 彭一刚. 传统村镇聚落景观分析 [M]. 北京：中国建筑工业出版社，1992.

[24] 杨昌鸣. 东南亚与中国西南少数民族建筑文化探析 [M]. 天津：天津大学出版社，2004.

[25] 郭东风. 彝族建筑文化探源 [M]. 昆明：云南人民出版社，1996.

[26] 王贵祥 . 文化空间图式与东西方建筑空间 [M]. 北京：田园城市出版社，1998.

[27] 刘致平 . 中国居住建筑简史 [M]. 北京：中国建筑工业出版社，2000.

[28] 傅衣凌 . 明清社会经济变迁论 [M]. 中华书局，2007.

[29] 邓亦兵 . 清代前期的市镇 [J]. 中国社会经济史研究，1997(3)：5.

[30] 方行 . 清代前期农村市场的发展 [J]. 历史研究，1997(6).

[31] 陈国灿 . 宋代两浙路的集镇与农村市场 [J]. 浙江师范大学学报，2001(2).

[32] 赵冈 . 中国经济制度史论 [M]. 北京：新星出版社，2006.

[33] 张泽咸 . 唐代工商业 [M]. 北京：中国社会科学出版社，1995.

[34] （日）加藤繁 . 中国经济史考证 [M]. 吴杰译 . 北京：商务印书馆，1973.

[35] （美）施坚雅 . 中华帝国晚期的城市 [M]. 叶光庭等译 . 中华书局，2000.

[36] 段进 . 世界文化遗产西递古村落空间解析——空间研究 [M]. 南京：东南大学出版社，2006.

[37] 魏科 . 四川地区历史文化名镇空间结构研究 [M]. 成都：四川大学出版社，2012.

[38] 李映福 . 明月坝唐宋集镇研究 [J]. 四川大学，2006.

[39] 邵甬 . 城市遗产研究与保护 (理想空间 4)[M]. 上海：同济大学出版社，2004.

[40] 周俭，张恺 . 在城市上建造城市——法国城市历史遗产保护实践 [M]. 北京：中国建筑工业出版社，2003.

[41] 王景慧 . 法国文化遗产考察系列·卢瓦河谷遗产保护——多个市镇联合编制遗产保护规划 [J]. 中国名城，2012(1).

[42] 阿兰·马莱诺斯 . 法国重现城市文化遗产价值的实践 [J]. 时代建筑，2000(9).

[43] 马莱若斯，张铠 . 法国重现城市文化遗产价值的时间 [J]. 时代建筑，2000(3).

[44] 张松 . 历史城市保护学导论——文化遗产和历史环境保护的一种整体性方法 [M]. 上海：同济大学出版社，2008.

[45] 王军 . 日本的文化财保护 [M]. 北京：文物出版社，1997.

[46] 陈志华 . 楠溪江中游古村落 [M]. 北京：三联书店，1999.

[47] 阮仪三，黄海晨 . 江南水乡古镇保护与规划 [J]. 建筑学报，1996(9).

[48] 王景慧 . 历史文化村镇的保护与规划 [J]. 小城镇建设，2010(4).

[49] 吴晓青，万国庆 . 皖南古村落与保护规划方法 [J]. 安徽建筑，2001.

[50] 许芬 . 中国北方古镇的保护性开发——以宁夏镇北堡为例 [J]. 城市问题，2012 (2).

[51] 邵华 . 基于山水城市及历史文化保护的小城镇总体规划探索和研究 [J]. 小城镇建设，2011(2).

[52] 朱光亚 . 古村镇保护规划若干问题讨论 [J]. 小城镇建设，2002(2).

[53] 翟辉 . 茶马古道双镇记——兼论传统城镇的保护与发展 [J]. 华中建筑，2005(12).

[54] 阮仪三 . 再论江南水乡古镇的保护与合理发展 [J] . 城市规划学刊，2011(9).

[55] 邓卫 . 关于小城镇发展问题的思考 [J]. 城市规划汇刊，2000(1).

[56] 朱晓明 . 古村镇保护发展的理论与实践 [D] . 上海：同济大学，2000.

[57] 赵万民 . 龙潭古镇的保护与发展——山地人居环境建设研究之二 [J] . 华中建筑，2001(6).

[58] 单德启 . 传统小城镇保护与发展刍议 [J] . 建设科技，2003(6).

[59] 赵勇. 历史文化村镇保护评价体系及方法研究——以中国首批历史文化名镇 (村) 为例 [J].
地理科学，2006(8).

[60] 王汝军. 传统苗家场镇的空间形态特征分析及其美学价值评价 [J]. 湖南农机，2008(9).

[61] 傅娅. 成都古镇综合价值评价研究 [J]. 四川建筑科学研究，2010(10).

[62] 孙萍. 江南古镇旅游文化资源评价 [J]. 今日科苑，2008(1).

[63] 罗瑜斌. 历史文化村镇的保护资金研究 [J]. 华中建筑，2009(7).

[64] 朱晓明. 为历史文化保护区多方位筹集保护资金 [J]. 规划师，1999(4).

[65] 姚军. 对文物保护资金投入的思考 [J]. 行政事业资产与财务，2008(6).

[66] 桂晓峰. 关于历史文化街区保护资金问题的探讨 [J]. 城市规划，2005 (7).

[67] 徐松岭. 文化遗产的管理和经营制度应解决的四个问题 [J]. 华中建筑，2005 (1).

[68] 张杰. 历史建筑产权量与使用效率的悖论解析——以浙江省古村落保护规划为例 [J]. 现代城
市研究，2008(1).

[69] 陶建群. 丽江：探索"城镇上山"新模式 [J]. 决策探索 (上半月)，2013(3).

[70] 刘建平，韩燕平. 我国古村落保护与古村落城镇化探析——兼论古村落社会主义新农村建设
之路 [J]. 生态经济 (学术版)，2007 (1).

[71] 王建强. 论城市历史文化资源的半产业化经营 [J]. 商业经济，2010(11).

[72] 吴伟进. 杭州塘栖古镇历史街区保护与再利用 [J]. 中南林业科技大学学报 (社会科学版)，
2008(11).

[73] 许建和. 传统集镇保护与更新策略研究 [J]. 华中建筑，2009(7).

[74] 任轶蕾. 白洋淀水乡城镇保护与更新研究 [J]. 山西建筑，2010(6).

[75] 董卫. 试探矛盾引导下的千年遗址保护——以镇江铁瓮城遗址保护规划为例 [J]. 建筑师，
2006(12).

[76] 胡戎睿. 关于武汉近代建筑遗产保护与再利用问题的思考 [J]. 建筑学报，2007(5).

[77] 司马耀. 城镇史新型模式——山地城镇构建优选 [J]. 小城镇建设，2012.

[78] 翟辉. 着眼于全球，立足于地方　以可持续发展理论谈云南历史文化城镇的更新 [J]. 云南建材，
2001.

[79] 刘韶军. 河南孟州市老城传统空间格局构成分析 [J]. 华中建筑，2011.

[80] 段进，季松，王海宁. 空间解析：太湖流域古镇空间结构与形态 [M]. 北京：中国建筑工业出
版社，2002.

[81] 李嘉华. 四川传统城镇空间的建构特征 [J]. 华中建筑，2007(1).

[82] 吴良镛. 人居环境科学导论 [M]. 北京. 中国建筑工业出版社，2002：59.

[83] 李先逵. 四川民居 [M]. 北京. 中国建筑工业出版社，2009：27，81，63-85.

[84] 四川省地方志编撰委员会. 四川省志. 盐业志 [M]. 成都：四川科学技术出版社，1995：21，321.

[85] 钟长永. 四川井盐生产发展概述 [J]. 四川文物，1984(2).

[86] 童恩正. 古代的巴蜀 [M]. 重庆：重庆出版社. 2004：8.

[87] 林向. 巴蜀文化辩证 [J]. 华中师范大学学报，2006(7)：45.

[88] 高王凌 . 乾嘉时期四川的场市、场市网及功能 [J]. 清史研究集 (3)，1984.

[89] 龙登高 . 中国历史上区域市场的形成及发展——长江上游区域市场的个案研究 [J]. 思想战线，1997(6)：61.

[90] 北京图书馆古籍出版编辑组 . (嘉靖) 四川总志 (卷 10)[M]. 北京：北京图书馆出版社，1991.

[91] 贾大泉 . 宋代四川城市经济的发展 [J]. 四川大学学报，1986(2).

[92] 杨宇振 . 清代四川城池的规模，空间分布与区域交通 [J]. 新建筑，2007(5)：47.

[93] 李旭 . 西南地区城市历史发展研究 [M]. 南京：东南大学出版社，2011：115.

[94] 赖鼎禹 . 朱沱见闻录 // 永川县文史资料委员会 . 政协永川县委员会文史资料汇编 (第七集)[C].内部发行，1984：3.

[95] 葛本中 . 中心地理论评介及其发展趋势研究 [J]. 安徽师范大学学报，1989(2)：81-85.

[96] 任乃强 . 四川州县建置沿革图说 [M]. 成都：巴蜀书社，成都地图出版社，2002：40.

[97] 任放，杜七红 . 施坚雅模式与中国传统市镇研究 [J]. 浙江社会科学，2000(5)：111.

[98] 谢忠渠 . 二千年间四川人口概况 [J]. 四川大学学报，1978(6)：103.

[99] 陈正祥 . 中国文化地理 [M]. 北京，三联书店，1983.

[100] (清) 常明等 . 四川通志 [M]. 成都：巴蜀书社，1984.

[101] 修撰 . 大清一统志 [M]. 上海：上海古籍出版社，2008.

[102] 林成西 . 清代乾嘉之际四川商业重心的东移 [J]. 清史研究，1994(3)：66-68.

[103] 四川档案馆 . 清代巴县档案汇编 [M]. 北京：中国档案出版社，1991.

[104] 周白照 . 解放前静观镇街貌市场 // 江北县文史资料研究委员会 . 江北县文史资料 (第九集)[C].1994：104.

[105] 肖绕荣 . 万足历史事件追忆 // 彭水文文史资料研究委员会 . 彭水文史 (第九集) [C].1996：126.

[106] 合川文史资料编委会 . 合川文史资料选辑 [M]. 四川省合川县委员会社会事业发展委员会，2000：122.

[107] 刘子敬等 . 万源县志卷二 [M]. 中国台湾成文出版社，1976：1022.

[108] 王宜君 . 临江镇市场掠影 // 开县文史资料委员会 . 开县文史资料选辑 (第二辑) (内部发行)，1992：60.

[109] 杨宗昆 . 荣昌地区川剧今昔 [J]. 荣昌文史资料选辑 . 第 3 辑 .

[110] 赵万民 . 巴渝古镇聚居空间研究 [M]. 南京：东南大学出版社，2006：39.

[111] 施鸿保 . 闽杂记 [M]. 福州：福建人民出版社，1985：12.

[112] 周克堃 . 广安州新志 (卷九) · 乡镇志 [M]. 成都：四川人民出版社，1987：15

[113] (美) 施坚雅 . 中国农村的市场和社会结构 [M]. 史建云，徐秀丽译 . 北京:中国社会科学出版社，1998.

[114] (民国) 云阳县编撰委员会 . 云阳县志 · 卷十三 · 礼俗 [M]. 成都：四川人民出版社，1999：122.

[115] 许檀 . 清代乾隆至道光年间的重庆商业 [J]. 清史研究，1998(3).

[116] 谢放 . 清前期四川链式产量及外运量的估计问题 [J]. 四川大学学报 (哲学社会科版)，

1999(06)：13.

[117] 许檀 . 清代时期农村集市的发展 [J]. 中国经济史研究，1997(2)：13.

[118] 王国横 . 建国前永川经济漫谈 [J]. 永川县文史资料委员会编（永川文史资料选集）第六集：82.

[119] 王笛 . 清代四川人口，耕地及粮食问题（下）[J]. 四川大学学报，1989：82.

[120] 四川省巴县志撰编委员会 . 巴县志·卷三·赋役　盐法 [M]. 重庆出版社，1994：122.

[121] 蔡少卿 . 再现过去：社会史的理论视野 [M]. 杭州：浙江人民出版社，1988：181.

[122] 洪雅县地方志编撰委员会 .（嘉庆）洪雅县志 [M]. 县志编撰委员会，1985.

[123] 资阳县志编撰委员会 .（乾隆）资阳县志 [M]. 成都：巴蜀书社，1993.

[124]（乾隆）永妥厅志（卷四）// 赵月耀 . 国家权力的地方运作，以清代湘西苗疆边墙——墟场结构为例 [J]. 吉首大学学报，2009：1.

[125] 伍新福 . 苗疆屯防实录·卷四·屯防条奏事宜 [M]. 岳麓书社，2012.

[126] 黄应培 .（道光）凤凰厅志·卷十二·苗防二 [M]. 岳麓书社，2011.

[127] Augustin Berque. Traditional and Modern Ways of Transmitting the Past to the Future—an Ontological Consideration// 历史建筑遗产保护和可持续发展国际研讨会（论文集）[C]. 天津：天津大学出版社，2007：1.

[128] 王志毅 . 市场起源及其历史演进考证 [J]. 经济师，1998(2)：29-30.

[129] 贺业钜 . "考工记"营国制度研究 [M]. 北京：中国建筑工业出版社，1985：41.

[130] 吕友仁 . 周礼译 [M]. 郑州：中州古籍出版社，2004：170.

[131] 方远 . 凉山州古场镇 // 凉山文史资料选集（第十一辑）[C]. 1993：123-126.

[132] 刘临安 . 中国古代城市中聚居制度的演变及特点 [J]. 西南建筑科技大学学报，1996(1)：25.

[133] 赵秀玲 . 中国乡里制度 [M]. 北京：社会科学文献出版社，1998：13.

[134] 孟元老 . 东京梦华录（卷二）[M]. 中华书局，2006.

[135] 王家范 . 明清江南市镇结构及历史价值初探 [J]. 华东师范大学学报，1984(1)：32.

[136] 朱邵侯 . 中国古代史 [M]. 福州：福建人民出版社，1984：359.

[137] 戴彦 . 巴蜀古镇历史文化遗产适应性保护研究 [M]. 南京：东南大学出版社，2010：63，68，190.

[138] 许檀 . 明清时期农村集市的发展 [J]. 中国经济史研究，1997(2).

[139] 侯峰 . 农村集市的地理研究——以四川省为例 [J]. 地域研究与开发，1987(2)：24-26.

[140] 李约瑟 . 中国科技史（第三卷）[M]. 北京：科学技术出版社，1958：396.

[141] 龙建民 . 市场起源论"从彝族集会到十二兽纪日集场考察市场的起源" [M]. 昆明：云南人民出版社，1988：54.

[142] 罗骏超 . 亨县乡土志略 [M]. 1936.

[143] 张九章 . 光绪黔江县志 [Z]. 1875.

[144] 童恩正 . 中国西南民族考古论文集 [C]. 北京：文物出版社，1990.16.

[145] 陈敏，孙俊桥 . 解读上里古镇的景观意向 [J]. 四川建筑，2010(12)：32-38.

[146] 朱晓明，张兰 . 遗珠拾粹国家历史文化名城研究中心历史街区调研：四川雅安望鱼场镇 [J]. 城市规划，2004(4)：123.

[147] 蓝勇. 长江三峡历史地理 [M]. 四川人民出版社，2003：454.

[148] 王召荃. 四川内河航运史 [M]. 成都：四川人民出版社，1989：132.

[149] 邵陆. 酉阳州志 [M]. 成都：巴蜀书社，2010.

[150] 李忠. 四川盆地的寨堡式民居 [D]. 重庆大学，2004：13.

[151] 马建堂. 民国时期四川匪患严重的原因探析 [J]. 四川文理学院学报，2013(3)：31.

[152] 郑涛. 唐宋四川佛教地理研究 [D]. 西南大学，2013.

[153] 吴卓. 佛教东传与中国佛教艺术 [M]. 杭州：浙江人民出版社，1995.

[154] 冯棣，张兴国. 巴蜀摩崖石窟建筑环境研究 [J]. 新建筑，2012(1)：148.

[155] 吴觉非. 石宝寨述源 [J]. 四川文物，1986(1)：32.

[156] 李建华. 西南聚落形态的文化学诠释 [D]. 重庆大学，2010：77-79.

[157] 傅娅. 成都平原传统场镇研究 [D]. 西南交通大学，2003：48.

[158] 戴翔. 潼南双江古镇杨氏宅院研究 [D]. 重庆大学，2007：32-35.

[159] 万红. 中华西南民族市场论 [M]. 北京：中国经济出版社，2005.

[160] 江俊浩. 四川罗成古镇传统聚落空间的营造及其人居环境启示 [J]. 四川建筑科学研究，2008(5)：32.

[161] 陈玮，胡江瑜. 四川会馆建筑与移民文化 [J]. 华中建筑，2001(2)：15.

[162] 陈蔚，胡斌. 移民会馆与清代四川城镇发展与形态演变研究 [J]. 华中建筑，2013(3)：148.

[163] 罗二虎. 秦汉时期的中国西南 [M]. 成都：天地出版社，2000：148.

[164] 潘世学. 横贯东西勾连南北的汉水流域古代盐道 [J]. 郧阳师范高等专科学校学报，2008，28(1)：22-26.

[165] 林林. 国家历史文化名城研究中心历史街区调研：四川资中县罗泉古镇 [J]. 城市规划，2005(3)：46.

[166] 陆琦. 川东巫溪宁厂古镇 //. 中国传统民居与文化（第七辑）：中国民居第七届学术会议论文集 [C]. 1996(8)：224.

[167] 黄光成. 西南丝绸之路是一个多元立体的交通网络 [J]. 中国边疆史研究，2002，12：64-65.

[168] 江玉祥. 雅安与茶马古道 [J]. 四川文物，2002(2)：81.

[169] 蓝勇. 西三角历史发展溯源 [M]. 重庆：西南师范大学出版社，2011：154.

[170] 李品良，吴冬梅. 清代及明国时期乌江水道盐运研究 [J]. 长江师范学报，2008(5).

[171] 任乃强. 四川上古史新探 [M]. 成都：四川人民出版社，1986.

[172] 季富政. 采风乡土，巴蜀城镇与民居 [M]. 成都：西南交通大学出版社，2002：222.

[173] 李和平. 山地历史城镇的整体性保护方法研究——以重庆涞滩古镇为例 [J]. 城市规划，2003（12）.

[174] 中国石窟雕刻精华. 合川涞滩石刻 [M]. 重庆：重庆出版社，1998.

[175] 韩丽霞. 云南佛教 [M]. 北京：中国社会出版社，2007：78-90.

[176] S. Giedion. Space，Time And Architecture[M]. Harvard University Press，1954.

[177] Christian Norberg-Schulz. Existence，Space And Architecture [M]. NewYork：Rizzoli International Publicationgs，Inc，1979：11.

[178] 王鹏 . 城市公共空间的系统化建设 [M]. 南京：东南大学出版社，2002.

[179] 周进 . 城市公共空间建设规划控制与引导：塑造高品质公共空间的研究 [M]. 北京：中国建筑工业出版社，2008.

[180] 周钰，贺龙 . 街道界面"贴线"形态之中西比较研究 [J]. 世界建筑，2013(6)：112-126.

[181] 李卉 . 巴渝古镇人居环境研究——建筑形态论 [D]. 重庆大学，2003：45.

[182] 王其亨 . 风水理论研究 [M]. 天津：天津大学出版社，2002.

[183] 刘致平 . 中国建筑类型及结构 [M]. 北京：中国建筑工业出版社，1987.

[184] 孙晓芬 . 清代前期的移民填四川 [M]. 成都：四川大学出版社，1997.

[185] 老子著 . 老子今注今译 [M]. 陈鼓应注译 . 北京：商务印书馆，2003：169.

[186] 李泽厚 . 美学三书 [M]. 合肥：安徽文艺出版社，1999.

[187] 赵万民 . 走马古镇 [M]. 南京：东南大学出版社，2007.

[188] 张松 . 日本的历史城镇和传统街区保护实践 [J]. 小城镇建设，2003(4)：78.

[189] 周俭，张松，王骏 . 保护中求发展 发展中守特色——世界遗产城市丽江发展概念规划要略 [J]. 城市规划汇刊，2003(2).

[190] 于涛方 . 城镇特色，竞争优势与竞争战略 [J]. 规划师，2004(7).

[191] 崔哲 . 原生性城镇形态肌理演化研究 [D]. 西安建筑科技大学，2008：29.

[192] Vidler A. The Third Typology//. Krler Leon，Rational. Architecture; The Reconstruction of European City[C]. Brussels; Archives d'Architectyre，1978：2832.

[193] 卢永毅 . 历史保护与原真性的困惑 [J]. 同济大学学报，2006(10)：24.

[194] 冷婕 . 探索木构建筑修复中的可识别性原则 [J]. 新建筑，2011(2)：32.

[195] 韩少渊，王宝卿 . 土坯墙体裂缝分析及加固方法探析 [J]. 陕西建筑，2007(11)：23.

[196] 周俭 . "活态"文化遗产保护 [J]. 小城镇建设，2012(10)：44.

[197] 汪芳 . 用活态博物馆解读历史街区：以无锡古运河历史文化街区为例 [J]. 建筑学报，2007，12：82.

[198] (美)Derek F. Channon. 布莱克维尔战略管理学百科辞典 [M]. 北京:对外经济贸易大学出版社，2000.

[199] 罗佳明 . 中国世界遗产管理体系研究 [M]. 上海：复旦大学出版社，2004.

[200] 安定 . 西部中小历史文化名城可持续保护的现实困境与对策研究 [D]. 天津大学，2005：213，242.

[201] 杨友庭 . 现代旅游管理 [M]. 厦门：厦门大学出版社，1994：89.

[202] 冯学刚 . 吴文智 . 旅游规划 [M]. 上海：华东师范大学出版社，2011.

[203] 中国社会科学院 . 现代汉语词典 [Z]. 北京：商务出版社，2005：526.

[204] 顾江 . 文化产业研究 [M]. 南京：东南大学出版社，2011.

[205] 段进 . 世界文化遗产宏村古村落空间解析——空间研究 [M]. 南京：东南大学出版社，2009.

[206] 单德启 . 中国贵州民族村镇保护和利用 [J]. 建筑学报，2004(6).

[207] 吴良镛 . 广义建筑学 [M]. 北京：清华大学出版社，1989.

[208] 李晓峰 . 乡土建筑——跨学科研究理论与方法 [M]. 北京：中国建筑工业出版社，2005.

[209]（美）拉·拉普卜特 . 住屋形式与文化 [M]. 张玫玫译 . 台北：境与象出版社，1979.

[210] 季富政 . 三峡古典场镇 [M]. 成都：西南交通大学出版社，2007

[211] 季富政 . 采风乡土——巴蜀城镇与民居续集 [M]. 成都：西南交通大学出版社，2007.

[212] 童恩正 . 试论我国从东北至西南的边地半月形文化传播带 [M]. 重庆：重庆出版社 ,1998.

[213] 宋蜀华 . 中国民族学理论探索与实践 [M]. 北京：中央民族出版社 ,1999.

[214] 赵万民 . 三峡工程与人居环境建设 [M]. 北京：中国建筑工业出版社，2000.

[215] 赵万民 . 西南地区流域人居环境建设研究 [M]. 南京：东南大学出版社，2011.

[216] 蓝勇 . 西南历史文化地理 [M]. 重庆：西南师范大学出版社，1997.

[217] 费孝通 . 中华民族多元一体格局 [M]. 北京：中央民族出版社，1999.

[218] 刘敦桢 . 刘敦桢文集（三）[M]. 北京：中国建筑工业出版社，1987.

[219] 许檀 . 明清时期山东商品经济的发展 [M]. 北京：中国社会科学出版社，1998.

[220] 许檀 . 明清时期城乡市场网络体系的形成及意义 [M]. 北京：中国社会科学出版社，2000.

[221] 郭正忠 . 商税 斗秤 宋代市场 [J]. 北京：中国经济史研究，1996.

[222] 陈晓燕，包伟民 . 江南市镇 [M]. 上海：同济大学出版社，2003.

[223] 戴志中，杨宇振 . 中国西南地域建筑文化 [M]. 武汉：湖北教育出版社，2003.

[224] 杨建新 . 中国少数民族通论 [M]. 北京：民族出版社 ,2005.

[225] 王笛 . 跨出封闭的世界——长江上游区域社会研究 (1644-1911)[M]. 北京：中华书局 ,2001.

[226] 陆元鼎，李先逵 . 中国传统民居与文化：中国民居学术会议论文集 [M]. 北京：中国建筑工业
     出版社，1991.

[227] 王恩涌 . 文化地理学 [M]. 南京：江苏教育出版社，1995.

[228] 樊树志 . 明清江南市镇探微 [M]. 上海：复旦大学出版社，1990.

[229] 刘云明 . 清代云南市场研究 [M]. 昆明：云南大学出版社，1996.

[230] 台景涛 . 明清时期嘉陵江流域的商品经济与市场网络 [M]. 西北大学，2008.

[231] 何智亚 . 重庆古镇 [M]. 重庆：重庆出版社，2002.

[232] 段进，季松，王海宁 . 城镇空间解析 [M]. 北京：中国建筑工业出版社，1989.

[233] 赵世瑜，周尚意 . 中国文化地理概说 [M]. 太原：山西教育出版社，1991.

[234] 阮仪三 . 中国历史文化名城保护与规划 [M]. 上海：同济大学出版社，1995.

[235] 常青 . 建筑遗产的生存策略——保护与利用设计实验 [M]. 上海：同济大学出版社，2003.

[236] 常青 . 历史环境的再生之道——历史意识与设计探索 [M]. 北京：中国建筑工业出版社，2009.

[237] 赵万民，李泽新 . 安居古镇 [M]. 南京：东南大学出版社，2007.

[238] 黄光宇 . 山地城市学原理 [M]. 北京：中国建筑工业出版社，2006.

[239] UNESCO.Convention for the Protection of the World Cultural and Natural Heritage[S].
     Paris,1972.

[240] 郭崇文 . 一般历史城镇保护的整合策略研究 [M]. 苏州科技学院，2001.

[241] 张松 . 历史城市保护学导论 [M]. 上海：上海科学技术出版社，2001.

[242] 赵勇 . 中国历史文化名镇名村保护理论与方法 [M]. 北京：中国建筑工业出版社，2008.

[243] 蒲娇 . 从"活态保护"论非物质文化遗产观的转变 [M]. 天津 : 天津大学出版社，2010.

[244] 向云驹 . 世界非物质文化遗产 [M]. 银川 : 宁夏人民出版社，2006.

[245] 周耀林 . 可移动文化遗产保护策略 [M]. 北京 : 北京图书馆出版社，2006.

[246] 孙建华 . 漫步世界遗产 [M]. 北京 : 中国社会科学出版社，2005

[247] Mason P. Tourism Impacts，Planning and Management[M]. Butterworth-Heinemann，2008.

[248] Peter M. Senge. The Fifth Discipline-The Art &Practice of the Learning Organization[M]. Doubleday，1990.

[249] 吴育标 . 中国世界遗产战略管理模式研究 [M]. 武汉 : 中国地质大学出版社，2011.

[250] 任放 . 明清长江中游市镇经济研究 [M]. 武汉 : 武汉大学出版社，2003.

[251] 戎安 . 调查研究科学方法 [M]. 北京 : 中国建筑工业出版社，2008.

[252] 汪庆玲 . 乡镇规划与建筑设计 [M]. 北京 : 水利电力出版社，1987.

[253] 王建国 . 现代城市设计理论和方法 [M]. 南京 : 东南大学出版社，2001.

[254]（日）芦原义信 . 街道的美学 [M]. 尹培桐译 . 天津 : 百花文艺出版社，2006.

[255]（日）芦原义信 . 外部空间设计 [M]. 尹培桐译 . 北京 : 中国建筑工业出版社，1985.

[256] 苏亚民 . 现代营销学 [M]. 北京 : 中国对外经济贸易出版社，2001.

[257] 赵逵 . 川盐古道 : 文化线路视野中的聚落与建筑 [M]. 南京 : 东南大学出版社，2008.

[258] 柯林·罗，弗瑞德·科特 . 拼贴城市 [M]. 童明译 . 北京 : 中国建筑工业出版社，2003.

[259] 冯尔康 . 中国宗族史 [M]. 上海 : 上海人民出版社，2008.

[260] J.H. Steward. Theory of Culture Change[M]. University of Illinois Prss，Urbana，1979(7)：39-40.

[261] 白莎，万振凡 . 民国江西农村集市的发展 [J]. 南昌大学学报，2003(4).

[262] 曹瑞波 . 国家,市场与西南 : 明清时期的西南政策与"古苗疆走廊"市场体系 [J]. 贵州大学学报，2013(1).

[263] 肖发生 . 清代贵州农村集市考察 [J]. 中国经济史研究，2010(2).

[264] 李良品 . 清代及民国时期乌江水道盐运研究 [J]. 长江师范学院学报，2008(5).

[265] 彭福荣 . 重庆民族地区清代场镇的分布、市期和启示 [J]. 重庆社会科学，2006(7).

[266] 马奇 . 清代黔铅运输路线考 [J]. 中国社会经济史研究，2010(4).

[267] 李良品 . 集市习俗及成因——以贵州省为例 [J]. 中国民族大学学报，2011(3).

[268] 覃远东 . 明代西南边疆军屯的作用和影响 [J]. 中国边疆史地，1992(1).

[269] 吴海涛，金光 . 略论明清苏北集市镇的发展 [J]. 中国农史，2001(3).

[270] 史建云 . 施坚雅模式与中国传统市镇研究 [J]. 近代史研究，2004(4).

[271] 刘召华 . 中国西南诺苏（彝）地区的集市与现代性 [J]. 思想战线，2010(1).

[272] 郭正忠 . 唐宋城市类型与新型经济都市——镇市 [J]. 中国社会经济史研究，2001(3).

[273] 任放 . 明清长江中游地区的市镇类型 [J]. 中国社会经济史研究，2002(4).

[274]（日）森田明 : 关于清代湖广地方的定期集市 [J]. 商经论丛，1964(3-1).

[275] 赵小平 . 清代滇盐的流通与销盐市场的拓展 [J]. 盐业史研究，2004(1).

[276] 吴承明 . 论清代前期我国国内市场 [J]. 历史研究，1983(2).

[277] 刘敏，李先逵. 历史文化名城物种多样性初探 [J]. 城市规划汇刊，2002 (6).

[278] 侯绍庄. 从明清贵州十二生肖场镇名称看汉文化的影响 // 纪念贵州建省590周年学术讨论会论文集 [C]. 1996.

[279] 谭淼. 重庆传统场镇的街道空间特色 [J]. 重庆建筑，2003(3).

[280] 陈宏，刘沛林. 风水的空间模式对中国传统城镇规划的影响 [J]. 城镇规划，1995（4）.

[281] 扬素娟. 日本自然保护区管理制度评价 [J]. 世界环境，2004(4).

[282] 刘红婴，王健明. 世界遗产概论 [M]. 北京：中国旅游出版社，2003.

[283] 张松. 历史城镇保护的目的与方法初探——以世界文化遗产平遥古城为例 [J]. 城市规划，1999(7).

[284] 周俭,张恺. 建筑、城镇、自然风景——关于城市历史文化遗产保护规划的目标、对象与措施 [J]. 城市规划，2001 (4).

[285] 姚青石，张兴国. 历史与现代的融合——当代法国历史建筑改造与再利用实践 [J]. 新建筑,2011(2).

[286] 姚青石，易晓园不断的探寻与发展——法国遗产保护制度的发展历程 [J]. 世界建筑，2010(4).

[287] 谢友宁，盛志伟. 国外历史文化名城名镇保护策略鸟瞰 [J]. 现代城市研究，2005(1).

[288] 江金波. 论文化生态学的理论发展与新构架 [J]. 人文地理，2005 (4).

[289] 李建华，张兴国. 从民居到聚落：中国地域建筑文化研究新走向——以西南地区为例 [J]. 建筑学报，2010 (3).

[290] 王景慧，张松. 从文物保护单位到历史建筑——文物古迹保护方法的深化 [J]. 城市规划，2011(4).

[291] 陈蔚. 我国历史文化遗产保护理论体系的框架性研究 [J]. 室内设计，2012(5).

[292] 赵中枢. 历史文化街区保护的再探索 [J]. 现代城市研究，2012(10).

[293] 戴彦. 历史文化名镇保护机制的再认识——重庆市首批历史文化名镇保护十年回顾与总结 [J]. 新建筑，2013(4).

[294] 曾帆. 小城镇空间结构适应性模式探析 [J]. 小城镇建设，2009(3).

[295] 罗晓玲，蒋毅. 区域理念下的小城镇规划研究 [J]. 山西建筑，2009，21.

[296] 夏德孝，张道宏. 区域协调发展理论的研究总述 [J]. 生产力研究，2008(1).

[297] 赵勇. 历史文化村镇保护规划研究 [J]. 城市规划，2004(8).

[298] 侯凯，徐苏斌. 浅谈历史风貌建筑的保护与更新 [J]. 山西建筑，2010(4).

[299] 童登金. 世界自然文化遗产保护管理的思考 [J]. 社会科学研究，2002(3).

[300] 王宁. 城镇群建构分析与实例 [J]. 城市规划汇刊，2002(I).

[301] 付蓓. 四川历史文化名镇环境空间特色研究初探 [J]. 山西建筑，2008(11).

[302] 管彦波. 影响西南民族聚落的各社会文化因素 [J]. 贵州民族研究，2001(2).

[303] 常青. 历史建筑修复的"真实性"批判 [J]. 时代建筑，2009(3).

[304] 常青. 建筑遗产的基本属性与处置方式 [J]. 时代建筑，2008(2).

[305] 王景慧. 历史文化街区要活态保护 [J]. 中华民居，2009(4).

[306] 李广斌，王勇，袁中金 . 城市特色与城市 [J]. 城市规划，2006 (2).

[307] 沈海虹 . "集体选择" 视野下的城市遗产保护研究 [D]. 同济大学，2006.

[308] 吴晓燕 . 集市政治：交换中的权力与整合——川东圆通场为例 [D]. 华中师范大学，2008.

[309] 辛同升 . 鲁中地区近代历史建筑修复与再利用研究 [D]. 天津大学，2008.

[310] 王绚 . 传统堡寨聚落研究—兼以秦晋地区为例 [D]. 天津大学，2004.